·高等学校“十一五”省级规划教材·

微机原理与接口技术

（第2版）

主　编　赵彦强　　副主编　丁　刚　严　辉　高　莉　　主　审　方潜生

合肥工业大学出版社

内容提要

本书以 Intel 80X86 微处理器为背景，从应用角度系统地介绍了 16/32 位微机的工作原理、常用指令及其汇编语言程序设计、存储器系统、微机总线、输入输出接口及其应用技术等。

全书共分 12 章。在总结微机基本原理和技术特点的基础上，介绍了微机接口技术的基本要点。又分别阐述了 8086 微处理器及其系统结构、指令系统、汇编语言程序设计方法、存储器、计数器/定时器 8253、中断控制器 8259A、DMA 控制器 8237A、数/模和模/数转换、高位微机基本原理、人机交互接口的组成原理及其应用技术，并给出了微机系统常用的通用可编程接口和主要外设接口的应用实例分析。全书在内容安排上注重系统性、逻辑性、先进性和实用性。每章附有大量实例和习题。

本书可作为高等学校计算机专业、电子信息工程专业、自动化专业和工科类其他专业本科生的教材，也可作为从事微机系统开发和应用的工程技术人员的参考用书。

图书在版编目(CIP)数据

微机原理与接口技术/赵彦强主编．—2 版．—合肥：合肥工业大学出版社，2013.8 (2024.1 重印)

ISBN 978-7-5650-1476-5

Ⅰ.①微… Ⅱ.②赵… Ⅲ.①微型计算机—理论—高等学校—教材②微型计算机—接口技术—高等学校—教材 Ⅳ.TP36

中国版本图书馆 CIP 数据核字(2013)第 198956 号

微机原理与接口技术(第 2 版)

主编 赵彦强　　副主编 丁 刚 严 辉 高 莉　　责任编辑 马成勋

出　版	合肥工业大学出版社	版　次	2009 年 7 月第 1 版 2013 年 8 月第 2 版
地　址	合肥市屯溪路 193 号	印　次	2024 年 1 月第 8 次印刷
邮　编	230009	开　本	787 毫米×1092 毫米　1/16
电　话	理工图书出版中心：0551-62903204 营销与储运管理中心：0551-62903198	印　张	24.75
		字　数	592 千字
网　址	press.hfut.edu.cn	印　刷	安徽联众印刷有限公司
E-mail	hfutpress@163.com	发　行	全国新华书店

ISBN 978-7-5650-1476-5　　定价：55.00 元

前　　言

（第2版）

本书是根据全国高等学校电子信息类学科教学指导委员会制定的培养目标和培养方案而编写，自2009年7月出版以来，已连续出版发行5次，受到全国许多高等院校与广大读者的欢迎和使用。

根据作者对近几年来使用该书实践经验的总结，并汲取了使用该书的高校师生与广大读者的意见和建议，特别是由于计算机硬件技术突飞猛进的发展，我们在合肥工业大学出版社的大力支持和帮助下，对该教材进行了迅速地、全面地修订与更新。并集中了一批具有丰富教学经验与多媒体CAI开发实践经验的老师，完成了复习思考题与解答编写及PPT教学课件的制作，可方便教师教学，突出重点、抓住难点，同时也有利于学生的自主学习。

本书由赵彦强担任主编，负责全书的大纲拟定、编写与统稿，由丁刚、严辉和高莉担任副主编。全书共分11章，其中：第1章由周原编写，第2章由赵彦强编写，第3、9章由张雷编写，第4章由纪平编写，第5章由张明编写，第6章由高莉编写，第7章由夏巍编写，第8章由丁刚编写，第10章由严辉编写，第11章由张媛编写。安徽建筑大学方潜生教授作为主审，认真细致地审阅了全部书稿并提出了许多宝贵的意见。

本书在编写过程中得到了编者所在院校的大力支持，合肥工业大学出版社在本书编辑、校对、照排等方面做了大量的工作。在此一并表示由衷的感谢！

依照内容典型、注重应用的目标，编者进行了许多思考和努力，尽管我们力求明达无误。但限于水平及能力的限制，书中难免存在不尽人意之处，敬请广大读者提出宝贵意见和建议。

选用本书的教师可在合肥工业大学出版社网站上免费索取PPT教学课件等教学资源。

编　者

2015年1月

目　录

第1章　微型计算机概述

1.1　微型计算机的特点和发展

1. 微型计算机的特点

电子计算机通常按体积、性能和价格分为巨型机、大型机、中型机、小型机和微型机五类。从系统结构和基本工作原理上说，微型机和其他几类计算机并没有本质上的区别，所不同的是微型机广泛采用了集成度相当高的器件和部件，因此具有以下一系列的特点：

(1)体积小，重量轻；

(2)价格低；

(3)可靠性高，结构灵活；

(4)应用面广；

(5)功能强，性能优越。

2. 微型计算机的发展历程

自1946年世界上第一台电子数字积分式计算机ENIAC(Electronic Numerical Integrator and Calculator)在美国宾夕法尼亚大学莫尔学院诞生以来，随着数字科技的革新，计算机差不多每10年就更新换代一次。纵观计算机的发展历史，计算机的发展已经历了从电子管计算机、晶体管计算机、集成电路计算机到大规模集成电路计算机四代历程，目前正朝着第五代(智能计算机)、第六代(生物计算机)的方向发展。

第一代电子管计算机使用了18800个真空管，占地1500平方英尺，重达30吨，每秒可完成5000次的加法运算。第一代电子管计算机的诞生为人类开辟了一个崭新的信息时代，使得人类社会发生了巨大的变化。1996年2月14日，在世界上第一台电子计算机问世50周年之际，美国副总统戈尔再次启动了ENIAC，以纪念信息时代的到来。

1958年，美国研制成功了全部使用晶体管的计算机，这标志着第二代计算机的诞生。采用晶体管的计算机大大降低了计算机的成本和体积，且运算速度比第一代计算机提高了近百倍。1965年以中小规模集成电路为主体的第三代计算机问世，使计算机的体积进一步缩小，配上各类操作系统、编译系统和应用程序，使计算机的性能有了极大的提高。1970年大规模集成电路的研制成功，计算机也发展到了第四代，微型计算机正是第四代计算机的典型代表。1971年，随着第一台微型计算机在美国硅谷的诞生，开创了微型计算机的新时代。

1981年在日本东京召开了一次第五代计算机—智能计算机研讨会，随后制定出研制第五代计算机的长期计划。智能计算机的主要特征是具备人工智能，能像人一样思维，并且运算速度极快，其硬件系统支持高度并行和快速推理，其软件系统能够处理知识信息。神经网络计算机(也称神经计算机)是智能计算机的重要代表。

当前，半导体硅晶片的电路密集，散热问题难以彻底解决，这大大影响了计算机性能的进一步发挥与突破，研制生物计算机(也称分子计算机、基因计算机)，已成为当今计算机技术的最前沿技术。生物计算机比硅晶片计算机在速度、性能上有质的飞跃，被视为极具发展潜力的“第六代计算机”。

1.2 微型计算机

从ENIAC到当前最先进的计算机，其基本结构均属于冯·诺依曼型计算机，根据冯诺依曼体系结构构成的计算机，必须具有如下功能：

(1)把需要的程序和数据送至计算机中；

(2)必须具有长期记忆程序、数据、中间结果及最终运算结果的能力；

(3)能够完成各种算术、逻辑运算和数据传送等数据加工处理的能力；

(4)能够根据需要控制程序走向，并能根据指令控制机器的各部件协调操作；

(5)能够按照要求将处理结果输出给用户。

为了完成上述的功能，计算机必须具备五大基本组成部件，包括：输入数据和程序的输入设备；记忆程序和数据的存储器；完成数据加工处理的运算器；控制程序执行的控制器；输出处理结果的输出设备。原始的冯·诺依曼机结构上以运算器和控制器为中心，随着计算机系统的发展，演化为以存储为中心的结构。计算机基本结构如图1-1所示。

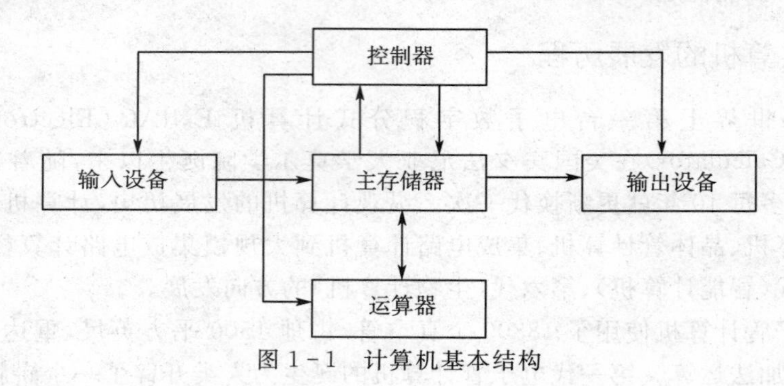

图1-1 计算机基本结构

1.2.1 微处理器、微型计算机、微型计算机系统

微处理器、微型计算机和微型计算机系统这三者的概念和含义是不同的，图1-2表明了它们之间的关系。

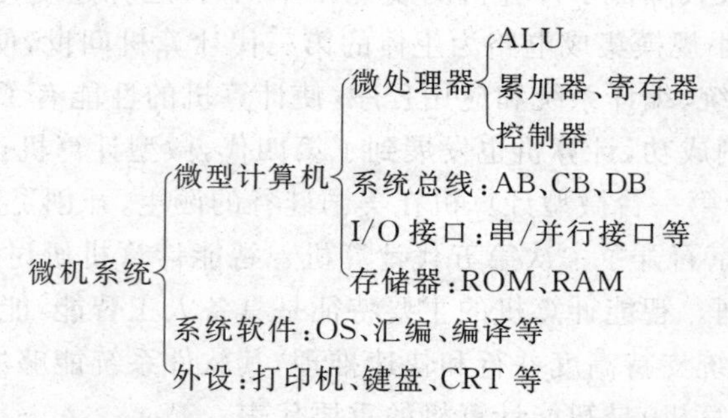

图1-2 微处理器、微型计算机与微型计算机系统三者之间关系

1. 微处理器

微处理器（Microprocessor）是微型计算机的核心，也称 CPU（Central Processing Unit），它具有运算能力和控制功能，尽管各种微处理器的性能指标各不相同，但都有以下共同特点：

(1)可以进行算术和逻辑运算；

(2)可保存少量数据；

(3)能对指令进行译码并执行规定的动作，能和存储器及外设交换数据；

(4)提供整个系统所需要的定时和控制；

(5)可以响应其他部件发来的中断请求。

另外，CPU 在内部结构上都包含下面这些部分：

(1)算术逻辑部件(ALU)；

(2)累加器和通用寄存器组；

(3)程序计数器(指令指针)、指令寄存器和译码器；

(4)时序和控制部件。

CPU 内部的算术逻辑部件（ALU）是专门用来处理各种数据信息的，它可以进行加、减、乘、除算术运算和与、或、非、异或等逻辑运算。

累加器和通用寄存器组用来保存参加运算的数据以及运算的中间结果。程序计数器指向下一条要执行的指令。由于程序一般存放在内存的一个连续区域，所以，顺序执行程序时，每取 1 个指令字节，程序计数器便加 1。指令寄存器存放从存储器中取出的指令码。

指令译码器则对指令码进行译码和分析，从而确定指令的操作，并确定操作数的地址，再得到操作数，以完成指定的操作。

指令译码器对指令进行译码，产生相应的控制信号送到时序和控制逻辑电路，从而组合成外部电路所需要的时序和控制信号。这些信号送到微型计算机的其他部件，以控制这些部件协调工作。

2. 微型计算机

微型计算机由微处理器、存储器、输入/输出接口电路和系统总线构成。微处理器如同微型计算机的心脏，它的性能决定了整个微型机的各项关键指标。存储器包括随机存取存储器(RAM)和只读存储器(ROM)。输入/输出接口电路是用来使外部设备和微型机相连。总线为微处理器和其他部件之间提供数据、地址和控制信息的传输通道。微型计算机基本结构如图 1-3 所示。

微处理器(Microprocessor)是计算机系统的核心，它主要完成任务是：

(1)从存储器中取指令，指令译码；

(2)简单的算术逻辑运算；

(3)在处理器和存储器或者 I/O 之间传送数据；

(4)程序流向控制等。

存储器主要用来存放程序和数据，CPU 从存储器中读取指令，通过指令译码，执行相应

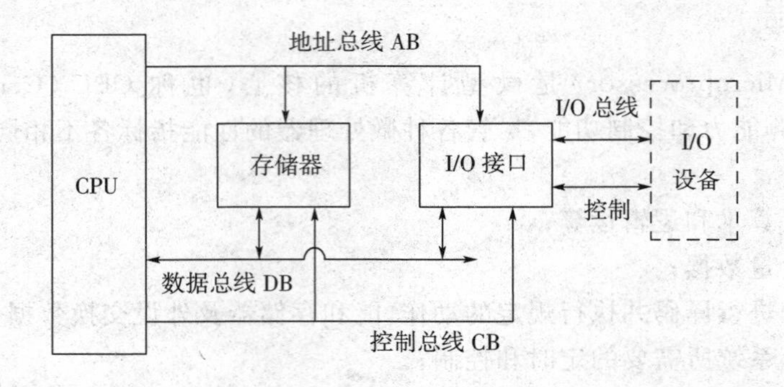

图 1-3　微型计算机的基本结构

的操作，必要时再从存储器或 I/O 设备中取操作数，指令执行结果送入存储器或 I/O 设备。程序执行结束，任务完毕。

输入/输出接口电路用于将外部设备与 CPU(或存储器)相连接，它们之间进行信息传送时，使之在信息的格式、电平、速度上得到匹配。

总线将 CPU、存储器及 I/O 接口电路相连接，是负责在 CPU 与存储器和 I/O 之间传送地址、数据和控制信息的公共通道。有三种传送信息的总线：数据总线 DB(Data Bus)、地址总线 AB(Address Bus)、和控制总线 CB(Control Bus)。

数据总线用来传输数据，从结构上看，数据总线是双向的，即数据既可以从 CPU 送到其他部件，也可以从其他部件传送到 CPU。数据总线的位数(也称为宽度)是微型计算机的一个很重要的指标。数据总线上传送的不一定是真正的数据，而可能是指令代码、状态量、有时还可能是一个控制量。地址总线专门用来传送地址信息，因地址总是从 CPU 送出去的，所以和数据总线不同，地址总线是单向的。地址总线的位数决定了 CPU 可以直接寻址的内存范围。比如，8 位微型机的地址总线一般是 16 位，因此，最大内存容量为 $2^{16}=64$K 字节，16 位微型机的地址总线为 20 位，最大内存容量为 $2^{20}=1$M 字节。

控制总线用来传输控制信号。其中包括 CPU 送往存储器和输入/输出接口电路的控制信号，如读信号、写信号、中断响应信号等，还包括其他部件送到 CPU 的信号，比如，时钟信号，中断请求信号、准备就绪信号等。微型计算机已具有运算功能，能独立执行程序，但若没有输入/输出设备，数据及程序不能输入，运算结果无法显示或输出，仍不能正常工作，因此必须构成一个微型计算机系统才能提供使用。

3. 微型计算机系统

以微型计算机为主体，配上系统软件和外部设备后，就构成了微型计算机系统，如图 1-4 所示。系统软件包括操作系统和一系列系统实用程序，如 Vista、Windows、Linux 等操作系统，编辑程序、汇编程序、编译程序、调试程序等。有了上述软件，才能发挥微型机系统中的硬件功能，并为用户使用计算机提供了方便手段。随着软件技术的发展，软件工具越来越多，在充分发挥微型计算机能力的同时，给用户提供了极大的方便。外部设备是指用来使计算机能实现数据的输入和输出的设备，最通用的外设包括键盘、鼠标、显示器、打印机等。

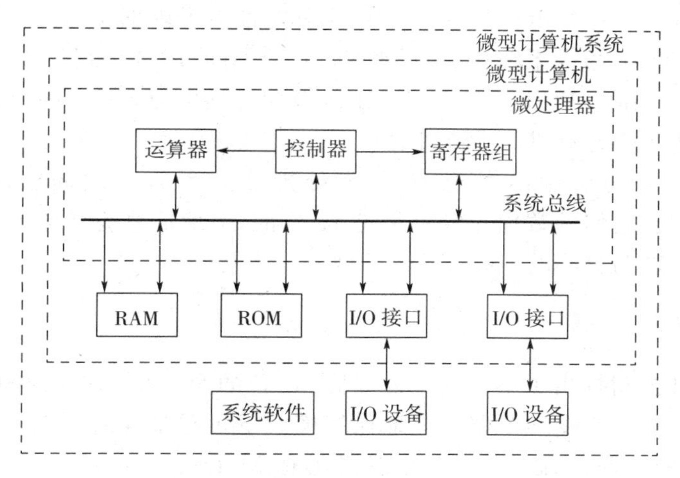

图 1－4　微型计算机系统的组成

1.2.2　微处理器的发展

微型计算机是随着微处理器的发展而发展的，微型计算机与大型机、中型机、小型机在系统结构和工作原理上相比没有本质的区别，但由于它采用了大规模集成电路(LSI)器件，使它具有集成度高、体积小、重量轻、结构配置灵活、价格低廉等特点，从而发展迅猛。自1971年微型计算机问世以来，每隔二、三年就推出一代新的微处理器。目前，微处理器已经历以下几代的发展，具体为：

1. 第一代微处理器

代表是1971年由Intel公司研制的4004微处理器，以及改进后的4040和1972年研制的8008。其中，4004和4040是4位微处理器，8008是低档的8位微处理器。这一代处理器其指令系统简单、速度慢，并且运算能力差。

2. 第二代微处理器

1973年Intel公司在8008基础上推出了改进的Intel 8080微处理器，它与Motorola公司和MOS Technology分别推出的MC6800，6501和6502一起，将微处理器推进到第二代。

1976～1978年期间，Intel公司、Zilog公司和Motorola公司分别推出Intel 8085，Z80和MC－6809高档8位微处理器，并形成了三足鼎立之势。

第二代微处理器的运算速度是第一代的10～15倍，指令系统比较完善，已经有了典型的计算机体系结构以及中断、存储器直接存取(DMA)功能。支持它们的语言有汇编、BASIC，FORTRAN和PL/M等，特别是在后期开始配备了CP/M操作系统。

3. 第三代微处理器

1978年，Intel公司率先推出了16位的第三代微处理器Intel 8086，它的数据总线为16位，地址总线增加到20位，直接存储器的寻址达到1MB(2^{20})。之后，Zilog公司和Motorola公司也分别先后推出16位的Z8000和MC68000。

为了方便原来的8位机用户,1979年Intel公司推出了内部16位结构、片内数据总线为8位的Intel 8088,其指令系统和8086兼容。在此期间,IBM公司研制出了以Intel 8088微处理器为核心的IBM—PC机。1983年,IBM公司又推出带有硬盘的IBM PC/XT机,从此IBM PC机成为个人计算机的主流机之一。

1982年Intel公司研制出高档16位微处理器80286,与之同档次的微处理器有Motorola的68010。它们的数据总线仍然是16位的,但地址总线增加到24位。同时,PC机也推出了以80286为核心的IBM PC/AT微机。

4. 第四代微处理器

1985年,Intel公司推出了第四代微处理器,32位的80386。它与8086向上兼容,具有32位数据线和32位地址线。在虚拟地址保护模式下可寻址4GB(2^{32})物理地址和64TB(2^{48})虚拟地址空间。此阶段的32位处理器还有Motorola的MC68020、贝尔实验室的Bellmac—32A,Nati—onal Semiconductor公司的16032和NEC的V70等。

1989年,Intel推出了更高性能的32位微处理器80486。在80486中集成了一个80386主处理器、一个与80387兼容的数字协处理器和一个8KB的高速缓冲存储器(Cache)。80486还采用了部分RISC(精简指令系统计算机)技术、突发(Burst)总线技术和时钟倍频技术,使处理速度大大提高。同期的32位微处理器还有MC68040和V80。

5. 第五代微处理器

Intel公司在1993年推出了全新一代的微处理器Pentium(奔腾,P5)。Pentium仍然是32位微处理器,具有5级超标量结构、64条数据线和32位地址线。采用了分支预测、指令固化、双8KB Cache,CISC和RISC相结合等技术。1996年,Intel公司推出了Pentium的改进型32位微处理器Pentium MMX(多能奔腾),增加了57条MMX(多媒体扩展指令集),指令采用了新的数据类型和SIMD(单指令流多数据流)技术,片内Cache也分别到了16KB,提高了对多媒体数据的处理能力。

6. 第六代微处理器

1995年,Intel公司推出32位的微处理器P6,1996年下半年命名为Pentium Pro(高能奔腾)。具有64位数据线和36位地址线,物理地址空间64GB(2^{36}),虚拟存储空间64TB。Pentium Pro将一个256KB的L2 Cache(二级Cache)封装到了芯片内,还实现了动态执行技术,可将已经形成的指令先行执行。

1997年5月和1999年2月,Intel公司先后发布了Pentium Ⅱ(奔腾二代)和Pentium Ⅲ(奔腾三代)。它们都采用P6的核心技术,属于32位微处理器,性能进一步增强。类似的微处理器有AMD公司的K7。

7. 第七代微处理器

2000年底,Intel公司推出了非P6核心结构全新的32位微处理器Pentium 4。2001年5月,Intel公司推出了64位微处理器Itanium。

当前微处理器领域正想着提高架构执行效率、多核心设计、灵活的扩展弹性、深层次的功能整合四大技术发展方向。处理器效率低下的弊端主要出现在X86领域，X86指令集臃肿复杂，指令效率已明显低于RISC(Reduced Instruction Set Computing)体系，如果不在芯片设计方面加以弥补，X86处理器很难获得媲美RISC产品的卓越性能。

多核心设计可谓是提高晶体管效能的最佳手段。在单核产品中，提高性能主要通过提高频率和增大缓存来实现，前者会导致芯片功耗的提升，后者则会让芯片晶体管规模激增，造成芯片成本大幅度上扬。如果引入多核技术，便可以在较低频率、较小缓存的条件下达到大幅提高性能的目的。正因为如此，当IBM于2001年率先推出双核心产品之后，其他高端RISC处理器厂商也迅速跟进，双核心设计由此成为高端RISC处理器的标准。

1.2.3 微型计算机的分类及其应用

如今，微处理器的品种数以百计，用不同的微处理器为核心组装成的微型计算机更是种类繁多。根据它们的特点，可将它们从不同角度进行归纳分类。按微处理器的组成形式分，可分为位片式、单片式、多片式；按微处理器的制造工艺分，可分为MOS型和双极型；按微处理器的字长来分，可分4位机、8位机、16位机、32位机等；按微型计算机利用的形态分，可分为单片机、单板机、多板机等。

1. 按微处理器的字长分类

微型计算机的性能很大程度上取决于微处理器。因此，最通常的分法是利用微处理器的字长作为微型机的分类标准，如：

(1)4位微机：目前常见的是4位单片微型机，即在一个芯片内集成了4位CPU、1～2KB ROM、64～128KB RAM、I/O接口和时钟发生器。这种单片机价格低廉，但运算能力弱，存储容量小，程序固化在ROM中，主要用于家用电器、娱乐器件、仪器仪表的简单控制和各类袖珍计算器。

(2)8位微机：8位微处理器的推出，表明了微型机技术已经比较成熟。因此，8位机通用性较强，它们的寻址能力可达到64兆，有功能灵活的指令系统和较强的中断能力。这些特点使得8位机应用范围很宽，广泛用于工业控制、事务管理、教育、通信行业。

(3)16位微机：16位微处理器不仅在集成度、处理速度和数据宽度等方面优于前两类微处理器，而且在功能和处理方法上作了改进。采用16位微处理器构成的微型机可与20世纪70年代的中档小型机匹敌。以Intel8086/8088为CPU的16位微机IBM PC是当时的主流机型，1981年，美国IBM公司将8088芯片用于其研制的PC机中，从而开创了全新的微机时代。也正是从8088开始，个人电脑(PC)的概念开始在全世界范围内发展起来。从8088应用到IBM PC机上开始，个人电脑真正走进了人们的工作和生活之中，它也标志着一个新时代的开始。

(4)32位微机：由32位微处理器构成的微型机对小型机更具有竞争性。由于32位微处理器的强大运算能力，PC的应用扩展到很多的领域，如商业办公和计算、工程设计和计算、数据中心、个人娱乐。Intel80386使32位CPU成为PC工业的标准。

(5)64位微机：64位微处理器是一种用于装备高端计算机系统的芯片。2001年5月29日第一代64位产品Itanium正式上市。Itanium是第一个开放式的64位处理器，成为装备高端计算机系统的主流平台。特别是2002年6月Intel推出了IPF系列第二代芯片

Itanium 2 之后，更明确地显示了未来主流平台的模型。

2. 按微机利用的形态分类

(1)单片微机：它是把 CPU、RAM、ROM 和 I/O 接口电路都集成制作在单块芯片上，使之具有完整的计算机功能，人们称这种大规模集成电路片子为单片微型机。因集成度的关系，其 ROM、RAM 容量有限，I/O 电路也不多，所以用于一些专用的小系统中。如 Intel 公司的 MCS－48、MCS－51、MCS98/96、Motorola 公司 MC6801、MC6805 和 MC68300 等都是应用很广泛的单片微机。

(2)单板微机：它是在一块印刷电路板上，把 CPU、一定容量的存储芯片 RAM 和 ROM 以及 I/O 接口电路等大规模集成电路片子组装而成的微型机。通常在这块板上还包含固化在 ROM 或 EPROM 中的规模不大的监控程序，并配有典型外设—简易键盘和数码管显示器。如 TP－801、SDK－86 等都是常用的单板微机。

(3)多板微机系统：它将包含 CPU、RAM、ROM 和 I/O 接口电路的主板和其他若干块印刷电路板(如存储器扩展板、外设接口板、电源等)组装在一个机箱内，构成一个完整的、功能更强的计算机装置。在这类系统中，通常还配有外部存储器(如盒式磁带机、软磁盘、硬磁盘、光盘)，配有人一机对话工具(如键盘、屏幕显示终端 CRT、鼠标)，配有打印机等外部设备，并且有丰富的软件支持。国内普遍使用的 TRS－80、AppleH，长城 0520 以及 IBM PC 系列的 XT、AT、386、486 等，它们都采用桌面式结构，已进入到家庭和个人办公的范围，因而有个人计算机(PC，Personal Computer)之称。

3. 微型计算机的应用特点

微型计算机的历史虽然才有短短 30 多年，但它已成为计算机应用的主流，这是与它本身具有的特点分不开的，其具体特点表现在：

(1)体形小、重量轻、功耗低：采用大规模和超大规模集成电路的微处理器和系统，其芯片具有的体积小，重量轻等特点。如，集成度为 6800 管/片的 M6800 的芯片尺寸是 5.2cm～5.4cm，16 位的 M68000 芯片为 42.25cm，32 位的 HP－9000 微机的芯片是 6.35cm～6.35cm。外壳封装后的芯片有长方形的双列直插型(DIP)、方形的针筒型和贴片型等，其重量只有十几克。使用为数不多的芯片，在一块印刷板上就可以组装成一台微机。这样的计算机功耗只有几至十几瓦，不仅可以减少电源体积，而且也易于机器的散热。这个优点应用在小型电子设备、仪器仪表、家用电器、航空航天等方面特别有意义。

(2)性能可靠：由于采用大规模集成电路，系统内组件数大幅度下降，印刷电路板上的焊接点数和接插件数目比采用中、小规模集成电路的小型机减少 1～2 个数量级，加之 MOS 型电路功耗小，发热量低，使微型机的可靠性大大提高。微型机完全可以做到工作数千小时不出故障，而且对使用环境也要求较低。

(3)价格便宜：由于集成电路技术的进步，生产批量加大，使得微机价格不断地向下浮动。一般 8 位微处理芯片只有几十元，组成的单板机也不过几百元，一台 16 位微机系统只需几千元。市场上性能/价格比更高的新品种之所以不断涌现，关键是价格因素起作用。

(4)结构灵活、适应性强：由于微机结构非常灵活，易于构成满足各种需要的利用形态的应用系统，也易于进一步扩充。同时，由于构成微机的基本部件的系列化、标准化，更增强了微机的通用性。更为重要的是微机具有可编程序和软件固化的特点，使得一个标准微机仅通过改变程序就能执行不同任务。这一特点使得微机适应性很强，研制周期也大为缩短。

(5)应用面广：现在，微型机不仅占领了原来使用小型机的各个领域，还广泛应用于信息处理、工业过程控制、人工智能、计算机辅助设计制造、商业流通、财政金融、办公自动化、家用电器等社会、经济、军事各个领域，形成了无处不用的宏伟气势。

1.2.4 微型计算机系统组成

微型计算机是借助于大规模集成电路技术发展起来的计算机，它的组成和结构与一般电子计算机是有许多共性的。

微型计算机系统与其他计算机系统组成结构的共同之处在于，它们仍是由硬件和软件两大部分组成的整体系统。而在微型计算机系统中，硬件和软件更加密不可分，其组成可以归纳为表 1-1 所示。

表 1-1 微型计算机系统的组成关系

<table>
<tr><td rowspan="10">微型计算机系统</td><td rowspan="7">硬件</td><td rowspan="4">微型计算机
(单片/单板/多板)</td><td>微处理器(MP)</td><td>算术逻辑部件(ALU)、控制器(CU)、寄存器阵列</td></tr>
<tr><td>内存储器(M)</td><td>ROM:PROM,EPROM,E^2PROM
RAM:SRAM,DRAM,NVRAM</td></tr>
<tr><td>I/O 接口电路</td><td>并行 I/O、串行 I/O</td></tr>
<tr><td>系统总线</td><td>地址总线(AB)、数据总线(DB)、控制总线(CB)</td></tr>
<tr><td rowspan="2">外围设备</td><td>外部设备</td><td>输入/输出设备:键盘、CRT 终端、打印机
外存储器:磁带、磁盘、光盘……</td></tr>
<tr><td>过程 I/O 通道</td><td>模拟量 I/O 器:A/D 转换器、D/A 转换器
开关量 I/O 器</td></tr>
<tr><td>电源</td><td colspan="2"></td></tr>
<tr><td rowspan="3">软件</td><td>系统软件</td><td colspan="2">监控程序、操作系统(CP/M,DOS,UNIX,OS－2…)、诊断程序、编辑程序(EDLIN,EDIT,WORD,…)、解释程序、编译程序、…</td></tr>
<tr><td>程序设计语言</td><td colspan="2">机器语言、汇编语言、高级语言(BASIC,FORTRAN,Pascal,C,…)</td></tr>
<tr><td>应用软件</td><td colspan="2">软件包,数据库(DBASE),……</td></tr>
</table>

微型计算机硬件系统是机器的实体部分，主要包括主机和外围设备两大部分。主机部分由微处理器和内存储器组成。外围设备主要有显示器、键盘、外存储器。外存储器一般使用磁盘存储器(硬盘和软盘)、光盘存储器。输入设备有键盘、鼠标等，输出设备有显示器、打印机和绘图仪等。当计算机进行联网时，应配置网卡、调制解调器等通信设备。

微型计算机软件系统是微机系统的灵魂，其作用是为了更好地发挥微型计算机系统的功能。它主要包括系统软件、各种程序设计语言、应用程序和数据库等，人们通过这些程序使用和管理微机。系统软件包括操作系统、语言处理程序和各种服务程序。程序设计语言是用来编写程序的语言，是人和计算机交换信息所用的工具，通常分机器语言、汇编语言、高级语言三类。应用程序是用户利用计算机提供的系统软件，为解决实际问题而编写的程序。

应用程序可按功能组成不同的程序包或称为工具包，用来减少重复编程工作。应用程序包括各种应用软件包、数据库管理系统以及用户根据需要而设计的各种程序。

程序设计语言中的机器语言和汇编语言都是直接对应于微处理器的指令系统，面向机器的程序设计语言。使用它们能利用计算机的所有硬件特性，直接控制硬件。机器语言直观性差，烦琐、易错，在实际应用中很少直接采用。汇编语言采用符号方式（指令）与机器代码一一对应，从执行时间和占用存储空间来看，它和机器语言同样是高效率的。所以汇编语言在要求高效率的应用中是最常用的一种语言。掌握汇编语言能有助于了解微型计算机的工作原理。

1.3 微型计算机的结构特点

1.3.1 总线结构

微型计算机的基本工作原理与其他计算机一样，也是程序存储和程序控制原理。然而微型计算机的结构形式却在计算机基本结构（图 1.1）的基础上有了发展，现代的计算机系统广泛采用总线（bus）结构，总线是计算机各部件间传送信息的公共通路。微型计算机中各个组成部件之间的信息传输都是通过总线来实现的。不论是微处理器结构、微型计算机结构，还是微型计算机系统结构，它们都是采用总线结构这一特点将各个组成部件连接起来成为一个整体。这样的结构使得系统中各功能部件之间的相互关系变成了各个部件面向总线的单一关系，不仅简化了整个系统，而且使系统的进一步扩充变得非常方便。总线结构这种模块化特点使得微机系统部件的组成相当灵活，实现起来也相当简捷。

总线对微型计算机系统的构成产生了很大影响，根据总线的规模、用途和应用场合，总线分成三类：

（1）片级总线：又称元件级总线，是芯片内部引出的总线，它是微处理器构成一个很小的系统时信息传输通路。

（2）内部总线：又称系统总线或微机总线，它用于微型计算机系统中各插件之间信息传输通路。

（3）外部总线：又称通信总线，它是微型计算机系统之间，或是微型计算机系统与其他系统之间信息传输通路。

1. 微型计算机的系统总线结构

微处理器通过系统总线实现和其他组成部分的联系。总线就好似整个微型计算机系统的“中枢神经”，把微处理器、存储器和 I/O 接口电路有机地连接起来，所有的地址、数据和控制信号都经过总线传输。

微型计算机的系统总线按功能分成三组，即数据总线（Data Bus）、地址总线（Address Bus）和控制总线（Control Bus），如图 1－5 所示，故系统总线结构也称为三总线结构。

数据总线 DB 是传输数据或代码的一组通信线，其宽度（总线的根数）一般与微处理器的字长相等。例如，16 位微处理器的 DB 有 16 根，分别以 D_{15}～D_0 表示，D_0 为最低位数据线，D_{15} 为最高位数据线。DB 上的数据信息在微处理器与存储器或 I/O 接口之间的传送可

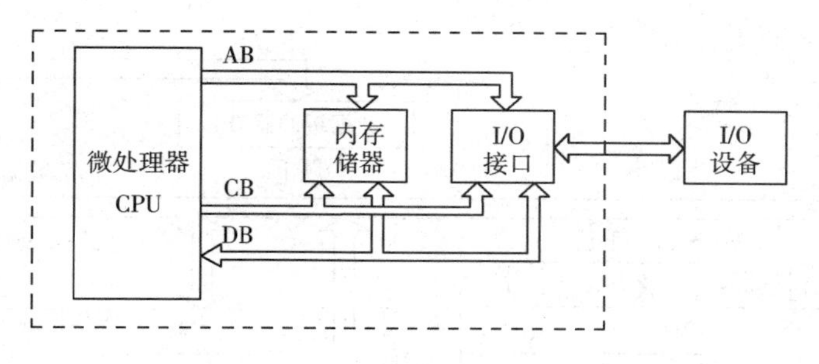

图 1-5　微型计算机的三总线结构

以是双向的,即 DB 上既可以传送读信息,也可以传送写信息。

地址总线 AB 是传输地址信息的一组通信线,是微处理器访问外界用于寻址的总线。AB 总线是单向的,其根数决定了可以直接寻址的范围。如,8 位微处理器的 AB 有 16 根,分别用 A_{15}～A_0 表示,A_0 为最低位地址线。A_{15}～A_0 可以组合成 $2^{16}=65536$(64K)个不同地址值,可寻址范围 0000H～FFFFH。

控制总线 CB 是传送各种控制信号的一组通信线。控制信号是微处理器和其他芯片间相互联络或控制用的。其中包括微处理器发给存储器或 I/O 接口的输出控制信号,如,读信号 RD、写信号 WR 等,还包括其他部件送给微处理器的输入控制信号,如时钟信号 CLK、中断请求信号 INTR 和 NMI、准备就绪信号 READY 等。

2. 微处理器的内总线结构

由于受大规模集成电路工艺的约束,微处理器在芯片面积、引脚、速度等方面受到严格限制。因此,绝大多数微处理器内部均采用单总线结构,即内部所有单元电路都挂在内部总线上,分时使用总线。图 1-6 给出了一个典型的 8 位微处理器的内部结构。

微处理器是微型计算机的核心,尽管各种微处理器的内部结构和性能指标有所不同,但都具有基本共同点。首先,微处理器一般都具备下列功能:

- 可以进行算术运算和逻辑运算;
- 可以保存少量数据;
- 能对指令进行译码并执行规定的动作;
- 提供整个系统所需要的定时和控制时序;
- 可以响应其他部件发来的中断请求。

另外,微处理器在内部结构上除了内总线外都包含以下这些部分:

- 算术逻辑部件(ALU);
- 累加器和寄存器阵列;
- 程序计数器(指令指针)、指令寄存器、译码器和状态寄存器;
- 时序和控制部件;
- 总线缓冲器。

ALU 由并行加法器和其他逻辑电路组成,完成二进制信息的算术、逻辑运算和其他一些操作。它以累加器、暂存器中的内容为操作数,有时还包括状态寄存器中的内容。操作结果送回累加器,与此同时把表示操作结果的一些标志保存到状态寄存器中。

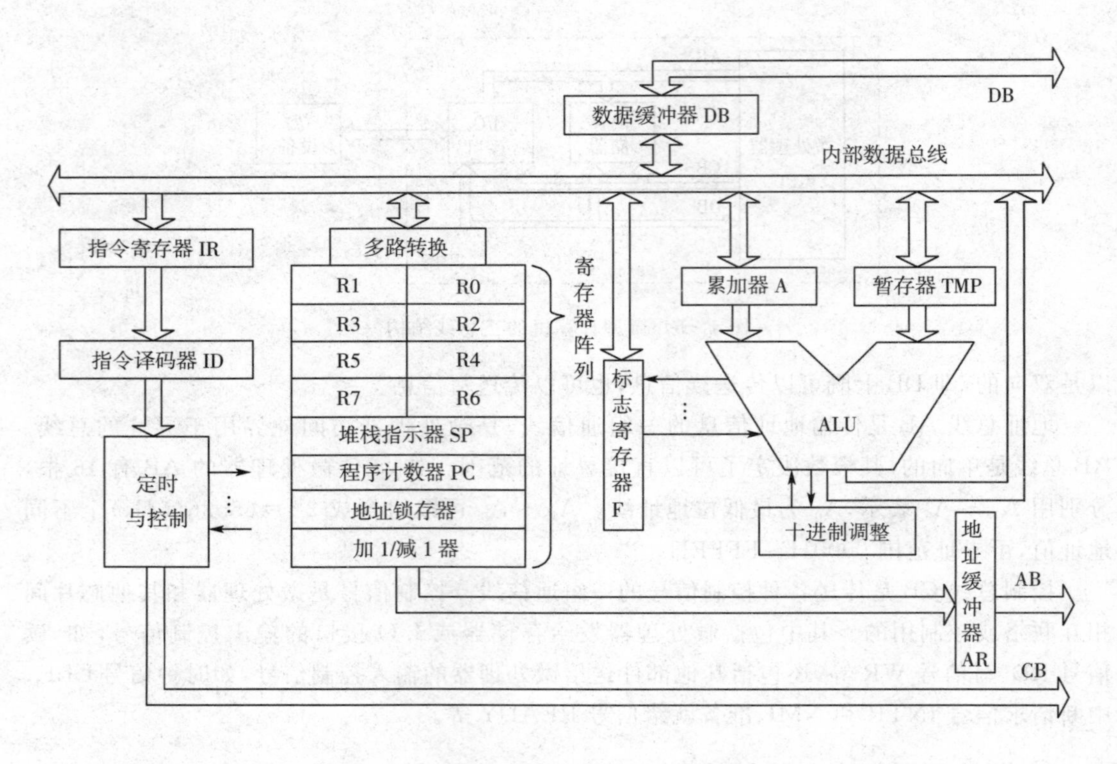

图 1-6　8 位微处理器的内部结构

寄存器阵列是微处理器的内部临时存储单元，用来暂时存放微处理器可以直接处理的数据或地址，以减少访问存储器的次数，提高处理速度。每个寄存器都和内部数据总线进行双向连接，寄存器数目的多少，由微处理器的体系结构而定。

程序计数器专门用来存放下一条执行指令的地址。由于程序一般存放在内存的一个连续区域内，系统每当取出现行指令后，程序计数器自动加 1(转移时除外)，以指向下一条指令的地址。仅当执行转移指令时，程序计数器内容才由转移地址取代，从而改变程序执行的正常次序，实现程序转移。

指令寄存器存放从内存中取出的指令码。指令译码器则对指令码进行译码和分析，从而确定指令的操作性质，产生相应操作的控制电位，送到时序和控制逻辑电路。

时序和控制部件将译码产生的各种控制电位，按时间、按节拍地发出执行指令所需要的控制信号，指挥微型计算机的相应部件有条不紊地完成指定的操作。

总线缓冲器是微处理器数据或地址信号的进出口，用来隔离微处理器内部总线和外部总线，并提供附加的总线驱动能力。数据总线缓冲器是双向三态缓冲器，地址总线缓冲器是单向三态缓冲器。

1.3.2　引脚的复用功能

由于工艺技术和生产成本的考虑，微处理器的封装尺寸和引脚数受到限制，影响了微处理器使用的方便性。8086 之前的微处理器引脚数一般是 40 条。随着微处理器字长和寻址能力的增加，引脚越来越不够用了。为弥补引脚的不足，微处理器的部分引脚设计采用了功能复用技术，即一条引脚有一个以上用途，以此达到“扩充”引脚数的目的。比如，数据总线（DB）的双向传送能力，就是引脚功能复用的一例。再比如，只有 40 引脚的 16 位微处理器 8086，它可直接寻址 1MB 存储器，那么地址总线（AB）总线需要 20 根，如果数据总线（DB）总线再单独占用 16 根，再加上控制总线（CB），显然芯片的引脚不够用了。系统将地址总线（AB）、数据总线（DB）分时使用微处理器的同一组引脚，也就是让微处理器 8086 的 20 条引脚具有两个功能，即在某时刻它们传送地址信息，另一时刻它们其中的 16 条引脚传送数据信息，这样来解决微处理器引脚不够的问题。

功能复用的引脚必须分时使用总线才能区分功能，以达到节约引脚的目的。然而引脚的功能复用却延长了信息传输时间，同时要增加相应的辅助电路，这样增加了系统的复杂性。

1.3.3 流水线技术

随着超大规模集成电路（VLSI）技术的出现和发展，芯片集成度显著提高，使得过去在大、中、小型计算机中采用的一些技术，如，流水线技术、高速缓冲存储器、虚拟存储器等，下移到微机系统中。特别是流水线技术的应用，使得微机的运行模式发生了变革。

所谓流水线技术就是一种同时（或称同步）进行若干操作的处理方式。这种方式的操作过程类似于工厂的流水线作业装配线，故形象地称之为流水线技术。

计算机都采用程序存储和程序控制的运行方式。传统上，程序指令顺序地存储在存储器当中，当执行程序时，这些指令被相继地逐条取出并执行，也就是说指令的提取和执行是串行进行的。这种串行运行方式的优点是控制简单，但计算机各部分有时会出现空闲而利用率不高。为了使微处理器运行速度更高、更快，除了采用更高速度的半导体器件和提高系统时钟频率以外，另一个解决方法是使 CPU 采用同时进行若干操作的并行处理方式。

如果把计算机 CPU 的一个操作过程（取指令、分析指令、加工数据等）进一步分解成多个单独处理的子操作，使每个子操作在一个专门的硬件站（Stage）上执行，这样一个操作顺序地经过流水线中多个站的处理，而且前后连续的几个操作依次流入流水线后，可以在各个站间重叠进行得以完成，这种操作的重叠性提高了 CPU 的工作效率。

下面以“取指令—执行指令”一个工作周期中要完成的若干个操作为例来说明流水线工作流程。

在串行运行方式中，一个工作周期按序完成以下操作：

（1）取指令：CPU 根据指令指针所指到存储器寻址，读出指令并送入指令寄存器；

（2）指令译码：指令进行译码，而指令指针进行增值，指向下一条指令地址；

（3）地址生成：很多指令要访问存储器或 I/O 接口，那就必须给出存储器或 I/O 接口的地址，地址也许在指令中或者要经过某些计算得到；

（4）存取操作数：当指令要求存取操作数时，按照生成的地址寻址，并存取操作数：

（5）执行指令：由 ALU 完成指令操作。

流水线运行方式就可使上述某些操作重叠。比如，把取指令和执行指令（甚至再加上指令译码）操作重叠起来进行。在执行一条指令的同时，又去取另一条或若干条指令。程序中的指令仍是顺序执行，但可以预先取若干指令，并在当前指令尚未执行完时，提前启动另一些操作。这样并行操作可以加快一段程序的运行过程。

流水线技术的实现必须要增加硬部件。例如，上述“取指令—执行指令”的重叠，要采用预取指令操作，就需要增加硬部件来取指令，并把它存放到一个排队队列中，使微处理器能同时进行取指令和执行指令操作。再比如，让微处理器中含有两个 ALU。一个主 ALU 仅用于进行算术、逻辑等操作，另一个 ALU 专用于地址生成，这样可以使地址的计算和其他操作同时进行。

流水线技术已广泛应用于16位以上的微型机，有指令流水线技术、运算操作流水线技术、寻址流水线技术等一系列应用。它主要是加快了取指令和访问存储器的操作，在某些情况下，使运行的速度达到数量级增长。但是由于不同的指令运行时间不一样长，流水线技术受到最长步骤所需时间的限制。此外，要保证流水线有良好的性能，必须要有一系列有效的流水线协调管理和避免阻塞等技术支撑。

1.3.4 微机系统中的基本数字部件

尽管计算机的数字电路发展迅猛，集成度不断提高，但它仍依赖于一些基本原理。对于初学者，要掌握其工作原理和应用技术，就必须将它分解成若干功能块，按每个功能块的作用、电路组成、所含器件等，由“粗”到“细”地进行剖析，以此来理解掌握微机的工作原理。这里介绍微机中常用的一些最基本的数字电路原理和功能，以便让读者掌握一定的微机硬件电路基础，以利于原理的理解与系统的分析。

1. 基本逻辑门电路

数字电路是一个二值开关电路。计算机中通常用逻辑图来表示逻辑关系。逻辑图是用一系列逻辑符号描述实际电路中部件之间联系的电路图。它只反映电路的逻辑功能而不反映其电气性能，它的输入与输出的关系就是相应的逻辑函数。

逻辑门是逻辑图中最基本的逻辑符号，它是表征一种逻辑关系的数字门电路。表1-2是实现基本逻辑运算的逻辑门电路的名称、符号。

表1-2 基本逻辑门电路名称及符号

符号名称	国标符号	国际流行符号	IEEE 逻辑符号
与门	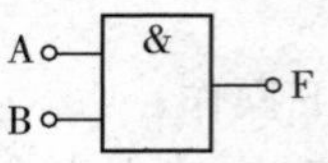 A, B — & — F	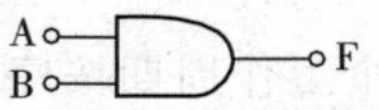 A, B — F	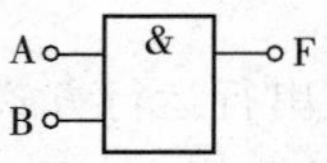 A, B — & — F
或门	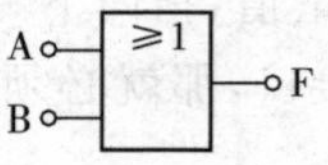 A, B — ≥1 — F	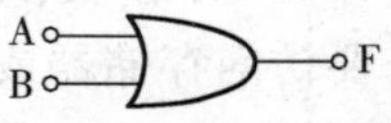 A, B — F	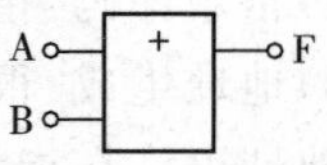 A, B — + — F
非门	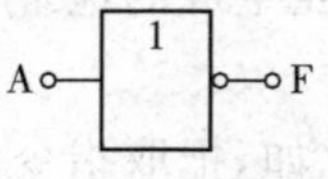 A — 1 — F	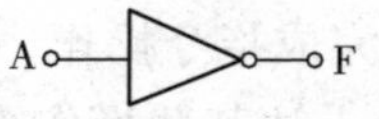 A — F	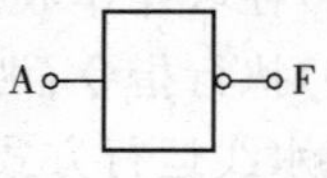 A — F
	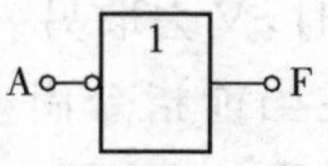 A — 1 — F	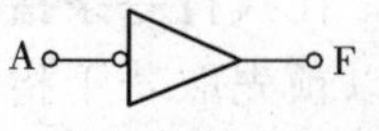 A — F	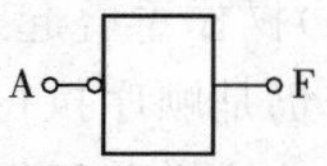 A — F

（续表）

符号名称	国标符号	国际流行符号	IEEE 逻辑符号
与非门	&		&
或非门	≥1		+
异或门	=1		=1
同或门	=1		=1

2. 三态门

前面提到，微型计算机是利用总线技术把微处理器、存储器和 I/O 接口电路有机地连接起来，所有的地址、数据和控制信号都经过总线传输。这些挂在微型计算机总线上的功能部件既要“共享”总线通道，又要保证信息在公共总线上传输时不“乱窜”，这就需要解决总线的冲突和信息串扰问题。解决的方法是采用三态输出电路（或称三态门）把部件与总线相连。当部件不工作时，与总线相连的三态输出电路处于高阻态，犹如与总线断开一样，对总线不产生影响，仅仅是正在工作的部件“独享”着总线。

所谓三态门，就是具有高电平、低电平和高阻抗三种输出状态的门电路，图 1－7 给出了总线结构上广泛采用的单向和双向三态门的电路原理。三态门“开”或“关”的控制信号一般由微处理器发出。双向三态门是由两个单向三态门构成，又称做双向电子开关。工作时，用两个单向三态门互斥的控制端信号来选通传输方向。

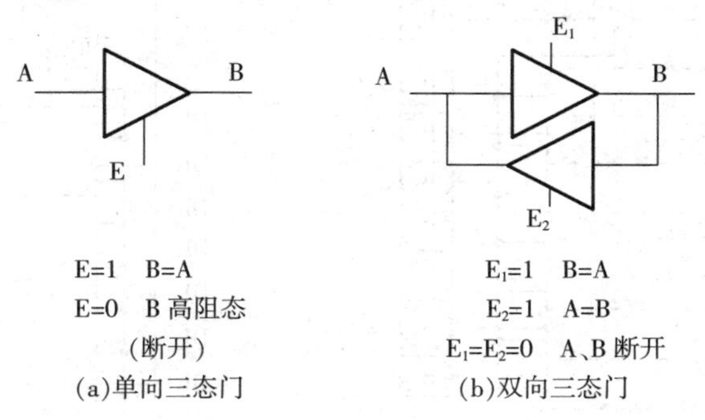

(a)单向三态门　(b)双向三态门

图 1－7　三态门示意图

三态门一般具有较高的输入阻抗和较低的输出阻抗，可以改善传输特性，故对传输数据起到缓冲作用，同时能对传输的数据进行功率放大，具有一定的驱动能力，所以三态门电路还被称为数据缓冲/驱动电路。

3. 数据缓冲/驱动器

微处理器的数据总线的负载能力是有限的，如果有众多的部件挂在数据总线上，CPU可能就没有足够的功率把数据传输给每个部件。为解决这个问题，往往需要在数据总线上接一个双向总线数据缓冲/驱动器来传输数据，使数据经放大后再传输给需要该数据的部件。这样，不仅增加了驱动数据的能力，而且也可以简化对挂接部件接口的要求。

Intel 8286(74LS245)是一由 8 位双向三态门构成的双向数据缓冲器或称做数据收发器，采用 20 引脚的双列直插式(DIP)封装，其内部逻辑结构和引脚特性如图 1－8 所示。

$A_0 \sim A_7$、$B_0 \sim B_7$：数据端口，双向。

- $\overline{OE}$(Out Enable)：允许输出控制信号，低电平有效。

当$\overline{OE}$为低电平时，允许数据输出，传送方向由 T 控制；当$\overline{OE}$为高电平时，输出端口呈高阻状态。

- T(Transmit)：传送方向控制信号，高、低电平均有效。

当 T＝1，数据由 A→B 传送，当 T＝0，数据由 B→A 传送。T 信号常用微处理器的读/写信号(R/W)来控制。

8286 用于要有隔离控制的数据收发和需要增加数据总线驱动能力的数据传输系统，例如，大量使用在存储器系统和 I/O 接口电路中。

4. 数据锁存器

微机系统在信息传输的过程中，往往需要对“短暂”信号进行锁存，以达到时间上的扩展，保证让接收方有足够的时间接收和处理。

Intel 8282(74LS373)是 8 位带单向三态缓冲器的数据锁存器，常用于数据的锁存、缓冲和信号的多路传输。8282 采用 20 引脚的 DIP 封装，其内部逻辑结构和引脚特性如图 1－9 所示。

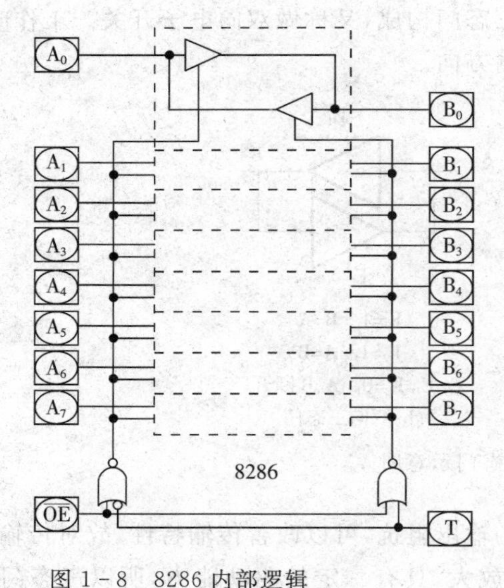

图 1－8　8286 内部逻辑

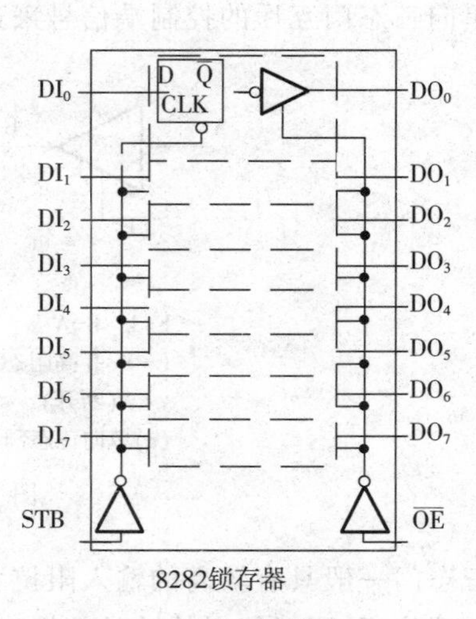

图 1－9　8282 内部逻辑

● DI_0—DI_7、DO_0—DO_7：分别是 8 位数据输入、输出端。

● STB(Strobe)：输入选通信号，高电平有效。

当 STB 为高电平时，8282 传输，即 $DO_i = DI_i$，当 STB 由高电平变为低电平时，将输入数据锁存。

● $\overline{OE}$：输出允许，低电平有效。

如果将$\overline{OE}$接地保持常有效，即让 8282 总是处于输出允许状态，当 STB 有效时，数据被锁存并直接传至输出端，这时 8282 就仅作锁存器用。如果让 STB 保持常有效，数据直通，当$\overline{OE}$有效时，数据才输出，这时 8282 就仅作缓冲器用。

8282 常用来锁存访问存储器或 I/O 端口的地址数据。经锁存后的地址数据可以在整个数据传送周期保持不变，为外部提供稳定的地址信号。所以 8282 常被称为地址锁存器。

5. 译码器

微机中广泛采用地址译码器对存储器或者输入/输出设备进行选择，操作其工作。如，CPU 在给出存储单元的地址后，存储器要根据该地址选择对应的存储单元，这个过程叫地址译码。设存储单元的地址码为 n 位二进制数，存储单元的总数为 N 个，则有 $N=2^n$。地址译码就是要根据 n 位地址码，在 N 个存储单元中选中对应的一个存储单元进行读写。这个选择工作是由地址译码电路来完成的。

译码电路是对输入的一个二进制数码经“翻译”后产生一个对应的输出有效信号。n 位二进制数有 2^n 个不同的编码组合，所以，译码电路有 n 个输入端，就应有 2^n 个输出端。译码电路工作时，在某一时刻，2^n 个输出中只能有一个输出信号为有效，其余均为无效。若以输出低电平（“0”）为有效，则高电平（“1”）表示无效，反之亦然。因此，译码电路的工作原理就是根据输入的组合状态得到唯一的输出有效信号。

表 1-3 给出了一个 3—8 译码器 74LS138 的真值表。它有三个输入端 A、B、C，八个输出端 Y_0—Y_7（低有效），三个选通信号 G_1、$\overline{G_{2A}}$ 和 $\overline{G_{2B}}$。只有当 $\overline{G_{2A}}$、$\overline{G_{2B}}$ 为低电平，G_1 为高电平时，74LS138 才根据输入 A、B、C 的组合进行译码。

表 1-3　3-8 译码器真值表

输入						输出							
$\overline{G_{2A}}$	$\overline{G_{2B}}$	G_1	A	B	C	$\overline{Y_0}$	$\overline{Y_1}$	$\overline{Y_2}$	$\overline{Y_3}$	$\overline{Y_4}$	$\overline{Y_5}$	$\overline{Y_6}$	$\overline{Y_7}$
1	×	×	×	×	×	1	1	1	1	1	1	1	1
×	1	×	×	×	×	1	1	1	1	1	1	1	1
×	×	0	×	×	×	1	1	1	1	1	1	1	1
0	0	1	0	0	0	0	1	1	1	1	1	1	1
0	0	1	1	0	0	1	0	1	1	1	1	1	1
0	0	1	0	1	0	1	1	0	1	1	1	1	1
0	0	1	1	1	0	1	1	1	0	1	1	1	1
0	0	1	0	0	1	1	1	1	1	0	1	1	1
0	0	1	1	0	1	1	1	1	1	1	0	1	1
0	0	1	0	1	1	1	1	1	1	1	1	0	1
0	0	1	1	1	1	1	1	1	1	1	1	1	0

0—低电平　1—高电平　×—任意

习 题

1-1　微型计算机系统有哪些功能部件组成？它们各自具有什么结构？

1-2　试说明程序存储及程序控制的概念。

1-3　请说明微型计算机系统的工作过程。

1-4　什么是微处理器？什么是微型计算机？什么是微机系统？它们之间的关系如何？

1-5　微型计算机由哪几部分组成？各部分的作用是什么？请画出组成原理示意图。

1-6　微型计算机流水线技术的要点是什么？

第 2 章　8086 微处理器及其系统结构

8086 是 Intel 系列的第三代微处理器。它是一个功能很强的 16 位微处理器，采用了 HMOS 高密度工艺，集成度达每片 2.9 万只晶体管，单一＋5V 电源，封装成 40 脚双列直插组件(DIP)。时钟频率有 3 种，8086 型微处理器为 5MHz，8086－2 型为 8MHz，8086－1 型为 10MHz。它的内部和外部的数据总线宽度都是 16 位，地址总线宽度 20 位，直接寻址空间为 2^{20} 即 1MB。

Intel 公司在推出 8086 微处理器的同时，还推出了一种准 16 位微处理器 8088。它是许多过去流行的微机，如 IBM－PC/XT 及许多兼容机(个人计算机)的 CPU，其设计目标是为了能与 Intel 的 8 位外围接口芯片直接兼容。8088 和 8086 的内部结构基本相同，两者的软件也完全兼容。它们最主要的区别是外部数据总线：8086 是 16 位数据总线，8088 是 8 位数据总线。8088 执行相同的外部存取操作程序时，要比 8086 执行得慢。

下面以 8086 微处理器为例，介绍微处理器的基本结构和功能。

2.1　8086 微处理器结构

微型计算机工作过程，是先从存储器中取指令，如果需要再取操作数，然后执行指令，最后送结果。通常 8 位机是串行执行的，而 16 位机可并行操作。8086 CPU 的内部结构见图 2－3。它由总线接口单元(BIU：Bus Interface Unit)和指令执行单元(EU：Execution Unit)组成，BIU 和 EU 的操作是并行的。

在早期的 8 位微处理器中，程序的执行是由取指令和执行指令的循环来完成的，即执行的顺序为取第一条指令，执行第一条指令；取第二条指令，执行第二条指令，…… 直至取最后一条指令，执行最后一条指令。这样，在每一条指令执行完以后，CPU 必须等待，到下一条指令取出来以后才能执行。其工作顺序如图 2－1 所示。

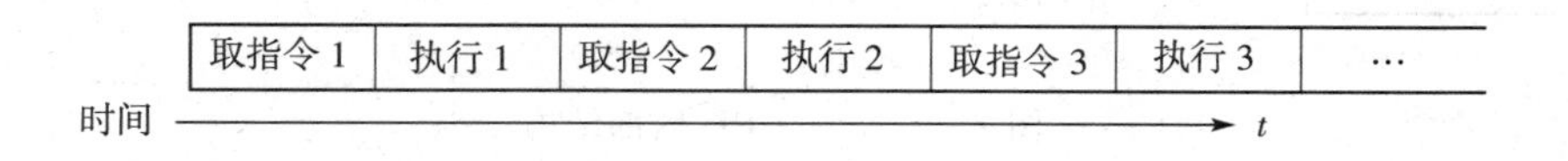

图 2－1　一般 8 位微处理器顺序执行方式

但在 8086 中由于 BIU 与 EU 是分开的，所以取指令和执行指令可以重叠。它一方面可以提高整个系统的执行速度，另一方面又降低了对存储器的速度要求。这种重叠的操作利用了计算机的流水技术。图 2－2 示出了重叠执行指令的过程。

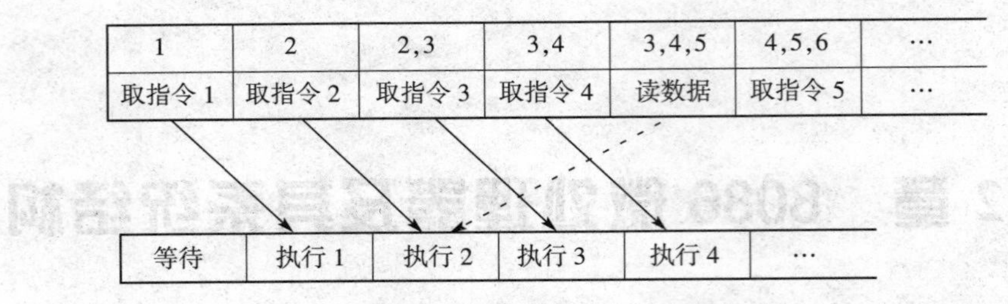

图 2-2 重叠执行指令的过程

2.1.1 8086 微处理器的内部结构

8086CPU 内部结构从功能上来说分成两大部分：总线接口单元 BIU 和指令执行单元 EU，如图 2-3 所示。BIU 负责取指令，读操作数和写结果，所有与外部的操作由其完成。EU 负责分析指令和执行指令，不直接访问存储器或 I/O 端口。EU 若需要访问存储器或 I/O 端口，则向 BIU 发出访问所需要的地址，在 BIU 中形成物理地址，然后访问存储器或 I/O 端口。总线接口单元 BIU 和指令执行单元 EU，这两个单元能独立地进行操作，在大多数情况下，取指令与执行指令的操作是并行的。BIU 与 EU 的并行操作大大减少了等待取指令所需的时间，提高了 CPU 的利用率。

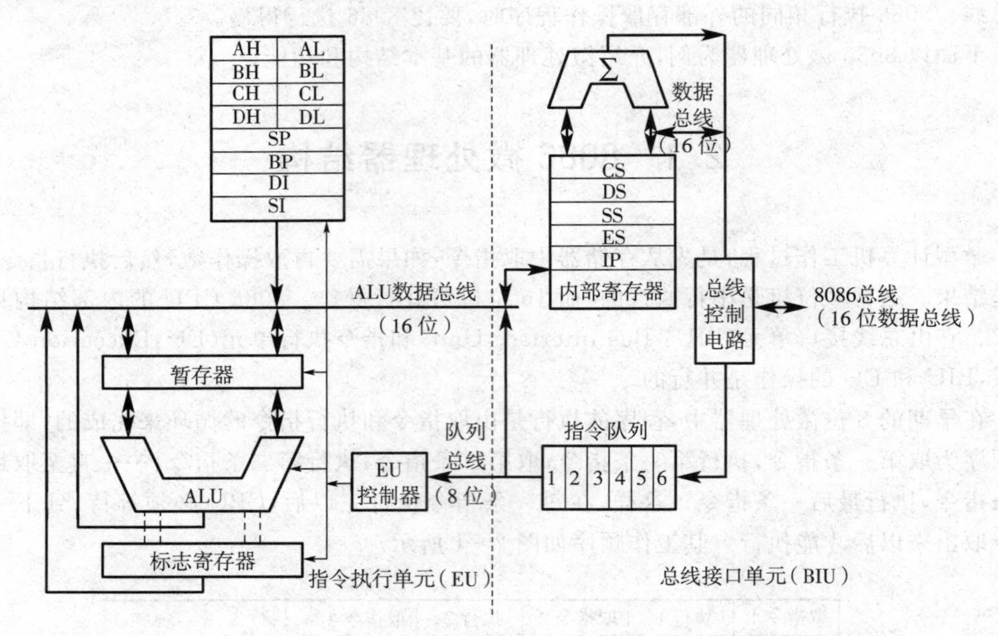

图 2-3 8086CPU 内部结构

1. 总线接口单元 BIU

总线接口单元 BIU 是 8086CPU 与外部传送信息的接口，包括 4 个 16 位段寄存器（分别为代码段寄存器 CS、数据段寄存器 DS、附加段寄存器 ES 和堆栈段寄存器 SS），一个 16 位指令指针 IP，一个指令队列以及地址加法器和总线控制电路。它提供了 16 位双向数据总线和20位地址总线，并完成所有外部总线操作。BIU具有地址形成、取指令、指令排队、读/写操作数和总线控制等功能。它的操作过程如下：

(1)取指令：首先由代码段寄存器CS中16位段基地址，在最低位后面补4个0，加上指令指针寄存器IP中16位偏移地址，在地址加法器内形成20位物理地址，20位地址直接送往地址总线，然后通过总线控制逻辑发出存储器读信号，启动存储器，按给定的地址从存储器中取出指令，送到指令队列中等待执行。

(2)指令队列：指令队列实际上是一个内部的RAM阵列，它类似一个先进先出的栈。8086CPU的指令队列最多能保存6个指令字节。且只要队列出现2个空字节，同时EU也未要求BIU进入读/写操作数等的总线周期，BIU便自动从内存单元顺序取指令字节，并填满指令队列。当执行转移指令时，BIU使指令队列复位，并从新的地址单元取出指令，立即送EU单元执行，然后，自动取出后继指令字节以填满指令队列。显然，指令队列的设置使指令的取出和分析、执行同时并行进行，大大加快了程序的运行速度。

(3)读/写操作数：EU从指令队列中取走指令，经指令译码后，向BIU申请从存储器或I/O端口读/写操作数。只要收到EU送来的16位偏移地址，BIU将通过地址加法器将现行数据段及送来的偏移地址组成20位物理地址，在当前取指令总线周期完成后，在读/写总线周期访问存储器或I/O端口完成读/写操作。最后EU执行指令，由BIU将运算结果读出。

总线控制部件将8086CPU的内部总线与外部总线相连，并发出总线控制信号，实现CPU与外部总线的信息传送。

2. 指令执行单元EU

指令执行单元EU完成指令分析和执行指令的工作。它包括算术逻辑单元ALU、标志寄存器、内部数据操作寄存器，EU控制电路和数据暂存器等。指令执行单元工作过程为：

(1)EU从BIU的指令队列输出端取出指令，进行分析，EU根据指令要求向EU内部各部件发出控制命令，完成执行指令的功能。

(2)指令如需要访问总线去取操作数，则EU将操作数的偏移地址通过内部16位数据总线送给BIU，与段地址一起，在BIU的地址加法器中形成20位物理地址，通过总线从内存中取得操作数送给EU。

(3)指令如需要进行算术逻辑运算，EU将运算的操作数取来存入暂存器，操作数可从存储器取得，也可从寄存器组取来。然后，通过算术逻辑运算单元ALU完成各种算术运算及逻辑运算。运算结果由内部总线送到寄存器组，或由BIU写入存储器或I/O端口。运算后结果的特征改变标志寄存器PSW的状态，供测试、判断及转移指令使用。

2.1.2 8086处理器中的内部寄存器

如图2-4所示。8086CPU的EU单元中有8个16位内部数据操作寄存器，其中有4个数据通用寄存器，2个指针寄存器和2个变址寄存器，均可存放操作数，并可以参加算术逻辑运算。BIU单元中包括4个段寄存器和一个指令指针。寄存器在计算机中的存取速度比存储器快得多，可以相当于存储单元，用来存放运算过程中所需要的操作数地址、操作数及中间结果。另外，8086微处理器内部还有一个标志寄存器PSW，存放ALU运算结果特征。

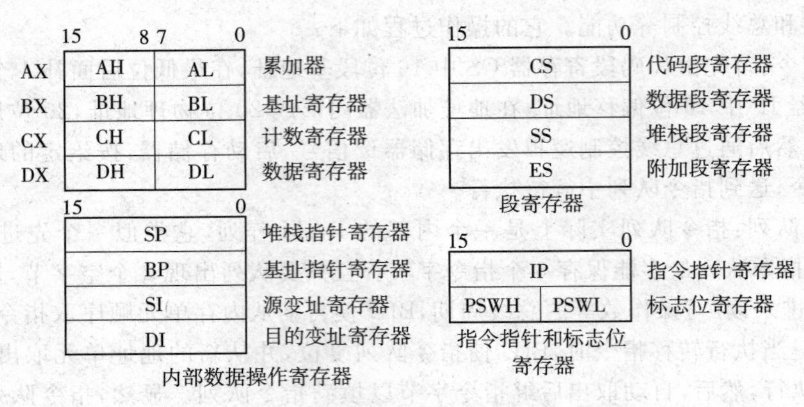

图 2-4　8086CPU 寄存器组

1. 数据通用寄存器

4 个 16 位数据通用寄存器为 AX、BX、CX、DX。它们又都可分别作为两个 8 位寄存器使用,并分高低字节,分别命名为 AH、BH、CH、DH 及 AL、BL、CL、DL。一般来说,8086 CPU 的这 4 个数据通用寄存器既可用来存放源操作数,又可用来存放目标操作数和运算结果,十分灵活方便。然而,为了缩短指令代码的长度,在 8086CPU 的某些指令中,这 4 个寄存器有隐含的专门用途,故又分别称 AX 为累加器,BX 为基址寄存器,CX 为计数寄存器,DX 为数据寄存器。表 2-1 列出了 8086CPU 8 个内部数据操作寄存器的特殊用途。

2. 指针和变址寄存器

2 个 16 位指针寄存器为 SP 和 BP。它们均主要用来存放段内偏移地址,与 SS 联用。其中 SP 用来存放现行堆栈段的段内偏移地址,称为堆栈指针;BP 用来存放现行堆栈段内一个数据区的基地址偏移量,称为基址指针。2 个变址寄存器为 SI 和 DI,通常与 DS 一起使用。这两个寄存器常用于字符串操作中,并分别用来存放源操作数的段内偏移量和目标操作数的段内偏移量,故 SI 和 DI 分别称为源变址寄存器和目标变址寄存器。在串指令中,SI 和 DI 均为隐含寻址。此时 SI 和 DS 联用,DI 和 ES 联用。8086 CPU 的大部分操作可使用 2 个指针寄存器和 2 个变址寄存器,这样它们又可称为内部数据操作寄存器。

3. 段寄存器

8086 把 1 M 字节的存贮空间划分为若干个逻辑段。每个逻辑段的长度为 64 K 字节,并规定每个逻辑段 20 位起始地址的最低 4 位为 0000B。这样,在 20 位段起始地址中只有高 16 位为有效数字。称这高 16 位有效数字为段的基地址(简称段基址),并存放于段寄存器中。8086 CPU 的 BIU 单元中共有 4 个段寄存器:CS、DS、SS 和 ES,可同时存放 4 个段的基地址。这 4 个段寄存器规定的 4 个逻辑段也称为当前段。其中 CS 用来存放当前代码段的基地址,要执行的指令代码均存放在当前代码段中;DS 用来存放当前数据段的基地址,指令中所需操作数,常存放于当前数据段中;SS 用来存放当前堆栈段的基地址,堆栈操作所处理的数据均存放在当前堆栈段中;ES 用来存放当前附加段的基地址,附加段通常也用来存放操作数。通常操作数在现行数据段中，而在串指令中目的操作数指明必须在现行附加段中。

表 2－1　寄存器的特殊用途

寄存器名	特殊用途
AX,AL	在输入输出指令中作数据寄存 在乘法指令中存放被乘数或乘积，在除法指令中存放被除数或商
AH	在 LAHF 指令中作目标寄存器
AL	在十进制运算指令中作累加器 XLAT 指令中作累加器
BX	在间接寻址中作基址寄存器 在 XLAT 指令中作基址寄存器
CX	在串操作指令和 LOOP 指令中作计数器
CL	在移位/循环移位指令中作移位次数寄存器
DX	在字乘法/除法指令中存放乘积高位或被除数高位或余数 在间接寻址的输入输出指令中作寻址寄存器
SI	在字符串运算指令中作源变址寄存器 在间接寻址中作变址寄存器
DI	在字符串运算指令中作目的变址寄存器 在间接寻址中作变址寄存器
BP	在间接寻址中作基址指针
SP	在堆栈操作中作堆栈指针

20 位物理地址形成，是由段寄存器中 16 位段基地址，在最低位后面补 4 个 0，加上 16 位段内偏移地址，在地址加法器内形成 20 位物理地址。段内偏移地址可以存放在寄存器中，也可以存放在存储器中。

例 2－1　代码段寄存器 CS 存放当前代码段基地址，IP 指令指针寄存器存放了下一条要执行指令的段内偏移地址，其中 CS＝3400H，IP＝00C5H。通过组合，形成 20 位存储单元的寻址地址为 340C5H。

4. 指令指针寄存器

BIU 单元中的 16 位 IP 寄存器称为指令指针。它总是存放着下一条要取出指令在现行代码段内的偏移地址，因此它是用来控制指令序列的执行流程的，是一个重要的寄存器。IP 寄存器不能由程序员直接访问，但可以通过某些指令修改 IP 的内容。例如，当遇到调用子程序指令时，8086 自动调整 IP 的内容，将 IP 中下一条将要执行的指令地址偏移量入栈保护，待子程序返回时，可将保护的内容从堆栈中弹出到 IP，使主程序继续运行。在跳转指令时，则将新的跳转目标地址偏移量送入 IP，改变它的内容，实现程序的转移。

5. 标志寄存器 PSW

8086CPU 的标志寄存器为 16 位，共有 9 个标志。其中 6 个为状态标志，3 个为控制标志。标志寄存器的具体格式如图 2－5 所示。

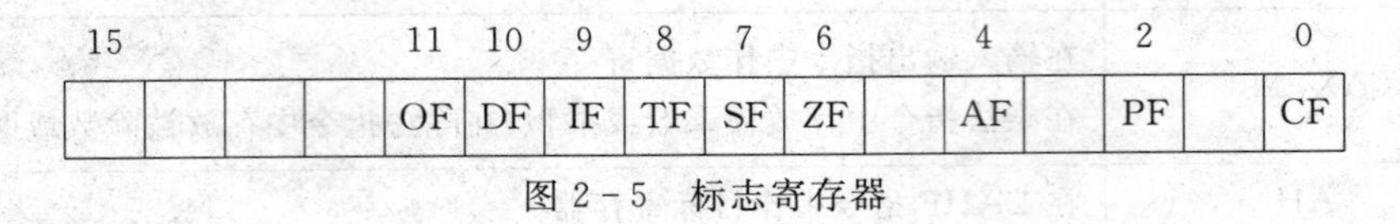

图 2－5 标志寄存器

6 个状态标志位为：

(1)CF(Carry Flag)——进位标志。本次运算中最高位产生进位(加法时)或借位(减法时)，CF＝1，否则，CF＝0。

(2)PF(Parity Flag)——奇偶校验标志位。本次运算结果低 8 位有偶数个“1”时，PF＝1，否则，PF＝0。在串行通讯中用作奇偶校验。

(3)AF(Auxiliary Carry Flag)——辅助进位标志。本次运算结果，低 4 位向高 4 位有进位或借位时，AF＝1，否则，AF＝0。该标志位一般用在 BCD 码运算中，判断是否需要十进制调整。

(4)ZF(Zero Flag)——零标志位。本次运算结果为零(各位都为零)时，ZF＝1，否则，ZF＝0。

(5)SF(Sign Flag)——符号标志位。该标志位的状态总是与运算结果最高有效位的状态相同，因而它用来反映带符号数运算结果的正负情况。即 SF＝1，表明结果为负；SF＝0，表明结果为正。

(6)OF(Overflow Flag)——溢出标志位。带符号数加减运算的结果产生溢出时，OF＝1，否则，OF＝0。对带符号数，字节运算结果的范围为：－128～＋127，字运算结果的范围为：－32768～＋32767，超过此范围为溢出。

例 2－2 将 5796H 与－757BH 两数相加，并说明其标志位状态

```
      0101   0111   1001   0110
  +   1000   1010   1000   0101
  ------------------------------
      1110   0010   0001   1011
```

运算结果为－1DE5H，并置标志位为 CF＝0、PF＝1、AF＝0、ZF＝0、SF＝1、OF＝0。

3 个控制标志位各具有一定的控制功能，即：

(1)TF(Trap Flag)——陷阱标志，或称单步操作标志。该标志用于控制单步中断。当 TF＝1 时，如果执行指令就产生单步中断。即 CPU 每执行一条指令便自动产生一个内部中断，使处理器转去执行一个中断服务程序，以便为用户提供该条指令执行后各寄存器的状况等。单步中断用于程序调试过程中。

(2)IF(Interrupt Flag)——中断标志位。IF＝1 时，允许 CPU 响应可屏蔽中断，当 IF＝0 时，即使外部设备有中断申请，CPU 也不响应。该标志可用指令置位或清零。

(3)DF(Direction Flag)——方向标志。该标志、用于指定字符串处理指令的步进方向。当 DF＝1 时，字符串处理指令以递减方式由高地址向低地址方向进行，当 DF＝0 时，

字符串处理指令以递增方式由低地址向高地址方向进行。该标志可用指令置位或清零。

在调试程序 debug 中,提供了测试标志位的方法,它用符号来表示标志位的值。表2-2 说明了各标志位在 debug 中的符号表示。(TF 在 debug 中不提供符号)

表 2-2 PSW 中标志位的符号表示

	标志名	标志为1	标志为0
OF	溢出(是/否)	OV	NV
DF	方向(减/增量)	DN	UP
IF	中断(允许/关闭)	EI	DI
SF	符号(负/正)	NG	PL
ZF	零(是/否)	ZR	NZ
AF	辅助进位(是/否)	AC	NA
PF	奇偶(偶/奇)	PE	PO
CF	进位(是/否)	CY	NC

2.2 8086 CPU 的引脚功能、系统配置及时序

Intel 公司生产的 8086 CPU 采用 40 条引脚的双列直插式封装形式。这些引脚构成了微处理器的外总线,包括:地址总线、数据总线和控制状态总线。微处理器通过这些总线可以和存储器、I/O 接口、外部控制管理部件以及其他微处理器组成不同规模的系统,相互交换信息。

为了适应各种使用场合的需求,8086 CPU 有两种工作模式:即最小模式和最大模式。所谓最小模式,是指系统中只有 8086 一个微处理器。在这种系统中,8086 CPU 直接产生所有的总线控制信号,系统所需的外加其他总线控制逻辑部件被减到最少。由于这些特点故称为最小模式。所谓最大模式是相对最小模式而言的,是指系统中常含有两个或多个微处理器,其中一个为主处理器 8086 CPU,其他的处理器称为协处理器或辅助处理器,它们是协助主处理器工作的。和 8086 CPU 相配的协处理器有两个:一个是专用于数值运算的协处理器 8087,由于它采用硬件方法完成较为复杂运算,系统中有了此协处理器后,会大幅度地提高系统的数值运算速度;另一个是专门用于输入/输出操作的协处理器 8089,它有一套专用于 I/O 操作的指令系统,系统中加入 8089 后,会提高主处理器的效率,大大减少了输入/输出操作占用主处理器的时间。至于应使 8086 工作在最小模式还是最大模式,要根据应用场合由硬件决定。

2.2.1 最小模式下引脚功能及系统配置

8086 CPU 根据它的基本性能,应包括 20 条地址线,16 条数据线,加上控制信号,电源和地线,芯片的引脚比较多。8086 CPU 外部引脚图,如图 2-6 所示,8086 CPU 具有 40 条

引脚，采用双列直插式封装形式。为了减少芯片上的引脚数目，8086 CPU 采用了分时复用的地址/数据总线。正是由于这种分时使用方法，才使得 8086 CPU 可用 40 条引脚实现 20 位地址、16 位数据及许多控制信号的传输。

另外 8086 CPU 可以工作在两种工作模式，当 CPU 的引脚 $MN/\overline{MX}$端接高电平＋5V 时，构成最小模式，当 $MN/\overline{MX}$接低电平时，构成最大模式。最小模式用于单处理器系统，系统中所需要的控制信号全部由 8086 直接提供。最大模式用于多处理器系统，控制信号是通过 8288 总线控制器提供的(详见本章 2.2.2 节)。这样，在不同模式下工作时，部分引脚(第 24～31 引脚)会有不同的功能。图中带括号的引脚名称表示在最大模式下工作时被重新定义的名称。表 2－3 说明了最小模式和最大模式特点，表 2－4 给出了 8086/8088 CPU 在两种模式下引脚的不同定义。

表 2－3　最小模式和最大模式的特点

最小模式	最大模式
$MN/\overline{MX}$接＋5V	$MN/\overline{MX}$接地
构成单处理器系统	构成多处理器系统
系统控制信号 CPU 提供	系统控制信号由总线控制器 8288 提供

表 2－4　8086/8088CPU 在两种模式中的引脚名称

引脚编号	8086		8088	
	最小模式	最大模式	最小模式	最大模式
24	$\overline{INTA}$	QS_1	$\overline{INTA}$	QS_1
25	ALE	QS_0	ALE	QS_0
26	$\overline{DEN}$	$\overline{S_0}$	$\overline{DEN}$	$\overline{S_0}$
27	$DT/\overline{R}$	$\overline{S_1}$	$DT/\overline{R}$	$\overline{S_1}$
28	$M/\overline{IO}$	$\overline{S_2}$	$IO/\overline{M}$	$\overline{S_2}$
29	$\overline{WR}$	$\overline{LOCK}$	$\overline{WR}$	$\overline{LOCK}$
30	HLDA	$\overline{RQ}/\overline{GT_1}$	HLDA	$\overline{RQ}/\overline{GT_1}$
31	HOLD	$\overline{RQ}/\overline{GT_0}$	HOLD	$\overline{RQ}/\overline{GT_0}$
34	$\overline{BHE}/S_7$		SS_0	高阻

1. 8086 CPU 在最小模式下引脚信号说明

8086 CPU 外部引脚图，如图 2－6 所示。

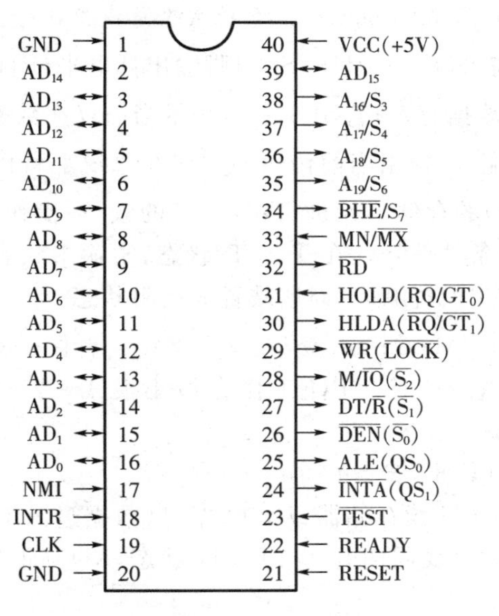

图 2－6　8086 CPU 外部引脚

(1) AD_{15}～AD_0 (Address Data Bus)地址/数据复用引脚(输出、三态)

这是采用分时的方法传送地址或数据的分时复用引脚。传送地址时三态输出，传送数据时三态双向输入/输出。在总线周期 T_1 状态，CPU 在这些引脚上输出存储器或 I/O 端口的低 16 位(A_{15}～A_0)地址，在 T_2～T_4 状态，用来传送数据。在中断响应及系统总线“保持响应”周期，AD_{15}～AD_0 被置成高阻状态。

(2) A_{19}～A_{16}/S_6～S_3 (Address/Status)地址/状态复用引脚(输出、三态)

在总线周期 T_1 状态，用来输出 20 位地址信息的最高 4 位(A_{19}～A_{16})。当 CPU 访问 I/O 端口时，A_{19}～A_{16} 为“0”。在 T_2～T_4 状态作状态线使用，S_6～S_3 输出状态信息，S_6 保持“0”，表明 8086 当前连在总线上，S_5 状态指示当前中断允许标志 IF 的状态：若当前允许可屏蔽中断请求，则 S_5 置 1，若 S_5＝0，则禁止可屏蔽中断。S_4 和 S_3 用来指示当前正在使用哪一个段寄存器，其编码如表 2－5 所示。

表 2－5　S_4S_3 状态编码含义

S_4	S_3	当前正在使用的段寄存器
0	0	ES
0	1	SS
1	0	CS，或不需要使用段寄存器(I/O，INT)
1	1	DS

当 S_4 S_3＝10 时，表示当前正在使用 CS 段寄存器对存储器寻址，或者当前正在对 I/O 端口或中断向量寻址，不需要使用段寄存器。当系统总线处于“保持响应”状态，这些引脚被置成高阻状态。

(3)$\overline{BHE}/S_7$(Bus High Enable/Status)高 8 位数据总线允许/状态复用信号(输出、三态)

在总线周期的 T_1 状态,8086 在$\overline{BHE}/S_7$ 引脚输出低电平($\overline{BHE}=0$)有效信号,表示高 8 位数据总线 $D_{15}\sim D_8$ 上的数据有效;若$\overline{BHE}=1$,表示当前仅在数据总线 $D_7\sim D_0$ 上传送 8 位数据。$\overline{BHE}$和 A_0 信号相配合,指出当前传送的数据在总线上将以何种格式出现,应在存储体的哪个体(奇/偶地址体)的存储单元进行字节/字的读/写操作。$\overline{BHE}$信号也作为对 I/O 电路或中断响应时的片选条件信号。在 $T_2\sim T_4$ 状态,S_7 输出状态信息,(在 8086 芯片设计中,S_7 未赋予实际意义),在"保持响应"周期被置成高阻状态。

(4)MN/$\overline{MX}$(Minimun/Maximun)最小/最大模式控制信号输入端

当此引脚接+5V(高电平)时,CPU 工作在最小模式;若 MN/$\overline{MX}$接地(低电平)时,CPU 工作在最大模式。

(5)$\overline{RD}$(Read)读信号(输出、三态)

当$\overline{RD}$低电平有效时,CPU 读存储器或 I/O 端口(数据进入 CPU)。由 M/$\overline{IO}$信号区分读存储器或 I/O 端口,在读总线周期的 T_2、T_3、T_W 状态,$\overline{RD}$为低电平。在"保持响应"周期,被置成高阻状态。

(6)$\overline{WR}$(Write)写信号(输出、低电平有效)

$\overline{WR}$为低电平时,CPU 完成对存储器或 I/O 端口的写操作(数据从 CPU 发出)。由 M/$\overline{IO}$信号区分写存储器或 I/O 端口,在写总线周期的 T_2、T_3、T_W 状态,$\overline{WR}$为低电平。在 DMA 方式时,被置成高阻状态。

(7)M/$\overline{IO}$(Memory/Input and Output)存储器/输入输出接口操作选择控制信号

这是 CPU 工作时会自动产生的输出控制信号 M/$\overline{IO}$,M/$\overline{IO}$为低电平,表示 CPU 正在访问 I/O 端口。一般在前一个总线周期的 T_4 状态,M/$\overline{IO}$有效,直到本周期的 T_4 状态为止。在 DMA 方式时,M/$\overline{IO}$被悬空为高阻状态。M/$\overline{IO}$、$\overline{WR}$和$\overline{RD}$信号组合对应总线操作功能,见表 2-6。

表 2-6 M/$\overline{IO}$、$\overline{WR}$和$\overline{RD}$组合及对应操作

$\overline{RD}$	$\overline{WR}$	M/$\overline{IO}$	操作
0	1	0	读 IO 口
1	0	0	写 IO 口
0	1	1	读存储器
1	0	1	写存储器

(8)ALE(Address Latch Enable)地址锁存允许信号输出

由于 8086 地址/数据总线分时复用,CPU 与内存、I/O 电路交换信息时,先利用此总线传送地址信息,然后再传送数据信息。为此需要先将地址信息保存,ALE 信号就是 8086 CPU 将地址信息锁存入地址锁存器(一般用 8282/8283 芯片)的锁存信号。它在任何一个总线周期的 T_1 状态产生正脉冲,利用它的下降沿将地址信息锁存。达到地址信息与数据信息分时复用传送的目的。

(9)$\overline{\text{DEN}}$(Data Enable)数据允许信号(输出、三态、低电平有效)

当 CPU 访问存储器或 I/O 端口的总线周期的后一段时间内和中断响应周期中,此信号低电平有效。$\overline{\text{DEN}}$用作数据收发器 8286/8287 的输出允许信号,在 DMA 方式时,被置成高阻状态。

(10)DT/$\overline{\text{R}}$(Data Transmit/Receive)数据发送/接收控制信号(输出、三态)

DT/$\overline{\text{R}}$ 用来控制数据收发器 8286/8287 的数据传送方向。当 DT/$\overline{\text{R}}$=1 时,CPU 发送数据,完成写操作;当 DT/$\overline{\text{R}}$=0,CPU 从外部接收数据,完成读操作。在 DMA 方式时,DT/$\overline{\text{R}}$ 被置成高阻状态。

(11)READY(Ready)准备就绪信号(输入)

准备就绪信号是高电平有效。由存储器或 I/O 端口发来的响应信号,表示外部设备已准备好可进行数据传送了,CPU 在每个总线周期的 T_3状态检测 READY 信号线,如果它是低电平,在 T_3状态结束后 CPU 插入一个或几个 T_W等待状态,直到 READY 信号有效后,才进入 T_4状态,完成数据传送过程。

(12)RESET(Reset)复位输入信号(高电平有效)

CPU 接收到此复位信号后,停止当前的操作,并初始化寄存器 DS、SS、ES,标志寄存器 PSW,指令指针 IP 和指令队列,而使 CS=FFFFH。RESET 信号至少保持 4 个时钟周期以上的高电平,当它变为低电平时,CPU 执行重启动过程,8086 将从地址 FFFF0H 开始执行指令。通常在 FFFF0H 单元开始的几个单元中存放一条无条件转移指令(JMP),将入口转到引导和装配程序中,实现对系统的初始化,引导监控程序或系统程序。

(13)INTR(Interrupt Request)可屏蔽中断请求信号的输入端(高电平有效)

CPU 在每条指令的最后一个时钟周期检测此引脚输入信号。一旦检测到此信号有效,并且中断允许标志位 IF=1 时,CPU 在当前指令执行完成后,转入中断响应周期,读取外设接口的中断类型码,然后在存储器的中断向量表中找到中断服务程序入口地址,转入执行中断服务程序。

(14)$\overline{\text{INTA}}$(Interrupt Acknowledge)中断响应信号(输出、低电平有效)

中断响应信号是 CPU 对外部发来的中断请求信号 INTR 的响应信号。此信号低电平有效时,告知外设,其中断请求已得到 CPU 允许,外设接口可以向数据总线上放置中断类型号,以便取得相应中断服务程序的入口地址。

(15)NMI(Non-Maskable Interrupt Request)非屏蔽中断请求信号输入端(低电平到高电平上升沿触发)

此中断请求不受中断允许标志位 IF 的影响,也不能用软件进行屏蔽。NMI 引脚一旦接收到上升沿信号,CPU 就在当前指令执行结束后立即响应中断,进入相应的中断处理程序。经常处理电源掉电等紧急情况。

(16)$\overline{\text{TEST}}$(Test)测试输入信号(低电平有效)

测试信号在 CPU 执行 WAIT 指令期间,CPU 每隔 5 个时钟周期对$\overline{\text{TEST}}$引脚进行一次测试,若测试到$\overline{\text{TEST}}$为高电平,CPU 处于空转等待状态,当测试到$\overline{\text{TEST}}$有效,空转等待状态结束,CPU 继续执行下一条指令。$\overline{\text{TEST}}$引脚信号用于多处理器系统中,实现 8086 与协处理器间的同步协调之功能。

(17)HOLD(Hold Request)总线保持请求信号(输入、高电平有效)

总线保持请求信号在最小模式系统中,其他部件要求占用总线时,可通过对此引脚施加一个高电平,表示向 CPU 请求使用总线。如 CPU 允许让出总线控制权,则就在当前总线操作周期完成后,于 T_4 状态在 HLDA 引脚送出一个高电平回答信号,作为对刚才的总线请求作出响应。同时,CPU 使地址/数据总线和控制状态线处于悬空状态。即 CPU 放弃对总线的控制权。申请总线请求的部件收到 HLDA 信号后,就获得了总线控制权。

(18)HLDA(Hold Acknowledge)总线保持响应信号(输出、高电平有效)

CPU 一旦检测到 HOLD 总线请求信号有效,如果 CPU 允许让出总线,在当前总线周期结束时,于 T_4 状态发出 HLDA 信号,表示响应这一总线请求,并立即让出总线使用权,将三总线置成高阻状态。获得总线控制权的部件,使用总线完毕后,使 HOLD 无效(低电平)。CPU 才将 HLDA 置成低电平,CPU 再次获得三总线的使用权。

(19)CLK(Clock)时钟输入端

时钟信号由 8284 时钟发生器产生,8086CPU 使用的时钟频率,因芯片型号不同,时钟频率不同。8086 为 5MHz,8086－1 为 10MHz,8086－2 为 8MHz。

(20)V_{CC}(＋5V)、GND(地)

CPU 所需电源 Vcc＝＋5V。GND 为地,该信号有两条引脚(1 和 20 脚)。

2. 8086 CPU 最小模式系统配置

8086CPU 构成的最小模式系统的典型配置如图 2－7 所示。

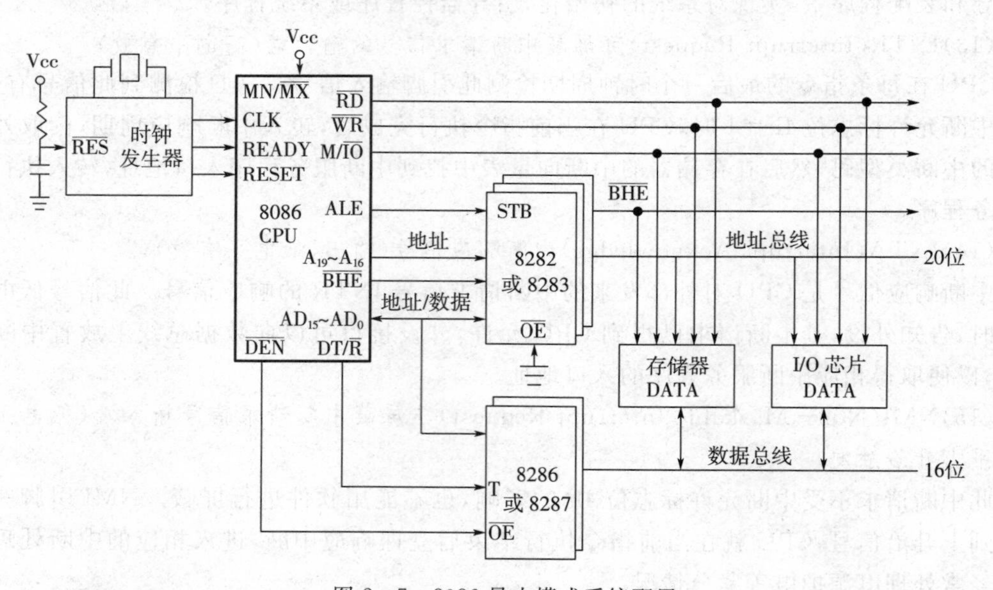

图 2－7　8086 最小模式系统配置

由于要锁存 20 位地址和$\overline{BHE}$信号,故需要三片地址锁存器 8282。8282 的选通端(STB)同 8086CPU 的 ALE 引脚相连。最小模式系统中,因只有本 CPU 控制总线,地址锁存器 8282 输出允许引脚$\overline{OE}$始终接地。

当系统具有较多的存储器芯片和较多的 I/O 接口电路芯片,那么系统的数据线上就需使用 8286 总线收发器。而在小型的单板系统中也可不使用 8286 总线收发器。对于 8086 系统，需要二片 8286。对于 8088 系统，则只需一片 8286。8286 的 T 端同 8086 CPU 的 $DT/\overline{R}$ 引脚相连，以控制传送方向。8286 的 $\overline{OE}$ 端与 8086 的 $\overline{DEN}$ 引脚相连，使得只有在 CPU 访问存储器或 I/O 端口时，才能允许数据通过 8286，否则 8286 在两个方向都处于高阻状态。

8284A 为 CPU 提供时钟信号 CLK、经过同步的就绪信号 READY 和系统复位信号 RESET。

在最小模式系统中，除了 8086 CPU，存储器及 I/O 接口芯片外，还包括一片 8284A 时钟发生器，三片 8282/8283(或 74LS373)地址锁存器和两片 8286/8287(或 74LS245)总线收发器。

3. 最小模式下基本总线接口部件

在 8086 CPU 最小模式系统中，基本总线接口部件包括一片 8284A，三片 8282 和两片 8286。

(1)时钟发生器 8284

8086 CPU 的最大时钟频率为 5 MHz，最小时钟频率为 2 MHz。8086 CPU 的内部和外部的时钟基准信号由时钟输入信号 CLK 提供，CLK 信号是由外部时钟发生器 8284 产生。8284A 是专门为 8086/8088 CPU 设计的时钟发生器，能为 CPU 提供的最高时钟频率为 8 MHz。图 2－8 给出了时钟发生器 8284 的引脚及内部结构图。

8284A 除为 CPU 和系统提供时钟信号外，还提供经时钟同步的系统复位信号 RESET 和就绪信号 READY。就绪信号用于对存储器或 I/O 接口产生的准备好信号(READY)进行同步。8284 时钟发生器芯片内部包括：时钟信号发生电路、复位生成电路和就绪控制电路等三部分电路，分别提供时钟信号、复位信号和就绪信号(准备好信号)。8284 引脚及内部结构图，如图 2－8 所示。

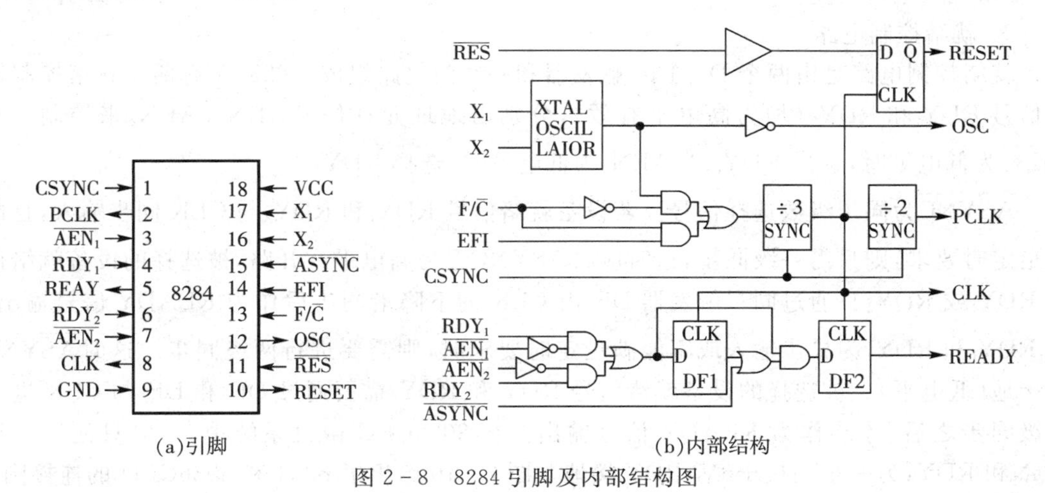

图 2－8　8284 引脚及内部结构图

① 时钟信号发生电路

时钟信号发生电路由晶体振荡和分频器组成。8284A 的 $F/\overline{C}$ 引脚为接高电平时，供给频率源可由外部振荡源提供(由 EFI 引脚输入)。$F/\overline{C}$ 引脚为低电平时，选择内部晶体振荡源作为振荡源。晶体振荡器要求在 X_1、X_2 端外接一块晶体，其频率应是 CPU 时钟频率的三倍。为使振荡器能稳定工作，要求晶体两端分别对地接入一只 510Ω 的电阻。

从图 2－8(b)8284A 的内部电路中可看出，内部晶体振荡器的输出可直接通过反相器后作为 OSC(振荡器)输出信号。8284A 输出的时钟信号 CLK 是内部晶振经三分频后得到的。分频器是同步计数器，它有一个特殊的输入端 SYNC，与时钟同步信号 CSYNC(时钟同步输入信号，高电平有效)连接。CSYNC 可使多个 8284A 所产生的时钟信号同步。当 CSYNC 为高电平时，内部计数器复位，CLK 和 PCLK 停止振荡；当 CSYNC 为低电平时，内部计数器恢复计数。这样就可保证各 8284A 所产生的时钟信号同步。在采用内部振荡器时，CSYNC 接地。

8284A 输出的时钟信号 CLK 占空比为 33%，其高电平为 4.5 V，可用于驱动 MOS 器件。8284A 还输出通用时钟信号 PCLK，它是时钟信号 CLK 再经二分频之后得到的。其占空比为 50%。PCLK 信号为 TTL 电平信号，它可供外围大规模集成电路或设备所需要的时钟信号使用。OSC、CLK、PCLK 三者之间的关系，如图 2－9 所示。

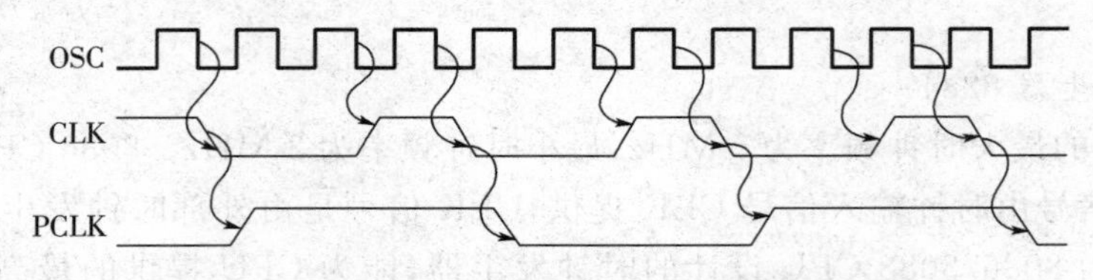

图 2－9　OSC、CLK、PCLK 三者之间的关系

② 复位生成电路

复位生成电路用以产生系统复位信号 RESET(高电平有效)。复位生成电路由一个施密特触发器和一个同步触发器组成，由低电平有效的$\overline{RES}$输入信号来触发同步触发器，$\overline{RES}$由 CLK 信号的下降沿同步后形成复位信号 RESET。在微机系统中，$\overline{RES}$端接“电源好”信号，使系统上电自动复位。

③ 就绪控制电路

就绪控制电路是由两个 D(同步)触发器和一些门电路组成。8284A 有两个就绪控制输入信号 RDY_1和 RDY_2(均为高电平有效)，分别由地址允许信号$\overline{AEN_1}$、$\overline{AEN_2}$来控制。当$\overline{AEN_1}$为低电平时，选择 RDY_1；当$\overline{AEN_2}$为低电平时，选择 RDY_2。

$\overline{ASYNC}$为同步级数选择信号。若设备就绪信号 RDY_1和 RDY_2与 CLK 同步输入，且能满足定时要求，则只需一级同步，这时应将$\overline{ASYNC}$置为高电平或开路，被选择的设备就绪信号 RDY_1或 RDY_2只通过同步触发器 DF_2由 CLK 的下降沿同步后作为 READY 信号输出。若 RDY_1和 RDY_2为异步输入或不能满足定时要求时，则需要进行两级同步。这时$\overline{ASYNC}$应接地(低电平)。被选择的设备就绪信号 RDY_1和 RDY_2需要通过 DF_1和 DF_2与 CLK 进行两级同步之后，才能作为 READY 信号输出。在 8086CPU 微机系统中，一般只使用一组$\overline{AEN}$和 RDY，另一组则接＋5V，RDY 接地。图 2－10 给出了 8284 和 8086CPU 的连接图。

(2)地址锁存器 8282/8283

由于 8086 CPU 的地址/数据和地址/状态总线是分时复用的，CPU 与存储器(或 I/O 端口)进行数据交换时，要求在整个总线周期内保持稳定的地址信息，而 CPU 首先(T_1状态)送出地址信号，然后再发出数据信号及控制信号。所以要加入地址锁存器，先锁存地址，使在读/写总线周期内地址保持稳定。8086 CPU 利用 T_1状态周期中的 ALE 信号的下降

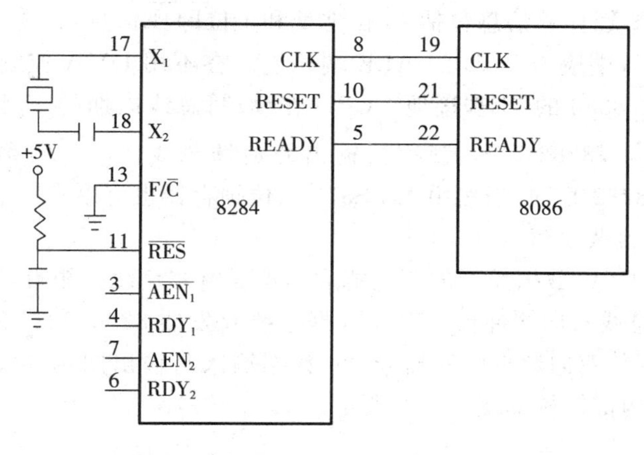

图 2－10　8284 和 8086CPU 的连接图

沿，将地址信息锁存入地址锁存器中。

8282/8283 是三态缓冲的 8 位数据锁存器，8282 的输入和输出信号是同相的，而 8283 的输入和输出信号反相。8282 的引脚及内部结构图，如图 2－11 所示。8282 具有 8 位数据输入端 $DI_7 \sim DI_0$ 和 8 位数据输出端 $DO_7 \sim DO_0$。STB 是选通信号，与 CPU 的地址锁存允许信号 ALE 相连。在选通信号 STB 高电平期间，锁存器中的 D 触发器输出端（8282 为 $\overline{Q}$ 端，8283 为 Q 端）随输入端的数据信息而变化。当选通信号 STB 由高电平变低电平后，此时刻 $DI_7 \sim DI_0$ 的数据锁存入 D 触发器中。在 STB 低电平期间输入端信息的变化不会影响触发器的状态。$\overline{OE}$是输出允许信号，当信号$\overline{OE}$变为低电平（有效）时，三态缓冲器允许输出，锁存的数据（地址信息）即放置在 8282 的输出端 $DO_7 \sim DO_0$ 上。当$\overline{OE}$为高电平时，输出端呈高阻状态。在 8086 系列微机中用 ALE 信息作为 8282/8283 地址锁存器的选通信号输入 STB。在 T_1 状态中锁存地址信息，从而保证了总线周期中提供存储器（或 I/O 端口）稳定的地址信息。

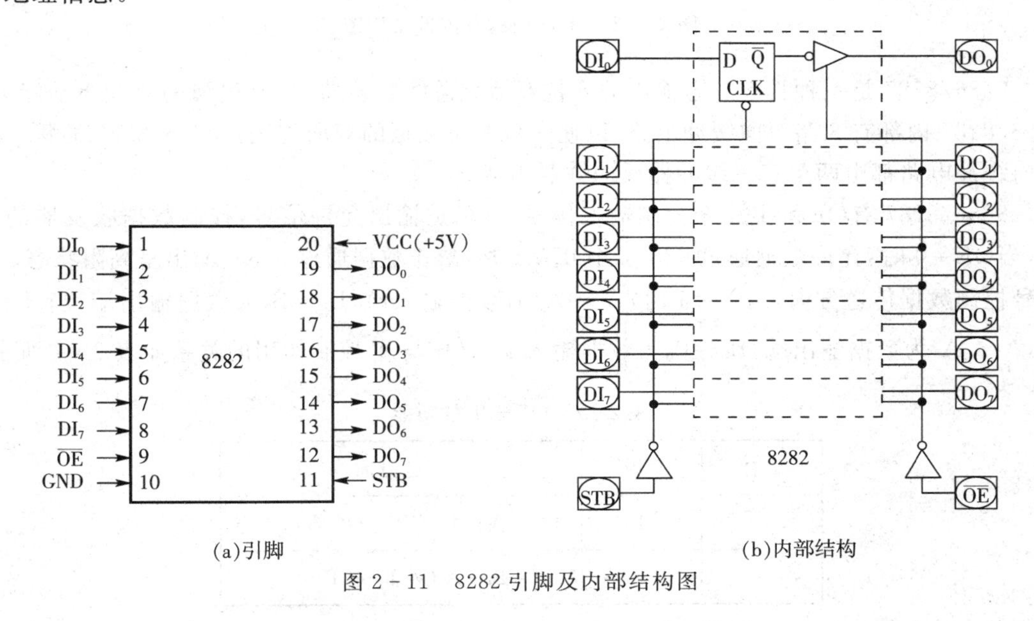

(a)引脚　　　　(b)内部结构

图 2－11　8282 引脚及内部结构图

8086 系统中需要锁存的信息包括 20 位地址和 1 位$\overline{BHE}$信息，共需三片 8282/8283。三片 8282/8283 的 STB 端应与 CPU 的 ALE 端相连。在不用 DMA 控制器的 8086/8088 最小模式系统中，8282/8283 的$\overline{OE}$端接地。CPU 在读/写总线周期的 T_1 状态把 20 位地址和$\overline{BHE}$信号送到总线上，8282/8283 锁存器输出的地址总线 $A_{19}\sim A_0$ 称为系统地址总线。74LS373 的功能与 8282 相同，当然用 74LS373 八位锁存器也可以实现上述功能。

(3)双向数据总线收发器 8286/8287

为了提高 8086 CPU 数据总线的驱动能力和承受电容负载的能力，在 CPU 与系统数据总线之间需要接入总线双向缓冲器。双向数据总线收发器 8286/8287 能够增加驱动能力，8286/8287 是三态 8 位双向数据收发器，8286 数据输入与输出同相，8287 数据输入与输出反相。8286 引脚及内部结构如图 2-12 所示。

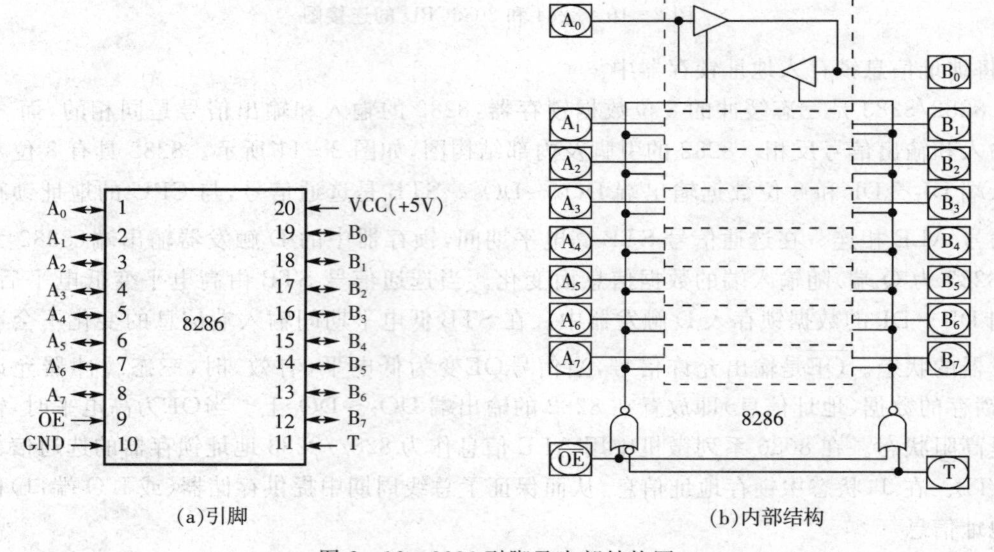

图 2-12　8286 引脚及内部结构图

8286/8287 是一种具有三态输出的 8 位双极型总线收发器，具有很强的总线驱动能力。8286/8287 内部有 8 路双向缓冲电路，以便实现 8 位数据的双向传送。8286/8287 的每一路双向缓冲电路都由两个三态缓冲器反向并联组成。

8286/8287 有$\overline{OE}$和 T 二个控制输入信号。$\overline{OE}$是输出允许信号，控制数据收发器的开启，当$\overline{OE}=0$ 时，允许数据通过 8286，当$\overline{OE}=1$ 时，禁止数据通过 8286，输出呈高阻状态。T 信号控制数据传送方向，当 T=1 时，$A_7\sim A_0$ 为数据输入端，$B_7\sim B_0$ 为数据输出端；当 T=0 时，$A_7\sim A_0$ 为数据输出端，$B_7\sim B_0$ 为数据输入端。$\overline{OE}$与 T 控制作用的关系如表 2-7 所示。

表 2-7　$\overline{OE}$与 T 的功能

$\overline{OE}$	T	传送方向
0	1	Ai→Bi(CPU→外部)
0	0	Bi→Ai(外部→CPU)

（续表）

$\overline{OE}$	T	传送方向
1	1	高阻态
1	0	高阻态

在 8086 系列微机系统中，8286/8287 的$\overline{OE}$端与 CPU 的数据允许信号$\overline{DEN}$端相连，以保证 CPU 与存储器或 I/O 端口进行数据交换时，才允许数据通过 8286/8287；8286/8287 的 T 端与 CPU 的数据发送/接收信号端 DT/$\overline{R}$ 相连，用于控制 8 位数据从 CPU 向存储器或 I/O 端口写入（DT/$\overline{R}$=1），还是数据由存储器或 I/O 端口向 CPU 读出（DT/$\overline{R}$=0）。

2.2.2 最大模式下引脚功能及系统配置

在最大模式下，许多总线控制信号不是由 8086 直接产生的，而是通过总线控制器 8288 产生。因此，8086 在最小模式下提供的总线控制信号的引脚（24～31 脚）就得重新定义，改为支持最大模式之用。

1. 8086 CPU 在最大模式下引脚信号说明

当 8086 的 MN/$\overline{MX}$引脚接地，则 CPU 就是最大模式工作状态。此时只有 24～31 引脚信号与最小模式的功能不同，其他引脚的功能均相同。现将 24～31 引脚信号含义说明如下：

(1)$\overline{S_2}$、$\overline{S_1}$、$\overline{S_0}$(Bus Cycle Status)总线周期状态信号输出

$\overline{S_2}$、$\overline{S_1}$、$\overline{S_0}$状态信号用来指示当前总线周期所进行的操作类型。在最大模式系统中，由 CPU 传送给总线控制器 8288 进行译码，产生相应的控制信号代替 CPU 输出，译码状态如表 2-8 所示。

表 2-8　$\overline{S_2}$、$\overline{S_1}$、$\overline{S_0}$的编码作用

$\overline{S_2}$	$\overline{S_1}$	$\overline{S_0}$	作用	$\overline{S_2}$	$\overline{S_1}$	$\overline{S_0}$	作用
0	0	0	发中断响应信号	1	0	0	取指令
0	0	1	读 I/O 端口	1	0	1	读存储器
0	1	0	写 I/O 端口	1	1	0	写存储器
0	1	1	暂停	1	1	1	无源状态

在前一个总线周期的 T_4 状态和本总线周期的 T_1、T_2 状态中，这三个状态信号中，至少有一个信号为低电平。$\overline{S_2}$、$\overline{S_1}$、$\overline{S_0}$的代码组合都对应于某一个总线操作过程，通常称为有源状态。在总线周期的 T_3 和 T_W 状态，且 READY 信号为高电平时，$\overline{S_2}$～$\overline{S_0}$全为高电平，则变为无效状态，也称为无源状态。在总线周期的最后一个时钟 T_4 时，$\overline{S_2}$～$\overline{S_0}$中任何一个或几

个信号的改变，就意味着下一个新的总线周期的开始。

(2)QS_1、QS_0(Instruction Queue Status)指令队列状态信号(输出)

QS_1、QS_0两个信号组合起来可指示 BIU 中指令队列的状态，以便让其他处理器监视 CPU 中指令队列的状态。QS_1、QS_0的代码组合与队列状态的对应关系见表 2-9。

表 2-9　QS_1、QS_0 编码功能

QS_1	QS_0	含义
0	0	无操作
0	1	从指令队列中取走第一个字节
1	0	队列已空
1	1	从指令队列中取走后续字节

(3)$\overline{RQ}/\overline{GT_1}$、$\overline{RQ}/\overline{GT_0}$(Request/Grant)

总线请求信号输入/总线请求信号允许输出，双向，低电平有效。$\overline{RQ}/\overline{GT_1}$、$\overline{RQ}/\overline{GT_0}$分别是在最大模式时裁决总线使用权的信号，以代替最小方式下的 HOLD/HLDA 两信号的功能。$\overline{RQ}$为输入信号，表示总线请求。$\overline{GT}$为输出信号，表示总线允许。当它们两个同时有请求时，$\overline{RQ}/\overline{GT_0}$的优先权更高。当 8086 使用总线，其$\overline{RQ}/\overline{GT}$为高电平(浮空)，这时若系统中某一处理器(如 8087 或 8089)要使用总线，它们就使$\overline{RQ}/\overline{GT}$输出低电平(请求)。经 8086 检测，若总线处于开放状态，则 8086 输出的$\overline{RQ}/\overline{GT}$变为低电平(允许)，再经 8087 或 8089 检测此允许信号，对总线进行使用。待使用完后，将$\overline{RQ}/\overline{GT}$变成低电平(释放)，8086 再检测出该信号，又恢复对总线的使用。有关总线请求/允许的进一步说明，将结合总线时序加以介绍。

(4)$\overline{LOCK}$(Lock)总线封锁信号(输出、三态、低电平有效)

$\overline{LOCK}$信号低电平有效时，表明此时 CPU 不允许其他系统总线控制器占用总线。$\overline{LOCK}$信号是由软件设置的。在 8086/8088 指令系统中，有一条控制此信号的总线封锁前缀指令 LOCK。当在一条指令上加上 LOCK 前缀指令时，则就能保证 CPU 在执行此指令过程中，不会响应总线请求，$\overline{LOCK}$引脚始终是低电平。当前面附加 LOCK 前缀指令的那条指令执行完毕，$\overline{LOCK}$引脚变为高电平，撤消总线封锁，从而 CPU 才能允许响应总线请求。

另外，在 CPU 发出 2 个中断响应负脉冲$\overline{INTA}$之间，$\overline{LOCK}$信号也自动变为有效，以防止其他总线部件在此过程中占有总线，影响一个完整的中断响应过程。在 DMA 期间，$\overline{LOCK}$置于高阻状态。

2. 8086 CPU 最大模式系统配置

8086 最大模式与最小模式系统的主要区别是需要增加用于转换总线控制信号的总线控制器 8288。如果系统中有两个以上的 CPU 的多处理器系统，则必须再配上 8289 总线仲裁器。此时 CPU 输出的状态信号$\overline{S_2}$～$\overline{S_0}$同时送给 8288 和 8289。8288 将 CPU 的状态信号转换成总线命令及控制信号。控制信号主要是控制 8282 锁存器、8286 总线收发

器和 8259A 中断控制器（有关 8259A 的作用及工作原理将在后续章节中讨论）的总线控制信号。8289 用来裁决总线使用权赋给哪个处理器，以实现多主控者对总线资源的共享。

图 2－13 给出了 8086 CPU 最大模式系统配置。图中的 8289 的 $\overline{AEN}$ 输出信号同 8288 的 $\overline{AEN}$ 端及 8282 的 $\overline{OE}$ 引脚相连。只有获得总线控制权的 CPU，才允许该 CPU 的地址信息通过 8282，8288 才被允许产生相应的总线命令和控制信号，实现对总线上的存储器或 I/O 器件的读/写操作。这时 8289 的 $\overline{AEN}$ 输出为有效状态（低电平）。如果系统中只有一个主控 CPU 时，8282 的输出允许端 $\overline{OE}$ 接地，8288 的 $\overline{AEN}$ 引脚也接地。

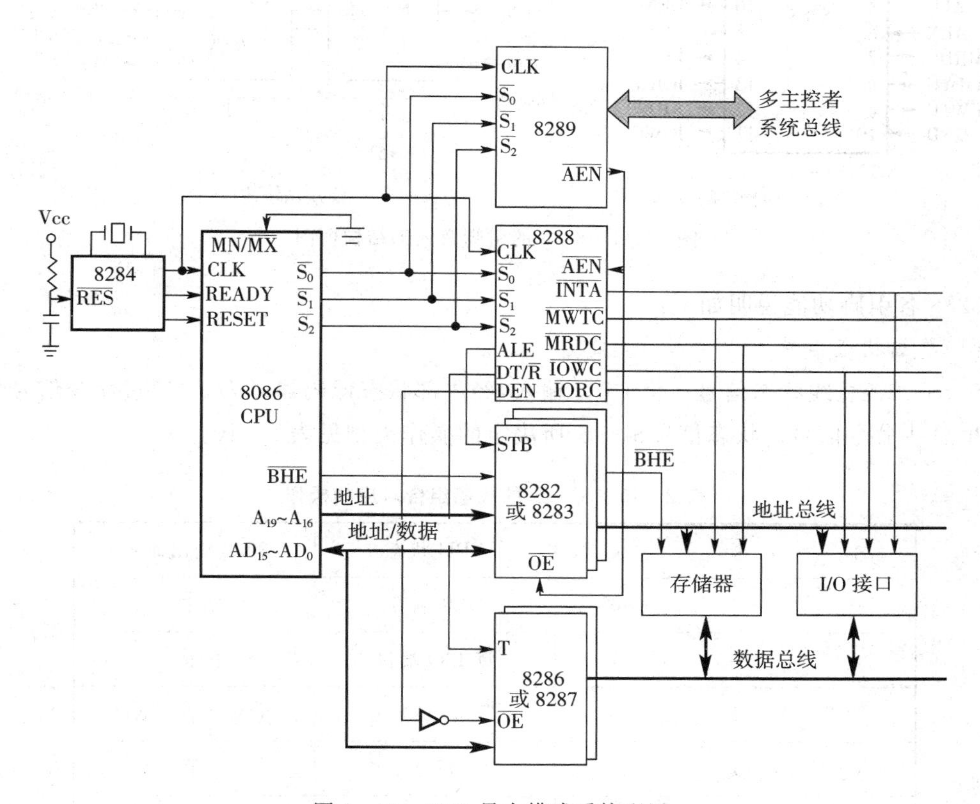

图 2－13　8086 最大模式系统配置

3. 总线控制器 8288

总线控制器 Intel 8288 是 20 个引脚的双极型器件。当 8086 CPU 工作于最大方式时，8086 CPU 的总线状态信号 $\overline{S_2}$、$\overline{S_1}$、$\overline{S_0}$ 输入总线控制器 8288 后，8288 总线控制器将识别本次总线操作类型，并与输入控制信号 $\overline{AEN}$、CEN、IOB 相配合，输出一系列的总线命令和控制信号。总线控制器的跨接线使它能适应于多主机系统总线及 I/O 总线。

8288 的引脚及内部结构框图，如图 2－14 所示。8288 芯片中的状态译码器对 8086 CPU 产生的状态 $\overline{S_2}$、$\overline{S_1}$、$\overline{S_0}$ 进行译码，产生所需的内部信号。命令信号发生器和控制信号发生器再将上述内部信号形成总线命令信号和总线控制信号。

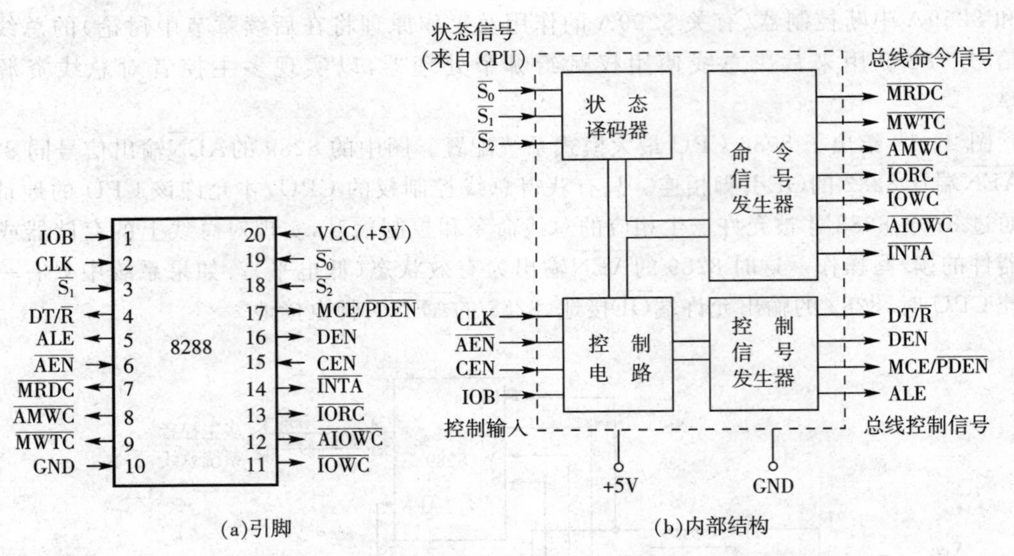

图 2-14　8288 的引脚及内部结构框图

8288 各引脚功能说明如下：

(1)总线状态信号

$\overline{S_2}$、$\overline{S_1}$、$\overline{S_0}$：总线状态信号。由 CPU 输入，经内部状态译码器译码后，通过命令信号发生器产生总线命令信号。状态信号$\overline{S_2}$～$\overline{S_0}$所决定的操作类型见表 2-10。

表 2-10　$\overline{S_2}$～$\overline{S_0}$的代码组合对应的操作

$\overline{S_2}$	$\overline{S_1}$	$\overline{S_0}$	CPU 状态	8288 输出命令
0	0	0	中断响应	$\overline{INTA}$
0	0	1	读 I/O 端口	$\overline{IORC}$
0	1	0	写 I/O 端口	$\overline{IOWC}$、$\overline{AIOWC}$
0	1	1	暂停	无
1	0	0	取指令	$\overline{MRDC}$
1	0	1	读存储器	$\overline{MRDC}$
1	1	0	写存储器	$\overline{MWTC}$、$\overline{AMWTC}$
1	1	1	无源状态	无

(2)控制输入信号

① CLK：时钟信号，输入，由时钟发生器 8284 提供。

② $\overline{AEN}$：地址允许信号，输入，低电平有效。$\overline{AEN}$是支持总线结构的控制信号，用作多总线之间同步控制。若 8288 处于 I/O 总线工作方式，$\overline{AEN}$不影响 I/O 命令。

③ CEN：命令允许信号，由外部输入，高电平有效，在多个 8288 工作时，相当于 8288 的

片选信号。CEN 有效时，允许 8288 输出全部总线控制信号和命令信号，CEN 无效时，总线控制信号和命令信号呈高阻状态。系统任何时候只允许一个处理器主控总线，所以只有一片 8288 的 CEN 信号有效。

④ IOB：总线工作方式控制，输入，高电平有效。IOB 接高电平时，8288 处于局部总线工作方式，当 IOB 接低电平时，8288 处于系统总线工作方式。

(3)总线命令信号

① $\overline{\text{INTA}}$：中断响应信号，输出，低电平有效。向中断控制器或中断设备输出的中断响应信号。

② $\overline{\text{IOWC}}$、$\overline{\text{AIOWC}}$：写 I/O 端口命令，输出，均为低电平有效。$\overline{\text{IOWC}}$是写 I/O 端口命令；$\overline{\text{AIOWC}}$是超前写 I/O 端口命令，它比$\overline{\text{IOWC}}$提前一个时钟周期出现，使一些较慢的外设可得到一个额外的时钟周期执行写入操作。但$\overline{\text{AIOWC}}$信号不能用于多总线结构。

③ $\overline{\text{MRDC}}$、$\overline{\text{IORC}}$：在最大模式下，读存储器和读 I/O 端口的命令是分开的。$\overline{\text{MRDC}}$是读存储器命令，$\overline{\text{IORC}}$是读 I/O 端口命令，两者都是低电平有效。其定时波形与最小模式下的$\overline{\text{RD}}$波形相同。

④ $\overline{\text{MWTC}}$、$\overline{\text{AMWC}}$：写存储器命令，输出，低电平有效。其中$\overline{\text{AMWC}}$为超前的写存储器命令。它比$\overline{\text{MWTC}}$提前一个时钟周期出现。当$\overline{\text{MWTC}}$的脉冲宽度不能满足要求时，就可采用$\overline{\text{AMWC}}$提前的写命令。但$\overline{\text{AMWC}}$信号不能用于多总线结构。

(4)总线控制信号

① ALE、DT/$\overline{\text{R}}$：这两个信号的功能和定时波形与最小模式下由 CPU 直接产生的相应信号相同。

② DEN：此信号的功能与最小模式下 CPU 直接产生的$\overline{\text{DEN}}$信号具有相同的功能，仅相位相反。此信号经反相器接到数据收发器 8286 输出允许端$\overline{\text{OE}}$。这样就可以保证两种模式下$\overline{\text{OE}}$的定时波形完全相同。

③ MCE/$\overline{\text{PDEN}}$：称为主控级联允许/外设数据允许信号，输出。此端具有双重功能，当 IOB 接低电平时，8288 工作在系统总线方式，此引脚用作 MCE，高电平有效。它在中断响应周期的 T_1 状态，可控制将主 8259A 向从 8259A 输出的级联地址 CAS_2～CAS_0 进行锁存。当 IOB 接高电平时，8288 工作在局部总线方式，起$\overline{\text{PDEN}}$的功能，低电平有效，用来控制外设通过局部总线传送数据。

由系统总线控制器产生的总线命令和控制信号将在总线时序中做进一步说明。在 8086 最大模式系统中，系统总线中的地址总线和数据总线与最小模式系统相同。

2.2.3 8088CPU 及与 8086CPU 的区别

8088CPU 的内部数据总线宽度是 16 位，外部数据总线宽度是 8 位，所以 8088CPU 称为准 16 位微处理器。8088CPU 的内部结构图，如图 2-15 所示。8088CPU 的内部结构与 8086CPU 大部分相同。主要区别有两点：一是 8088 的指令队列只有 4 个字节，指令队列中只要出现一个空字节时，BIU 就会自动从内存单元取指令，来补充指令队列。(8086 要在指令队列中至少出现 2 个空字节时才预取后续指令)；另外，8088CPU 中，BIU 的总线控制电路与外部交换数据的总线宽度是 8 位，而 EU 的内部总线是 16 位，这样，对 16 位数的存储器读/写操作必须要有两个总线周期才可以完成。

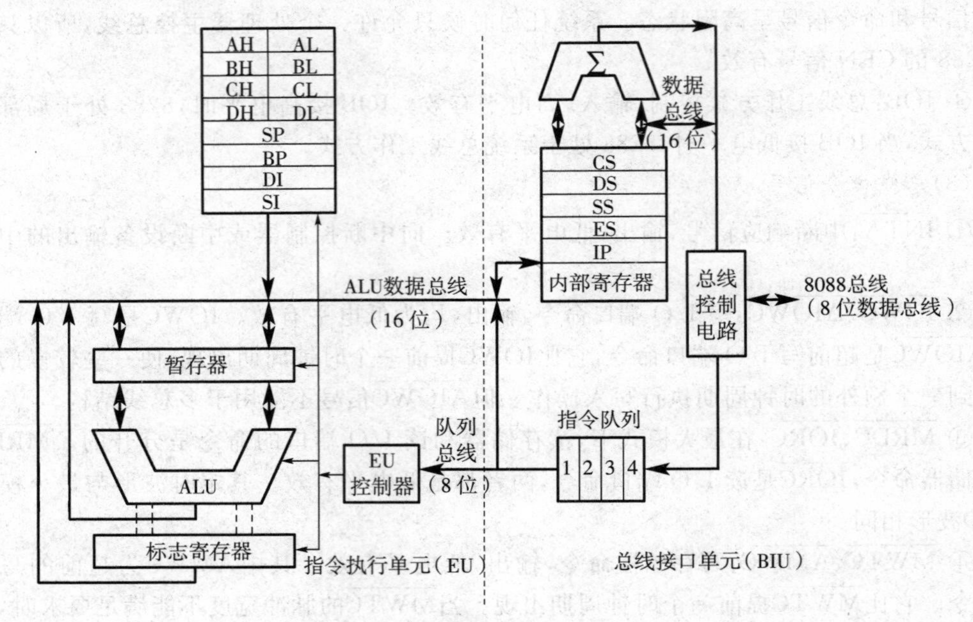

图 2-15　8088CPU 内部结构框图

图 2-16 为 8088CPU 的外部引脚图。8088CPU 的引脚功能与 8086CPU 也大部分相同，主要不同之处有下面几点：

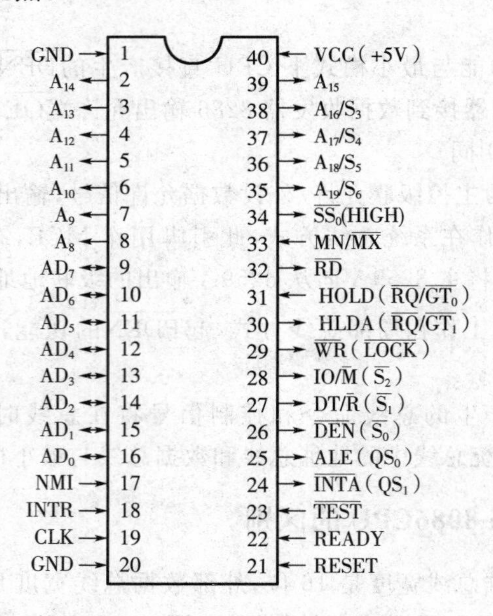

图 2-16　8088CPU 的引脚

(1)由于 8088 外部数据总线有 8 条，仅能传输 8 位数据，所以 8088 只有 8 个复用的地址/数据总线 $AD_7 \sim AD_0$；而 8086 的 $AD_{15} \sim AD_8$ 变为 $A_{15} \sim A_8$，是传输地址信息的。8088CPU 系统配置中只需要一片总线收发器 8286。

(2)8088 的最小模式系统读/写周期中，8086 的 M/$\overline{IO}$信号变为 IO/$\overline{M}$ 信号，IO/$\overline{M}$ 低电平时选通存储器，高电平时选通 I/O 接口；$\overline{BHE}$改为 SS_0 信号，此信号与其他信号合作完成总线周期操作。

2.2.4 8086 的总线时序

计算机工作过程是按规定的节拍执行指令的过程。微处理器在电源接通的过程中，8086CPU 内部器件（如触发器、计数器、寄存器等）的工作状态、内容都将会受到一些随机因素的影响而处于不能预先确定的状态，这样就不可能有效控制 CPU 的工作节拍及时序。为此，我们希望 CPU 上电以后应使 CPU 内部各器件，都置成我们预先已知的我们所要求的内容和状态。这种上电时可自动完成的操作称为 CPU 的初始化操作或称上电复位操作。

8086 CPU 的操作是在时钟脉冲 CLK 的统一控制下进行的，8086 的时钟频率为 5MHz，时钟周期或 T 状态为 200ns。8086 CPU 的上电复位操作是通过 RESET 引脚上施加一定宽度的正脉冲信号来实现的。初始化后微处理器才可以在时钟信号 CLK 的控制下，按规定的节拍进行工作。

1. 系统的复位和启动操作

8086 CPU 通过 RESET 引脚上的复位正脉冲信号来实现 8086 系统复位，其宽度至少维持 4 个时钟周期的高电平，才能有效复位。如果是上电复位则要求正脉冲的宽度不少于 50μs。

当 RESET 信号变成有效高电平时，8086CPU 就会结束现行操作，而维持在复位状态。复位状态使 CPU 初始化，各个内部寄存器复位成初值，如表 2-11 所示。RESET 信号变为低电平后，CPU 被启动并按初始化后的条件开始执行程序。

表 2-11 复位时各内部寄存器的值

标志寄存器	清零
指令指针 IP	0000H
CS 寄存器	FFFFH
DS 寄存器	0000H
SS 寄存器	0000H
ES 寄存器	0000H
指令队列	变空
其他寄存器	0000H

从表 2-11 中可看出，在 CPU 复位期间，代码段寄存器 CS 为 FFFFH，指令指针 IP 清零。所以，8086 CPU 复位信号变为低电平，重新启动时，CPU 就会从内存地址为 FFFF0H 单元取指令，并执行指令。因此在 FFFF0H 处存放了一条无条件转移指令，转移到系统引导程序的入口处。这样，系统一旦上电复位或复位重启动，便会自动进入系统程序。在复位时，由于标志寄存器被清零，所有标志位均为 0，这样从 INTR 引脚进入的可屏蔽中断就被

屏蔽。因此在执行程序时,如允许 CPU 响应可屏蔽中断,可以通过指令(如中断开放指令 STI)来设置中断允许标志。

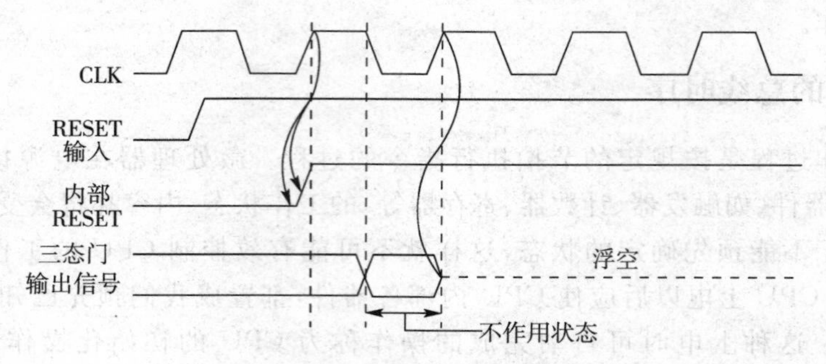

图 2-17　8086 复位操作的时序

图 2-17 给出了 8086 复位操作的时序。在 RESET 信号变成高电平后,分时复用地址/数据总线将处于高阻抗(三态)状态,其他的信号先成为无效的"1"状态(即高电平),然后经一个低电平的时钟(不作用状态)间隔以后进入三态。置成高阻状态的三态输出线包括:$AD_{15} \sim AD_0$、$AD_{19}/S_6 \sim AD_{16}/S_3$、$\overline{BHE}/S_7$、$M/\overline{IO}$、$DT/\overline{R}$、$\overline{DEN}$、$\overline{WR}$、$\overline{RD}$和$\overline{INTA}$。另外有几条控制线在复位之后处于无效状态,但不浮空,它们是 ALE、HLDA、$\overline{RD}/\overline{GT0}$、$\overline{RD}/\overline{GT1}$、$QS_0$、$QS_1$。应注意,CPU 命令和总线控制线上必须接有 22 kΩ 的上拉电阻,以保证系统中这些信号线可处于无效状态。

2. 最小模式下的总线操作

CPU 每执行一条指令,至少要通过外部总线对存储器访问一次(取指令)。通常称 8086 CPU 通过外部总线对存储器或 I/O 接口进行一次访问所需的时间为一个总线周期。一个总线基本周期至少包括 4 个时钟周期 T_1、T_2、T_3和 T_4。处在这些基本时钟周期中的总线状态称为 T 状态。一般情况下,在总线周期的 T_1状态传送地址,$T_2 \sim T_4$状态传送数据。考虑到 CPU 与慢速的存储器或 I/O 接口之间传送速度间的配合,有时需要在 T_3和 T_4状态之间插入若干个附加的时钟周期 T_W,以等待存储器或 I/O 接口将准备好的数据能送上总线或可靠地从总线上获取数据后,再通知 CPU 脱离等待状态,并立即进入 T_4状态。故这种插入的附加时钟周期称为等待周期。

应指出,仅当 BIU 需要补充指令队列中的空缺,或者当 EU 在执行指令过程中需要经外部总线访问存储器或 I/O 接口时,才需要申请一个总线周期,CPU 将会进入执行总线周期的工作时序。也就是说,总线周期不是一直存在的,而时钟周期却是一直存在的。在两个总线周期之间,可能会出现一些没有 BIU 活动的时钟周期,处于这种时钟周期中的总线状态称为空闲状态或简称 T_I(Idle State)状态。通常当 EU 执行一条占用很多时钟周期的指令(如乘除法指令)时,或者在多处理器系统中在交换总线控制权时就会出现空闲状态。

下面介绍 8086 最小模式下的几种主要总线操作时序。

(1)读总线周期

一个最基本的读总线周期包含 4 个 T 状态,即 T_1、T_2、T_3、T_4,在存储器和外设速度较慢时,在 T_3后可插入 1 个或几个等待状态 T_W。从图 2-18(8086 读总线周期的时序)可看到的各 T 状态，所完成的操作功能简述如下：

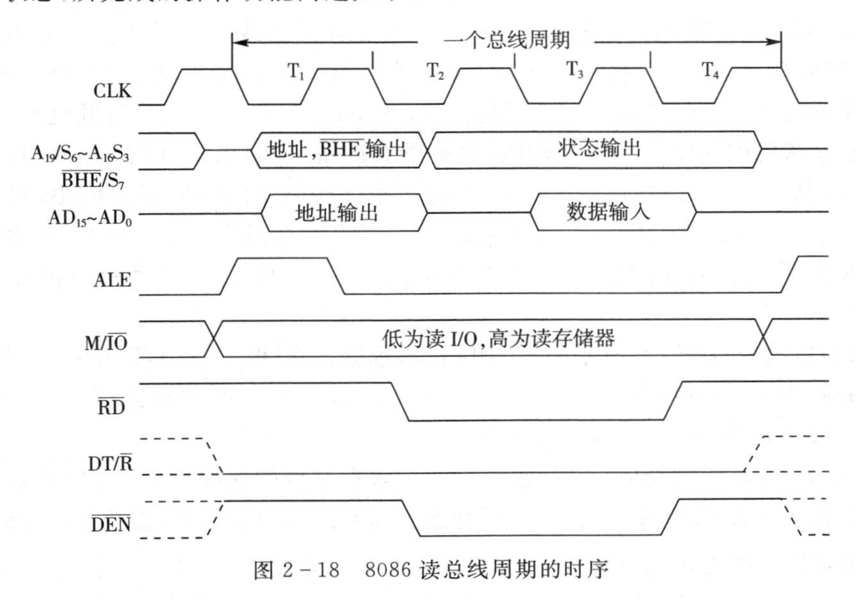

图 2-18　8086 读总线周期的时序

① T_1状态：总线周期 T_1状态一开始使地址锁存信号 ALE 为高电平有效，并与 CPU 输出的 $M/\overline{IO}$信号相配合来确定本次总线周期是访问存储器($M/\overline{IO}=1$)还是访问 I/O 端口($M/\overline{IO}=0$)。$M/\overline{IO}$信号的有效电平一直保持到总线周期结束的 T_4状态。与此同时，BIU 把欲访问的存储单元或 I/O 端口的 20 位地址信息，通过多路复用总线输出。其中高 4 位地址从 $AD_{19}/S_6 \sim AD_{16}/S_3$(地址/状态线)送出，低 16 位从 $AD_{15} \sim AD_0$(地址/数据线)送出。$\overline{BHE}$信号也在 T_1状态通过$\overline{BHE}/S_7$ 引脚输出，作为奇地址存储体的体选信号，用以配合地址信息来实现对存储单元或 I/O 端口的寻址。$\overline{BHE}$为低表示高 8 位数据线上的数据有效(偶地址存储体的选体信号为 A_0)。在 T_1状态的后半部，ALE 信号变为低电平，利用 ALE 信号的下降沿将 20 位地址信息和$\overline{BHE}$状态锁存在 8282 地址锁存器中。

另外，当系统中接有数据总线收发器时，要用到 $DT/\overline{R}$ 和$\overline{DEN}$作为数据总线收发器 8286 的控制信号。前者作为数据传输方向的控制，后者实现数据的选通。在 T_1状态，如 $DT/\overline{R}$ 端输出为低电平，表示本总线周期为读周期，即数据总线收发器是从数据总线上接收数据。

② T_2状态：地址信号消失，$AD_{19}/S_6 \sim AD_{16}/S_3$引脚上输出状态信息 $S_6 \sim S_3$，$\overline{BHE}/S_7$ 变成高电平，输出状态信息 S_7(S_7在当前 CPU 的设计中未赋予任何实际意义)。与此同时，低 16 位地址线 $AD_{15} \sim AD_0$进入高阻状态，产生一个缓冲时间，使 CPU 有足够的时间使 $AD_{15} \sim AD_0$总线由输出地址方式转变为输入数据方式。在读总线周期为了将总线上的数据读入到 CPU 中，CPU 还应给出读信号$\overline{RD}$(此信号送到所有的存储器和 I/O 端口)，并使$\overline{RD}$信号在 T_2状态变为低电平有效。若在系统中应用了总线收发器 8286，则要利用控制信号 $DT/\overline{R}$ 和$\overline{DEN}$以控制数据传送方向。在读总线周期 $DT/\overline{R}$ 应为低电平，$\overline{DEN}$也应在 T_2状态变为低电平有效，使 8286 处于反向传送(即信息由总线传向 CPU)。

③ T_3状态：CPU 继续提供状态信息，并且继续维持$\overline{RD}$、$M/\overline{IO}$、$DT/\overline{R}$、$\overline{DEN}$信号为有效

电平。如果存储器或 I/O 接口存取数据速度较快，则在 T_3 和 T_4 时钟状态间不需要插入等待状态 T_W。如速度较慢则需要附加 T_W 状态。直至存储器或 I/O 接口完成好取数据的准备后，才能结束 T_W 状态。T_3 状态一开始，CPU 采样 READY 信号，若此时 READY 为高电平(表示"准备就绪")，在 T_3 状态后立即进入 T_4 状态；若 READY 信号为低电平，表示系统中所连接的存储器或外设工作速度较慢，数据没有准备好，要求 CPU 在 T_3 和 T_4 状态之间插入一个 T_W 状态。以后在每一个 T_W 状态的开始都检测 READY 引脚电平，只有检测到 READY 为高电平时，才在这个 T_W 状态后进入 T_4 状态。在最后一个 Tw 状态，数据肯定已出现在数据总线上，此时 T_W 状态的动作与 T_3 状态一样。READY 是通过时钟发生器 8284 传递给 CPU 的。

当 READY 信号有效(高电平)时，CPU 读取数据。在 $\overline{DEN}=0$、$DT/\overline{R}=0$ 的控制下，内存单元或 I/O 端口的数据通过数据收发器 8286 到达 CPU 的数据总线 $AD_{15}\sim AD_0$ 上。CPU 在 T_3(或 Tw)周期结束时，读取数据。

④ T_4 状态：读总线周期时，T_4 状态和前一个状态交界的下降沿处，CPU 将数据总线上出现的稳定数据送入 CPU 中。然后在 T_4 状态的后半周期，数据从数据总线上撤除，各个控制信号和状态信号线进入无效状态。$\overline{DEN}$ 信号也变为无效，从而关闭了总线收发器 8286。下一个总线周期可能在 T_4 状态结束后立即开始，也可能在 T_4 结束后出现若干个空闲状态 T_I，这取决于 BIU 何时需要进入下一个总线周期。

(2)写总线周期

图 2-19 表示了 8086 CPU 写总线周期的时序。8086 CPU 写总线周期时序与读总线周期时序有许多相同之处。

① 在 T_1 状态，$M/\overline{IO}$ 信号有效，指出 CPU 将数据写入内存还是 I/O 端口；CPU 给出写入存储单元或 I/O 端口的 20 位物理地址；地址锁存信号 ALE 有效，选存储体信号 $\overline{BHE}$，A_0 有效；$DT/\overline{R}$ 变高平，表示本总线周期为写周期。

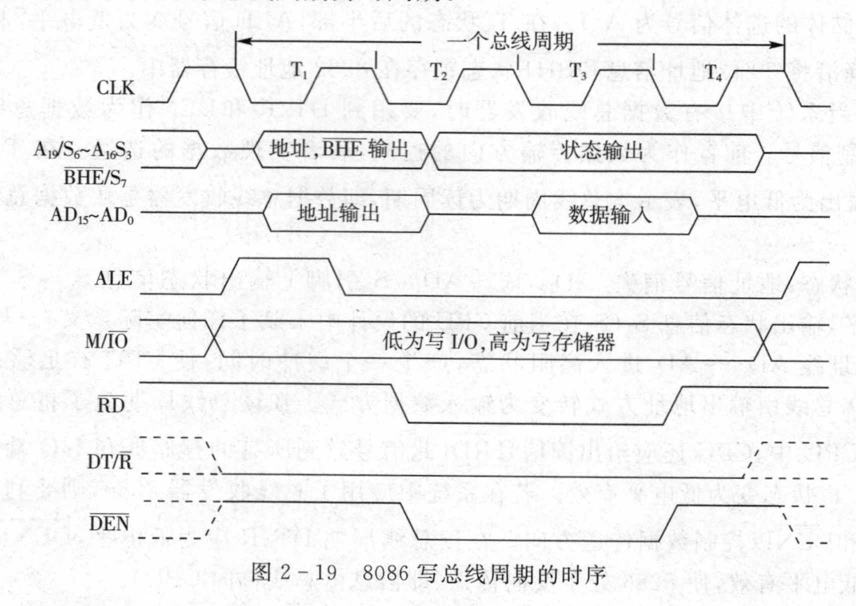

图 2-19　8086 写总线周期的时序

② 在 T_2 状态，地址撤消，$S_6 \sim S_3$ 状态信号输出；数据从 CPU 送到数据总线 $AD_{15} \sim AD_0$，$\overline{WR}$写信号有效；$\overline{DEN}$信号有效，作为数据总线收发器 8286 的选通信号。写周期，CPU 不需要对 $AD_{15} \sim AD_0$ 总线进行输出/输入方式的转变。因而在 T_2 状态下撤消地址后，可以立即把数据送上 $AD_{15} \sim AD_0$ 总线。同样，当系统中应用了 8286 后，此时 DT/$\overline{R}$ 应为高电平，$\overline{DEN}$为低电平，使 8286 处于正向传送，即信息由 CPU 传向外部总线。

③ 在 T_3 状态，CPU 采样 READY 线，若 READY 信号无效，插入一个到几个 Tw 状态，直到 READY 信号有效，存储器或 I/O 设备从数据总线上取走数据。

④ 写总线周期，在 T_4 状态，存储器或 I/O 接口应完成数据的接收操作，因而数据可以从数据总线上撤消。各控制信号和状态信号变成无效；$\overline{DEN}$信号变成高电平，总线收发器不工作。

(3)总线请求和总线响应时序

最小模式时，CPU 以外的其他主控模块要求获得控制总线的使用权时，向 CPU 发出总线请求信号，如果 CPU 同意让出对总线的控制权，则发出总线请求信号的设备就可以不经过 CPU 而直接与存储器之间传送数据。8086 CPU 为此提供了一对专门用于总线控制的联络信号 HOLD 和 HLDA。

图 2-20 给出了总线请求和总线响应的时序。HOLD 为总线请求信号，这是 I/O 设备(一般由直接存储器存取控制器 DMA 产生)向 CPU 请求总线使用权的信号。然后等待 CPU 是否同意让出总线并发出总线响应信号 HLDA。

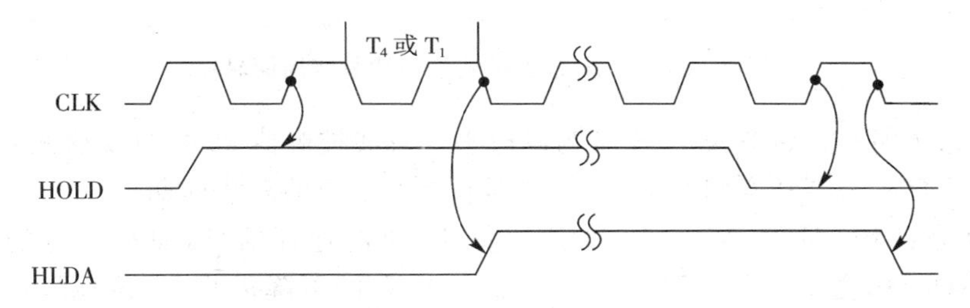

图 2-20 总线请求和总线响应的时序

CPU 在每个时钟脉冲的上升沿，会对 HOLD 引脚上的信号进行检测。如果检测到 HOLD 引脚为高电平，并且允许让出总线，那么在总线周期的 T_4 状态或者空闲状态 T_I 之后的下一个时钟周期，CPU 会发出 HLDA 高电平信号，从而 CPU 便将总线让给发出总线保持请求的设备，直到 HOLD 信号无效(变为低电平)，CPU 才收回总线控制权。

当 HLDA 为高电平时，CPU 所有三态输出都进入高阻状态。已在指令队列中的指令将继续执行，直到指令需要使用总线为止。当总线请求结束，HOLD 及 HLDA 信号变为低电平时，CPU 不立即驱动总线，这些引脚继续浮空，直到 CPU 执行一条总线操作指令，才结束这些引脚的浮空状态。

3. 最大模式下的总线操作

8086 CPU 工作在最大模式时，增加了总线控制器 8288，CPU 向 8288 输出状态信号 $\overline{S_2} \sim \overline{S_0}$。8086 进行读/写操作的控制信号和命令信号均由总线控制器 8288 提供。8288 提供的控制信号 ALE、DEN(它与最小模式下的$\overline{DEN}$信号作用相同,但相位相反)和 DT/$\overline{R}$,它们的定时关系和最小模式下是相同的。最大模式下,所有访问存储器(读指令代码或读/写数据)和访问 I/O 端口所用的总线命令信号,均由 8288 直接产生。

(1)读总线周期

图 2-21 给出了 8086 最大模式下的读总线周期时序。各状态周期所完成的操作如下:

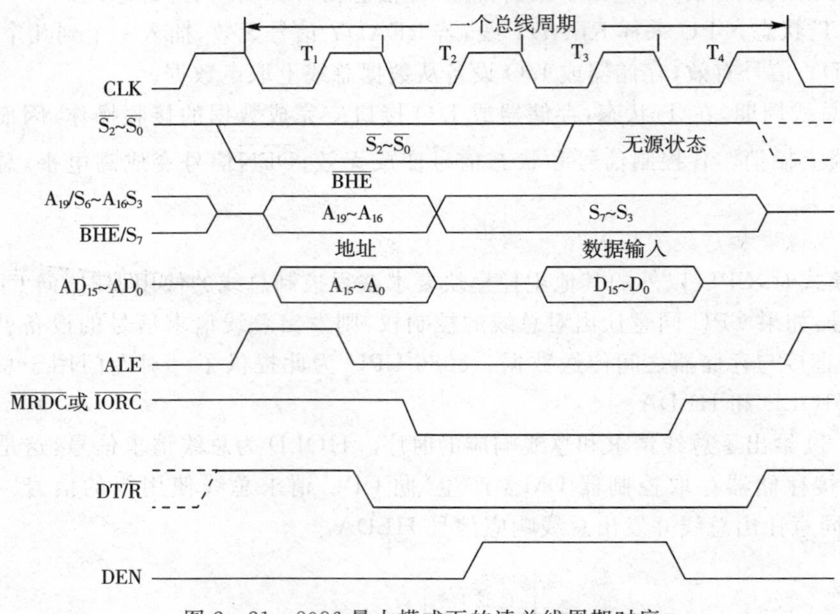

图 2-21 8086 最大模式下的读总线周期时序

在每个总线周期开始前,$\overline{S_2}\sim\overline{S_0}$全为高电平。总线控制器 8288 只要检测到$\overline{S_2}$、$\overline{S_1}$、$\overline{S_0}$中任何一个或几个从高电平变到低电平,便立即开始一个新的总线周期。

① T_1状态:CPU 通过 $AD_{15}\sim AD_0$送出低 16 位的地址信息,而高 4 位的地址信息由 $AD_{19}/S_6\sim AD_{16}/S_3$送出。并利用总线控制信号 ALE 的下降沿将 20 位地址信息锁存于地址锁存器 8282 中。总线控制器 8288 还为总线收发器 8286 提供数据传送方向控制信号 DT/$\overline{R}$,在 T_1状态进入低电平,表示当前为读总线周期。此低电平一直保持到 T_4为止。$\overline{BHE}$信号也在 T_1状态输出。

② T_2状态:CPU 输出状态信号 $S_7\sim S_3$,在 T_2的上升沿时刻 DEN 输出高电平(有效),允许数据通过总线收发器。$\overline{MRDC}$和$\overline{IORC}$进入低电平后,将一直维持此有效电平到 T_4状态。由于地址信息在 T_1状态期间已锁存入地址锁存器,故在 T_2状态地址/数据总线转为高阻状态。DT/$\overline{R}$ 为低电平,DEN 为高电平有效,允许总线数据信息通过 8286 传送给 CPU。

③ T_3状态:如果被寻址的存储器或 I/O 端口存取速度较快,能在时序上满足典型的总线周期时序要求,则不必插入等待状态。此时$\overline{S_2}\sim\overline{S_0}$全部进入高电平,即无源状态。总线的无源状态一直维持到 T_4。一旦进入到无源状态,就意味着很快可以启动下一个总线周期。如果存储器或 I/O 端口在工作速度上不能满足定时要求,则与最小模式相同,在 T_3与 T_4之间插入一个或几个 T_W状态。

④ T_4状态:数据从数据总线上消失,$S_7\sim S_3$进入高阻状态,$\overline{S_2}\sim\overline{S_0}$则按照下一个总线周

期的操作类型，产生相应的电平变化。

(2)写总线周期

8086 CPU 在最大模式下的写总线周期时序，如图 2-22 所示。各状态周期所完成的操作如下：

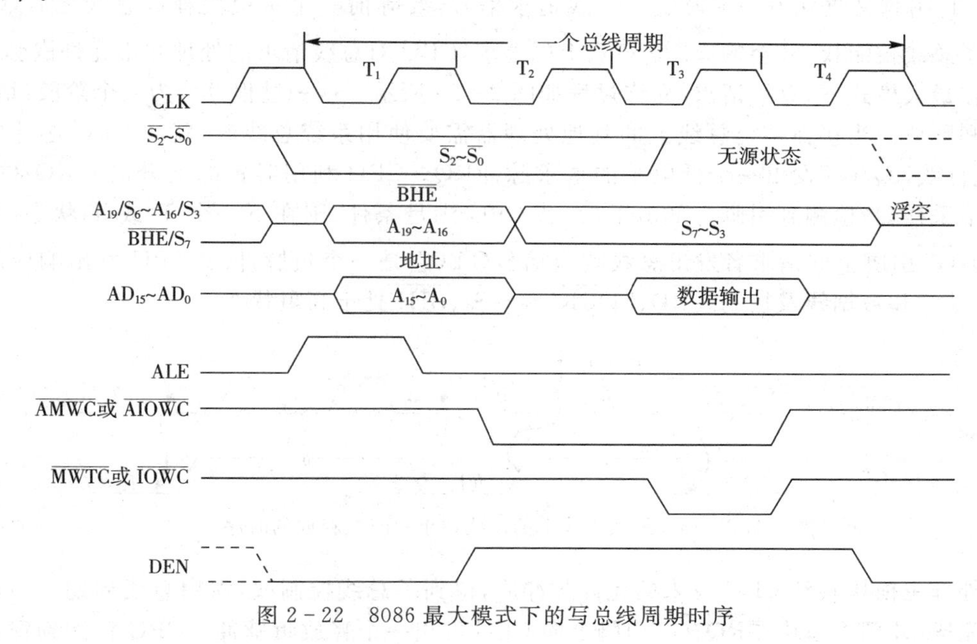

图 2-22　8086 最大模式下的写总线周期时序

① T_1状态：CPU 从 $AD_{15}\sim AD_0$及 $AD_{19}/S_6\sim AD_{16}/S_3$引脚上输出 20 位地址信号，ALE 下降沿锁存地址信息。$DT/\overline{R}$ 输出高电平，以表示本次为写总线周期。$\overline{S_2}\sim\overline{S_0}$状态信息在各个 T 周期中的变化情况与最大模式下读周期中变化一样。

② T_2状态：DEN 为高电平，允许总线收发器 8286 传送数据。写信号$\overline{AMWC}$或$\overline{AIOWC}$为低电平有效，并一直保持到 T_4。在写总线周期中，CPU 从 T_2状态开始就将输出数据送到数据总线 $AD_{15}\sim AD_0$上。

③ T_3状态：写信号$\overline{MWTC}$和$\overline{IOWC}$为低电平有效(维持到 T_4状态)。从图中可以看出，写信号$\overline{AMWC}$或$\overline{AIOWC}$提前一个时钟周期，可以使一些较慢的设备或存储器芯片得到一个额外的时钟周期进行写操作。在 T_3状态时，$\overline{S_2}\sim\overline{S_0}$全部进入高电平，于是总线进入无源状态，为启动下一个总线周期作准备。

④ T_4状态：由于写操作结束，写信号$\overline{MWTC}$和$\overline{IOWC}$或者$\overline{AMWC}$或$\overline{AIOWC}$信号在此状态期间都被撤消。地址/数据总线和地址/状态信号均置成高阻态。DEN 为低电平无效状态，使得总线收发器停止传送数据。

(3)最大模式下的总线请求/允许时序

在最大模式下，8086 CPU 提供了与其他总线主模块之间传递总线控制权的方法，此时通过双向总线请求/总线允许信号$\overline{RQ}/\overline{GT_0}$和$\overline{RQ}/\overline{GT_1}$来代替 HOLD 和 HLDA 信号。$\overline{RQ}/\overline{GT_0}$和$\overline{RQ}/\overline{GT_1}$的功能与最小模式下的 HOLD 和 HLDA 相似。所不同的是 HOLD 和 HLDA 为高电平有效，而且是单向信号线。而$\overline{RQ}/\overline{GT_0}$和$\overline{RQ}/\overline{GT_1}$信号是低电平有效，都是

双向信号。

$\overline{RQ}/\overline{GT_0}$和$\overline{RQ}/\overline{GT_1}$是两个功能完全相同的引脚，可以连接两个总线主模块，其中$\overline{RQ}/\overline{GT_0}$的优先级比$\overline{RQ}/\overline{GT_1}$高。但当 CPU 已将控制权交给连接$\overline{RQ}/\overline{GT_1}$的主模块后，此时从$\overline{RQ}/\overline{GT_0}$引脚又收到另一主模块的总线请求信号，要等前一个主模块释放总线之后，CPU 收回了总线控制权，才会响应$\overline{RQ}/\overline{GT_0}$上的请求，CPU 对总线请求的处理并不允许嵌套。

在最大模式下，总线请求/允许过程如图 2－23 所示。这一过程可分为三个阶段：请求、允许和释放。当接在系统总线上的其他处理器需要使用系统总线时，就向 CPU 芯片的请求/允许线$\overline{RQ}/\overline{GT}$发出一个低电平的请求脉冲$\overline{RQ}$。CPU 利用时钟的上升沿对$\overline{RQ}/\overline{GT}$引脚电平采样，当检测到引脚为低电平后，若 CPU 满足条件，则在下一个 T_4 或 T_I状态，从同一$\overline{RQ}/\overline{GT}$引脚上向请求者发出总线响应信号$\overline{GT}$（它是一个负脉冲）。CPU 发出响应脉冲后，地址线和数据线及控制线$\overline{RD}$、$\overline{LOCK}$、$\overline{S_2}\sim\overline{S_0}$、$\overline{BHE}$处于高阻状态。

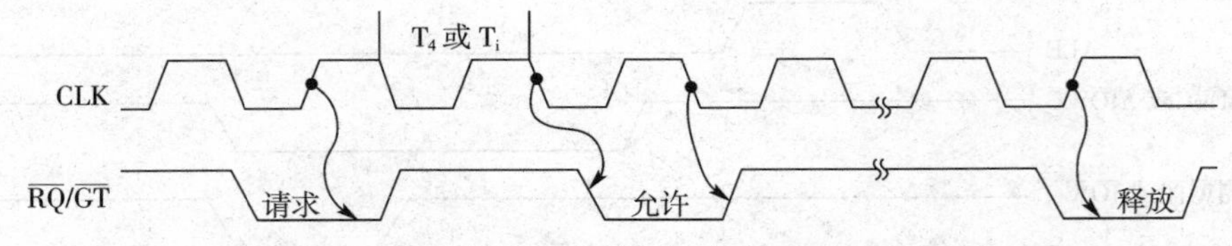

图 2－23　最大模式下的总线请求/允许/释放的时序

外部主模块收到 CPU 发来的允许脉冲后，得到了总线控制权，占用总线周期。当使用总线完毕，外部主模块在$\overline{RQ}/\overline{GT}$引脚上向 CPU 发出一个释放负脉冲。CPU 检测到释放脉冲后，在下一个时钟周期便收回了总线控制权。

CPU 响应总线请求的条件为：①前一次总线传送不是对奇地址单元读或写一个字的低位字节。如是奇地址低位字节，必须完成一个字的第二字节的传送；②前一个总线周期不是第一个中断响应周期；③不再执行带 LOCK 前缀的指令。

与 8086 最小模式总线请求/总线响应情况相同，总线响应期间，CPU 内部 EU 仍可执行指令队列中的指令，直到需要使用总线周期为止。另外 CPU 收到释放负脉冲后也不立即驱动总线。

2.3　8086 的存储器组织

2.3.1　存储器的分段与地址形成

1. 存储器的一般结构

8086/8088 CPU 能寻址 1M 字节的存储单元。在此存储空间中是以 8 位为一个字节顺序排列存放的。为了标识和存取每一个存储字节单元，给每个存储字节单元规定一个编号，这就是存储单元地址。地址是一个不带符号的整数，其地址范围从 0 到 $2^{20}-1$。用十六进制表示，即 00000H～FFFFFH。

尽管存储器是按字节编址的，但在实际操作时，一个变量可以是字节、字、双字、甚至可以为八字节、十字节。前三种的形式居多，下面分别说明：

字节：数据位数 8 位，对应的字节地址可以是偶地址（地址的最低位 A0＝0），也可以是奇地址（A0＝1）。当 CPU 存取此字节数据时，只需给出对应的实际地址即可。

字：一个字是由两个字节构成，它是将连续存放的两个字节组成一个 16 位的字。低 8 位存放在地址值较低的字节单元中，高 8 位存放在相邻的下一个字节单元。同时规定将低位字节的地址作为这个字的地址。显然，字地址可以是偶数的，也可以是奇数的。

双字：双字要占用四个字节，用以存放连续的两个字。通常此类数据用于地址指针，指示一个当前可段外寻址的某段数据。前两个字节单元为偏移量，后两个字节单元存放段基地址。在存放低位字或高位字时，高位字节位于高地址，低位字节位于低地址。

例如，在 01376H 地址中存放一个双字数据，若它指示了某数所存放的逻辑地址，即段基址：偏移量＝5E50H：9086H，则表示该数据的存放地址是由 01376H 至 01379H 连续 4 个字节中，依次存放的数据为 86H、90H、50H、5EH。该数据实际的存放地址为 5E500H＋9086H＝67586H。

双字数据是以字为单位的，因此它的地址也符合字数据的规定，即以最低位字节地址作为它的地址。图 2－24 为存储器中部分存储单元存放信息情况。从图中可看到，地址为 34560H 的字节存储单元中的内容是 34H，而地址为 34561H 的字节存储单元中的内容是 12H；地址为 34560H 的字存储单元中的内容是 1234H，而地址为 34561H 的字存储单元中的内容是 5612H；地址为 34560H 存放一个地址指针字（双字），则段基址：偏移量＝7856H：1234H。

存储器	
⋮	00000H
34H	34560H
12H	34561H
56H	34562H
78H	34563H
⋮	
32H	78780H
33H	78781H
⋮	

图 2－24　部分存储单元的内容

2. 存储器的分段结构

8086/8088CPU 的地址总线为 20 根，因此有 2^{20}（1M）字节的存储器地址空间。但 CPU 内部提供的地址寄存器只有 16 位，可寻址范围为 64K 字节。要扩大到 1M 的寻址范围就需要有一个辅助的办法来构造 20 位的地址。在设计 8086/8088 CPU 时，采用了地址分段办法，从而将寻址范围扩大到了 1M 字节。

8086/8088 系统中将 1M 字节的存储器空间划分为若干个段，每段最多包含 64K（即 2^{16}）字节。系统对存储器的分段采用灵活的方法，允许各个逻辑段在整个存储空间中浮动，这样在程序设计时可使程序保持相对的完整性。段和段之间可以是连续独立的（整个 1M 存储空间分成 16 个逻辑段），也可以是分开的或重叠的，如图 2-25 所示。每个分段的首址是一个能被 16 整除的地址（亦即段首址的地址号的最低四位二进制数均为 0）。一个段的首地址的高 16 位称为该段的段地址。8086 系统将段地址放在段寄存器中，称为“段基址”。有 4 个段寄存器，分别为代码段寄存器 CS，数据段寄存器 DS，附加段寄存器 ES 和堆栈段寄存器 SS。

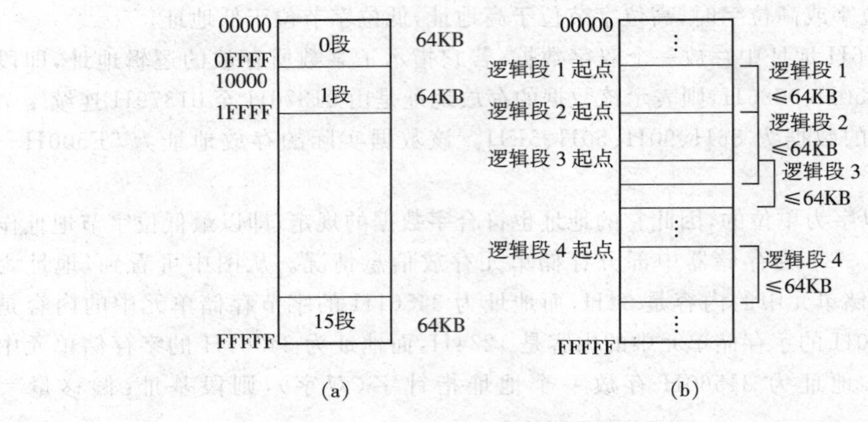

图 2-25　存储器分段示意图

在 1M 字节的存储器空间中，可以有 2^{16} 个段地址。任意相邻的两个段地址相距 16 个存储单元。由于一个段中最多可以包括一个 64K 字节的存储器空间，故段内任一个存储单元的地址可以用相对于段首址的 16 位偏移量来表示。这个偏移量称为当前段内的偏移地址，也称有效地址 EA。段内偏移地址指出了从段地址开始的相对偏移位置。它可以放在指令指针寄存器 IP 中，或 16 位地址寄存器中。

任何一个存储单元的实际地址（物理地址），都是由段地址及段内偏移地址两部分组成的，从图 2-25 可以看出，任何一个存储单元，可以在一个段中定义，也可定义在两个重叠的逻辑段中，关键看段的首地址如何指定。

3. 物理地址形成

在 1M 的存储器空间中，任一存储单元都应有一个 20 位的实际地址编码，也称为内存单元的物理地址。当 CPU 与存储器之间交换信息时，需要指出此物理地址才能对此内存单元存取信息。用段地址及偏移地址来指明某一内存单元地址的称为逻辑地址。即逻辑地址的表示格式为：段地址：偏移地址。物理地址由逻辑地址变换而来。物理地址计算如图 2-26所示。因为段基址指每段的起始地址，它必须是每小段的首地址，其低 4 位一定为 0，所以在实际工作时，是从段寄存器中取出段基址，将其左移 4 位，再与 16 位偏移地址相加，就得到了物理地址。

例如，A018H：117FH 表示段地址为 A018H，偏移地址为 117FH。知道了逻辑地址，可以求出它对应的 20 位物理地址：

物理地址＝段地址×10H＋偏移地址

此逻辑地址为 A018H:117FH，物理地址为 A12FFH。

CPU 的总线接口部件 BIU 的加法器，即用来完成物理地址的计算。段地址总是由段寄存器提供，CPU 可通过对四个段寄存器来访问四个不同的段，一个段最大可包括一个64K 字节的存储器空间。由于相邻两个段首地址只相距 16 个单元，所以段与段是可以互相覆盖的。

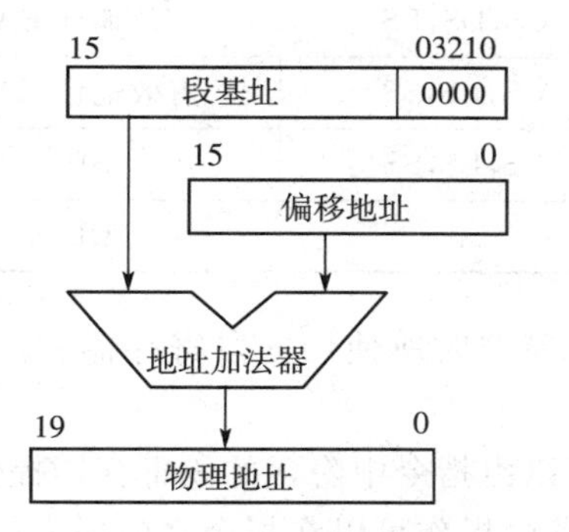

图 2-26　存储器物理地址计算

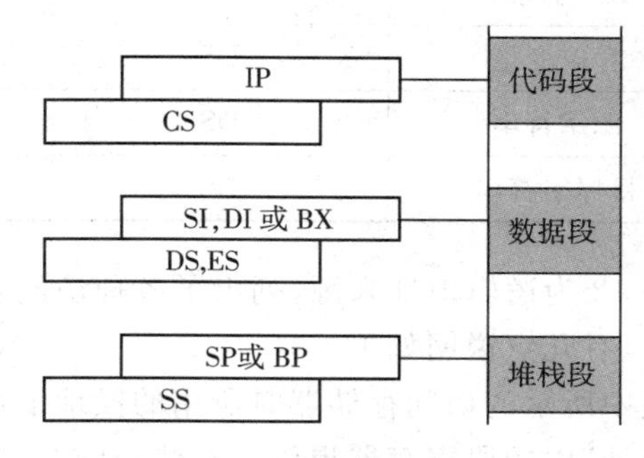

图 2-27　存储单元寻址示意图

4. 逻辑地址来源

在存储器中存储的信息可分为程序指令、数据和计算机系统的状态等信息。为了寻址及操作的方便，存储器的空间可按信息特征进行分段存储。所以一般将存储器划分为：程序区、数据区、堆栈区。在程序区中存储程序的指令代码；在数据区中存储原始数据、中间结果和最后结果；在堆栈区存储压入堆栈的数据或状态信息。8086/8088CPU 中通常按信息特征区分段寄存器的作用。如代码段寄存器 CS 存储程序存储器区的段地址；数据段寄存器 DS 和附加段寄存器 ES 存储源和目的数据区段的段地址；而堆栈段寄存器存储着堆栈区的段地址。

逻辑地址来源如表 2-12 所示。由于访问存储器的操作类型不同，BIU 所使用的逻辑地址来源也不同，取指令时，自动选择 CS 寄存器（指令中隐含）值作段基址，偏移地址由 IP 来指定。当前取指令的物理地址＝代码段寄存器 CS 的内容左移四位后的值，加上指令指针 IP 的内容。当堆栈操作时，段基址自动选择 SS 寄存器（指令中隐含）值，偏移地址由 SP 来指定。堆栈操作所指的物理地址＝堆栈段寄存器内容左移四位后，加上堆栈指针 SP 的内容。在执行指令时，对存储器区内的数据进行读/写操作时，则自动选择 DS 寄存器（指令中隐含）值作为段基址。此时，偏移地址要由指令所给定的寻址方式来决定，可以是指令中包含的直接地址，可以是地址寄存器中的值，也可以是地址寄存器的值加上指令中的偏移量。实际的操作数物理地址＝数据段寄存器的内容左移四位，加上基址寄存器 BX 或通过寻址获得的有效地址。注意的是当用 BP 作为基地址寻址时，段基址由堆栈寄存器 SS 提供，偏移地址从 BP 中取得。图 2-27 为段寄存器与其他寄存器组合寻址存储单元的示意图。

字符串操作是对存储器中两个数据块进行传送。这时需要在一条指令中同时指定源和目的两个数据区。字符串寻址时，源操作数放在现行数据段中，段基址由 DS 提供，偏移地址由源变址寄存器 SI 取得，而目标操作数通常放在当前附加段中，段基址由 ES 寄存器提供，偏移地址从目标变址寄存器 DI 取得。

表 2-12　逻辑地址来源

操作类型	隐含段地址	替换段地址	偏移地址
取指令	CS	无	IP
堆栈操作	SS	无	SP
BP 为间址	SS	CS,DS,ES	有效地址 EA
存取变量	DS	CS,ES,SS	有效地址 EA
源字符串	DS	CS,ES,SS	SI
目标字符串	ES	无	DI

表 2-12 为逻辑地址来源，列出了各种访问存储器时所使用的段寄存器和段内偏移地址的来源。有几点说明如下：

(1)表中所示的访问存储器时所用的段地址可以由指令中隐含的段寄存器提供，也可以由“替换地址”中的段寄存器提供。有些访问存储器的操作可以在指令之前插入一个字节的“段替换”前缀，就可以使用其他的段寄存器，这就为访问不同的存储器段提供了灵活性。有些类型访问存储器不允许采用“段替换”的段寄存器。如指令中隐含的由 CS、SS 及 ES 提供的段地址就不能替换其他寄存器。

(2)段内偏移地址的来源除 IP、SP、SI 和 DI 寄存器提供外，还有由寻址方式求得的有效地址 EA。在下一章中将介绍求得 EA 的方法。

(3)当 8086/8088 CPU 复位时，除了 CS＝FFFFH 外，CPU 中的其他内部寄存器的内容均为 0。故复位后，指令的物理地址应为 CS 的值左移四位加上 IP 的内容(现为 0)，即为 FFFF0H。

2.3.2　8086 存储器的分体结构

图 2-28 所示为 8086 存储器分体结构示意图，1M 的存储空间分成两个存储体：偶地址存储体和奇地址存储体，各体容量都是 512K 字节。

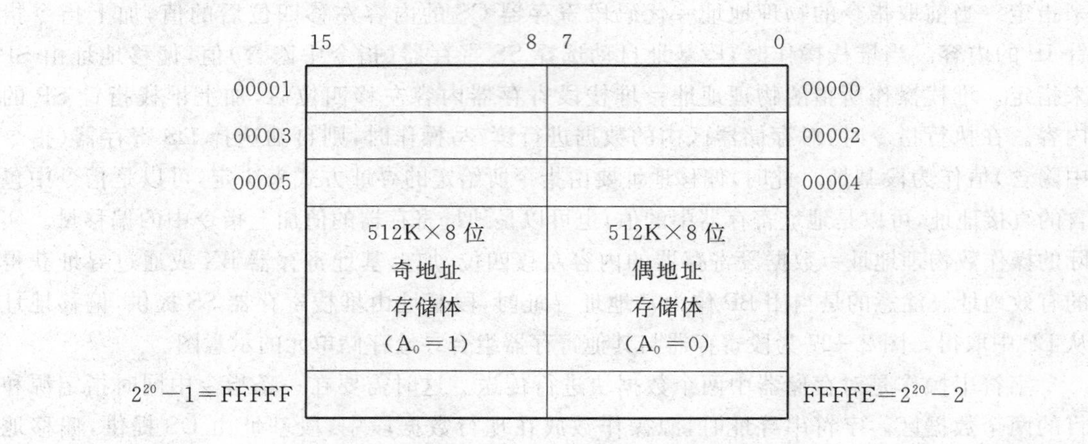

图 2-28　存储器分体结构示意图

图 2-29(a)为 8086 系统中存储器与总线的连接图，其中和数据总线 $D_{15} \sim D_8$ 相连的存储体全部由奇地址单元组成，称为高位字节存储体或奇地址存储体，并用 $\overline{BHE}$ 信号低电平作为此存储体的选择信号；另一个存储体和数据总线 $D_7 \sim D_0$ 相连接，由偶地址单元组成，称为低位字节存储体或偶地址存储体，利用地址线 $A_0=0$（低电平）作为此存储体的选择信号。所以存储体内存储单元的寻址由 $A_1 \sim A_{19}$ 19 个地址总线来选择。A_0、$\overline{BHE}$ 功能组合如表 2-13。表中给出了 $\overline{BHE}$ 与 A_0 相配合可能进行的操作。图 2-29(b)为 8088 系统中存储器与总线的连接图，对于 8088 CPU，由于数据总线是 8 位，只有一个存储体。

表 2-13 $\overline{BHE}$、A0 编码的含义

$\overline{BHE}$	A_0	操作	总线使用情况
0	0	从偶地址开始读/写一个字	$AD_{15} \sim AD_0$
0	1	从奇地址单元读/写一个字节	$AD_{15} \sim AD_8$
1	0	从偶地址单元读/写一个字节	$AD_7 \sim AD_0$
1	1	无效	
0	1	从奇地址开始读/写一个字	$AD_{15} \sim AD_0$
1	0	无效	$AD_{15} \sim AD_0$

图 2-30 所示为字节或字的读/写情况，其中图(a)表示在偶数地址中存取一个数据字节的情况，CPU 从低位存储体中经数据线 $AD_7 \sim AD_0$ 存取数据。由于被寻址的是偶数地址，所以地址位 $A_0=0$。因指令中给出的是在偶地址中存取一个字节，$\overline{BHE}$ 信号为高电平，故不会从高位存储体中读出数据。图(b)表示，当在奇数地址中存取一个字节数据时，应经数据线的高 8 位（$AD_{15} \sim AD_8$）传送。此时，指令应指出是从高位地址（奇数地址）寻址，$\overline{BHE}$ 信号为低电平有效态，故高位存储体被选中，对高位存储体中的存储单元进行存取操作。由于仅是高位地址寻址，故 $A_0=1$，低位存储体的存储单元不会被选中。

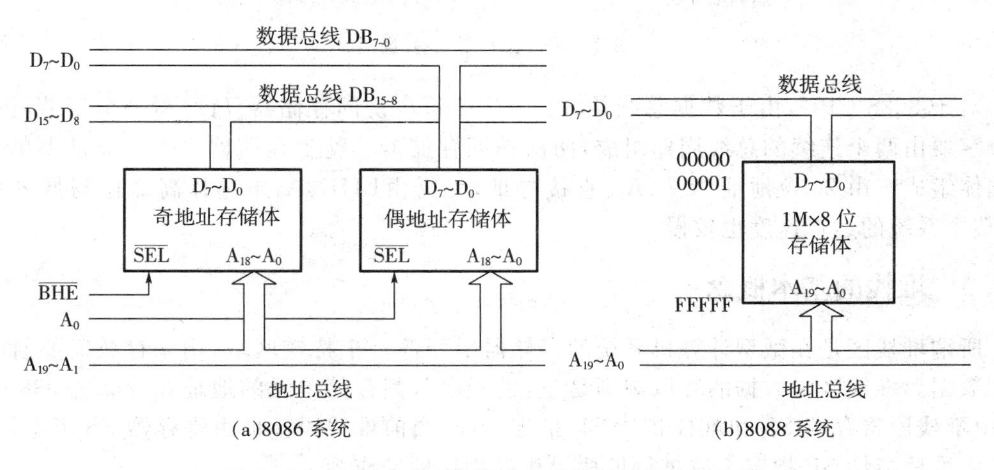

图 2-29 8086/8088 系统中存储器与总线的连接图

一个字在存储器中按相邻两个字节存放，存入时以低位字节在低地址，高位字节在高地址的次序存放，字单元的地址以低位地址表示。一个字可以从偶地址开始存放，也可以从奇地址开始存放，但 8086 CPU 访问存储器时，都是以字为单位进行的，并从偶地址开始。

如表 2-13 所示，8086 CPU 也可以一次在两个存储体中同时各存取一个字节，完成一个字的存取操作。当一个字的低位字节存放在偶地址内存单元，高位字节存放在紧接着的奇地址内存单元中。这种字的存取操作可以在一个总线周期中完成，示意图见图 2-30(c)。由于地址线 $A_{19}\sim A_1$ 是同时连接在两个存储体上的，只要 $\overline{BHE}$ 和 A_0 信号同时有效，就可以一次实现在两个存储体中对一个字（高低两字节）完成存取操作。若一个字的低位字节存放在高位存储体（奇地址）内存单元，高位字节存放在低位存储体（偶地址）内存单元时，存取操作就需要两个总线周期才能完成：在第一总线周期中 CPU 取数时，将这个字的低位字节从高位存储体中读出（偶地址 8 位数据被忽略，$A_0=1$，$\overline{BHE}=0$）。在第二个总线周期，从低位存储体取出数据（奇地址 8 位数据被忽略）。图 2-30(d) 给出了示意图。

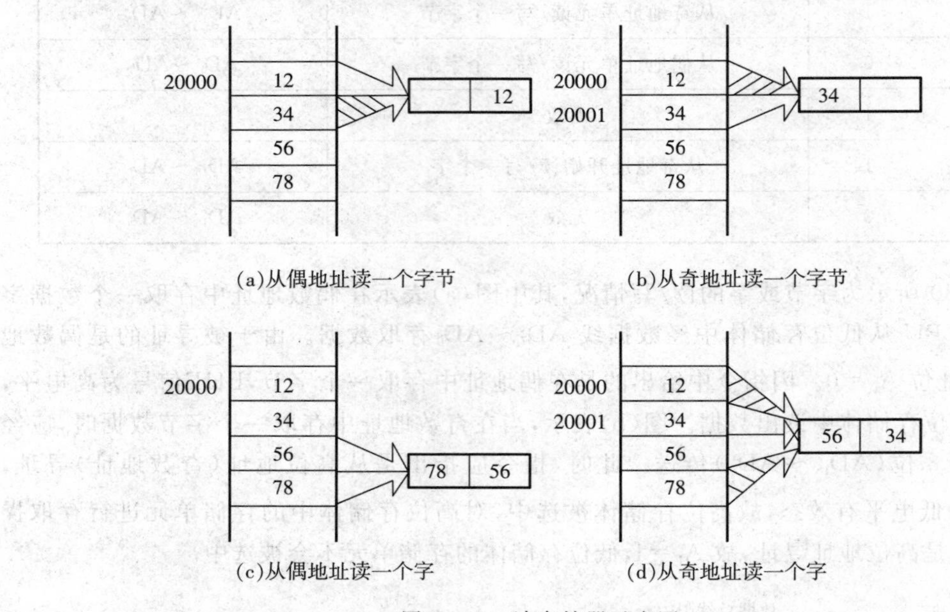

图 2-30　读存储器示意图

对于 8088 CPU，由于数据总线是 8 位，CPU 每次访问存储器只读/写一个字节，读/写一个字要由两个连续的总线周期组成，两次访问存储器。整个存储器 1M 字节是由单一的存储体组成。由 20 位地址 $A_0\sim A_{19}$ 直接寻址，无需由 $\overline{BHE}$、A_0 来选择高 8 位与低 8 位数据，整个系统的运行速度也较慢。

2.3.3　堆栈的基本概念

所谓堆栈区是在微型计算机系统的存储器中开辟一个特定区域，用来存放需要暂时保存的数据。堆栈区中数据的存取规则是“后进先出”，其存储单元的地址在 8086/8088 CPU 中，由堆栈段寄存器 SS 和堆栈指针 SP 指定。即，当前堆栈段基址由寄存器 SS 指定，偏移地址由堆栈指针 SP 指定。故进行堆栈操作的物理地址应为：

物理地址＝堆栈段基址(SS)×10H＋偏移地址(SP)

当(SS)＝2150H,(SP)＝0110H,则堆栈操作的逻辑地址为2150H:0110H,物理地址为21610H。

堆栈指针SP的内容称为堆栈的栈顶。数据存入堆栈称为压入(PUSH)操作,此时堆栈指针先自动减量,然后将数据压入到堆栈指针所指的存储单元中。数据从堆栈取出称为弹出(POP)操作,此时先从堆栈指针所指出的单元中读取信息,然后再将堆栈指针自动增量,修改堆栈指针。所以在数据的存取过程中,栈顶是不断移动的。对于8086/8088 CPU而言,堆栈区的变化范围就是SP值的变化范围,即堆栈长度为64K字节。堆栈区的逻辑地址可以从(SS):FFFFH～(SS):0000H,可看出堆栈地址由高地址向低地址增长。如果想超过64K字节,那么就要重新开辟一个堆栈段,即为SS寄存器重新设置一个值;只有一个堆栈段是当前可直接寻址的,我们称这个堆栈段为当前堆栈段。

8086/8088的堆栈操作是以字为单位进行操作。堆栈中的数据以低字节在偶地址,高字节在奇地址的次序存放。每执行一条压入堆栈(PUSH)指令,先将堆栈指针SP自动减2,使SP指向新栈顶,然后对栈顶存储单元进行16位字的写操作。其低8位数据压入(SP)单元,高8位数据压入(SP＋1)单元。执行弹出(POP)指令时,正好相反,每弹出一个字后,堆栈指针SP自动加2。

堆栈的操作主要用于中断及子程序调用,也可用于暂存数据。在进入中断服务子程序和子程序调用前,要保存(入栈)原来CPU中现行信息(代码段CS、指令指针IP及寄存器中有关内容),调用结束返回主程序时,必须恢复(弹出)原来保存的信息。编程时要按照对称的次序执行一系列压入堆栈和弹出堆栈指令。8086/8088指令系统提供了压入堆栈PUSH和弹出堆栈POP两种指令,对于这两个指令的介绍见下一章。

习　题

2-1　8086CPU由总线接口单元BIU和指令执行单元EU两部分组成,DX寄存器在那个单元中？DS寄存器在那个单元中？

2-2　完成两数546AH和23E7H相加后,6个状态标志位的值是什么？

2-3　8086CPU的最小模式系统配置包括哪几个部分？8086CPU的最大模式系统配置包括哪几个部分？

2-4　8086/8088系统配置中,为什么要用地址锁存器8282？锁存的是什么信息？用什么信号锁存？

2-5　8284时钟发生器共给出哪几个时钟信号？

2-6　试考虑当存储器或I/O设备读/写速度较慢些,应如何向CPU申请等待时钟？

2-7　8086微处理器启动时,起始取指的地址是多少？怎样形成这个地址？

2-8　试总结8086在最大模式和最小模式下总线读与总线写周期的异同点。

2-9　试指出8086和8088 CPU有哪些区别？

2-10　8086系统中存储器采用什么结构？用什么信号来选中存储体？

2-11　已知当前段寄存器的基址(DS)＝1210H,(ES)＝0A301H,(CS)＝634EH,则上述各段在存储器空间中物理地址的首址及末地址是什么？

2-12　在8086存储体结构中,若CPU从1A515H存储单元中读取一个字要占用几个总线周期？$\overline{BHE}/S_7$、$\overline{RD}$、$\overline{WR}$、$M/\overline{IO}$、$DT/\overline{R}$ 中哪些信号应为低电平？字数据如何经过数据总线 $AD_{15} \sim AD_0$ 传送？

2-13　某程序数据段中存放了两个字，内容分别为1E05H和4A8AH，已知(DS)＝5780H，数据存放的偏移地址为6A21H及8252H。试画图说明它们在存储器中的存放情况。

2-14　若当前SS＝A500H，SP＝0370H，说明堆栈段在存储器中的物理地址，若此时入栈8个字节，SP内容是什么？若再出栈6个字节，SP为什么值？

2-15　在8086中堆栈操作是字操作，还是字节操作？已知(SS)＝2100H，(SP)＝0216H，(AX)＝3124H。若执行对AX的压栈操作(即执行PUSH AX)后，则(AX)存放在何处？SP内容是什么？最大模式时，8288输出的总线命令信号哪些应有效？

第3章 8086指令系统

计算机系统是由计算机硬件和计算机软件两部分组成。计算机要完成对数据的运算、加工、处理工作，必须要有系统软件和应用程序的支持，而计算机程序是一系列指令的有序的集合。指令是让计算机完成某种操作的命令，指令的集合称作指令系统。

不同的CPU使用不同的指令系统，指令是根据计算机CPU硬件特点研制出来的，8086CPU是16位指令系统。8086指令系统的特点是：指令格式灵活、寻址能力强、能处理多种类型的数据、支持多处理器系统结构。从功能上大致可分为六种类型：数据传送指令、算术运算指令、逻辑运算指令、字符串操作指令、程序控制指令以及处理器控制指令。

汇编语言的指令系统是程序设计的基础，本章主要介绍8086CPU的寻址方式和16位指令系统，并通过具体实例讲述指令的格式、编码、寻址方式、指令的功能与使用方法等。

3.1 指令格式与寻址方式

3.1.1 指令格式

计算机中的指令由操作码和操作数两部分组成。操作码指示计算机所要执行的操作，比如加、减运算；操作数指示指令执行过程中所需要的操作数，它既可以是操作数本身，也可以是操作数地址或地址的一部分，还可以是指向操作数地址的指针或其他有关操作数的信息。

操作数可以有一个、二个或三个，通常称为一地址、二地址或三地址指令。

8086的寻址方式包括与数据有关的寻址方式和与转移地址有关的寻址方式，CPU根据这些寻址方式以不同的方法取得操作数。

指令的一般格式是：

操作码	操作数	……	操作数

例如，单操作数指令就是一地址指令，它只需要指定一个操作数，如移位指令、加1、减1指令等，这就是一地址指令。大多数运算指令是双操作数指令，如算术和逻辑运算指令等。对于这种指令，有的机器使用三地址指令：除给出参加运算的两个操作数外，还指出运算结果的存放地址。近代多数计算机使用二地址指令，此时分别称两个操作数为源操作数(source)和目的操作数(destination)。尽管在指令执行前这两个操作数都是输入操作数，但指令执行后将把运算结果存放到目的操作数的地址之中，当然目的操作数的原始数据将会丢失。8086的大多数运算型指令就采用这种二地址指令。

3.1.2 寻址方式

3.1.2.1 与数据有关的寻址方式

与数据有关的寻址方式用来确定操作数地址从而找到操作数。

操作数寻址方式的讨论均以 MOV destination，source 为例，这是一条数据传送指令，第一操作数为目的操作数 destination，第二操作数为源操作数 source，指令执行的结果是把 source 送到 destination 中去。

1. 立即寻址方式(Immediate addressing)

操作数直接存放在指令中，紧跟在操作码之后，它作为指令的一部分存放在代码段里，这种操作数称为立即数，如下所示。

指令
操作数

立即数可以是 8 位的或 16 位的。如果是 16 位数，则高位字节存放在高地址中，低位字节存放在低地址中。

立即寻址方式常用于给寄存器赋初值，并且只能用于源操作数字段，不能用于目的操作数字段。

例 3-1 MOV AL，7

指令执行后，(AL)＝07H

例 3-2 MOV AX，3064H

指令执行后，(AX)＝3064H

图 3-1 表示了它的执行情况，图中指令存放在代码段中，OP 表示该指令的操作码部分，3064H 为立即数，它是指令的一个组成部分。

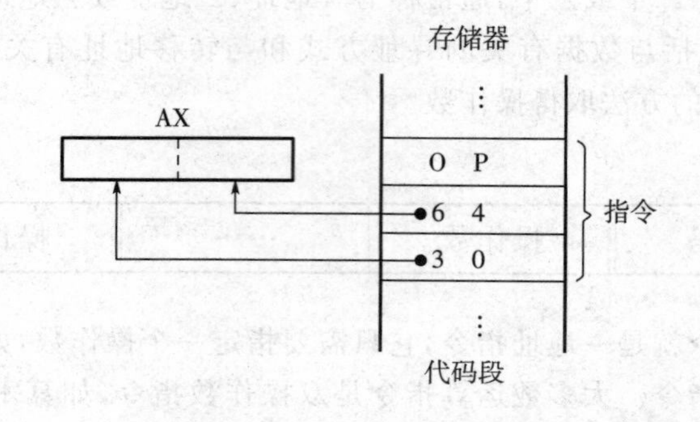

图 3-1 例 3-2 的执行情况

注意：不能直接给段寄存器和标志寄存器赋予立即数。

显然，下面的指令是错误的：

MOV DS，1234H

2. 寄存器寻址方式(Register addressing)

它使用寄存器来存放要处理的操作数,寄存器号由指令指定,如图 3-2 所示。

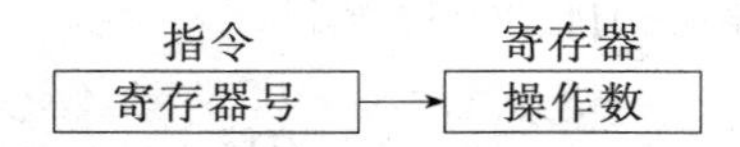

图 3-2 寄存器寻址方式示意图

对于 16 位操作数,寄存器可以是 AX、BX、CX、DX、SI、DI、SP、BP、CS、DS、ES 和 SS;对于 8 位操作数,寄存器可以是 AL、AH、BL、BH、CL、CH、DL、DH。由于操作数就在寄存器中,指令执行时不需要访问存储器,因此这是一种快速的寻址方式。

除上述两种寻址方式外,下面五种寻址方式的操作数都在除代码段以外的存储区中。

这里先引入有效地址 EA(Effective Address)的概念:在 8086 里,把操作数的偏移地址称为有效地址,下面五种计算 EA 的方法体现了五种寻址方式。

例 3-3 MOV AX,BX

如指令执行前(AX)=1234H,(BX)=5678H;

则指令执行后(AX)=5678H,(BX)保持不变。

注意:源寄存器和目的寄存器的位数必须一致。

例如:MOV CL,BX 是一条错误指令。

3. 直接寻址方式(Direct addressing)

在这种寻址方式中,操作数存放在存储单元中,而这个存储单元的有效地址 EA 就在指令的操作码之后,操作数的物理地址如下:

$$物理地址=(DS)\times 16+EA$$

这种寻址方式寻找存储器的操作示意图如图 3-3 所示。

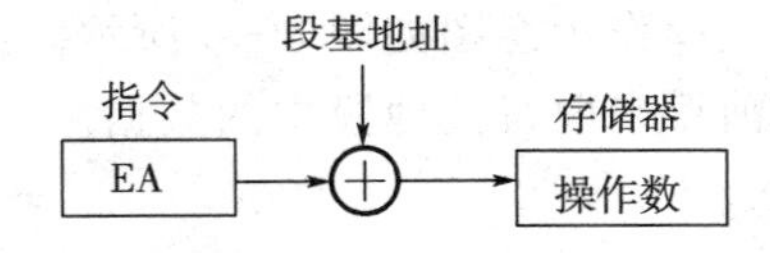

图 3-3 直接寻址方式示意图

在汇编语言指令中,可以用符号地址(变量名或标号)代替数值地址。

例如:MOV AX,DATA

或 MOV AX,[DATA]

这里 DATA 是存放操作数单元的符号地址。

直接寻址方式默认操作数在数据段中,如果操作数定义在其他段中,则应在指令中指定段跨越前缀。

例如:MOV AX,ES:NUMBER

或 MOV AX,ES:[NUMBER]

这里 NUMBER 是附加段中的字变量。

直接寻址方式适合于处理单个变量。

例 3-4 MOV AX,[2000H]

如果(DS)=3000H,则执行情况如图 3-4 所示。

最后的执行结果为(AX)=3050H。

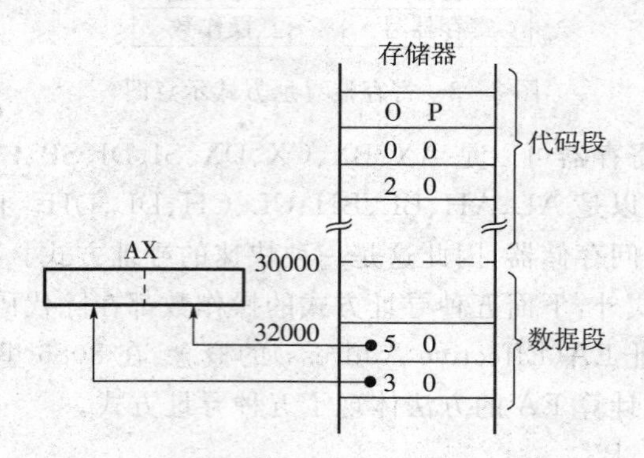

图 3-4 例 3-4 的执行情况

4. 寄存器间接寻址方式(Register indirect addressing)

这种寻址方式通过基址寄存器 BX、BP 或变址寄存器 SI、DI 来保存操作数的有效地址 EA。如果指令中使用的寄存器是 SI、DI 和 BX,则操作数在数据段中,操作数的物理地址为:

物理地址=(DS)×16+SI

或 物理地址=(DS)×16+DI

或 物理地址=(DS)×16+BX

如果指令中使用的寄存器是 BP,则操作数在堆栈段中,操作数的物理地址为:

物理地址=(SS)×16+BP

这种寻址方式寻找存储器的操作示意图如图 3-5 所示。

指令中也可以指定段跨越前缀来取得其他段中的数据。

例如:MOV AX,ES:[BX]

这种寻址方式可以用于表格处理。

基址或变址寄存器初始化为表格的首地址,每取一个数据就修改寄存器的值,使之指向下一个数据。

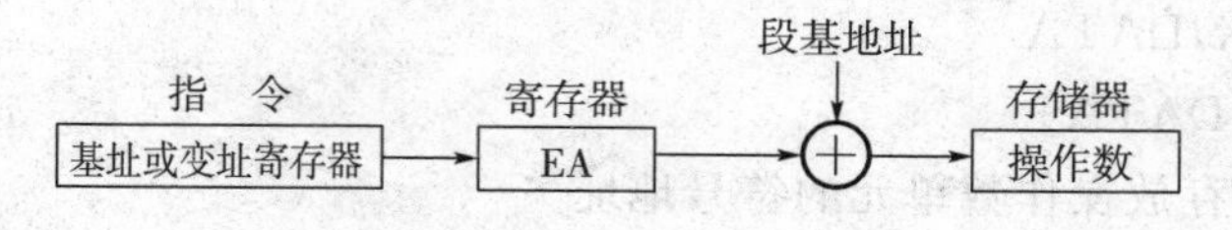

图 3-5 寄存器间接寻址方式示意图

例 3-5 MOV AX,[BX]

如果(DS)=2000H,(BX)=1000H,则,物理地址=20000H+1000H=21000H,执行情况如图 3-6 所示,最后的执行结果为(AX)=50A0H。

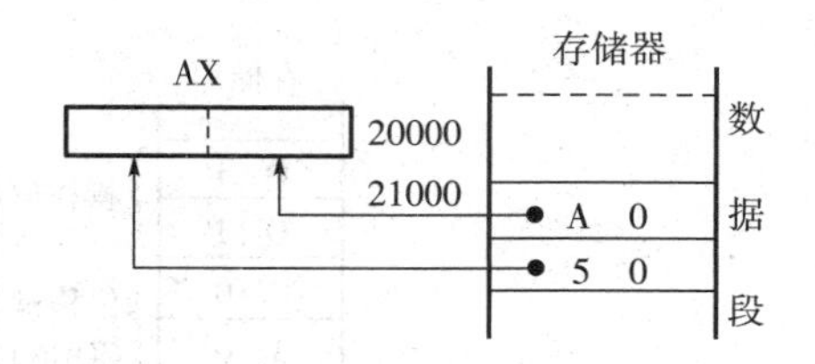

图 3-6　例 3-5 的执行情况

5. 寄存器相对寻址方式(Register relative addressing)

这种寻址方式通过基址寄存器 BX、BP 或变址寄存器 SI、DI 与一个 8 位或 16 位移量相加形成有效地址，计算物理地址的缺省段仍然是 SI、DI 和 BX 为 DS，BP 为 SS。其物理地址为：

物理地址＝(DS)×16＋SI＋8 位或 16 位位移量

或　物理地址＝(DS)×16＋DI＋8 位或 16 位位移量

或　物理地址＝(DS)×16＋BX＋8 位或 16 位位移量

或　物理地址＝(SS)×16＋BP＋8 位或 16 位位移量

这种寻址方式寻找存储器的操作示意图如图 3-7 所示。

寄存器相对寻址方式也可以使用段跨越前缀。

例如：MOV　AX，ES：[DI＋20]

这种寻址方式同样可用于表格处理。

表格的首地址可设置为位移量，修改基址或变址寄存器的内容取得表格中的值。

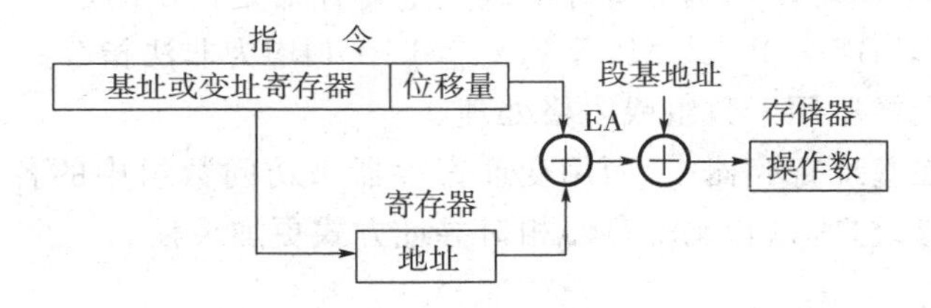

图 3-7　寄存器相对寻址方式示意图

例 3-6　MOV AX，COUNT[SI]（也可表示为 MOV AX，[COUNT＋SI]）

其中 COUNT 为 16 位位移量的符号地址。

如果(DS)＝3000H，(SI)＝2000H，COUNT＝3000H

则物理地址＝30000H＋2000H＋3000H＝35000H

指令执行情况如图 3-8 所示，最后的执行结果是(AX)＝1234H。

6. 基址变址寻址方式(Based indexed addressing)

这是一种基址加变址来定位操作数地址的方式，也就是说，操作数的有效地址 EA 是一个基址寄存器(BP 或 BX)和一个变址寄存器(SI 或 DI)的内容之和。如基址寄存器为 BX 时，与 DS 形成的物理地址指向数据段；如基址寄存器为 BP 时，与 SS 形成的物理地址指向堆栈段。因此，物理地址为：

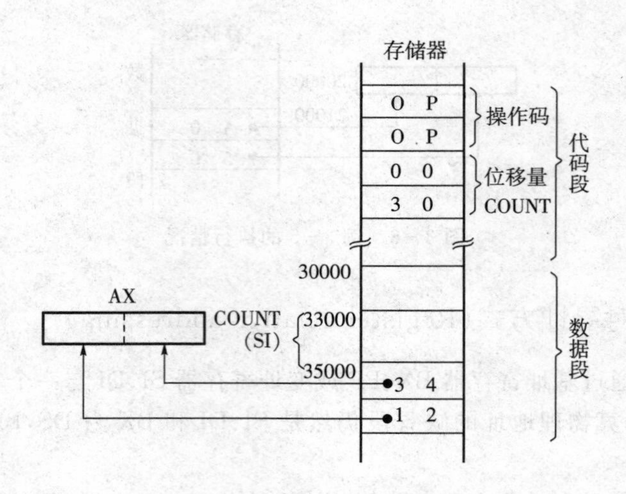

图 3-8　例 3-6 的执行情况

物理地址＝(DS)×16＋BX＋SI

或　物理地址＝(DS)×16＋BX＋DI

或　物理地址＝(SS)×16＋BP＋SI

或　物理地址＝(SS)×16＋BP＋DI

这种寻址方式寻找存储器的操作示意图如图 3-9 所示。

此种寻址方式也可使用段跨越前缀。

例如：MOV AX，ES：[BX][SI]

注意：一条指令中同时使用基址寄存器或变址寄存器是错误的。

例如：MOV CL，[BX＋BP]或 MOV AX，[SI＋DI]均为非法指令。

这种寻址方式同样适用于数组或表格处理。

首地址可存放在基址寄存器中，而用变址寄存器来访问数组中的各个元素。由于两个寄存器的值都可以修改，所以它比寄存器相对寻址方式更加灵活。

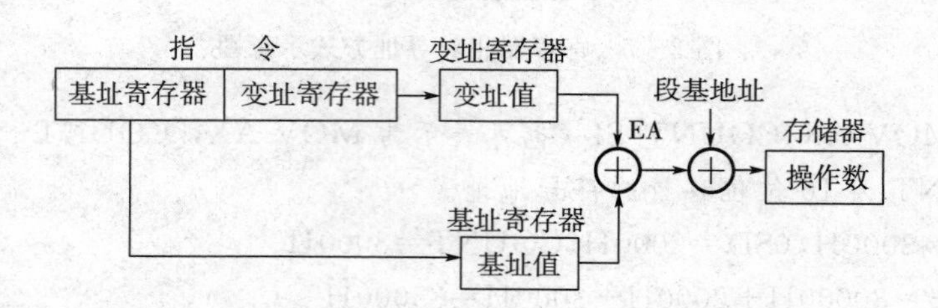

图 3-9　基址变址寻址方式示意图

例 3-7　MOV AX，[BX][DI]（或写为 MOV AX，[BX＋DI]）

如(DS)＝2100H，(BX)＝0158H，(DI)＝10A5H

则 EA＝0158H＋10A5H＝11FDH

物理地址＝21000H＋11FDH＝221FDH

指令执行情况如图 3-10 所示，最后的执行结果是(AX)＝1234H。

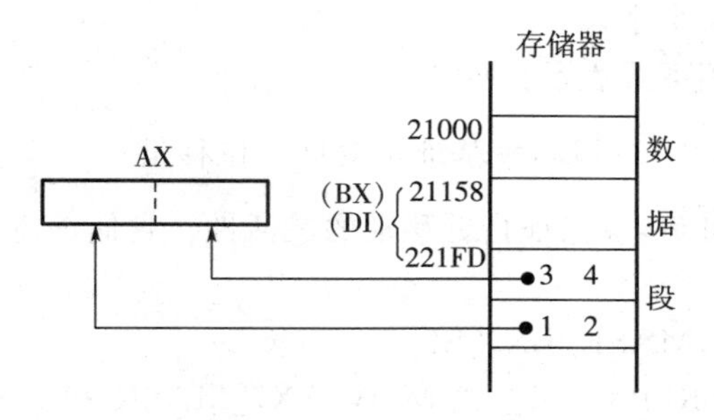

图 3-10　例 3-7 的执行情况

7. 相对基址变址寻址方式(Relative based indexed addressing)

这种寻址方式与基址变址寻址方式类似，不同的是基址加变址再加上一个 8 位或 16 位位移量形成操作数的有效地址 EA。缺省段的使用仍然是 DS 与 BX 组合，SS 与 BP 组合。因此，物理地址为：

物理地址＝(DS)×16＋BX＋SI＋8 位或 16 位位移量

或　物理地址＝(DS)×16＋BX＋DI＋8 位或 16 位位移量

或　物理地址＝(SS)×16＋BP＋SI＋8 位或 16 位位移量

或　物理地址＝(SS)×16＋BP＋DI＋8 位或 16 位位移量

这种寻址方式寻找存储器的操作示意图如图 3-11 所示。

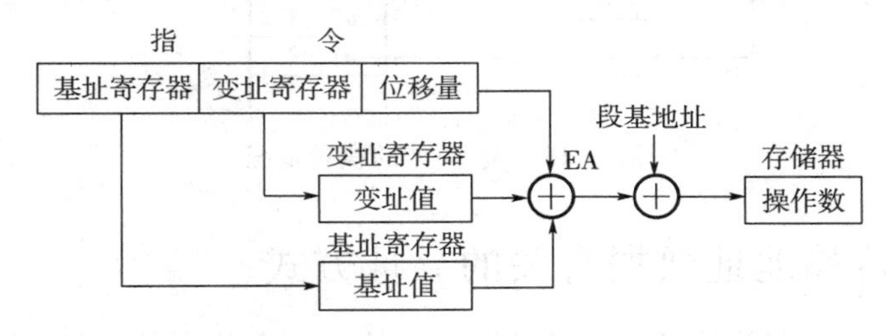

图 3-11　相对基址变址寻址方式示意图

这种寻址方式通常用于对二维数组的寻址。

例如，存储器中存放着由多个记录组成的文件，则位移量可指向文件之首，基址寄存器指向某个记录，变址寄存器则指向该记录中的一个元素。

这种寻址方式也为堆栈处理提供了方便。

一般(BP)可指向栈顶，从栈顶到数组的首址可用位移量表示，变址寄存器可用来访问数组中的某个元素。

综上所述，有效地址可以由以下三种成分组成：

● 位移量(Displacement)是存放在指令中的一个 8 位或 16 位数，但它不是立即数，而是一个地址。

● 基址(Base)是存放在基址寄存器(BX 或 BP)中的内容。它是有效地址中的基址部分，通常用来指向数据段中数组或字符串的首地址。

● 变址(Index)是存放在变址寄存器(SI 或 DI)中的内容。它通常用来访问数组中的某个元素或字符串中的某个字符。

有效地址的计算可用下式表示：

EA＝基址＋变址＋位移量

这三种成分都可正可负，以保证指针移动的灵活性。它们任意组合使用，可得到不同的寻址方式。

例 3-8 MOV AX,MASK[BX][SI]

（或 MOV AX,MASK[BX+SI]，或 MOV AX,[MASK+BX+SI]）

如(DS)＝3000H，(BX)＝2000H，(SI)＝1000H，MASK＝0250H，

则物理地址＝30000H＋2000H＋1000H＋0250H＝33250H

指令执行情况如图 3-12 所示，最后的执行结果是(AX)＝1234H。

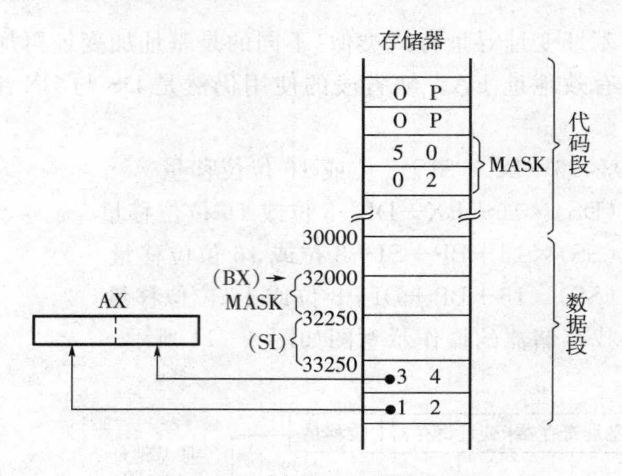

图 3-12 例 3-8 的执行情况

3.1.2.2 与转移地址数据有关的寻址方式

前面介绍的与数据有关的寻址方式最终确定的是一个数据的地址，而这里介绍的与转移地址有关的寻址方式最终确定一条指令的地址。顺序执行的指令地址是由指令指针寄存器 IP 自动增量形成的，而程序转移的地址必须由转移类指令和 CALL 指令指出，这类指令表示转向地址的寻址方式包括：段内直接寻址、段内间接寻址、段间直接寻址、段间间接寻址。

在介绍这些寻址方式之前，先解释三个表示转移距离（称为位移量）的操作符：SHORT、NEAR、FAR。

SHORT 表示位移量在－128～127 字节之间。

NEAR 表示在同一段内转移，位移量在－32768～32767 字节范围内。

FAR 表示转移距离超过±32K 字节，或是在不同段之间转移。

因为 CS:IP 寄存器总是指向下一条将要执行的指令的首地址（称为 IP 当前值），当转移指令执行后，必须修改 IP 或 CS、IP 的值。当转移指令给出位移量时，用 IP 当前值加上位移量即为新的 IP 的值。

SHORT 转移，称为短转移，位移量用一个字节（8 位）来表示。

NEAR 转移，称为近转移，位移量用 16 位表示，因为程序控制仍然在当前代码段，所以只修改 IP 的值，CS 的值不变。

FAR 转移，称为远转移，因为程序控制超出了当前代码段，所以 CS 和 IP 都必须修改为新的值。

与转移地址有关的 4 种寻址方式就是告诉 CPU 如何修改 CS 和 IP 的值，以达到控制程序转移的目的。

1. 段内直接寻址(Intrasegment direct addressing)

这种寻址方式在指令中直接指出转向地址，如：

```
JMP   SHORT   NEXT
JMP   NEAR   PTR   AGAIN
```

其中，NEXT 和 AGAIN 均为转向的符号地址。在机器指令中，操作码之后给出的是相对于当前 IP 值的位移量(转移距离)，所以，转向的有效地址是当前 IP 值与指令中给出的位移量(8 位或 16 位)之和。如图 3-13 所示。

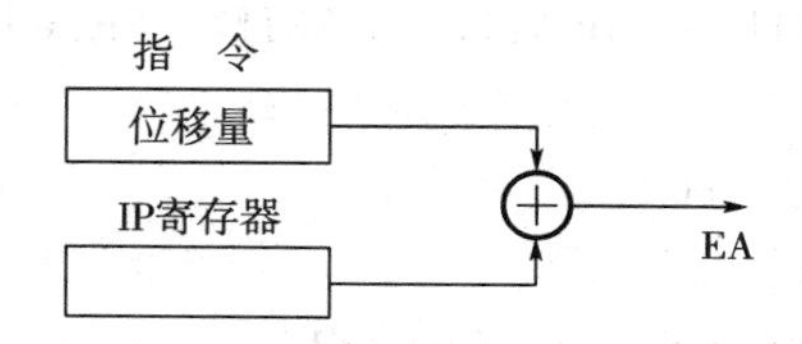

图 3-13　段内直接寻址方式示意图

注意：这种寻址方式适用于条件转移及无条件转移指令，当用于条件转移指令时，位移量只允许 8 位。

例 3-9　段内直接寻址方式

```
                1280:000D EB04   JMP SHORT NEXT
IP 当前值→1280:000F… …
                1280:0011… …
                1280:0013 0207 NEXT:ADD AL,[BX]
```

CPU 在执行 JMP 指令时，IP 指向了下一条指令，其值为 000F，JMP SHORT NEXT 指令的机器语言为 EB04，EB 为操作码，04 为位移量，所以转向的有效地址应为：

000F+0004=0013

0013 正是标号 NEXT 的地址。JMP 指令执行后，将 IP 寄存器修改为 0013，代码段寄存器 CS 不变。紧接着 CPU 根据 CS:IP 的指示，取出 1280:0013 中的 ADD 指令开始执行，这样实现了程序的转移。

2. 段内间接寻址(Intrasegment indirect addressing)

这种寻址方式在指令中用数据寻址方式(除立即寻址方式外)间接地指出转向地址，如：

```
JMP   BX
JMP   NEAR   PTR [BX]
JMP   TABLE[SI]
```

根据指令中的寻址方式，确定一个寄存器或一个存储单元，其内容就是指定转向的有效地址。因为程序的转移仍在同一段内进行，所以只需将 IP 修改成新的转向地址，CS 不变。段内转移指令中的 NEAR PTR 是可以缺省的。如图 3-14 所示。

注意：这种寻址方式以及以下的两种段间寻址方式都不能用于条件转移指令。

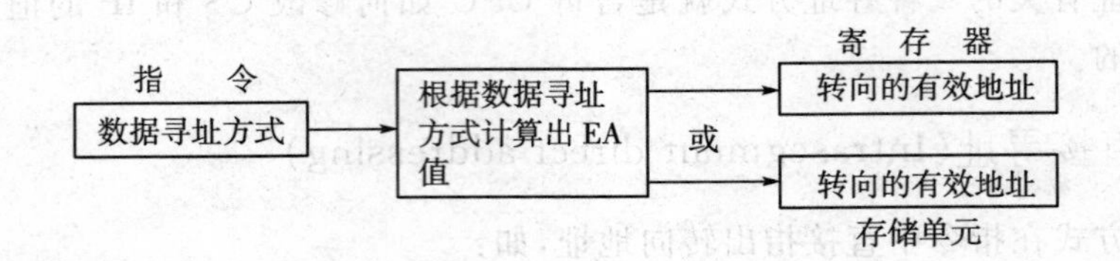

图 3-14　段内间接寻址方式示意图

也就是说，条件转移指令只能使用段内直接寻址的 8 位位移量，而 JMP 和 CALL 指令则可用四种寻址方式中的任何一种。

假设：(DS)＝3000H，(BX)＝1234H，(SI)＝269DH，

位移量＝45FFH，(338D1H)＝73FAH，(35833H)＝6E3CH。

例 3-10　JMP BX

则执行该指令后(IP)＝1234H

例 3-11　JMP [BX][SI]

则指令执行后(IP)＝(16×(DS)＋(BX)＋(SI))

＝(30000H＋1234H＋269DH)

＝(338D1H)

＝73FAH

例 3-12　JMP TABLE[BX]

则指令执行后(IP)＝(16×(DS)＋(BX)＋位移量)

＝(30000H＋1234H＋45FFH)

＝(35833H)

＝6E3CH

3. 段间直接寻址(Intersegment direct addressing)

段间直接寻址和段内直接寻址类似，指令中直接给出转向地址，不同的是，在符号地址之前要加上表示段间远转移的操作符 FAR PTR。

指令格式如下：

JMP　FAR　PTR　OUTLABLE

因为是段间转移，CS 和 IP 都要更新，这个新的段地址和偏移地址由指令操作码之后的连续两个字提供，所以只要将指令中提供的转向偏移地址装入 IP，转向段地址装入 CS，就完成了从一个段到另一个段转移的工作，如图 3-15 所示。

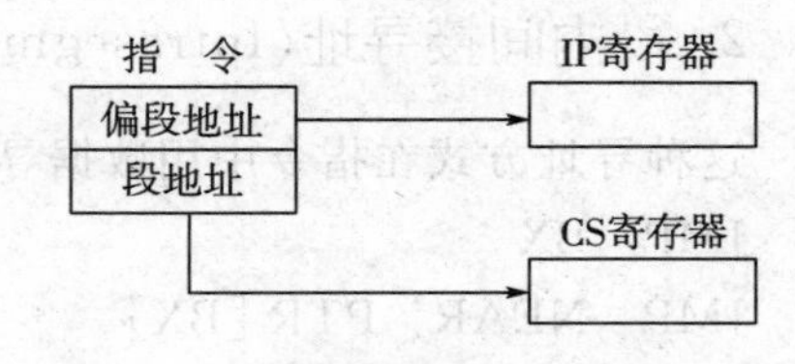

图 3-15　段间直接寻址方式示意图

4. 段间间接寻址(Intersegment indirect addressing)

这种寻址方式仍然是用相继两个字的内容装入 IP 和 CS 来达到段间的转移目的的,但这两个字的存储器地址是通过指令中的数据寻址方式(除立即寻址方式和寄存器寻址方式外)来取得的,如图 3-16 所示。

为了说明寻址两个字单元,指令中必须加上双字操作符 DWORD。指令格式如下:

JMP　DWORD　PTR [SI]

JMP　DWORD　PTR [TABLE+BX]

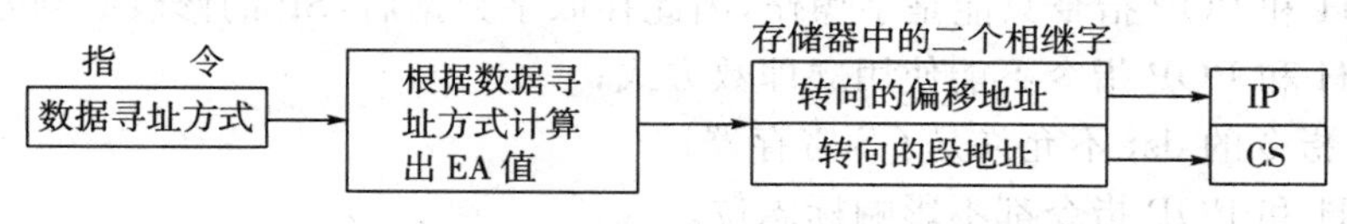

图 3-16　段间间接寻址方式示意图

3.2　数据传送类指令

数据传送类指令的功能是把数据、地址传送到寄存器或存储器单元中。它可以分为通用数据传送、累加器专用传送、指令地址传送及指令标志寄存器传送等四类指令,其功能较强、应用较广,是应用编程的重要基础。

3.2.1　通用数据传送指令

1. MOV　dst,src;传送指令(move)

执行操作:(dst)←(src)

功能:将源操作数(字节或字)传送到目的地址。

注意:

- 目的操作数 dst 和源操作数 src 不能同时用存储器寻址方式,这个限制适用于所有指令;
- 目的操作数 dst 不能是 CS,也不能用立即数方式;
- 目的操作数 dst 和源操作数 src 不允许同时为段寄存器;
- MOV 指令不影响标志位。

2. PUSH　src;进栈指令(push onto the stack)

执行操作:(SP)←(SP)-2

　　　　　((SP))←(src)

3. POP　dst;出栈指令(pop from the stack)

执行操作:(dst)←((SP))

　　　　　(SP)←(SP)+2

PUSH 和 POP 指令分别将数据存入堆栈或把堆栈中的数据取出。堆栈是以 LIFO(后进先出)方式工作的一个存储区,程序中定义的堆栈段就是这样一个 LIFO 存储区。数据存入堆栈单元或从堆栈单元中取出都由堆栈指针 SP 指示,而 SP 总是指向栈顶,所以进栈和出栈指令都会自动修改 SP。

PUSH 指令执行时,SP 的内容先减 2,然后将数据压入 SP 所指示的字单元,存储的方法同样是高 8 位存入高地址字节,低 8 位存入低地址字节。POP 指令执行时,将 SP 所指示的栈顶地址的内容取出放入目的地址,然后 SP 增 2,指向新的栈顶地址。

注意:

- PUSH 和 POP 指令只能是字操作,因此存取字数据后,SP 的修改必须是+2 或-2;
- PUSH 和 POP 指令不能使用立即数方式;
- POP 指令的 dst 不允许是 CS 寄存器;
- PUSH 和 POP 指令都不影响标志位。

PUSH 指令在程序中常用来暂存某些数据,而 POP 指令又可将这些数据恢复。

4. XCHG opr1,opr2;交换指令(exchange)

执行操作:(opr1)↔(opr2)

XCHG 指令使两个操作数 opr1,和 opr2 互相交换,其中一个操作数必须在寄存器中,另一个操作数可以在寄存器或存储器中。

注意:

- 不允许使用段寄存器
- 不影响标志位

例 3-13 假设(DS)=1000H,(SS)=4000H,(SP)=100H,(BX)=2100H,(12100H)=00A8H,指出连续执行下列各条指令后,有关寄存器、存储单元以及堆栈的情况。

```
PUSH   DS
PUSH   BX
PUSH   [BX]
POP    DI
POP    WORD PTR [DI+2]
POP    DS
```

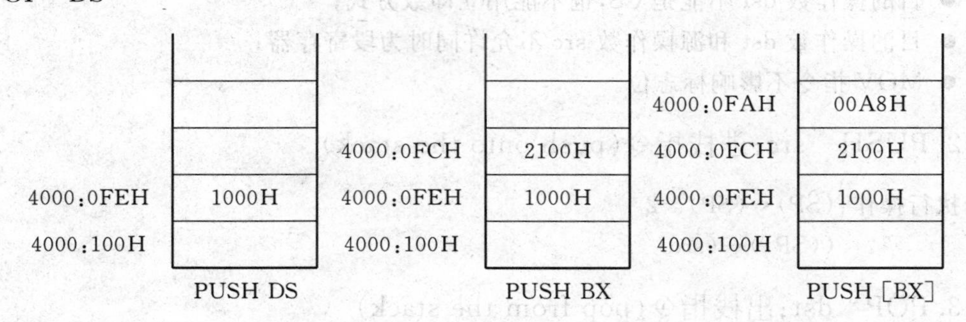

执行结果:(SP)=100H-2=0FEH (SP)=0FE-2=0FCH (SP)=0FC-2=0FAH

(400FEH)=1000H (400FCH)=2100H (400FAH)=00A8H

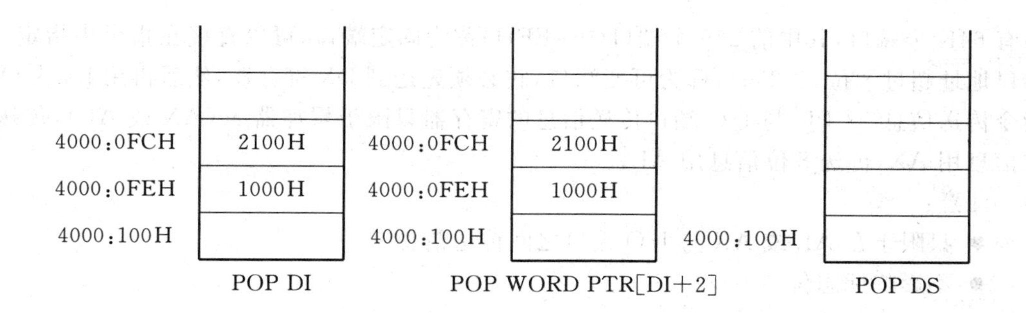

执行结果:(SP)=0FA+2=0FCH　(SP)=0FC+2=0FEH　(SP)=0FE+2=100H

　　　　(DI)=00A8H　　　　(100AAH)=2100H　　　(DS)=1000H

例 3－14　已知(AX)=1234H,(BX)=26D5H,(SI)=0036H,(DS)=1000H,(1270BH)=472AH,写出下列指令执行的结果。

```
XCHG AH,AL         ;执行前:(AH)=12H,(AL)=34H
                   ;执行后:(AH)=34H,(AL)=12H
XCHG AX,[BX+SI]    ;执行前:(AX)=1234H,(1270BH)=472AH
                   ;执行后:(AX)=472AH,(1270BH)=1234H
```

3.2.2　累加器专用传送指令

这组指令只限于使用累加器(ac:AX 或 AL)传送信息。

1. IN　ac,port;输入指令(input),port≤0FFH

执行操作:(AL)←(port)传送字节

　　　　或(AX)←(port+1,port)传送字

2. IN　ac,DX;输入指令,DX 中的 port>0FFH

执行操作:(AL)←((DX))传送字节

　　　　或(AX)←((DX)+1,(DX))传送字

3. OUT　port,ac;输出指令(output),port≤0FFH

执行操作:(port)←(AL)传送字节

　　　　或(port+1,port)←(AX)传送字

4. OUT　DX,ac;输出指令(output),DX 中的 port>0FFH

执行操作:((DX))←(AL)传送字节

　　　　或((DX)+1,(DX))←(AX)传送字

对 8086 及其后继机型的微处理机,所有 I/O 端口与 CPU 之间的通信都由输入输出指令 IN 和 OUT 来完成。IN 指令将信息从 I/O 输入到 CPU,OUT 指令将信息从 CPU 输出到 I/O 端口,因此,IN 和 OUT 指令都要指出 I/O 端口地址。微处理机分配给外部设备最

多有 64K 个端口，其中前 256 个端口(0～FFH)称为固定端口，可以直接在指令中指定。当端口地址超过 8 位(≥256)，称为可变端口，它必须先送到 DX 寄存器，然后再用 IN 或 OUT 指令传送信息。CPU 与 I/O 端口传送信息的寄存器只限于累加器 ac(AX 或 AL)，传送 16 位信息用 AX，传送 8 位信息用 AL。

注意：

- 只限于在 AL 或 AX 与 I/O 端口之间传送信息
- 不影响标志位

5. XLAT;换码指令(translate)

执行操作：(AL)←((DS)×16+(BX)+(AL))

这条指令根据 AL 寄存器提供的位移量，将 BX 指示的字节表格中的代码换存在 AL 中。该指令还可写为：XLAT opr，opr 为字节表格的首地址，因为 opr 所表示的偏移地址已存入 BX 寄存器，所以 opr 在换码指令中可有可无，有则可提高程序的可读性。

注意：

- 所建字节表格的长度不能超过 256 字节，因为存放位移量的是 8 位寄存器 AL；
- XLAT 指令不影响标志位。

例 3-15
```
IN   AL,20H        ;(AL)←端口 20H 的内容
MOV  DX,2356H      ;(DX)←端口地址 2356H
IN   AL,DX         ;(AL)←端口 2356H 的内容
```

例 3-16
```
OUT  20H,AL        ;20H 端口←(AL)
MOV  DX,2356H      ;(DX)←端口地址 2356H
OUT  DX,AX         ;2356H 端口←(AX)
```

例 3-17 将表格 TABLE 中位移量为 3 的代码取到 AL 中。

TABLE			
	40H	MOV BX,OFFSET TABLE	;(BX)←TABLE 的偏移地址
	41H	MOV AL,3	;(AL)←位移量
	42H	XLAT TABLE	;(AL)←((BX)+3)=43H
	43H		
	44H		

3.2.3 地址传送指令

这组指令完成把地址送到指定寄存器的功能。

1. LEA reg,src;有效地址送寄存器(load effective address)

执行操作：(reg)←offset of src

LEA 指令把源操作数的有效地址送到指定的寄存器，这个有效地址是由 src 选定的一种存储器寻址方式确定的。

2. LDS reg,src;指针送寄存器和DS(load DS with point)

执行操作:(reg)←(src)

(DS)←(src+2)

3. LES reg,src;指针送寄存器和ES(load ES with point)

执行操作:(reg)←(src)

(ES)←(src+2)

LDS和LES指令把确定内存单元位置的偏移地址送寄存器,段地址送DS或ES。这个偏移地址和段地址(也称地址指针)是由src指定的两个相继字单元提供的。

注意:

- 指令中的reg不能是段寄存器;
- 指令中的src必须使用存储器寻址方式;
- 该指令不影响标志位。

例3-18 假设某数据段定义如下:

```
0000         DATA SEGMENT
00002650     TABLE DW 2650H
00022000     DW 2000H
0004         DATA ENDS
```

请指出下列指令的执行结果,并说明它们之间的区别。

① MOV BX,TABLE

② LEA BX,TABLE

③ MOV BX,OFFSET TABLE

答:第①条指令执行后,(BX)=2650H;

第②条指令执行后,(BX)=0000;

第③条指令执行后,(BX)=0000。

比较①②两条指令,第①条MOV指令是用直接寻址方式把变量TABLE的内容送入BX,而LEA指令是把TABLE的地址送入BX。

比较②③两条指令可以看到,LEA和用OFFSET指示符实现的功能是相同的,都是将TABLE的偏移地址0000送BX。既然功能相同,它们之间还有什么区别呢?

首先,LEA指令可以使用各种存储器寻址方式,如,LEA BX,[DI],LEA BX,TABLE[DI],LEA SI,[BX+DI]等,这些指令都是把计算出来的有效地址送目的寄存器,而OFFSET不能使用这些寻址方式,它只作用于像TABLE这样的简单变量(或标号)。

其次,对简单变量,OFFSET指示符比LEA执行速度快,因为MOV BX,OFFSET TABLE指令在汇编时,由汇编程序计算出了TABLE的偏移地址,并被汇编成立即数传送指令,因此效率很高,而LEA指令是在执行时才计算地址,然后再传送到指定寄存器,因此执行速度相对慢一些。

例3-19 对例3-18的数据定义,下列两条指令的执行结果是什么?

① LDS BX,TABLE

② LES BX,TABLE

答:LDS 指令执行后,(BX)=2650H,(DS)=2000H

LES 指令执行后,(BX)=2650H,(ES)=2000H

3.2.4 标志寄存器传送指令

这组指令完成和标志位有关的操作。

1. LAHF;标志寄存器的低字节送 AH(load AH with flags)

执行操作:

(AH)←(FLAGS)0－7 位

2. SAHF AH;送标志寄存器低字节(store AH into flags)

执行操作:

(FLAGS)0－7 位←(AH)

3. PUSHF;标志进栈(push the flags)

执行操作:

(SP)←(SP)－2

((SP)＋1,(SP))←(FLAGS)0－15 位

4. POPF;标志出栈(pop the flags)

执行操作:

(FLAGS)0－15 位←((SP)＋1,(SP))

(SP)←(SP)＋2

注意:

- LAHF 和 SAHF 指令隐含的操作寄存器是 AH 和 FLAGS
- LAHF 和 PUSH 不影响标志位,SAHF 和 POPF 则由装入的值来确定标志位的值。

3.3 算术运算类指令

算术运算类指令包括加、减、乘、除指令,它包括对二进制数进行的算术运算的指令,以及对十进制数(用 BCD 码表示)运算进行调整的指令。执行算术指令都会影响条件标志位,条件标志位包括 CF、PF、AF、ZF、SF 和 OF,它们标志算术运算结果的特征。

3.3.1 加法指令

1. ADD dst,src;加法指令(addition)

执行操作:(dst)←(src)＋(dst)

2. ADC dst,src;带进位加指令(add with carry)

执行操作:(dst)←(src)+(dst)+CF

3. INC opr 加1指令(increment)

执行操作:(opr)←(opr)+1

ADD和ADC指令是双操作数指令,它们的两个操作数不能同时为存储器寻址方式,也就是说,除源操作数为立即数的情况外,源和目的操作数必须有一个是寄存器寻址方式。INC指令是单操作数指令,它可以使用除立即数方式外的任何寻址方式。

ADD和ADC指令影响条件标志位(也称条件码),INC指令影响除CF外的其他条件码。条件码中最主要的是SF、ZF、CF和OF,加法运算对这四个条件码的设置方法如下:

SF=1 加法结果为负数(符号位为1)

SF=0 加法结果为正数(符号位为0)

ZF=1 加法结果为零

ZF=0 加法结果不为零

CF=1 最高有效位向高位有进位

CF=0 最高有效位向高位无进位

OF=1 两个同符号数相加(正数+正数,或负数加负数),结果符号与其相反

OF=0 不同符号数相加时,或同符号数相加,结果符号与其相同

计算机在执行运算时,并不区别操作数是带符号数还是无符号数,一律按上述规则设置条件码,因此,程序员要清楚当时处理的是什么类型的数据。例如,当加法运算结果的最高有效位为1时,机器将SF置1。如果参加运算的是两个带符号数,那么和的最高有效位是符号位,SF置1说明结果是一个负数。如果参加运算的是两个无符号数,那么和的最高有效位也是数值位,此时SF置0或置1都失去了表示正负数的意义。

对带符号数和无符号数,它们表示结果溢出的条件标志位也是不同的。上述OF位的设置条件显然只符合带符号数的溢出情况,OF=1表示运算结果是错误的。而无符号数溢出(运算结果超出了有限位的表示范围)时,表现为最高有效位产生进位,因此,CF=1是无符号数溢出的标志。另外,在双字长数运算时,低位字相加设置的CF,说明低位字向高位字有无进位的情况。

例3-20
```
MOV BX,9B8CH  ;(BX)=9B8CH
ADD BX,6474H  ;(BX)=0000H
```

```
     9B8C           1001  1011  1000  1100
  +  6474        +  0110  0100  0111  0100
  ----------     ------------------------------
  1← 0000        1← 0000  0000  0000  0000
```

条件码设置:SF=0　最高有效位(D_{15})为0

ZF=1　结果为0

CF=1　最高有效位向高位有进位

OF=0　不同符号数相加,不产生溢出

例 3-21 编写执行双精度数(DX,CX)和(BX,AX)相加的指令序列,DX 是目的操作数的高位字,BX 是源操作数的高位字。指令执行前:

(DX,CX)=A247 2AC2H,(BX,AX)=088B E259H。

指令序列:ADD CX,AX ;(CX)=0D1BH

ADC DX,BX ;(DX)=0AAD3H

执行 ADD 指令:

```
      2AC2              0010  1010  1100  0010
  +   E259          +   1110  0010  0101  1001
  ------------      ------------------------------
  1←  0D1B          1←  0000  1101  0001  1011
```

条件码设置:SF=0 最高有效位(D_{15})为 0,无符号位意义

ZF=0 结果不为 0

CF=1 最高有效位向高位有进位

OF=0 加数最高位分别为 0、1,溢出位置 0,OF 对低位字无溢出意义

执行 ADC 指令:

```
      A247              1010  0010  0100  0111
      088B              0000  1000  1000  1011
  +      1          +                    1←CF
  ------------      ------------------------------
      AAD3              1010  1010  1101  0011
```

条件码设置: SF=1 最高有效位(D_{31})为 1,对带符号数运算表示结果为负

ZF=0 结果不为 0

CF=0 最高有效位向高位无进位

OF=0 结果符号与操作数相同,未产生溢出

3.3.2 减法指令

1. SUB dst,src;减法指令(subtract)

执行操作:(dst)←(dst)-(src)

2. SBB dst,src;带借位减法指令(subtract with borrow)

执行操作:(dst)←(dst)-(src)-CF

3. DEC opr;减 1 指令(decrement)

执行操作:(opr)←(opr)-1

4. CMP opr1,opr2;比较指令(compare)

执行操作:(opr1)-(opr2),根据相减结果设置条件码,但不回送结果。

以上指令除 DEC 指令不影响 CF 外,其他都影响条件码。与加法类似,SF 和 ZF 分别

表示减法结果的符号以及为零的情况；CF 表明无符号数相减结果溢出与否；OF 表明带符号数相减结果溢出与否。但在对 CF 和 OF 位的设置方法上减法和加法有所不同，下面对此做进一步说明：

CF＝1　二进制减法运算中最高有效位向高位有借位（被减数＜减数，不够减的情况）
CF＝0　二进制减法运算中最高有效位向高位无借位（被减数≥减数，够减的情况）
OF＝1　两数符号相反（正数－负数，或负数－正数），而结果符号与减数相同
OF＝0　同符号数相减时，或不同符号数相减，其结果符号与减数不同

5. NEG opr；求补指令（negate）

执行操作：(opr)←－(opr)

求补操作即把操作数变为与其符号相反的数：正数$\xrightarrow{求补}$负数$\xrightarrow{求补}$正数。

机器在执行求补指令时，把操作数各位求反后末位加 1，因此执行的操作也可表示为：

(opr)←0FFFFH－(opr)＋1

NEG 指令的条件码设置方法为：

CF＝1　不为 0 的操作数求补时
CF＝0　为 0 的操作数求补时
OF＝1　当求补运算的操作数为－128（字节）或－32768（字）时
OF＝0　当求补运算的操作数不为－128（字节）或－32768（字）时

例 3－22　字长为 8 位的两数相减，其可表示数的范围为：带符号数－128～127（80H～7FH），无符号数 0～255（0～FFH）。运算结果超出可表示数范围即为溢出，说明结果错误。

① 42H－15H＝2DH

```
     0100  0010              0100  0010     条件码设置：CF＝0
  －  0001  0101     ⇒    ＋  1110  1011                OF＝0
  ..............       ..................
     0010  1101          1←  0010  1101
```

说明：机器作减法运算时，先将减数求补，然后转化为加法运算，所以实际上机器设置 CF 的方法是：最高有效位不产生进位时，CF＝1；最高有效位产生进位时，CF＝0。这和做减法时有借位 CF＝1，无借位 CF＝0 是一致的。

本例参加运算的数无论是看作带符号数还是无符号数，运算结果均有效。

② 0CAH－68H＝62H

```
     1100  1010              1100  1010     条件码设置：CF＝0
  －  0110  1000     ⇒    ＋  1001  1000                OF＝1
  ..............       ..................
     0110  0010          1←  0110  0010
```

说明：如果是无符号数的运算，被减数够减无借位，所以 CF 置 0，表明结果有效。如果操作数是带符号数，且被减数与减数符号相反，而结果符号与减数符号相同，所以 OF 置 1，表明结果无效。

③ 54H－79H＝0DBH

```
    0101 0100          0101 0100    条件码设置:CF=1
 −  0111 1001   ⇒   +  1000 0111               OF=0
 ............        ............
    1101 1011          1101 1011
```

说明:如果是无符号数的运算,本例中被减数<减数,减运算向高位有借位(或加运算无进位),则 CF 置 0,表明结果无效。如果是带符号数的运算,同符号数相减,OF 置 0,结果有效。

④ 4BH−0B5H=96H

```
    0100 1011          0100 1011    条件码设置:CF=1
 −  1011 0101   ⇒   +  0100 1011               OF=1
 ............        ............
    1001 0110          1001 0110
```

说明:如果是无符号数的运算,本例中被减数<减数,减运算向高位有借位(或加运算无进位),则 CF 置 0,表明结果无效。如果是带符号数的运算,不同符号数相减,且结果符号与减数符号相同,OF 置 1,结果也是无效的。

3.3.3 乘法指令

1. MUL src ;无符号数乘法(unsigned multiple)

2. IMUL src ;带符号数乘法(signed multiple)

字节操作:(AX)←(AL)×(src)

字操作:(DX,AX)←(AX)×(src)

MUL 和 IMUL 指令的区别仅在于操作数是无符号数还是带符号数,它们的共同点是,指令中只给出源操作数 src,它可以使用除立即数方式以外的任一种寻址方式。目的操作数是隐含的,它只能是累加器(字运算为 AX,字节运算为 AL)。隐含的乘积寄存器是 AX 或 DX(高位)和 AX(低位)。

乘法指令只影响 CF 和 OF,其他条件码位无定义。无定义是指指令执行后,条件码位的状态不确定,因此它们是无用的。

MUL 指令的条件码设置为:

CF OF=0 0 乘积的高一半为 0(字节操作的(AH)或字操作的(DX))

CF OF=1 1 乘积的高一半不为 0

这样的条件码设置可以指出字节相乘的结果是 8 位(CF=0)还是 16 位(CF=1),字相乘的结果是 16 位(CF=0)还是 32 位(CF=1)。

IMUL 指令的条件码设置为:

CF OF=0 0 乘积的高一半为低一半的符号扩展

CF OF=1 1 其他情况

符号扩展是指做字节乘法时,乘积低 8 位的最高位为 0,高 8 位也扩展为 0,或者低 8 位的最高位为 1,高 8 位也扩展为 1 的情况。对两个字相乘,符号扩展是指乘积的低 16 位的最高位为0,高16位也扩展为0,或者低16位的最高位为1,高16位也扩展为1的情况。

例3-23 字节数据乘法:A4H×65H

```
MOV AL,65H      ;(AL)=65H,表示无符号数是101,有符号数也是101
MOV BL,0A4H     ;(BL)=A4H,表示无符号数是164,有符号数则是-92
MUL BL          ;无符号字节乘法:(AX)=40B4H,表示16564
                ;OF=CF=1,说明AX高8位含有有效数值,不是符号扩展
```

计算二进制数乘法:A4H×65H。如果把它当作无符号数,用MUL指令结果为40B4H(十进制数16564)。如果同样的数据编码采用IMUL指令如下:

```
IMUL BL         ;有符号字节乘法:(AX)=DBB4H,表示-9292
                ;OF=CF=1,说明AX高8位含有有效数值,不是符号扩展
```

3.3.4 除法指令

1. DIV src ;无符号数除法(unsigned divide)

2. IDIV src ;带符号数除法(signed divide)

字节操作:(AL)←(AX)/ src 的商
(AH)←(AX)/ src 的余数

字操作:(AX)←(DX,AX)/ src 的商
(DX)←(DX,AX)/ src 的余数

参加运算的除数和被除数是无符号数时,使用DIV指令,其商和余数也均为无符号数。IDIV指令执行的操作与DIV相同,但操作数必须是带符号数,商和余数也均为带符号数,而且余数的符号与被除数的符号相同。

这两条除法指令的被除数必须存放在AX或DX,AX中,源操作数src作为除数,可用除立即数以外的任一种寻址方式来取得。

除法指令对所有条件码均无定义,因此对除法指令产生的错误,如除数为0或商溢出等错误,程序员都不能用条件码进行判断,而是由系统直接转入0型中断来处理。所谓商溢出,是指被除数高一半的绝对值大于除数的绝对值时,商超出了16位的表示范围(字操作)或8位的表示范围(字节操作)。

由于使用除法指令的需要,经常要将字节数据扩展为字数据,或者将字数据扩展为双字数据,所以我们先介绍下面的符号扩展指令,然后再对除法指令举例。

3.3.5 符号扩展指令

1. CBW;字节扩展为字(convert byte to word)

执行操作:
(AH)=00H 当(AL)的最高有效位为0时
(AH)=FFH 当(AL)的最高有效位为1时

2. CWD;字扩展为双字(convert word to double word)

执行操作:

(DX)=0000H 当(AX)的最高有效位为0时

(AH)=FFFFH 当(AX)的最高有效位为1时

这是两条无操作数指令,进行符号扩展的操作数必须存放在AL寄存器或AX寄存器中。这两条符号扩展指令都不影响条件码。

注意:

除法指令要求字操作时,被除数必须为32位,除数是16位,商和余数是16位的;字节操作时,被除数必须为16位,除数是8位,得到的商和余数是8位的。

例3-24 假设(AX)=0BD46H,下列指令分别执行后的结果是什么?

```
CBW   ;执行后,(AH)=00,(AL)=46H,或(AX)=0046H
CWD   ;执行后,(DX)=0FFFFH,(AX)=0BD46H
```

例3-25 编写程序,分别实现下列数据的无符号除法和带符号除法。

```
DATA1 DW 9400H
DATA2 DW 0060H
QUOT   DW ?
REMAIN   DW ?
;无符号数除法
MOV AX,DATA1
MOV DX,0                  ;(DX,AX)=0000 9400H
DIV DATA2                 ;无符号数除法
MOV QUOT,AX               ;商存放在AX中,(AX)=018AH
MOV REMAIN,DX             ;余数存放在DX中,(DX)=0040H
;有符号数除法
MOV AX,DATA1              ;(AX)=9400H
CWD                       ;(DX,AX)=0FFFF,9400H
IDIV DATA2                ;有符号数除法
MOV QUOT,AX               ;商存放在AX中,(AX)=0FEE0H
MOV REMAIN,DX             ;余数存放在DX中,(DX)=0
```

3.3.6 十进制调整指令

8086微型机提供了一组十进制调整指令,用来处理ASCII码和BCD码表示的数。

BCD(Binary Coded Decimal)是用二进制编码表示的十进制数(见表3-1),十进制数采用0～9十个数字,是人们最常用的。在计算机中,同一个数可以用两种BCD格式来表示:①压缩的BCD码;②非压缩的BCD码。

压缩的BCD码用4位二进制数表示一个十进制数位,整个十进制数用一串BCD码来表示。例如,十进制数59表示成压缩的BCD码为0101 1001,十进制数1946表示成压缩的BCD码为0001 1001 0100 0110。

非压缩的BCD码用8位二进制数表示一个十进制数位，其中低4位是BCD码，高4位是0。例如，十进制数78表示成非压缩的BCD码为0000 0111 0000 1000。

从键盘输入数据时，计算机接收的是ASCII码，要将ASCII码表示的数转换成BCD码是很简单的，只要把ASCII码的高4位清零即可。

3.3.6.1 压缩的BCD码调整指令

DAA和DAS指令完成加法和减法的调整功能。

1. DAA;加法的十进制调整(decimal adjust for addition)

执行操作：(AL)←把AL中的和调整为压缩的BCD格式

2. DAS;减法的十进制调整(decimal adjust for subtraction)

执行操作：(AL)←把AL中的差调整为压缩的BCD格式

DAA和DAS指令的调整方法如下：

执行加法指令(ADD、ADC)或减法指令(SUB、SBB)后，

(1)如果结果的低4位$(AL)_{0\sim3}>9$或AF=1，则(AL)←(AL)±06H，且AF置1；

(2)如果结果的高4位$(AL)_{4\sim7}>9$或CF=1，则(AL)←(AL)±60H，且CF置1。

对上述方法，加法调整作+06H和+60H，减法调整作−06H和−60H。这两个调整的条件，如果满足其一，则±06H或±60H；如果同时满足，则±06H后，再±60H。

例3-26 压缩BCD码的加法和减法运算

```
MOV AL,59H      ;(AL)=59H,作为压缩BCD码表示59
MOV BL,32H      ;(BL)=32H,作为压缩BCD码表示32
ADD AL,BL       ;按照二进制数进行加法:(AL)=59H+32H=8BH
DAA             ;按照压缩BCD码进行调整:(AL)=91H
                ;实现压缩BCD码加法:56+35=91
SUB AL,49H      ;按照二进制数进行减法:(AL)=91H-49H=48H
DAS             ;按照压缩BCD码进行调整:(AL)=42H
                ;实现压缩BCD码减法:91-49=42
```

注意：

- 被调整的数必须在AL寄存器中；
- 影响除OF外的其他条件码标志；
- DAA必须紧接在加指令之后，DAS必须紧接在减指令之后。

3.3.6.2 非压缩的BCD码调整指令

1. AAA;加法的ASCII调整(ASCII adjust for add)

执行操作：

(AL)←把AL中的和调整为非压缩的BCD格式

(AH)←(AH)+调整产生的进位值

2. AAS;减法的 ASCII 调整(ASCII adjust for sub)

执行操作：

(AL)←把 AL 中的差调整为非压缩的 BCD 格式

(AH)←(AH)－调整产生的借位值

加法和减法的操作数可以直接使用 ASCII 码，而不必把高位 0011 清为 0000，AAA 和 AAS 指令就是专门为 ASCII 码操作数或非压缩 BCD 码操作数的加减法而设计的。

AAA 和 AAS 的调整方法如下：

执行加法指令(ADD、ADC)或减法指令(SUB、SBB)后，结果存放在 AL 寄存器中：

(1)如果$(AL)_{0\sim3}$＝0～9，且 AF＝0，则$(AL)_{4\sim7}$＝0，AF 的值送 CF；

(2)如果$(AL)_{0\sim3}$＝A～F，或 AF＝1，则(AL)←(AL)±06H，$(AL)_{4\sim7}$＝0，(AH)←(AH)±1，AF 的值送 CF。

AAA 和 AAS 指令除影响 AF 和 CF 标志外，其余标志位均无定义。

3. AAM;乘法的 ASCII 调整(ASCII adjust for mul)

执行操作：(AX)←把 AX 中的积调整为非压缩的 BCD 格式

4. AAD;除法的 ASCII 调整(ASCII adjust for div)

执行操作：(AX)←AX 中的被除数(非压缩的 BCD 格式)转化为二进制数

以上两条指令是专为非压缩的 BCD 码的乘除法而设计的，它们将乘法和除法的结果转换为非压缩的 BCD 码。

注意：AAM 和 AAD 都只对 AX 寄存器中的数进行调整，它们只影响 SF、ZF 和 PF 标志位，其他标志位无定义。

AAM 的调整方法为：

执行乘法指令(MUL)后，调整存放在 AL 寄存器中的乘积：

(AH)←(AL)/0AH 的商

(AL)←(AL)/0AH 的余数

AAM 实际上是将两个一位数的非压缩 BCD 码相乘后得到的乘积进行二化十的转换，十位数放在 AH 中，个位数放在 AL 中，那么 AX 中就是乘积的非压缩 BCD 码。

注意：如果是两个 ASCII 码数相乘，要先将它们转换成非压缩 BCD 码。

AAD 的调整方法为：

执行除法指令之前，对 AX 中的非压缩 BCD 码(被除数)执行：

(AL)←(AH)×10＋(AL)

(AH)←0

与其他调整指令不同的是，AAD 用在 DIV 指令之前，即先将 AX 中的被除数调整成二进制数，并存放在 AL 中，再用 DIV 指令作二进制数的除法。AX 中的被除数是二位非压缩 BCD 码，AH 中的十位数乘 10，再加上 AL 中的个位数，即转换为二进制数。表 3－1 给出了 ASCII 码和 BCD 码与十进制的对应关系。

例 3－27　两个 ASCII 码数 5 和 2 相加，要求结果也为 ASCII 码。

```
MOV AL,'5'        ;(AL)←35H
ADD AL,'2'        ;(AL)←35H+32H=67H,AF=0
AAA               ;将 AL 中的和调整为非压缩 BCD 码:(AL)=07H
OR AL,30          ;将和转换成 ASCII:(AL)=37H
```

表 3-1　ASCII 和 BCD 码

十进制数字	ASCII 码	压缩 BCD 码	非压缩 BCD 码
0	0011 0000	0000	0000 0000
1	0011 0001	0001	0000 0001
2	0011 0010	0010	0000 0010
3	0011 0011	0011	0000 0011
4	0011 0100	0100	0000 0100
5	0011 0101	0101	0000 0101
6	0011 0110	0110	0000 0110
7	0011 0111	0111	0000 0111
8	0011 1000	1000	0000 1000
9	0011 1001	1001	0000 1001

例 3-28　编写 25 和 7 的非压缩 BCD 码的减法程序,要求结果也为非压缩 BCD 码。

```
MOV AX,0205H        ;(AX)=0205H,作为非压缩 BCD 码表示 25
MOV CL,07
SUB AL,CL           ;按照二进制数进行减法:(AL)=05H-07H=FEH
AAS                 ;按照非压缩 BCD 码进行调整:(AX)=0108H
                    ;实现非压缩 BCD 码减法:25-7=18
```

例 3-29　编写两个 ASCII 码数 7 和 6 相乘的乘法程序,要求结果也为 ASCII 码。

```
MOV AL,'7'          ;(AL)=37H
AND AL,0FH          ;由于非压缩 BCD 码乘法调整指令
                    ;要求操作数高 4 位必须为 0:(AL)=07H
MOV DL,'6'          ;(DL)=36H
AND DL,0FH          ;(DL)=06H
MUL DL              ;按照二进制数进行乘法:(AX)=07H×06H=002A
AAM                 ;按照非压缩 BCD 码进行调整:(AX)=0402
                    ;实现非压缩 BCD 码乘法:7×6=42
OR AX,3030H         ;再将结果转换成 ASCII 码:(AX)=3432H
```

例 3-30　编写 ASCII 码数 59 除 8 的除法程序,要求结果也为 ASCII 码。

```
MOV AX,3539H        ;(AX)=3539H,作为非压缩 BCD 码表示 59
AND AX,0F0FH        ;由于非压缩 BCD 码除法调整指令
                    ;要求操作数高 4 位必须为 0:(AX)=0509H
```

```
AAD              ;进行二进制扩展:(AX)=59=003BH
MOV BL,08H       ;(BL)=08H,作为非压缩 BCD 码表示 8
DIV BL           ;除法运算:商(AL)=07H,余数(AH)=03H
                 ;实现非压缩 BCD 码除法:59=8×7+3
OR   AX,3030H    ;再将结果转换成 ASCII 码:(AX)=3337H
```

3.4 逻辑运算类指令

逻辑运算类指令包括逻辑运算指令和移位指令。逻辑运算指令可对操作数执行逻辑运算,移位指令执行对操作数左移或右移若干位的功能。

3.4.1 逻辑运算指令

1. AND dst,src;逻辑与(logic and)

执行操作:(dst)←(dst)∧(src)

2. OR dst,src;逻辑或(logic or)

执行操作:(dst)←(dst)∨(src)

3. NOT opr;逻辑非(logic not)

执行操作:(opr)←$\overline{\text{(opr)}}$

4. XOR dst,src;异或(exclusive or)

执行操作:(dst)←(dst)∀(src)

5. TEST opr1,opr2;测试(test)

执行操作:(opr1)∧(opr2),根据与运算结果设置条件码,结果不回送

逻辑运算指令是一组位操作指令,它们可以对字或字节按位执行逻辑操作,因此,源操作数经常是一个位串。以上五条指令除 NOT 不影响标志位外,其他四条指令执行后,CF 和 OF 置 0,AF 无定义,SF、ZF 和 PF 根据运算结果设置。

例 3-31 (1)可使某些位置 0 的 AND 运算

```
MOV    AL,35H    ;(AL)=0011 0101B
AND    AL,0FH    ;(AL)=35H∧0FH=0000 0101B
                 ;标志位为:SF=0,ZF=0,PF=1,CF=OF=0
```

(2)可使某些位置 1 的 OR 运算

```
MOV   AX,0504H   ;(AX)=0000 0101 0000 0100B
OR    AX,80F0H   ;(AX)=0504H∨80F0H=1000 0101 1111 0100B,
                 ;标志位为:SF=1,ZF=0,PF=0,CF=OF=0
```

注意:标志位 PF 按结果的低 8 位来设置。

(3)XOR运算使两个操作数不同值的位置1,相同值的位置0

A)使某些位求反,其余位不变

```
MOV   BL,86H     ;(BL)=1000 0110B
XOR   BL,03H     ;(BL)=86H∀03H=1000 0101B,
                 ;标志位为:SF=1,ZF=0,PF=0,CF=OF=0
```

B)使某寄存器清0

```
XOR   AX,AX      ;(AX)=0
```

(4)测试某些位为0或为1

A)测试某数的奇偶性

```
MOV   DL,0AEH    ;(DL)=1010 1110B
TEST  DL,01H     ;0AEH∧01H=0000 0000,ZF=1,但DL没有
                  改变
JZ EVEN          ;若ZF=1,被测试的数是偶数;若ZF=0,则是
                  奇数
```

B)测试某数为正数或负数

```
MOV   DH,9EH     ;(DL)=1001 1110B
TEST  DH,80H     ;9EH∧80H=1000 0000,ZF=0
JZ EVEN          ;若ZF=0,该数为负数;若ZF=1,则是正数
```

3.4.2 移位指令

移位指令包括逻辑移位指令、算术移位指令、循环移位指令和带进位循环移位指令。指令中的目的操作数dst可以是除立即数外的任何寻址方式。移位次数(或位数)cnt=1时,1可直接写在指令中;cnt>1时,cnt必须放入CL寄存器。

1. SHL dst,cnt;逻辑左移(shift logical left)

执行操作:CF ← [← 字/字节 ←] ← 0

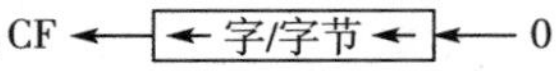

2. SHR dst,cnt;逻辑右移(shift logical right)

执行操作:0 → [→ 字/字节 →] → CF

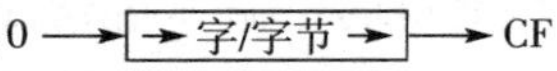

3. SAL dst,cnt;算术左移(shift arithmetic left)

执行操作:CF ← [← 字/字节 ←] ← 0

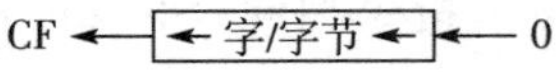

4. SAR dst,cnt;算术右移(shift arithmetic right)

执行操作:[→ 字/字节 →] → CF(最高位回送补充)

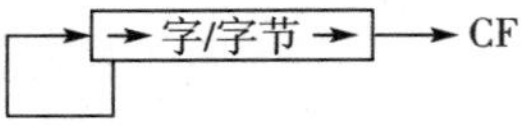

SHL和SAL指令向左移动的操作是相同的,在每次逐位移动后,最低位用0来补充,最高位移入CF。SHR与SHL移动的方向相反,每次向右移动后,最高位用0来补充,最低位移入CF。SAR在每次右移都用符号位的值补充最高位,最低位仍然是移入CF。

由此可以看出，算术移位适于带符号数的移位处理。我们知道，一个数左移 n 位相当于乘以 2^n，右移 n 位相当于除以 2^n，所以，当一个带符号数需要乘（或除）2^n 时，可使用算术移位指令 SAL（或 SAR）。当一个无符号数需要乘（或除）2^n 时，可使用逻辑移位指令 SHL（或 SHR）。使用移位指令将一个数扩大或缩小 2^n 倍，比使用乘法或除法指令的速度快。

移位指令的条件码设置：

CF＝移入的数值

OF＝1 当 cnt＝1 时，移动后最高位的值发生变化

OF＝0 当 cnt＝1 时，移动后最高位的值未发生变化

SF、ZF、PF 根据移动后的结果设置

5. ROL　dst，cnt；循环左移（rotate left）

执行操作：

CF ← 字/字节 ←

6. ROR dst，cnt；循环右移（rotate right）

执行操作：

→ 字/字节 → CF

7. RCL dst，cnt；带进位循环左移（rotate left through carry）

执行操作：

CF ← 字/字节 ←

8. RCR dst，cnt；带进位循环右移（rotate right through carry）

执行操作：

这组指令完成位循环移位的操作，ROL 和 ROR 是简单的位循环指令，RCL 和 RCR 是连同 CF 位一起循环移位的指令。它们左右移动的方法以及移位次数的设置与移位指令类似。

循环移位指令执行后，CF 和 OF 的设置方法与移位指令相同；SF、ZF 和 PF 标志位不受影响。

例 3－32　写 DATA1 除以 8 的程序，假设：(1)DATA1 为无符号数(2)DATA1 为带符号数。

```
DATA1   DB     9AH
TIMES  EQU  3
;(1)DATA1 为无符号数
MOV   CL,TIMES                ;设置右移位的次数
```

```
SHR DATA1,CL              ;DATA1=13H,CF=0
;(2)DATA1 为带符号数
MOV   CL,TIMES            ;设置右移位的次数
SAR DATA1,CL              ;DATA1=0F3H,CF=0
```

例 3-33 将 DATAW 开始的 2 个字节存放的 2 位非压缩 BCD 码合并到 DL 中。

```
MOV   DL,DATAW            ;取低字节
AND   DL,0FH              ;只要低 4 位
MOV   DH,DATAW+1          ;取高字节
MOV   CL,4
SHL   DH,CL               ;移到高 4 位
OR    DL,DH               ;合并
```

3.5 字符串操作类指令

字符串操作类指令处理存放在存储器中的字节串或字串,串处理的方向由方向标志位 DF 决定,串处理指令之前可加重复前缀,在执行串处理指令时,源串的指针 SI 和目的串的指针 DI 根据 DF 的指示自动增量(+1 或+2)或自动减量(-1 或-2)。

3.5.1 设置方向标志指令

1. CLD;DF 置 0(clear direction flag)

2. STD;DF 置 1(set direction flag)

为了处理连续存储单元中的字符串或数串,地址指针需要连续地增量或减量,指针增量或减量决定了串处理的方向。当用 CLD 指令使 DF=0 时,源串的指针 SI 和目的串的指针 DI 自动增量(+1 或+2),当用 STD 指令使 DF=1 时,指针 SI 和 DI 自动减量(-1 或-2)。地址指针是±1 还是±2,取决于串操作数是字节还是字,处理字节串时,地址指针每次+1 或-1,处理字串时,地址指针每次+2 或-2。

3.5.2 串处理指令

1. MOVSB/MOVSW;串传送(move string byte/word)

执行操作:

(ES:DI)←(DS:SI)

(SI)←(SI)±1(字节)或±2(字)

(DI)←(DI)±1(字节)或±2(字)

2. STOSB/STOSW;存串(load from string byte/word)

执行操作:

(ES:DI)←(AL)或(AX)
(DI)←(DI)±1(字节)或±2(字)

3. LODSB/LODSW;取串(store into string byte/word)

执行操作:
(AL)或(AX)←(DS:SI)
(SI)←(SI)±1(字节)或±2(字)

4. CMPSB/CMPSW;串比较(compare string byte/word)

执行操作:
(DS:SI)-(ES:DI),根据比较的结果设置条件码
(SI)←(SI)±1(字节)或±2(字)
(DI)←(DI)±1(字节)或±2(字)

5. SCASB/SCASW;串扫描(scan string byte/word)

执行操作:
(AL)-(ES:DI)或(AX)-(ES:DI),根据扫描比较的结果设置条件码
(DI)←(DI)±1(字节)或±2(字)

这组串处理指令用于处理连续存储单元中的字操作数或字节操作数,它们有几个共同点:

1)它们一般都分两步执行,第一步完成处理功能,如传送、存取、比较等。第二步进行指针修改,以指向下一个要处理的字节或字。

2)源串必须在数据段中,目的串必须在附加段中,串处理指令隐含的寻址方式是 SI 和 DI 寄存器的间接寻址方式。源串允许使用段跨越前缀来指定段。

3)串处理的方向取决于方向标志 DF,DF=0 时,地址指针 SI 和 DI 增量(+1 或+2);DF=1 时,地址指针 SI 和 DI 减量(-1 或-2)。程序员可以使用指令 CLD 和 STD 来建立方向标志。

4)MOVS、STOS、LODS 指令不影响条件码,CMPS、SCAS 指令根据比较的结果设置条件码。

与串传送指令 MOVS 和串存入指令 STOS 联用的重复前缀是 REP,取串指令 LODS 一般不加重复前缀。与串比较指令和串扫描指令联用的重复前缀是 REPE(REPZ)或 REPNE(REPNZ)。

3.5.3 串重复前缀

1. REP;重复执行串指令,(CX)=重复次数

执行操作:
① (CX)=0 时,串指令执行完毕,否则执行②~④
② (CX)←(CX)-1

③ 执行串指令(MOVS 或 STOS)
④ 重复执行①

2. REPE/REPZ;相等/为零时重复执行串指令,(CX)=比较/扫描的次数

执行操作:
① (CX)=0 或 ZF=0 时,结束执行串指令,否则继续②～④
② (CX)←(CX)−1
③ 执行串指令(CMPS 或 SCAS)
④ 重复执行①

3. REPNE/REPNZ;不等/不为零时重复执行串指令,(CX)=比较/扫描的次数

执行操作:
① (CX)=0 或 ZF=1,结束执行串指令,否则继续②～④
② (CX)←(CX)−1
③ 执行串指令(CMPS 或 SCAS)
④ 重复执行①

REP 对其后的串指令(MOVS 或 STOS)只有一个结束条件,即重复次数(CX)=0。在进行串比较和串扫描时,串指令前应加前缀 REPE(REPZ)或 REPNE(REPNZ),这两条重复前缀用重复次数(CX)和比较结果(ZF)来控制串指令的结束。当(CX)=0 时,说明每个串数据都比较(或扫描)过了,此时串操作正常结束;当因 ZF=1 或 0 而结束串操作时,说明在满足比较结果相等或不等的条件下,可提前结束串操作。

例 3-34 编写程序段:使 0100H 开始的 256 个单元清 0。

```
CLD                     ;清除方向标志 DF
LEA   DI,[0100H]        ;将目的地址 0100H 送 DI
MOV   CX,0080H          ;共有 128 个字
XOR   AX,AX             ;AX 清 0
REP   STOSW             ;将 256 个字节清 0
```

例 3-35 编写程序段:要求比较两个字符串,找出它们不相匹配的位置。此两字符串长度为 18 个字符。

```
MOV   SI,2100H          ;设置源串的起始地址
MOV   DI,0500H          ;设置目的串的起始地址
MOV   CX,12H            ;设置两字符串的长度
CLD                     ;清除方向标志 DF
REPE  CMPSB             ;若两个字符串中有不匹配的字符,此时停止比较,SI 和 Di
                         所指向的位置是两个不相等单元的下一个单元地址,ZF=
                         0,指令结束执行;如果源串和目的串的字符全都一一对应相
                         等,此时,必然 CX=0,ZF=1,才结束 CMPCB 指令的执行,
                         即找不出不相等的字符。
```

3.6 程序控制类指令

程序控制类指令通过改变 CS:IP 来控制程序的执行流程。这类指令包括无条件转移指令、条件转移指令、循环指令、子程序调用和返回指令以及中断和中断返回指令。

程序中指令的执行顺序是由 CS:IP 来决定的,程序转移类指令可改变 IP 或 CS、IP 的内容,从而控制指令的执行顺序,实现指令转移、程序调用等功能。

3.6.1 无条件转移指令

JMP 指令控制程序无条件地跳转到目的单元,使用 JMP 指令可有三种格式:

(1)JMP SHORT label 短转移(short jump)

(2)JMP NEAR PTR label 近转移(near jump)

- JMP label 直接转移(direct jump)
- JMP reg 寄存器间接转移(register indirect jump)
- JMP WORD PTR OPR 存储器间接转移(memory indirect jump)

(3)JMP FAR PTR label 远转移(far jump)

短转移的目标地址(或称转向地址)相对于当前 IP 值的位移量在 −128 至 +127 字节之间,当前 IP 值是指 JMP 指令的下一条指令的地址(如图 3-17 所示)。对短转移 JMP,机器指令的第一个字节为操作码 EB,第二个字节为位移量 00～FF,这是一个带符号的补码数。转向地址的计算方法为:(IP)当前+8 位位移量。操作符 SHORT 指示汇编程序将 JMP 指令汇编成一个 2 字节指令。

1. JMP SHORT label;短转移(short jump)

执行操作:$(IP) \leftarrow (IP)_{当前} + 8$ 位位移量

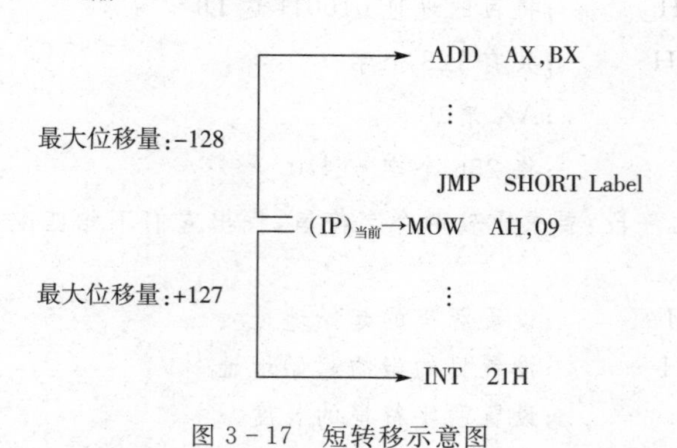

图 3-17 短转移示意图

2. JMP NEAR PTR label;近转移(near jump)

近转移是 JMP 指令的缺省格式,可以写为"JMP label"。它可在当前代码段内转移,机器指令的操作码是 E9,位移量是 16 位的带符号补码数。指令中的转向地址可以是直接寻址方式、寄存器寻址方式、寄存器间接方式和存储器寻址方式。

● JMP label 直接转移(direct jump)

执行操作:(IP)←OFFSET label=$(IP)_{当前}$+16 位位移量

转移的目标地址在指令中可直接使用符号地址,由于位移量为 16 位,它的转移范围应是-32768 至+32767,也就是说,近转移指令可以转移到段内的任一个位置。

● JMP reg 寄存器间接转移(register indirect jump)

执行操作:(IP)←(reg)

转移的目标地址在寄存器中,例如指令"JMP BX"执行的结果,将 BX 的内容送给 IP。

● JMP WORD PTR OPR 存储器间接转移(memory indirect jump)

执行操作:(IP)←(PA+1,PA)

存储器的物理地址 PA 由指令中的寻址方式确定,JMP 指令执行的结果,把 PA 单元的字内容送到 IP 寄存器中。例如"JMP WORD PTR [DI]",物理地址 PA=(DS)×24+(DI),指令执行的结果是(IP)=(PA+1,PA)。

3. JMP FAR PTR label;远转移(far jump)

执行操作:(IP)←label 的段内偏移地址

(CS)←label 所在段的段地址

远转移实现的是段间的跳转,即从当前代码段跳转到另一个代码段中,这意味着指令执行后,不仅要改变 IP 的值,CS 也会得到一个新的段地址。在汇编指令中,远转移的目标地址也可以使用除立即寻址方式外的任何寻址方式来表示。

3.6.2 条件转移指令(conditional jump)

条件转移指令是在满足了规定的条件后才控制程序转移的一类指令,8086 的条件转移指令总结在表 3-2 中。

所有条件转移指令都是短转移指令,转移的目标地址必须在当前 IP 地址的-128 至+127 字节范围之内,因此条件转移指令是 2 字节指令。

计算转向地址的方法和无条件短转移指令是一样的,看例 3-36 的反汇编代码。

例 3-36 程序中的"JNZ AGAIN"汇编成"JNZ 000D",000D 是标号 AGAIN 的地址,指令"JNZ 000D"的机器代码是 75FA,75 是操作码,FA 是位移量。当 CPU 读取 JNZ 指令后,IP 寄存器自动加 2(JNZ 的指令长度)指向了下一条指令(MOV),此时 IP 的当前值是 0013。计算转向地址时,$(IP)_{当前}$+位移量=0013+FA=0013+FFFA=000D,这正是 AGAIN 的偏移地址。实际上 FA 是-6 的补码,8 位的 FA 与 16 位的 0013 相加时,FA 符号扩展成为 FFFA,相加的加结果为 000D。

例 3-37 假设程序进行两个带符号数的比较,并根据比较结果转移,其中(AL)=80H,(BL)=01,请指出下面两组指令的转向地址。

(1)CMP AL,BL　　　　(2)CMP AL,BL

JL　LABLE　　　　　　JB　LABLE

答:(1)转向目标地址 LABLE;(2)不能实现转移。

执行 CMP 指令时,(AL)-(BL)=80-01=7F,条件码设置为:SF=0,OF=1,CF=0。执行 JL 指令时,测试转移条件:SF∀OF=0∀1=1,说明满足(AL)<(BL)的转移条件,因

此，(IP)←LABLE 的偏移地址，程序即转移到 LABLE 单元执行新的指令。

JB 指令的转移条件为 CF=1，而 CMP 的执行结果使 CF=0，所以不能引起转移。

表 3-2 条件转移指令

分类	指令	转移条件	说明
(Ⅰ)	JZ/JE	ZF=1	为零/相等，则转移
	JNZ/JNE	ZF=0	不为零/不相等，则转移
	JS	SF=1	为负，则转移
	JNS	SF=0	为正，则转移
	JO	OF=1	溢出，则转移
	JNO	OF=0	不溢出，则转移
	JP	PF=1	奇偶位为 1，则转移
	JNP	PF=0	奇偶位为 0，则转移
	JC	CF=1	进位位为 1，则转移
	JNC	CF=0	进位位为 0，则转移
(Ⅱ)	JB/JNAE/JC	CF=1	低于/不高于等于，则转移
	JNB/JAE/JNC	CF=0	不低于/高于等于，则转移
	JBE/JNA	(CF ∨ ZF)=1	低于等于/不高于，则转移
	JNBE/JA	(CF ∨ ZF)=0	不低于等于/高于，则转移
(Ⅲ)	JL/JNGE	(SF ∀ OF)=1	小于/不大于等于，则转移
	JNL/JGE	(SF ∀ OF)=0	不小于/大于等于，则转移
	JLE/JNG	((SF ∀ OF) ∨ ZF)=1	小于等于/不大于，则转移
	JNLE/JG	((SF ∀ OF) ∨ ZF)=0	不小于等于/大于，则转移
(Ⅳ)	JCXZ	(CX)=0	CX 的内容为 0，则转移

［注］（Ⅰ）根据条件码的值转移；(Ⅱ)比较两个无符号数，根据比较的结果转移；(Ⅲ)比较两个带符号数，根据比较的结果转移；(Ⅳ)根据 CX 寄存器的值转移。

3.6.3 循环指令

这一组指令在循环结构的程序中用来控制一段程序(称为循环体)的重复执行，在汇编指令中循环的转向地址用标号来表示，而在机器指令中给出的是位移量，所以执行循环指令时，若满足循环条件，CPU 就计算转向地址：(IP)当前+8 位位移量→(IP)，即实现循环。

若不满足循环条件，即退出循环，程序继续顺序执行。

循环指令都是短转移格式的指令，也就是说，位移量是用 8 位带符号数来表示的，转向地址在相对于当前 IP 值的-128～+127 字节范围之内。

对条件循环指令 LOOPZ(LOOPE)和 LOOPNZ(LOOPNE)，除测试 CX 中的循环次数外，还将 ZF 的值作为循环的必要条件，因此，要注意将条件循环指令紧接在形成 ZF 的指令之后。

在多重循环的程序结构中，如果各层循环都使用循环指令来控制，则应注意对 CX 中循环计数值的保存与恢复。

循环指令均不影响条件码。

1. LOOP　label；循环(loop)

执行操作：① (CX)←(CX)－1

② 若(CX)≠0，则(IP)←$(IP)_{当前}$＋位移量，否则循环结束

2. LOOPZ/LOOPE label；为零/相等时循环(loop while zero，or equal)

执行操作：① (CX)←(CX)－1

② 若 ZF＝1 且(CX)≠0，则(IP)←$(IP)_{当前}$＋位移量，否则循环结束

3. LOOPNZ/LOOPNE label；不为零/不等时循环(loop while nonzero，or not equal)

执行操作：① (CX)←(CX)－1

② 若 ZF＝0 且(CX)≠0，则(IP)←$(IP)_{当前}$＋位移量，否则循环结束

例 3－38　将数据段的 BLOCK1 指示的 1KB 数据传送到附加段的 BLOCK2 缓冲区。

```
        MOV   CX,400H            ;设置循环次数:1K=1024=400H
        MOV   SI,OFFSET BLOCK1   ;设置循环初值:SI 指向数据段源缓冲区开始
        MOV   DI,OFFSET BLOCK2   ;DI 指向附加段目的缓冲区开始
AGAIN:  MOV   AL,[SI]            ;循环体:实现数据传送
        MOV   ES:[DI],AL
        INC   SI                 ;SI 和 DI 指向下一个单元
        INC   DI
        LOOP AGAIN               ;循环条件判定:循环次数减 1,不为 0 转移
                                 (循环)
```

3.6.4　子程序调用与返回指令

子程序是一种非常重要的计算机编程结构，它存储在存储器中，可供一个或多个调用程序(主程序)反复调用。主程序调用子程序时使用 CALL 指令，由子程序返回主程序时使用 RET 指令。由于调用程序和子程序可以在同一个代码段中，也可以在不同的代码段中，因此，CALL 指令和 RET 指令也有近调用、近返回及远调用、远返回两类格式。

1. CALL NEAR PTR SUBPROUT；近调用(near call)

近调用是 CALL 指令的缺省格式，可以写为“CALL subroutine”。它调用同一个代码段内的子程序(子过程)，因此，在调用过程中不用改变 CS 的值，只需将子程序的地址存入 IP 寄存器。CALL 指令中的调用地址可以用直接和间接两种寻址方式表示。

2. CALL FAR PTR SUBPROUT；远调用(far call)

远调用适用于调用程序(也称为主程序)和子程序不在同一段中的情况，所以也叫做段

间调用。和近调用指令一样,远调用指令中的寻址方式也可用直接方式和间接方式。

3. RET;返回指令(return)

RET 指令执行的操作是把保存在堆栈中的返回地址出栈,以完成从子程序返回到调用程序的功能。

- CALL SUBROUT 段内直接调用

  执行操作:① (SP)←(SP)－2,((SP))←$(IP)_{当前}$

  ② (IP)←$(IP)_{当前}$＋16 位位移量(在指令的第 2、3 个字节中)

- CALL DESTIN 段内间接调用

  执行操作:① (SP)←(SP)－2,((SP))←$(IP)_{当前}$

  ② (IP)←(EA);(EA)为指令寻址方式所确定的有效地址

- CALL FAR PTR SUBROUT 段间直接调用

  执行操作:① (SP)←(SP)－2,((SP))←$(CS)_{当前}$

  (SP)←(SP)－2,((SP))←$(IP)_{当前}$

  ② (IP)←偏移地址(在指令的第 2、3 个字节中)

  (CS)←段地址(在指令的第 4、5 个字节中)

- CALL WORD PTR DESTIN 段间间接调用

  执行操作:① (SP)←(SP)－2,((SP))←$(CS)_{当前}$

  (SP)←(SP)－2,((SP))←$(IP)_{当前}$

  ② (IP)←(EA) ;(EA)为指令寻址方式所确定的有效地址

  (CS)←(EA＋2)

从 CALL 指令执行的操作可以看出,第一步是把子程序返回调用程序的地址保存在堆栈中。对段内调用,只需将 IP 的当前值,即 CALL 指令的下一条指令的地址存入 SP 所指示的堆栈字单元中。对段间调用,保存返回地址则意味着要将 CS 和 IP 的当前值分别存入堆栈的两个字单元中。

CALL 指令的第二步操作是转子程序,即把子程序的入口地址交给 IP(段内调用)或 CS:IP(段间调用)。对段内直接方式,调转的位移量,即子程序的入口地址和返回地址之间的差值就在机器指令的 2、3 字节中。对段间直接方式,子程序的偏移地址和段地址就在操作码之后的两个字中。对间接方式,子程序的入口地址就从寻址方式所确定的有效地址中获得。

- RET 段内返回(近返回)

  执行操作:(IP)←((SP)),(SP)←(SP)＋2

- RET 段间返回(远返回)

  执行操作:(IP)←((SP)),(SP)←(SP)＋2

  (CS)←((SP)),(SP)←(SP)＋2

- RET N 带立即数返回

  执行操作:① 返回地址出栈(操作同段内或段间返回)

  ② 修改堆栈指针:(SP)←(SP)＋N

子程序的最后一条指令必须是 RET 指令,以返回到主程序。如果是段内返回,只需把保存在堆栈中的偏移地址出栈存入 IP 即可，如果是段间返回，则要把偏移地址和段地址都从堆栈中取出送到 IP 和 CS 寄存器中。

带立即数返回指令，除完成偏移地址出栈或偏移地址和段地址出栈的操作外，还要再使 SP 的内容加上一个立即数 N，使堆栈指针 SP 移动到新的位置。指令中的 N 可以是一个常数，也可以是一个表达式。带立即数返回指令适用于 C 或 PASCAL 的调用规则，这些规则在调用过程（子程序）前先把参数压入堆栈，子程序使用这些参数后，如果在返回时丢弃这些已无用的参数，就在 RET 指令中包含一个数字，它表示压入到堆栈中参数的字节数，这样堆栈指针就恢复到参数入栈前的值。

CALL 指令和 RET 指令都不影响条件码。

例 3－39 根据下面调用程序和子程序的程序清单，画出 RET 指令执行前和执行后的堆栈情况。假设初始的 SS:SP＝A000:1000。

```
0000   B8 001E    MOV    AX,30H
0003   BB 0028    MOV    BX,40H
0006   50         PUSH   AX              ;将 data1 压入堆栈
0007   53         PUSH   BX              ;将 data2 压入堆栈
0008   E8 0066    CALL   ADDP            ;调用子程序
000B   B4 02      MOV    AH,2H
…      …          …
0071   ADDP       PROC   NEAR            ;(IP)←0071H＝000BH＋0066H
0071   55         PUSH   BP              ;将 BP 压入堆栈保存
0072   8B E4      MOV    BP,SP           ;将堆栈地址保存到 BP
0074   8B 46 04   MOV    AX,[BP＋4]      ;从堆栈得到 data2
0077   03 46 06   ADD    AX,[BP＋6]      ;加上 data1
007A   CD         POP    BP              ;从堆栈中弹出 BP
007B   C2         0004   RET 4           ;返回并恢复 SP
007E   ADDP       ENDP
```

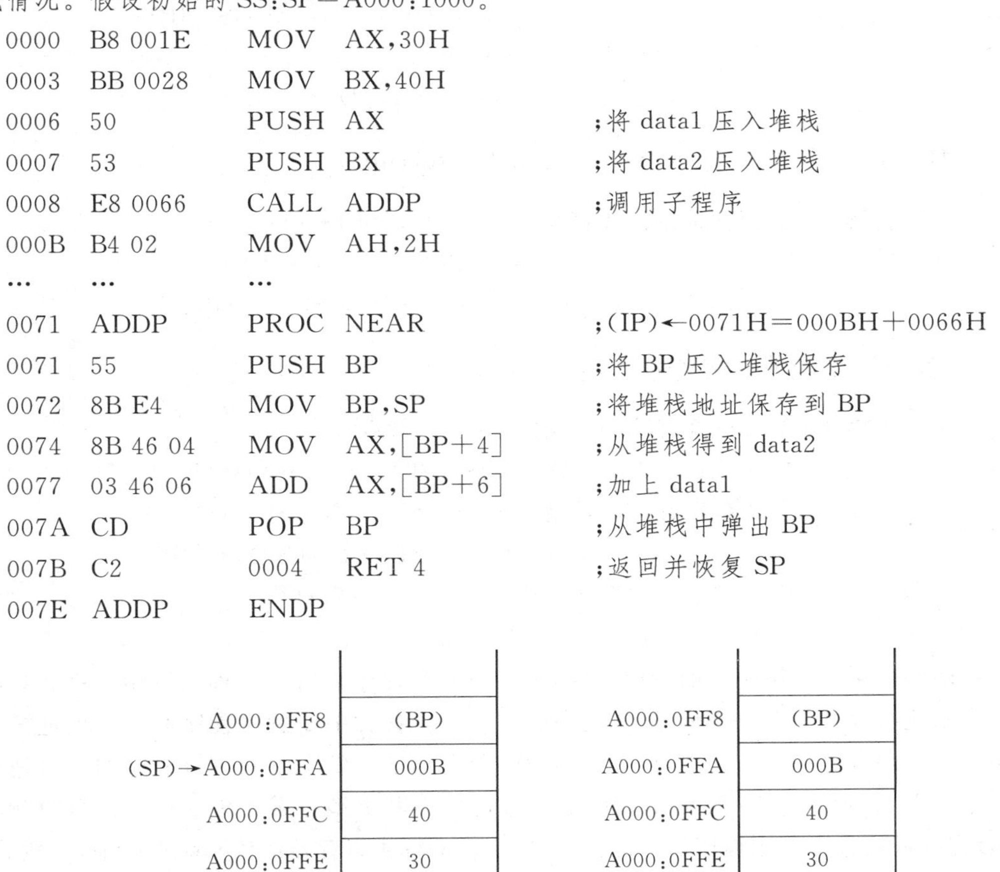

图 3－18 CALL 指令和 RET 指令对堆栈的影响

如图 3－18 所示，主程序中的两条 PUSH 指令将数据 30 和 40 压入堆栈，CALL 指令执行后，返回地址 000B 又压入堆栈，紧接着程序控制转移到子程序 ADDP。子程序中的 PUSH 指令又使 BP 的值进栈，此时 SP 指向栈顶 0FF8。MOV 指令将 0FF8 传送给 BP，使

BP 作为寻址堆栈数据的指针。(BP+4)指向的是 40,(BP+6)指向的是 30,取出数据后用 POP 指令恢复了 BP 原先的值,此时,(SP)=0FFA,这是 RET 4 指令执行前的堆栈状态。

执行 RET 4 指令时,先使返回地址出栈:(IP)←000B,(SP)←0FFA+2=0FFC,然后,(SP)+4=0FFC+4=1000,结果使 SP 跳过了堆栈数据而回到了原始位置。

3.6.5 中断及中断返回指令

1. INT n;中断指令(interrupt),n 为中断类型号

执行操作:① 入栈保存 FLAGS:(SP)←(SP)−2,((SP))←(FLAGS)

② 入栈保存返回地址:(SP)←(SP)−2,((SP))←(CS)

(SP)←(SP)−2,((SP))←(IP)

③ 转中断处理程序:(IP)←(n×4)

(CS)←(n×4+2)

2. IRET;中断返回指令(return from interrupt)

执行操作:① 返回地址出栈:(IP)←((SP)),(SP)←(SP)+2

(CS)←((SP)),(SP)←(SP)+2

② FLAGS 出栈:(FLAGS)←((SP)),(SP)←(SP)+2

3. INTO;溢出则中断(中断类型为 4)

执行操作:若 OF=1(有溢出),则:

① 入栈保存 FLAGS:(SP)←(SP)−2,((SP))←(FLAGS)

② 入栈保存返回地址:(SP)←(SP)−2,((SP))←(CS)

(SP)←(SP)−2,((SP))←(IP)

③ 转中断处理程序:(IP)←(4×4)=(10H)

(CS)←(4×4+2)=(12H)

中断指令用于调用中断例行程序(又称中断服务程序),这是一种远调用。完成各种功能的中断例行程序都有一个编号,称为中断类型号。各种中断例行程序的入口地址按中断类型号的顺序存储在一个表中,这个表称为中断向量表。每个中断例行程序的入口地址占用 4 个字节,因此,它在中断向量表中的地址可用中断类型号乘 4 来求得。执行中断指令时,首先要入栈保存调用程序执行的现场,即当时的标志寄存器的值和断点的地址,然后,根据中断类型号(n×4)到中断向量表中取得中断例行程序的入口地址,分别送给 IP 和 CS,以实现调用中断例行程序的功能。

中断返回指令 IRET 的操作和 INT 指令相反,即从堆栈中取出返回地址和标志位,然后返回到被中断的程序。

INTO 指令隐含的中断类型号为 4,因此保存断点地址和标志位后,从中断向量表的 10H 和 12H 两个字中取出中断例行程序的入口地址,从而转去运行中断例行程序。

INT 指令(包括 INTO)执行后,把 IF 和 TF 置 0,但不影响其他标志位。

3.7 处理器控制类指令

处理器控制类指令包括一组置 0 或置 1 标志位的指令，还有一些控制处理器状态的指令。

3.7.1 标志位处理指令

这一组指令分别对标志位 CF、DF、IF 执行置 0、置 1 或求反的操作，如，CLD 指令执行的操作是：DF←0；STD 执行的操作是：DF←1。

标志位处理指令只影响本指令指定的标志，而不影响其他标志位。

1. CLC ;CF 置 0
2. STC ;CF 置 1
3. CMC ;CF 求反
4. CLD ;DF 置 0
5. STD ;DF 置 1
6. CLI ;IF 置 0
7. STI ;IF 置 1

3.7.2 处理机控制指令

1. NOP；无操作指令(no operation)

执行操作：不执行任何操作，其机器码占用 1 个字节单元，执行时间为 3 个时钟周期，因此，该指令的作用表现在时间和空间上。时间上它可使上下两条指令的执行有一点间隔，这使某些指令的执行，特别是控制硬件接口的指令因为有一点延时而增加可靠性。空间上它的位置可在调试指令时用其他指令来代替。

2. HLT；停机指令(halt)

执行操作：使处理机停止软件的执行并等待一次外部中断的到来，中断结束后处理机继续执行下面的程序。使用该指令的目的通常是为了保持外部硬件中断与软件系统的同步。

3. WAIT；等待指令(wait)

执行操作：测试微处理器的 BUSY/TEST 管脚，如果执行 WAIT 指令时，BUSY/TEST＝1(指示不忙)，则继续执行下一条指令。如果执行 WAIT 指令时，BUSY/TEST＝0(指示忙)，则微处理器等待直到 BUSY/TEST 管脚变为 1。

4. ESC mem；转义指令(escape)

执行操作：mem 指定存储单元，执行 ESC 指令时，从存储器取得指令或操作数通过总线送给 8087～80387 数值协处理器。协处理器能处理算术运算、函数运算、对数运算等数值运算，其运算速度比使用常规指令写的软件快得多。

5. LOCK;封锁前缀指令(lock)

执行操作:指令前加 LOCK,使得在锁定指令期间保持锁存信号 LOCK=0,以禁止外部总线上的主控制器或系统其他部件。例如,LOCK MOV AL,[SI]执行时,总线封锁直至 MOV 指令执行完毕。

习　题

3-1　试根据以下要求写出相应的汇编语言指令。

(1)把 BX 寄存器和 DX 寄存器的内容相加,结果存入 DX 寄存器中。

(2)用寄存器 BX 和 SI 的基址变址寻址方式把存储器中的一个字节与 AL 寄存器的内容相加,并把结果送到 AL 寄存器中。

(3)用寄存器 BX 和位移量 0A6H 的寄存器相对寻址方式把存储器中的一个字和(CX)相加,并把结果送回存储器中。

(4)用位移量为 2056H 的直接寻址方式把存储器中的一个字与数 2A54H 相加,并把结果送回该存储单元中。

(5)把数 0D6H 与(AL)相加,并把结果送回 AL 中。

3-2　举例说明 CF 和 OF 标志的差异。

3-3　写出把首地址为 BLOCK 的字数组的第 9 个字送到 CX 寄存器的指令。要求使用以下几种寻址方式:

(1)寄存器间接寻址

(2)寄存器相对寻址

(3)基址变址寻址

3-4　试述指令 MOV AX,1020H 和 MOV AX,DS:[1020H]的区别。

3-5　现有(DS)=2000H,(BX)=0100H,(SI)=0002H,(20100H)=12H,(20101H)=34H,(20102H)=56H,(20103H)=78H,(21200H)=9AH,(21201H)=BCH,(21202H)=DEH,(21203H)=F0H,试说明下列各条指令执行完后 AX 寄存器的内容。

(1)MOV AX,1200H

(2)MOV AX,BX

(3)MOV AX,[1200H]

(4)MOV AX,[BX]

(5)MOV AX,1100H[BX]

(6)MOV AX,[BX][SI]

(7)MOV AX,1100H[BX][SI]

3-6　假如想从 200 中减去 AL 中的内容,用 SUB 200,AL 是否正确?如果不正确,应用什么方法?

3-7　设当前数据段寄存器的内容为 2000H,在数据段的偏移地址 0100H 单元内,含有一个内容为 0EC20H 和 6500H 的指针,它们是一个 16 位变量的偏移地址和段地址,试写出把该变量装入 AX 的指令序列,并画图表示出来。

3-8　给出下列各条指令执行后的AL值，以及CF，ZF，SF，OF和PF的状态：

```
MOV AL,12H
ADD AL,AL
ADD AL,0BFH
CMP AL,0F8H
SUB AL,AL
DEC AL
INC AL
```

3-9　在0100单元内有一条二字节JMP SHORT LABLE指令，如其中位移量为(1)43H，(2)5BH，(3)0C2H，试问转向地址LABLE的值是多少？

3-10　如TABLE为数据段中0200H单元的符号名，其中存放的内容为1234H，试问以下两条指令执行完后，AX寄存器的内容是什么？

(1)MOV AX,TABLE

(2)LEA AX,TABLE

3-11　执行下列指令后，AX寄存器中的内容是什么？

```
TABLE DW 10,20,30,40,50
ENTRY DW 5
…
MOV BX,OFFSET TABLE
ADD BX,ENTRY
MOV AX,[BX]
```

3-12　用两种方法写出从55H端口读入信息的指令。再用两种方法写出从21H口输出100H的指令。

3-13　已知堆栈段寄存器SS的内容是0FFA0H，堆栈指针寄存器SP的内容是00A0H，先执行两条把6032H和0D56H分别进栈的PUSH指令，再执行一条POP指令。试画出堆栈区和SP的内容变化过程示意图。

3-14　求出以下各十六进制数与十六进制数75B0H之和，并根据结果设置标志位SF、ZF、CF和OF的值。

(1)1234H

(2)3298H

(3)CEA0H

(4)89D0H

3-15　求出以下各十六进制数与十六进制数42BDH的差值，并根据结果设置标志位SF、ZF、CF和OF的值。

(1)1234H

(2)6390H

(3)5042H

(4)FB02H

3-16　试编写程序段，统计BUFFER为起始地址的连续100个字单元中的0的个数。

3-17　写出对存放在DX和AX中的双字长数求补的指令序列。

3-18　试编写一个程序求出双字长数的绝对值。双字长数在A和A+2单元中，结果存放在B和B+2单元中。

3-19　若AL=98H，BL=26H，在分别执行指令MUL和IMUL后，其结果是多少？OF=？CF=？

3-20　假设(BX)=0F2H，变量VALUE中存放的内容为46H，确定下列各条指令单独执行后BX的值。

(1)XOR BX，VALUE

(2)AND BX，VALUE

(3)OR BX，VALUE

(4)XOR BX，0FFH

(5)AND BX，0

(6)TEST BX，01H

3-21　检查CX中的b_{12}位是否为'1'，写出完成此操作的指令，并写出测试标志？

3-22　试写出程序段把DX，AX中的双字左移四位。

3-23　试分析下列程序段：

```
ADD AX,BX
JNO LABLE1
JNC LABLE2
SUB AX,BX
JNC LABLE3
JNO LABLE4
JMP SHORT LABLE5
```

如果AX和BX的内容给定如下：

AX BX

(1)167A 82DC

(2)B678 53B7

(3)52C8 708E

(4)E263 9CB2

(5)85B6 A469

问该程序执行完后，程序转向哪里？

第 4 章　汇编语言程序设计

在学习了 8086 系列指令系统的基础上，本章将介绍汇编语言程序的设计方法及相关知识。

和高级语言相比，利用汇编语言编写程序的主要优点是可以直接、有效地控制计算机的硬件，能编写出运行速度快、占用内存空间小的高效程序。即便是在高级语言功能非常强大的今天，在有些应用领域，汇编语言仍然处于重要地位，发挥着不可替代的重要作用。

4.1　汇编语言源程序结构

4.1.1　汇编语言的语句种类及格式

汇编语言源程序是由语句序列构成的。汇编语言有三种基本语句：指令语句、伪指令语句和宏指令语句。

指令语句：指令语句是要求 CPU 执行某种操作的命令，它在汇编时会产生目标代码。第 3 章学习的指令系统中的指令都属于此类。指令语句的格式如下：

[标号:]　指令助记符　[操作数]　[;注释]

伪指令语句：与指令语句不同，它不产生目标代码，不是由 CPU 来执行，而是由汇编程序处理的说明性指令，完成数据定义、存储器分配、指示程序开始结束等功能。伪指令语句的格式如下：

[名字]　伪指令助记符　[参数]　[;注释]

宏指令语句：宏是源程序中一段有独立功能的程序代码。它只需要在源程序中定义一次，就可以多次调用它，调用时只需要用一个宏指令语句就可以了。宏指令语句的格式如下：

[标号:]　宏指令名　[实参表]　[;注释]

综合以上三种汇编语句格式，汇编语言语句的一般格式为：

名字项　操作项　操作数项　注释项

1. 名字项

标号和名字是用户自定义的符合汇编语言语法的标识符。标识符可由最多 31 个字母(a～z、A～Z)、数字(0～9)和规定的特殊符号(如_、$、?、@)组成，不能以数字开头。默认情况下，汇编程序不区别标识符中的字母大小写。在同一个源程序中，每个标识符的定义是唯一的，但不能是汇编语言采用的保留字。保留字主要有寄存器名(如 BX,DS)、指令助记符(如 MOV,JMP)、伪指令助记符(如 SEGMENT,DB)、表达式中的运算符(如 GT,LT)和属性操作符(如 PTR,OFFSET)等。

例 4-1　1)START,XYZ12,A_DONE,@NET 都是合法的标识符；

2)9NEXT,TO　DONE,AX 都是不合法的标识符

一般来说,名字项可以是标号和变量,它们是用来表示本语句的符号地址。

(1)标号

标号是一条指令目标代码的符号地址,后跟一个冒号分隔。

它常作为转移指令和子程序调用指令的操作数,用以表示转向地址。

例 4-2　LOP1:……

```
LOOP   LOP1
JNE  NEXT
NEXT:……
```

标号有 3 种属性:

段属性(SEG):定义标号所在段的段起始地址,表示这条指令目标代码在哪个逻辑段中。对于标号,此值放在 CS 寄存器中。

偏移属性(OFFSET):表示这条指令目标代码的首字节在段内距离段起始地址的字节数。段属性和偏移属性构成了这条指令目标代码首字节的逻辑地址。

类型属性:表示本标号是作为段内引用还是段间引用。类型属性分为两种:①NEAR(近):本标号只能被标号所在段的转移和调用指令所访问(即段内转移);②FAR(远):本标号可被其它段(不是标号所在段)的转移和调用指令访问(即段间转移)。

(2)变量

变量实质上是指存储单元的数据,这些数据在程序运行期间随时可以改变,可以认为变量是存放数据存储单元的符号地址,变量后面没有冒号。变量要用数据定义伪指令 DB,DW,DD 等定义后才能使用。

变量也有 3 种属性:

段属性(SEG):定义变量所在段的段起始地址,表示变量存放在哪一个逻辑段中。当在指令中要对这些变量进行存取操作时,事先要把它们所在段的段基值存放在某一个段寄存器(如 DS)中。

偏移属性(OFFSET):表示变量在逻辑段中离段起始地址的字节数。段属性和偏移属性构成了变量的逻辑地址。

类型属性:定义变量占用存储单元的字节数。它可以是 BYTE(1 个字节长),WORD(2 个字节长),DWORD(4 个字节长)等。这一属性是由定义该变量时所使用的数据定义伪指令来规定的。

2. 操作项

操作项可以是指令、伪指令或宏指令助记符,它是语句中唯一必不可少的部分。对于指令,汇编程序将其翻译为机器语言指令。对于伪指令,汇编程序根据其所要求的功能进行处理。对于宏指令,汇编程序根据其定义展开。

1)操作数项

操作数是参与操作的对象。不同的指令,操作数可能有一个、两个、多个或没有,多个操作数之间要用逗号分隔。操作数项可以是常量、变量、标号、寄存器和表达式等。表达式由常量、变量、标号、寄存器和运算符组成。表达式分为两类:数值表达式和地址表达式。在汇

编时按照一定的优先原则对表达式计算后得到一个数值或地址。下面介绍一些常用的操作符。

(1)算术操作符

算术运算符有加(+)、减(-)、乘(*)、除(/)和模除(MOD)。其中除法表示两个数相除只取商的整数部分,而模除则表示两个整数相除后取余数,如18/7=2,而18MOD7的结果为4。

例4-3
```
MOV  AX,[BX+2]
ADD  AL,ARRAY+1
```

注意:ARRAY+1是指ARRAY字节单元的下一个字节单元的地址(不是指ARRAY单元的内容加1)。

(2)逻辑与移位操作符

逻辑与移位操作符包括与(AND)、或(OR)、异或(XOR)、非(NOT)和逻辑右移(SHR)、逻辑左移(SHL)。

AND、OR、XOR、NOT、SHR、SHL既是逻辑与移位操作符,也是指令助记符。作为操作符时,则出现在操作数项,而且是在源程序汇编时进行计算的;而作为指令助记符时,则应放在操作项,其运算是在程序执行期间才进行。

例4-4
```
AND  AX,03H  AND  45H        ;汇编结果为AND  AX,01H
MOV  BX,0FFFFH  SHL  2       ;汇编结果为MOV  BX,0FFFCH
```

(3)关系操作符

关系操作符有6种:相等(EQ)、不相等(NE)、小于(LT)、大于(GT)、小于等于(LE)和大于等于(GE)。关系操作符的两个操作数必须都是数字,或是同一段内的两个存储器地址。若关系成立则结果为0FFFFH;否则结果为零。

例4-5
```
MOV  AX,5  GT  3     ;AX=0FFFFH
```

(4)数值回送操作符

数值回送操作符主要有SEG、OFFSET、TYPE、LENGTH和SIZE等。

SEG和OFFSET分别回送一个变量或标号的段地址和偏移量。

例4-6 定义:ARRAY DB 10,20,30

则:
```
MOV  AX,SEG  ARRAY          ;将ARRAY所在段的段地址送入AX
MOV  AX,OFFSET  ARRAY       ;将ARRAY所在段的段内偏移地址送AX
```

TYPE操作符返回一个表示存储器操作数类型的数值,如表4-1所示。

表4-1 存储器操作数的类型属性及返回值

DB	DW	DD	DF	DQ	DT	NEAR	FAR	常数
1	2	4	6	8	10	-1	-2	0

LENGTH操作符对于变量中使用DUP的情况将回送分配给该变量的单元数,其它情况将回送1。

SIZE 操作符回送分配给该变量的字节数，此值是 TYPE 值和 LENGTH 值的乘积。

例 4－7
```
ARRAY   DW   100   DUP(?)
TABLE   DB   'ABCD'
……
ADD   SI,TYPE   ARRAY        ;等价于 ADD   SI,2
ADD   SI,TYPE   TABLE        ;等价于 ADD   SI,1
MOV   CX,LENGTH   ARRAY      ;等价于 MOV   CX,100
MOV   CX,LENGTH   TABLE      ;等价于 MOV   CX,1
MOV   CX,SIZE   ARRAY        ;等价于 MOV   CX,200
MOV   CX,SIZE   TABLE        ;等价于 MOV   CX,1
```

(5)属性操作符

属性操作符主要有段操作符、PTR、THIS、SHORT、HIGH、LOW 等。

段操作符用来表示一个变量、标号或地址表达式的段属性。

例 4－8
```
ADD   DX,ES:[BX+DI]
```

PTR 操作符用来给已分配的存储单元赋予另一种属性，以保证运算时操作数类型的匹配，常与类型 BYTE、WORD、NEAR、FAR 等联用。

例 4－9
```
D1   DW   1240H,3721H
D2   DB   17H,78H

ADD   AL,BYTE   PTR   D1
ADD   AX,WORD   PTR   D2
```

此外，有时指令要求使用 PTR 操作符。例如用指令 MOV [SI],7 把立即数 7 存入寄存器内容指定的存储单元中，但汇编程序无法分清是存入字单元，还是字节单元，此时必须用 PTR 操作符来说明属性。应该写成：

```
MOV   [SI],BYTE   PTR   7
```

或
```
MOV   [SI],WORD   PTR   7
```

THIS 操作符可以像 PTR 操作符一样，建立一个指定类型(BYTE、WORD、DWORD 等)或指定距离(NEAR 或 FAR)的地址操作数。该操作数的段地址和偏移地址与下一个存储单元地址相同。

例 4－10
```
FIRST_TYPE   EQU   THIS   BYTE
WORD_ARRAY   DW   1240H,3721H

MOV   AL,FIRST_TYPE       ;AL=40H
MOV   AX,WORD_ARRAY       ;AX=1240H
```

此时 FIRST_TYPE 与 WORD_ARRAY 有相同的段地址和偏移地址，但 FIRST_TYPE 是字节类型，而 WORD_ARRAY 是字类型。

HIGH 和 LOW 是字节分离操作符，对一个数或地址表达式，HIGH 取其高位字节，LOW 取其低位字节。

SHORT 操作符用来修饰 JMP 指令中转向地址的属性，指出转向地址是在下一条指令地址的±127个字节范围之内。

例4-11 CONST EQU 3080H

```
MOV  AL,HIGH  CONST  ;AL=30H
MOV  AH,LOW   CONST  ;AH=80H,AX=8030H
```

以上说明了几种常用的操作符。无论是数值表达式还是地址表达式,他们使用的操作符都有一定先后顺序,从高到低排列如表4-2所示。

表4-2 操作符的优先级

优先级别	运算符
高	LENGTH,WIDTH,SIZE,MASK,[ ],( ),< >,(记录中使用)
	.(结构域名操作符)
	PTR,OFFSET,SEG,TYPE,THIS
	+,-(单项运算符)
	*,/,MOD,SHL,SHR
	+,-
	EQ,NE,LT,LE,GT,GE
	NOT
	AND
低	OR,XOR

3. 注释项

注释以分号(;)开头,该项可有可无,是为源程序所加的注解,用来说明语句或程序的功能和作用。它增加了程序的可读性,方便程序修改、调试和阅读。

4.1.2 伪指令

汇编语言程序的语句除指令外还可以有伪指令和宏指令组成。伪指令没有对应的机器指令,它不是由CPU来执行,而是由汇编程序识别,它是汇编程序对源程序汇编期间由汇编程序处理的操作,并完成相应的功能,它们可以完成如数据定义、分配存储区、指示程序结束等功能。本节主要介绍一些常用的伪指令。有些伪指令,如过程定义伪指令将在子程序设计一节介绍。

1. 段定义(Segment_defination)伪指令

完整的段定义伪指令由SEGMENT和ENDS这一对伪指令实现,MASM提供了一组按段组织程序和调度、分配、使用存储器的伪指令,存储器在逻辑上是分段的,各段的定义由伪指令实现。他们有SEGMENT、END,ASSUME、ORG等。当程序中需要设置一个段时,就必须首先使用段定义伪指令。

语句格式:段名　SEGMENT　［定位类型］［组合类型］［'类别'］

;语句序列段名　ENDS

功能及说明:SEGMENT－ENDS必须成对出现,前者为某个段定义了一个名字,即段名,并说明该段的开始;而后者说明该段的结束。其中段名是必须的,它可由用户自己确定。

定位类型表示此段的起始边界要求,以便为汇编程序实现段和程序模块的定位及连接提供必要的信息;组合类型的作用是告诉连接程序,当将本段连接及定位到绝对地址时,如何把它与其他段组合起来;类别是一个用单引号括起来的字符串,连接程序把类别相同的段依次连续存放在同一存储区。

段名由用户自己选定,通常使用与本段用途相关的名字。如第一数据段DATA1,第二数据段DATA2,堆栈段STACK1,代码段CODE.……等等。一个段开始与结尾用的段名应一致。

(1)定位类型(Align—type)

这个定位类型表示对段的起始边界要求。可有四种选择:

① PAGE(页)表示本段从一个页的边界开始。一页为256个字节,所以段的起始地址一定能被256整除。这样,段起始地址(段基址)的最后八位二进制数一定为'0'(也就是以00H结尾的地址)。

② PARA(节):如果定位类型用户未选择,则隐含为PARA。它表示本段从一个节的边界开始。(一节为16个字节)。所以段的起始地址(即段基址)一定能被16整除。最后四位二进制数一定是'0'。如09150H,0AB30H等。

③ WORD(字):表示本段从一个偶字节地址开始。即段起始单元地址的最后一位二进制数一定是'0',即以0,2,4,6,8,A,C,E结尾。

④ BYTE(字节):表示本段起始单元可从任一地址开始。

(2)组合类型(Combine—type)

这个组合类型指定段与段之间是怎样连接和定位的,并有六种可供选择:

① NONE:这是隐含选择。表示本段与其他段无连接关系。在装入内存时本段有自己的物理段,因而有自己的段基址。

② PUBLIC:在满足定位类型的前提下,本段与同名的段邻接在一起,形成一个新的逻辑段,公用一个段基址,所有偏移量调整为相对于新逻辑段的起始地址。

③ COMMON:产生一个覆盖段。在两个模块连接时,把本段与其他亦用COMMON说明的同名段置成相同的起始地址,共享相同的存储区。共享存储区的长度由同名中最大的段确定。

④ STACK:把所有同名段连接成一个连续段,且系统自动对段寄存器SS初始化在这个连续段的首址,并初始化堆栈指针SP。用户程序中至少有一个段用STACK说明,否则需要用户程序自己初始化SS和SP。

⑤ AT表达式:表示本段可定位在表达式所指示的节边界上.如"AT 0930H",那么本段从绝对地址09300H开始。

⑥ MEMORY:表示本段在存储器中应定位在所有其他段的最高地址。如有多个MEMORY,则只有把第一个遇到的段当作MEMORY处理,其余的同名段均按PUBLIC说明处理。

(3)类别名(CLASS)

类别名必须用单引号(')括起来。类别名可由程序设计人员自己选定任何字符串组成的名字。但是它不能再作程序中的标号、变量名或其他定义符号。在连接处理时,LINK 程序把类别名相同的所有段存放在连续的存储区内(如没有指定组合类型 PUBLIC,COMMON 时,它们仍然是不同的段)。

以上定位类型,组合类型和类别名三个参数项是任选的。各参数项之间用空格分隔。任选时,可以只选其中一个或两个参数项,但是不能交换它们之间的顺序。

2. ASSUME 伪指令

语句格式:ASSUME　段寄存器:段名　[,段寄存器:段名]

功能及说明:该语句一般出现在代码段中,用来设定段寄存器与段之间的对应关系。即某一段的段址存放在相应的段寄存器中。程序中使用这条语句后,宏汇编程序就将这些段作为当前段处理。

例 4-12　ASSUME　CS:CODE,DS:DATA,SS:STACK,ES:EXTRA

该例中,设定了 CS 为代码段的段寄存器,DS 为数据段的段寄存器,ES 为附加段的段寄存器,SS 为堆栈段的段寄存器。

3. 数据定义(Data_defination)伪指令

数据定义(Data_defination)伪指令用来定义一数据存储区,并可为其赋予初值,其类型由所使用的数据定义伪指令:DB,DW,DD,DQ,DT 来确定。

语句格式:[变量]　助记符　操作数　[,操作数,…]　[;注释]

　　　　　　　　助记符:DB　DW　DD　DQ　DT

DB:定义字节,其后的每个操作数占有 1 个字节。

DW:定义字,其后的每个操作数占 1 个字(2 个字节)。

DD:定义双字,其后的每个操作数占 2 个字。低字部分在低地址,高字部分在高地址。

DQ:定义 4 字长,其后的每个操作数占 4 个字。

DT:定义 10 个字节长,其后的每个操作数占 10 个字节。

例 4-13　DATA_BYTE　DB　2*5,18H,? 'AB'

　　　　　DATA_WORD　DW　-5,'AB'

DATA_BYTE	0AH
	18H
	—
	41H
	42H
DATA_WORD	FBH
	FFH
	42H
	41H

图 4-1　例 4-13 的汇编结果

操作数？表示可以保留存储空间，但不存入数据。

当一个定义的存储区内的每个单元要放置同样的数据时，可用DUP操作符。

格式：COUNT　DUP(?)

COUNT为重复的次数，“()”中为要重复的数据。

例4-14　BUFFER　DB　100　DUP(0)　；表示以BUFFER为首地址的100个字节中存放00H数据

例4-15　BUFFER1　DB　100　DUP(3,2　DUP(5,9),0,7))

4. 符号定义(Symbol_definetion)伪指令

符号定义伪指令一般用来给一个符号重新命名，或定义新的类型，给程序设计带来了很大的灵活性。这些符号包括汇编语言中的变量名，标号名，表达式，指令助记符，寄存器等。常用的符号定义伪指令有EQU、=、LABEL。

(1)名字　EQU　表达式

(2)名字　=　表达式

该语句为表达式定义一个等价的符号名，但它并不申请分配存贮单元。在同一程序中，用EQU语句赋值的符号名不能被重新赋值，但用“=”号赋值的符号名可以被重新赋值。

例4-16
```
NUM    EQU   22+8*5-9
ADR1   EQU   DS:[BP+6]
```

例4-17
```
CONST  =  33          ;定义CONST为33
CONST  =  CONST+5     ;CONST被重新定义为38
```

(3)名字　LABEL　类型

该语句用来定义或修改变量或标号类型。当定义变量名时类型可以是BYTE、WORD、DWORD等；而定义标号时，则类型为NEAR或FAR。

例4-18
```
BYTE_DATA   LABEL  BYTE
WORD_DATA   DW     10   DUP(?)
```

这样，在20个字节数组中的第一个字节地址赋予两个不同类型的变量名：字节类型变量BYTE_DATA和字类型变量WORD_DATA。

5. ORG伪指令

语句格式：ORG　表达式

功能及说明：告诉汇编程序，使其后的指令或数据从表达式的值所指定的偏移地址开始存放。

例4-19
```
SEG1   SEGMENT
       ORG   10
VAR1   DW    1234H
       ORG   20
VAR2   DW    5678H
SEG1   ENDS
```

则VAR1的偏移地址值为0AH，而VAR2的偏移地址值为14H。

6. 程序结束伪指令 END

语句格式:END　标号

功能及说明:该语句为汇编语言源程序的最后一个语句,其中标号指示程序开始执行的起始地址。如果多个程序模块相连接,则只有主程序要使用标号,其它子程序模块则只用 END 而不必指定标号。汇编程序将在遇到 END 时结束汇编。

4.1.3 汇编语言源程序格式

汇编语言源程序可以包含若干个代码段、数据段、附加段或堆栈段,段与段之间的顺序可随意排列。常用的汇编语言程序结构如下:

```
DATA     SEGMENT                              ;定义数据段
ARRAY    DB  8H,7EH                           ;定义变量
         ……
DATA   ENDS                                   ;数据段结束
CODE   SEGMENT                                ;定义代码段
  ASSUME  DS:DATA,CS:CODE                     ;段属性说明
START:   MOV  AX,DATA                         ;初始化 DS
         MOV  DS,AX
         ……
         MOV  AX,4C00H                        ;返回 DOS
         INT  21H
CODE     ENDS                                 ;代码段结束
         END  START                           ;源程序结束
```

需独立运行的程序必须包含一个代码段,并指示程序执行的起始点,一个程序只有一个起始点(上例中采用了 START 标识符)。程序如果使用数据段或附加段,必须明确给 DS 或 ES 赋值,大多数程序需要数据段,程序的执行开始应是:

```
START: MOV  AX,DATA
       MOV  DS,AX       ;设置 DS
```

堆栈段如果没有,连接(LINK)时将产生一个警告性的错误:

```
Warning:No STACK Segment
There was 1 error detected
```

这并不影响用户程序的正常运行,因为用户可以使用系统堆栈。

应用程序执行结束,应该将控制权交还操作系统。汇编语言程序设计中,有多种返回 DOS 的方法,但一般利用 DOS 功能调用的 4CH 子功能实现。

```
MOV  AX,4C00H
INT  21H
```

源程序的最后必须有一条 END 伪指令,表示汇编程序到此结束将源程序翻译成目标模块代码的过程。

4.2 汇编语言的上机过程

4.2.1 汇编语言的工作环境

1. 硬件环境

一般的计算机都能满足要求。

2. 软件环境

(1)DOS 操作系统
(2)文本编辑器(如 EDIT. COM)
(3)汇编程序(如 MASM. EXE)
(4)连接程序(LINK. EXE)
(5)调试程序(DEBUG. EXE)

4.2.2 汇编语言的上机步骤

汇编语言程序要能在机器上运行,还必须将汇编源程序汇编成可执行程序。为此必须完成以下几个步骤。

(1)编辑源程序

用文本编辑器(如 EDIT. COM)建立扩展名为. ASM 源程序文件。

(2)源程序的汇编

调用宏汇编程序(如 MASM. EXE)对源程序进行汇编。汇编是将源程序翻译成由机器代码组成的目标模块文件的过程。如果源程序中没有语法错误,MASM 将自动生成一个目标模块文件(. OBJ 文件);否则 MASM 将给出相应的错误信息。这时应根据错误信息,重新编辑修改源程序后,再进行汇编。汇编过程中,可以通过参数选择生成列表文件(. LST)。列表文件是一种文本文件,含有源程序和目标代码,对我们学习汇编语言程序设计和发现错误很有用。

(3)对目标程序进行连接

连接程序(LINK. EXE)能把一个或多个目标文件和库文件合成一个可执行程序,如果没有严重错误,LINK 将生成一个可执行文件(. EXE 文件);否则将提示相应的错误信息。这时需要根据错误信息重新修改源程序文件后再汇编、链接,直到生成可执行文件。

(4)运行可执行程序并调试

经汇编、连接生成的可执行程序在操作系统下只要输入文件名就可以运行,如果出现运行错误,可以从源程序开始排错,也可以利用调试程序(DEBUG. EXE)帮助发现错误。

4.2.3 汇编语言程序运行实例

1. 建立扩展名为. ASM 源程序文件

为了说明汇编语言的上机过程,举例如下:

例 4-20　在屏幕上显示:Wellcom to Beijing!

在 DOS 提示符下键入 EDIT 建立如下源程序 DEMO. ASM,如图 4-2 所示。

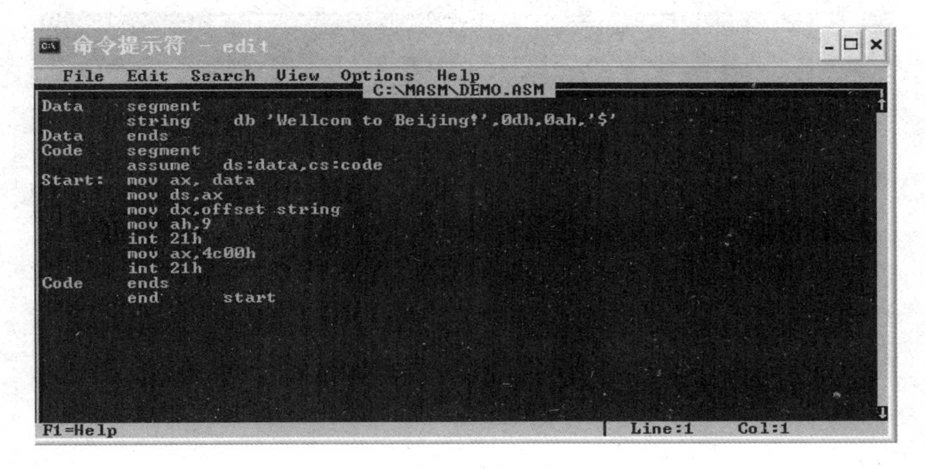

图 4-2　用 EDIT 建立源程序 DEMO. ASM

```
DATA      SEGMENT
  STRING   DB' wellcom to beijing !' ,0DH,0AH,'$'
DATA      ENDS
CODE      SEGMENT
  ASSUME   DS:DATA,CS:CODE
START:    MOV   AX,DATA
          MOV   DS,AX
          MOV   DX,OFFSET   STRING
          MOV   AH,9
          INT   21H
          MOV   AX,4C00H
          INT   21H
CODE      ENDS
          END   START
```

2. 用 MASM 汇编生成 OBJ 文件

源程序建立后,用汇编程序 MASM 对源程序 DEMO. ASM 汇编,汇编后产生二进制目标文件 DEMO. OBJ,如图 4-3 所示。

3. 用 LINK 连接生成 EXE 文件

汇编程序已产生的二进制文件 DEMO. OBJ 并不是可执行文件,还必须使用连接程序 LINK 把 OBJ 文件转化为可执行的 EXE 文件,如图 4-4 所示。

4. 程序的执行

在建立了 EXE 文件后,就可以直接从 DOS 执行程序,如图 4-5 所示。

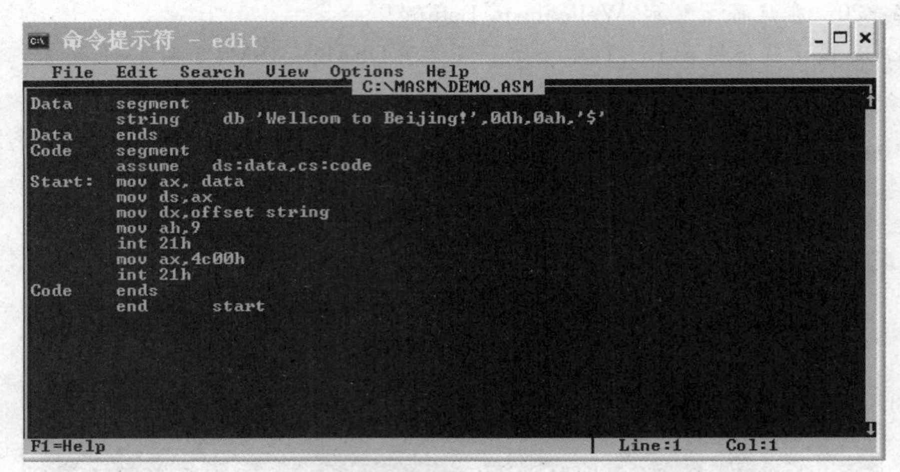

图 4-3 汇编生成 DEMO. OBJ 文件

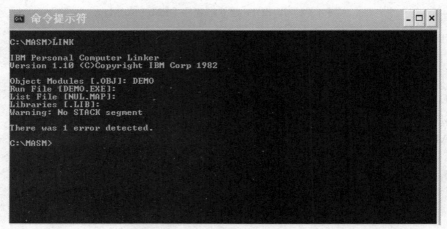

图 4-4 连接生成 DEMO. EXE 文件

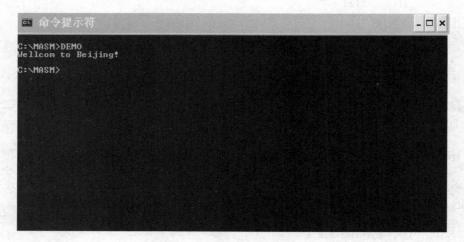

图 4-5 执行程序 DEMO. EXE

如果程序执行有错误，需要使用调试程序 DEBUG 来调试。有关调试程序的使用，请参考实验教材。

4.3 顺序程序设计

4.3.1 汇编语言程序设计的步骤

一般来说，编制一个汇编语言的步骤如下：

(1)分析题意，确定算法。分析题意就是全面理解问题，要把解决问题所需条件、原始数据和结果等搞清楚。在对问题全面理解后，需要建立数学模型。建立数学模型是把问题数学化、公式化。有些问题比较直观，可不去讨论数学模型问题；有些问题符合某些公式或某些数学模型，可以直接利用；但有些问题没有对应的数学模型可以利用，需要建立一些近似数学模型模拟问题。建立数学模型后，许多情况下还不能直接进行程序设计，需要确定符合计算机运算的算法。

(2)根据算法画出程序流程图。这一步对初学者特别重要，这样做可以减少出错的可能性。程序流程图是用起止框、处理框、判断框及流向线等绘制的一种图，用它能够把算法直接描述出来，因此，它在程序设计中应用很普遍。

(3)根据流程图编写程序。

(4)上机调试程序。调试是程序设计非常重要的一步。没有调试过的程序，很难保证程序无错误，即使对一个非常有经验的程序员来说也不能保证这一点，因此，程序调试是不可缺省的。在调试程序过程中，要善于利用机器提供的调试工具(如 DEBUG)来进行工作。

4.3.2 流程图的画法规定

流程图一般有 4 种基本成分组成，如图 4-6 所示。

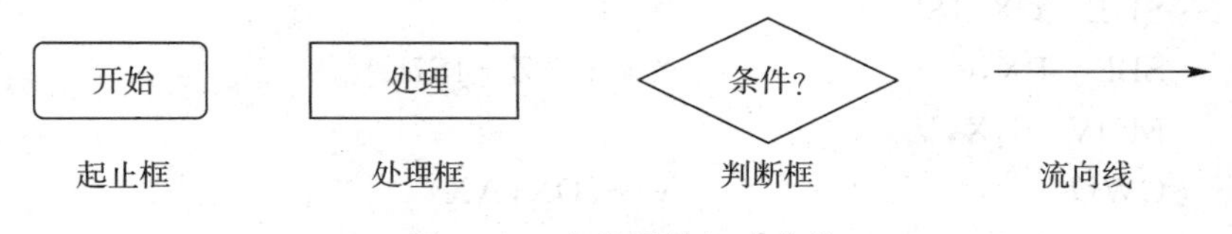

图 4-6 流程图的组成成分

起止框：表示程序的起始和结束。

处理框：表示除判断以外所有的操作。一个处理框只有一个入口和一个出口。

判断框：根据条件成立与否，分别执行不同的处理。有一个入口和两个出口。

流向线：表示程序执行的顺序。

4.3.3 顺序程序设计

汇编语言程序有顺序、分支、循环和子程序四种结构形式，以下几节将分别介绍它们的设计方法。

顺序结构是最基本的程序结构，完全按指令的前后顺利依次执行。

例 4-21 编程计算(V－(X＊Y＋Z－187))/X。式中 X、Y、Z、V 均为带符号字数据变

量，要求计算结果存放在双字变量W之中。

程序如下：

```
;数据段
DATA  SEGMENT
      X  DW  96
      Y  DW  37
      Z  DW  1240
      V  DW  11213
      W  DW  2  DUP(?)
DATA  ENDS
;代码段
CODE  SEGMENT
  ASSUME  CS:CODE,DS:DATA
START: MOV   AX,DATA
       MOV   DS,AX
       MOV   AX,X
       MOV   BX,Y
       IMUL  BX                  ;X*Y→(DX,AX)
       MOV   CX,AX
       MOV   BX,DX
       MOV   AX,Z;
       CWD                       ;Z→(DX,AX)
       ADD   CX,AX
       ADC   BX,DX               ;X*Y+Z→(BX,CX)
       SUB   CX,187
       SBB   BX,0                ;X*Y+Z-187
       MOV   AX,V
       CWD                       ;V→(DX,AX)
       SUB   AX,CX
       SBB   DX,BX               ;V-(X*Y+Z-187)
       MOV   BX,X
       IDIV  BX                  ;(V-(X*Y+Z-187))/X→(AX)
       ;余数→(DX)
       MOV   W,AX
       MOV   W+2,DX
       MOV   AX,4C00H
       INT   21H
CODE    ENDS
      END  START
```

例 4－22 采用查表法，实现将一位16进制数转换为ASCII码并显示。

```
;数据段
DATA    SEGMENT
ASCII  DB 30H,31H,32H,33H,34H,35H,36H,37H,38H,39H ;0～9的ASCII码
       DB 41H,42H,43H,44H,45H,46H                 ;A～F的ASCII码
HEX    DB 0AH                                     ;假设数据
DATA   ENDS
;代码段
CODE   SEGMENT
  ASSUME  CS:CODE,DS:DATA
START:
    MOV   AX,DATA
    MOV   DS,AX
    MOV   BX,OFFSET  ASCII  ;BX指向ASCII码表
    MOV   AL,HEX         ;AL取得一位16进制数,恰好就是ASCII码表中的位移
    AND   AL,0FH                ;只有低4位是有效的,高4位清0
    XLAT                        ;换码:AL←DS:[BX+AL]
    MOV   DL,AL                 ;入口参数:DL←AL
    MOV   AH,2                  ;02号DOS功能调用
    INT   21H                   ;显示一个ASCII码字符
    MOV   AX,4C00H
    INT   21H
CODE    ENDS
        END  START
```

4.4 分支程序设计

4.4.1 分支程序的结构形式

在解决实际问题中，通常要根据不同的情况作出不同的处理，执行相应的程序段，这就需要在设计程序时依据一定的条件进行判断，根据判断结果的真或假，去运行相应的程序段。分支程序结构有两种形式，如图4－7所示。

4.4.2 分支程序设计方法

汇编语言利用条件转移指令Jcc和无条件转移指令JMP来实现分支结构程序。一般来说，它经常是先用比较或测试等指令来影响标志寄存器的标志位，然后用条件转移指令实现分支转移。

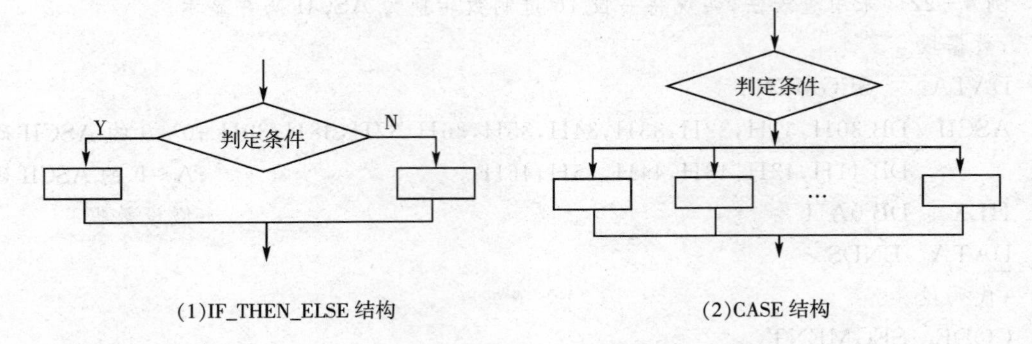

图 4-7　分支程序的结构形式

例 4-23　求 AX 和 BX 寄存器中两个有符号数之差的绝对值，结果放在 RESULT 单元中。

```
DATA  SEGMENT
  RESULT  DW  ?
DATA   ENDS
CODE  SEGMENT
  ASSUME  CS:CODE,DS:DATA
START: MOV   AX,DATA
       MOV   DS,AX
       SUB   AX,BX
       JGE   NEXT                ;AX－BX≥0,转移
       NEG   AX                  ;AX－BX<0,求补得正值
NEXT: MOV   RESULT,AX
      MOV   AX,4C00H
      INT   21H
CODE    ENDS
      END  START
```

例 4-24　将键盘输入的小写字母转换为大写字母并显示出来。

```
CODE  SEGMENT
  ASSUME  CS:CODE
START: MOV   AH,1
       INT   21H
       CMP   AL,'a'            ;小于小写字母 a,不需要处理
       JB  STOP
       CMP   AL,'z'            ;大于小写字母 z,也不需要处理
       JA  STOP
       SUB   AL,20H            ;是小写字母,则转换为大写
       MOV   DL,AL
       MOV   AH,2
```

```
        INT   21H
STOP: MOV   AX,4C00H
       INT  21H
CODE    ENDS
        END  START
```

例 4-25 计算符号函数 Y 的值,并显示判断结果。

$$Y=\begin{cases}1 & X>0\\ 0 & X=0 \quad (-128\leqslant X\leqslant +127)\\ -1 & X<0\end{cases}$$

```
DATA     SEGMENT
X        DB  7
Y1       DB  'Y=0',0DH,0AH,'$'
Y2       DB  'Y=+1',0DH,0AH,'$'
Y3       DB  'Y=-1',0DH,0AH,'$'
DATA     ENDS
CODE     SEGMENT
  ASSUME  CS:CODE,DS:DATA
START: MOV   AX,DATA
       MOV   DS,AX
       MOV   AL,X
       CMP   AL,0
       JGE   BIGR
       MOV   DX,OFFSET  Y3
       JMP   CRT
BIGR: JE   EQUL
      MOV   DX,OFFSET  Y2
      JMP   CRT
EQUL: MOV   DX,OFFSET  Y1
CRT:  MOV   AH,9H
      INT   21H
      MOV   AX,4C00H
      INT   21H
CODE    ENDS
        END  START
```

例 4-26 判断某年是否是闰年。

判断是否为闰年的条件是:能被 4 整除却不能被 100 整除或能被 400 整除的年份。程序流程图如图 4-8 所示。

```
DATA  SEGMENT
    YEAR  DW  XXXX   ;YEAR中存放准备判断的年份
```

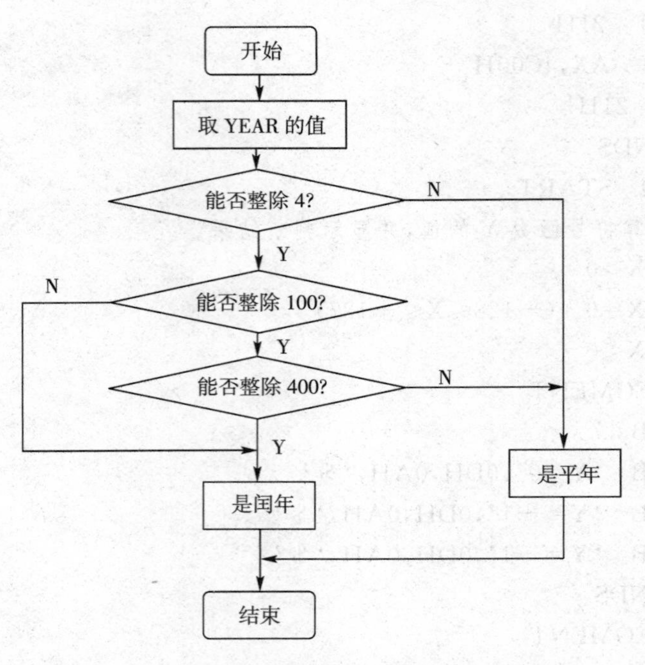

图 4-8　例 4-26 的流程图

```
    RESULT  DB  ?        ;RESULT 存放结果,1 表示闰年,0 表示平年
DATA  ENDS
CODE  SEGMENT
    ASSUME  CS:CODE,DS:DATA
START:
    MOV   AX,DATA
    MOV   DS,AX
    MOV   AX,YEAR
    MOV   BL,4
    DIV   BL
    CMP   AH,0          ;余数是否为 0
    JNZ   NEXT1         ;余数不为 0,即不能整除,则跳转到 NEXT1 处
    MOV   AX,YEAR       ;因为上面的除法运算 AX 的内容已经改,所以 AX 需要重新赋值
    MOV   BL,100
    DIV   BL
    CMP   AH,0
    JNZ   NEXT2
    MOV   AX,YEAR       ;除以 400
    MOV   DX,0          ;因为除数是 16 位,所以被除数应为 32 位,分别存放在 DX:AX
    MOV   BX,400
    DIV   BX
```

```
          CMP  DX,0
          JNZ  NEXT1
NEXT2:    MOV  RESULT,1
          JMP  EXIT
NEXT1:    MOV  RESULT,0
EXIT:     MOV  AX,4C00H
          INT  21H
CODE      ENDS
          END  START
```

4.4.3 跳跃表法

分支程序的两种结构形式都可以用上面所述的方法来实现。但是如果分支较多,上述方法显得有些繁琐。在实现CASE结构时,常采用跳跃表法,使程序能根据不同的条件转移到多个程序分支中去,下面举例说明。

例4-27 根据AL寄存器中哪一位为1(从低位到高位),把程序转移到8个不同的程序分支。

把八个不同程序段的入口地址放存在以BRANCH_TABLE为首地址的8个字单元中,如图4-9所示。像这样用于连续存放转移地址的一个表,称为跳转表。其中不同的转移地址对应不同的表地址。

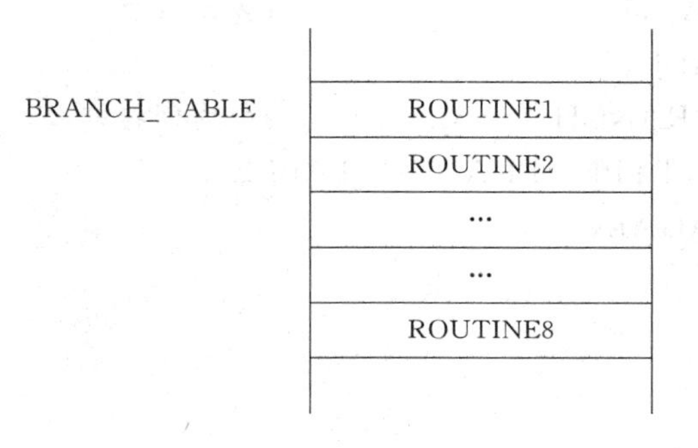

图4-9 跳转表

```
;用寄存器间接寻址方式实现跳跃表的程序
BRANCH_TABLE  DW  ROUTINE1
              DW  ROUTINE2
              DW  ROUTINE3
              DW  ROUTINE4
              DW  ROUTINE5
              DW  ROUTINE6
              DW  ROUTINE7
              DW  ROUTINE8
      ……
```

```
        CMP   AL,0
        JE  STOP
        LEA  BX,BRANCH_TABLE
AGAIN: SHR  AL,1                ;逻辑右移
        JNC  ADD1
        JMP  WORD  PTR[BX]  ;段内间接转移
ADD1:  ADD  BX,TYPE  BRANCH_TABLE  ;ADD  BX,2
        JMP  AGAIN
ROUTINE1:
        ……
ROUTINE2:
        ……
STOP:
        ……
;用寄存器相对寻址方式实现跳跃表的程序
    ……
        CMP  AL,0
        JE  STOP
        MOV  SI,0
AGAIN:SHR  AL,1                   ;逻辑右移
        JNC  ADD1
        JMP  BRANCH_TABLE[SI]   ;段内间接转移
ADD1:ADD  SI,TYPE  BRANCH_TABLE
        JMP  AGAIN
ROUTINE1:
        ……
ROUTINE2:
        ……
STOP:
        ……
```

4.5 循环程序设计

4.5.1 循环程序的结构形式

循环程序是满足一定条件的情况下,重复执行某段程序的一种程序结构形式。循环程序结构有两种形式,如图 4-10 所示。不论哪一种结构形式,循环程序通常由如下三部分组成:

(1)循环初始部分。为开始循环准备必要的条件,如设置循环次数、循环体需要的数

值等。

(2)循环体部分。指重复执行的程序部分,其中包括对循环条件修改的程序段。

(3)循环控制部分。判断循环条件是否成立,决定是否继续循环。

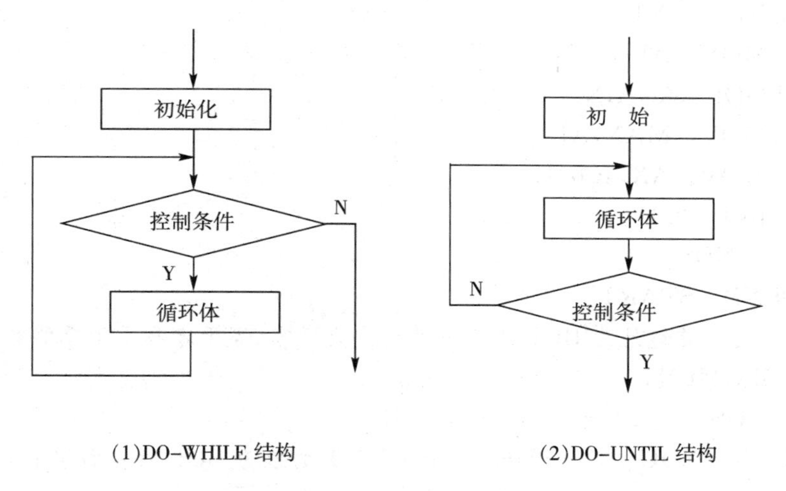

(1)DO-WHILE 结构　　(2)DO-UNTIL 结构

图 4-10　循环程序的结构形式

4.5.2　循环程序设计方法

循环程序设计的关键是循环控制部分。有时循环次数是已知的,此时可以用循环次数作为循环的控制条件;然而,有时循环次数是未知的,那就需要根据具体情况找出控制循环结束的条件。下面举例说明。

1. 计数控制循环

例 4-28　已知 ARRAY 为首地址的内存区中有 50 个有符号数,找出其中最大的数并存入 MAX 单元。

分析:先取出第一个数假定为最大数,然后依次和其它数进行比较。若有数比此数大,则它为新的最大数,然后再与其它数一一比较,直至所有数据比较完毕。

```
DATA   SEGMENT
ARRAY  DB  37,86,…,18
       COUNT  EQU  $-ARRAY
       MAX  DB  ?
DATA   ENDS
CODE   SEGMENT
  ASSUME  CS:CODE,DS:DATA
START: MOV   AX,DATA
       MOV   DS,AX
       MOV   CX,COUNT-1
       LEA   BX,ARRAY
```

```
        MOV  AL,[BX]
AGAIN: INC  BX
        CMP  AL,[BX]
        JG  NEXT
        MOV  AL,[BX]
NEXT: LOOP  AGAIN
        MOV  MAX,AL
        MOV  AX,4C00H
        INT  21H
CODE    ENDS
      END  START
```

例 4-29 统计首地址为 BUF 的字节数组中大于零、等于零和小于零的数据的个数。

```
DATA  SEGMENT
    BUF  DB  13,27,-9,0,……,-112
    COUNT  EQU  $-BUF       ;COUNT 的值为 BUF 所占的字节数
    PLUSE  DB  ?
    ZERO  DB  ?
    MINUS  DB  ?
DATA  ENDS
CODE  SEGMENT
  ASSUME  CS:CODE,DS:DATA
START: MOV  AX,DATA
        MOV  DS,AX
        MOV  CX,COUNT
        MOV  BX,0            ;设定计数器初值
        MOV  DL,0
        LEA  SI,BUF
AGAIN: MOV  AL,[SI]
        CMP  AL,0
        JAE  PLU             ;大于等于 0,则转 PLU
        INC  DL              ;<0,则统计
        JMP  NEXT
PLU: JZ  ZER                 ;=0,则转 ZER
     INC  BH                 ;>0,则统计
     JMP  NEXT
ZER: INC  BL                 ;=0,则统计
NEXT: INC  SI
       LOOP  AGAIN
       MOV  PLUS,BH
```

```
        MOV   ZERO,BL
        NOV   MINUS,DL
        MOV   AX,4C00H
        INT   21H
CODE      ENDS
        END   START
```

2. 条件控制循环

例 4-30 统计字存储单元 NUMBER 中 1 的个数,并存入 RESULT 单元中。

```
DATA   SEGMENT
        NUMBER   DW   117H
        RESULT   DB   ?
DATA   ENDS
CODE   SEGMENT
  ASSUME   CS:CODE,DS:DATA
START: MOV   AX,DATA
        MOV   DS,AX
        MOV   BX,NUMBER
        XOR   DL,DL            ;循环初值:DL←0
AGAIN: TEST   BX,0FFFFH        ;也可以用 CMP   BX,0
        JZ   EXIT              ;全部是 0 退出循环
        SHL   BX,1             ;用指令 SHR   BX,1 也可以
        ADC   DL,0             ;利用 ADC 指令加 CF 的特点进行计数
        JMP   AGAIN
EXIT:   MOV   RESULT,DL
        MOV   AX,4C00H
        INT   21H
CODE      ENDS
        END   START
```

4.5.3 多重循环程序设计

多重循环是指循环体内还有循环,内循环必须完整地包含在外循环中,循环可以嵌套,但不能交叉。多重循环程序的设计方法和单循环是一致的,但要分别考虑内外循环的初始控制条件及其程序实现,相互间不能混淆;还应特别注意每次通过外循环进入内循环时,内循环初始条件必须重新设置。下面举例说明。

例 4-31 将首地址为 Array 的字数组从小到大排序。

采用冒泡排序算法:从第一个数开始依次对相邻两个数进行比较,如次序对则不做任何操作;如次序不对则交换两数的位置,见表 4-3。

表 4-3　冒泡排序算法举例

序号	地址	数	比较遍数			
			1	2	3	4
1	ARRAY	99	99	38	27	13
2	ARRAY+2	117	38	27	13	27
3	ARRAY+4	38	27	13	38	38
4	ARRAY+6	27	13	99	99	99
5	ARRAY+8	13	117	117	117	117

```
DATA      SEGMENT
ARRAY     DW   99,117,38,27,13
DATA      ENDS
CODE      SEGMENT
   ASSUME   CS:CODE,DS:DATA
START:MOV   AX,DATA
      MOV   DS,AX
      MOV   CX,5                    ;元素个数
      DEC   CX                      ;比较遍数
LOOP1:MOV   DI,CX                   ;比较次数
      MOV   BX,0
LOOP2:MOV   AX,ARRAY  [BX]          ;相邻两数
      CMP   AX,ARRAY  [BX+2]        ;比较
      JLE   CONTINUE
      XCHG  AX,ARRAY  [BX+2]        ;交换位置
      MOV   ARRAY  [BX],AX
CONTINUE:
      ADD   BX,2
      LOOP  LOOP2
      MOV   CX,DI
      LOOP  LOOP1
      MOV   AX,4C00H
      INT   21H
CODE      ENDS
        END   START
```

4.6 子程序设计

子程序又称为过程，是能完成特定功能有一定通用性的程序段，在需要时能被其它程序调用。调用子程序的程序常称为主程序。一般把源程序中反复出现的程序段或常用的功能独立的程序段设计成子程序供用户使用，例如，各种进制数之间的转换等。这样可以简化源程序结构、节省目标程序的存储空间，提高程序设计的效率。子程序结构也是模块化程序设计的基础。

4.6.1 子程序设计方法

1. 子程序的定义

汇编语言中，子程序的定义是由过程定义伪指令 PROC 和 ENDP 实现，格式如下：

```
过程名   PROC   [NEAR|FAR]
         …   ;过程体
过程名   ENDP
```

其中过程名是子程序入口的符号地址，它必须是一个合法的标识符。过程名在程序中是唯一的。PROC 和 ENDP 分别表示子程序定义开始和结束，它们必须成对使用。可选参数[NEAR|FAR]用来指定过程的调用属性是 NEAR，还是 FAR，如果没有指定过程属性，则默认属性为 NEAR。NEAR 属性的过程只能被相同代码段的其他程序调用，FAR 属性的过程可以被不同代码段的程序调用。属性的确定原则如下：

(1)子程序和主程序在同一个代码段中，则子程序定义为 NEAR 属性。

(2)子程序和主程序不在同一个代码段中，则子程序定义为 FAR 属性。

(3)主程序通常定义为 FAR 属性，这是因为主程序被看做 DOS 调用的一个子程序，以便执行完返回 DOS。

子程序可以放在代码段主程序开始执行之前的位置，也可放在代码段的末尾主程序执行终止后的位置，例如：

```
;…………源程序…………
CODE     SEGMENT
         ASSUME   CS:CODE
START:   …
         MOV   AH,4CH           ;主程序结束，返回 DOS
         INT   21H
过程名   PROC
         …
过程名   ENDP
CODE     ENDS
       END   START
```

为了便于其他程序员能正确使用子程序，在编写子程序时，还要养成书写子程序说明信息的良好习惯。子程序说明信息一般包括以下内容：

(1)子程序名

(2)功能描述

(3)入口和出口参数

(4)调用注意事项和说明等

例 4-32 编写一个子程序,从键盘输入一位十进制数。

```
;子程序名:STDIN
;功能:完成从键盘输入一位十进制数
;入口参数:等待键盘输入
;出口参数:AL 中存放输入的数值
STDIN   PROC
        MOV   AH,1
        INT   21H
        CMP   AL,30H
        JL    NEXT
        CMP   AL,39H
        JG    NEXT
        AND   AL,0FH
NEXT:RET
STDIN   ENDP
```

2. 子程序调用与返回

子程序调用与返回由 CALL 和 RET 指令实现。

子程序调用指令首先把子程序的返回地址(即 CALL 指令的下一条指令的地址)压入堆栈,然后转移到子程序的入口地址执行子程序。根据子程序和主程序是否在同一代码段,分为段内调用和段间调用。子程序和主程序在同一个代码段中称为段内调用;子程序和主程序不在同一个代码段中,称为段间调用。子程序返回指令负责把压入栈区的返回地址弹出送 IP 或 CS:IP,实现返回主程序继续往下执行。与子程序的段内调用和段间调用相对应,子程序的返回也分为段内返回和段间返回。

CALL 和 RET 指令的 NEAR 和 FAR 属性是由汇编程序根据过程定义伪指令指明的属性来确定的。也就是说,如果所定义的过程是 NEAR 属性,那么对它的调用和返回也一定是 NEAR 属性的;如果所定义的过程是 FAR 属性,那么对它的调用和返回也一定是 FAR 属性的。

当子程序和主程序在同一个代码段中,子程序的定义和调用如图 4-11 所示。

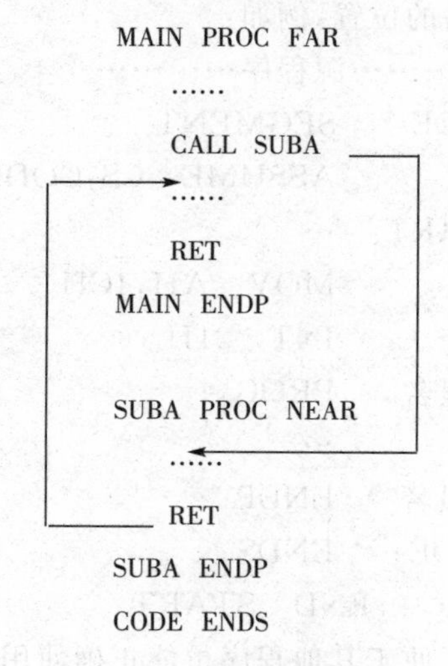
CODE SEGMENT
MAIN PROC FAR
......
CALL SUBA
......
RET
MAIN ENDP
SUBA PROC NEAR
......
RET
SUBA ENDP
CODE ENDS

图 4-11 段内调用和返回

当子程序和主程序不在同一个代码段中，子程序的定义和调用如图 4－12 所示。

为了保证子程序的正确调用和返回，除了要正确选择过程属性外，还要注意子程序中对堆栈的压入和弹出操作要成对使用，保持堆栈的平衡，以确保子程序的正确返回。这是由于执行 CALL 指令时已使返回地址入栈，如果子程序中没有正确使用堆栈而造成执行 RET 指令时当前栈顶的内容不是返回地址，则子程序不能返回正确的位置，必然导致程序运行出错。

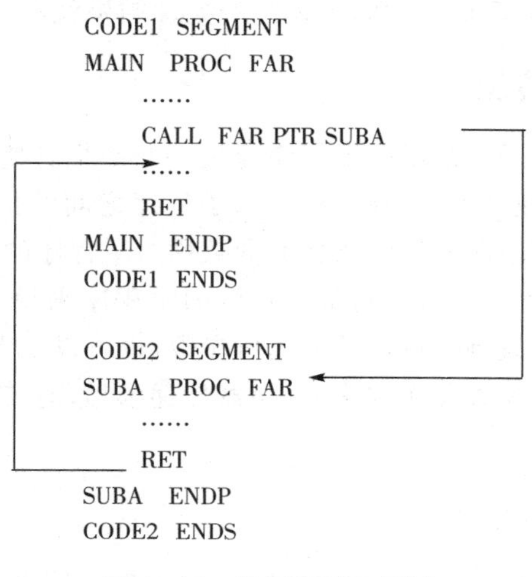
CODE1 SEGMENT
MAIN PROC FAR
……
CALL FAR PTR SUBA
……
RET
MAIN ENDP
CODE1 ENDS
CODE2 SEGMENT
SUBA PROC FAR
……
RET
SUBA ENDP
CODE2 ENDS

图 4－12　段间调用和返回

3. 寄存器内容的保护与恢复

通常主程序和子程序是分别编制的，所以它们可能会使用同一个寄存器。如果主程序中某个寄存器的内容在调用子程序后还要用，而子程序又恰好使用了同一个寄存器，当子程序修改了寄存器的内容后，返回到主程序时，该寄存器的内容也就不会是调用子程序前的内容，这样，常常会导致调用程序的出错。为此，编写子程序时，在一进入子程序后，就把它所用到的寄存器内容压进栈，在返回前，再把它们弹出栈。这样编写的好处是该子程序可以被任何其它程序来调用。例如：

```
SUBA  PROC
        PUSH   REG1    ;顺序入栈，把子程序要使用的寄存器压栈，REGi 代表某个寄存器
        PUSH   REG2
        …
        PUSH   REGN
        …
        …
        …
        POP   REGN     ;逆序出栈，恢复寄存器
        …
        POP   REG2
```

```
        POP   REG1
        RET              ;子程序返回
SUBA    ENDP
```

用堆栈保存和恢复寄存器的内容,要注意堆栈"先进后出"的操作特点,恢复寄存器的顺序不能搞错。另外,并不是所有的寄存器的内容都要保存。一般来说,子程序中用到的寄存器应该保存,但是,如果寄存器是用于主程序和子程序间传递参数,特别是用来向主程序回送结果的寄存器就不能加以保护,否则,子程序的处理结果就不能回送到主程序。

4.6.2 子程序的参数传递

主程序调用子程序时,通常都要向子程序提供一些数据让它来处理;子程序运行完后,一般也要向主程序回送处理结果,这种主程序和子程序之间的信息传递称为参数传递。根据传递的方向,通常把主程序向子程序传递的参数称为子程序的入口参数,子程序向主程序传递的参数称为子程序的出口参数。对某个具体的子程序来说,要根据具体情况来确定其入口参数和出口参数,可以只有入口参数或出口参数,也可以二者都有。参数传递的方法有多种,下面介绍几种常用的参数传递方法:寄存器传递参数、存储单元传递参数和堆栈传递参数。

1. 用寄存器传递参数

用寄存器来传递参数最直接、简便,也是最常用的参数传递方式,只要把参数存放在约定的寄存器中就行了。但由于CPU中寄存器的个数有限,所以,该方法适用于传递参数较少的情况。需要注意的是,用于传递出口参数的寄存器不能加以保护和恢复,用于传递入口参数的寄存器可以保护也可以不保护。下面举例说明。

例4-33 编写一子程序:以十进制的形式显示寄存器AX中的无符号数。

```
;子程序名:DISPAX
;功能:把寄存器AX的内容按十进制无符号数显示出来
;入口参数:AX
;出口参数:在屏幕上显示信息
DATA    SEGMENT
  DB    4  DUP  (?),'$'
DATA    ENDS
CODE    SEGMENT
DISPAX  PROC  FAR
        ASSUME  CS:CODE,DS:DATA
        PUSH  DS                    ;寄存器保护
        PUSH  BX
        PUSH  DI
        PUSH  CX
        PUSH  DX
        MOV   BX,DATA
```

```
        MOV   DS,BX
        MOV   DI,4
        MOV   CX,10            ;置除数为 10
AGAIN:  XOR   DX,DX
        DIV   CX               ;DX 存放余数,AX 存放商
        ADD   DL,30H           ;余数转换为 ASCII 码
        MOV   [DI],DL
        DEC   DI
        CMP   AX,0
        JNZ   AGAIN
        XOR   DX,DX
        MOV   AH,9
        INT   21H
        POP   DX               ;寄存器恢复
        POP   CX
        POP   DI
        POP   BX
        POP   DS
        RET
DISPAX  ENDP
CODE    ENDS
```

例 4-34 从键盘输入一组字符,直到"0"为止。编写一子程序,完成当输入是小写字母时,则修改为大写字母。输入的字符存放在 STRING 为首址的存储单元中。

```
;主程序
DATA    SEGMENT
        STRING  DB  100  DUP(?)
DATA    ENDS
CODE    SEGMENT
        ASSUME  CS:CODE,DS:DATA
START:  MOV   AX,DATA
        MOV   DS,AX
        MOV   DI,OFFSET  STRING
AGAIN:  MOV   AH,1
        INT   21H
        CMP   AL,'0'
        JE    EXIT
        CALL  STOB
        MOV   [DI],AL
        INC   DI
```

```
        JMP   AGAIN
EXIT:   MOV   AH,4CH
        INT   21H

;子程序名:STOB
;功能:将小写字母修改为大写字母
;入口参数:AL存放输入的字符
;出口参数:AL存放修改后的字符
STOB    PROC  NEAR
        CMP   AL,61H
        JB    NEXT
        CMP   AL,7AH
        JA    NEXT
        SUB   AL,20H
NEXT:   RET
STOB    ENDP
CODE    ENDS
        END   START
```

2. 用存储单元传递参数

这种方法是使用存储单元传递参数的,即主程序在存储单元建立一个参数表,存放子程序所要的参数,在主程序中将该参数表首地址传送给子程序,子程序通过参数表取得所需参数,并把结果也存放到指定存储单元中。这种方法适合于传递参数较多的情况。

例 4-35 使用存储单元传递参数的方法来实现例 4-34。

```
;主程序
DATA    SEGMENT
        STRING  DB  100  DUP(?)
        LENT  DW  ?
DATA    ENDS
CODE    SEGMENT
  ASSUME  CS:CODE,DS:DATA
MAIN    PROC  FAR
START:  PUSH  DS
        MOV   AX,0
        PUSH  AX
        MOV   AX,DATA
        MOV   DS,AX
        MOV   CX,0
        MOV   DI,OFFSET  STRING
```

```
AGAIN:  MOV  AH,1
        INT   21H
        CMP  AL,'0'
        JE     NEXT
        MOV  [DI],AL
        INC  DI
        INC  CX
        JMP  AGAIN
NEXT:   MOV  LENT,CX
        LEA  BX,STRING
        CALL  STOB1
        RET

;子程序名:STOB1
;功能:将小写字母修改为大写字母
;入口参数:BX存放数据存储单元首址
;出口参数:修改后的字符存回原存储单元中
STOB1    PROC
         MOV  CX,LENT
AGAIN1:  MOV  AL,[BX]
         CMP  AL,61H
         JB     NEXT1
         CMP  AL,7AH
         JA  NEXT1
         SUB  AL,20H
         MOV  [BX],AL
NEXT1:   INC  BX
         DEC  CX
         JNZ  AGAIN1
         RET
STOB1    ENDP
MAIN     ENDP
CODE     ENDS
END      START
```

3. 用堆栈传递参数

用堆栈传递入口参数时,要在调用子程序前把有关参数依次压栈,子程序从堆栈中取得入口参数;用堆栈传递出口参数时,要在子程序返回前,把有关参数依次压栈,主程序就可以从堆栈中取到出口参数。这种方法也适合于传递参数较多的情况,但要特别注意避免因堆栈操作而造成子程序不能正确返回的错误。

例 4-36 编写一子程序：求有符号字数组 ARRAY 中元素的最小值。数组元素的个数存放在 CONT 字单元中。

```
DATA   SEGMENT
  ARRAY   DW   100,66,-1,88,20
  CONT    DW   5
  MIN     DW   ?
DATA    ENDS
STACK   SEGMENT
DW      128  DUP(?)
STACK   ENDS
CODE    SEGMENT
  ASSUME  CS:CODE,DS:DATA,SS:STACK
START: MOV  AX,DATA
       MOV  DS,AX
       MOV  AX,OFFSET  ARRAY
       PUSH  AX                ;数组偏移地址进栈
       MOV  AX,CONT
       PUSH  AX                ;元素个数进栈
       CALL  FINDMIN
       MOV  MIN,AX             ;保存出口参数
       MOV  AH,4CH
       INT  21H
;子程序名:FINDMIN
;功能:求有符号字数组中元素的最小值
;入口参数:数组首地址和元素个数在堆栈中
;出口参数:AX 中存放最小值
FINDMIN  PROC
          PUSH  BP
          MOV  BP,SP           ;为取参数作准备
          PUSH  BX
          PUSH  CX
          MOV  BX,[BP+6]       ;从堆栈中取数组首地址送 BX
          MOV  CX,[BP+4]       ;从堆栈中取元素个数送 CX
          DEC  CX
          MOV  AX,[BX]         ;取出第一个元素给 AX
AGAIN:    ADD  BX,2
          CMP  [BX],AX         ;与下一个数据比较
          JG  NEXT
```

```
            MOV   AX,[BX]
NEXT:       LOOP  AGAIN
            POP   CX
            POP   BX
            POP   BP
            RET
FMIN        ENDP
CODE        ENDS
END         START
```

4.6.3 子程序嵌套与递归

一个子程序也可以作为调用程序去调用另一个子程序，称为子程序嵌套。一般来说，嵌套的层次没有限制，只要堆栈空间足够就可以。嵌套子程序的设计也没有什么特殊要求，但要特别注意寄存器内容的保护与恢复，避免各层子程序之间寄存器使用冲突。对堆栈的操作也要特别小心，以保证子程序的正确调用与返回。

如果一个子程序调用的子程序也就是它本身，称递归调用。这样的子程序称递归子程序。利用递归子程序，可以设计出效率较高的程序。

例 4-37 编程计算 N!（设 $0 \leqslant N \leqslant 6$）。

分析：求 N! 的递归定义为：

$$N! = \begin{cases} 1 & N=0 \\ N*(N-1)! & N>0 \end{cases}$$

可以看出求 N! 适合用递归子程序实现。

```
;源程序
DATA    SEGMENT
        N  DW  ?
        RESULT  DW  ?
DATA    ENDS
STACK   SEGMENT
        DW  128  DUP(0)
STACK   ENDS
CODE    SEGMENT
        ASSUME  CS:CODE,DS:DATA,SS:STACK
START:  MOV  AX,DATA
        MOV  DS,AX
        MOV  AX,N
        CALL  FACT
        MOV  RESULT,DX
        MOV  AH,4CH
        INT  21H
```

```
;子程序名:FACT
;功能:求 N!
;入口参数:AX=N(0≤N≤6)
;出口参数:DX=N!
FACT    PROC
        CMP  AX,0
        JNZ  NEXT
        MOV  DL,1           ;0!
        RET
NEXT:   PUSH  AX
        DEC  AL
        CALL  FACT          ;递归调用
        POP  AX
        MUL  DL             ;N*(N-1)!
        MOV  DX,AX
        RET
FACT    ENDP
CODE    ENDS
END     START
```

4.6.4 子程序库

一个子程序也可以作为调用程序去调用另一个子程序,称为子程序嵌套。一般来说,嵌套的层次没有限制,只要堆栈在开发一个功能较强、关系复杂的大型应用程序时,通常把复杂的程序分成很多功能独立的模块,分别编写成子程序,对各个子程序模块单独进行汇编产生相应的目标模块(OBJ 文件),最后再用连接程序把它们连接起来,形成一个完整的可执行程序。采用这种模块化程序设计方法,程序不但结构清晰,也便于调试。

采用模块化程序设计,各模块之间会存在着相互调用,即一个模块会引用在另一个模块中定义的标识符(包括变量、标号、过程名等)。标识符有两种:在本模块中定义,供本模块使用的标识符称为局部标识符;在一个模块中定义,而又在另一个模块中引用的标识符称为外部标识符。为了解决各模块间标识符的交叉访问,汇编语言提供了两条伪指令 PUBLIC 和 EXTRN。这两条伪指令的具体用法和含义如下:

(1)伪指令 PUBLIC

伪指令 PUBLIC 是用来说明:当前模块中哪些标识符是能被其它模块引用的外部标识符。其格式如下:

PUBLIC 标识符,[标识符,……];定义标识符的模块使用

在一个模块中定义的标识符(包括变量、标号、过程名等)提供给其它模块使用时,必须要用 PUBLIC 定义该标识符为外部标识符。一个模块中,可用多条 PUBLIC 伪指令来说明外部标识符。

(2)伪指令 EXTRN

伪指令 EXTRN 是用来说明:在当前模块所使用的标识符中,哪些标识符是已在其它模块中被定义为指定类型的标识符。格式如下:

EXTRN　标识符:类型,[标识符:类型,……];调用标识符的模块使用

在另一个模块中定义,而要在本模块中引用的标识符必须用 EXTRN 声明。其中类型是:NEAR、FAR(标号、过程名)、或 BYTE、WORD、DWORD(变量)等。一个模块中,可用多条 EXTRN 伪指令来说明本模块所引用的外部标识符。

PUBLIC 和 EXTRN 两个伪指令的使用必须相匹配。伪指令 EXTRN 中所说明的标识符必须在其定义的模块中被 PUBLIC 伪指令声明为外部标识符,并且其类型要与该标识符定义的类型相一致,

例 4-38　从键盘输入一个数 N((0≤N≤6),求 N!,并输出结果。

把例 4-32、例 4-33 例和例 4-37 的子程序编写成子程序模块,供主程序调用。由于模块之间存在着调用关系,所以,在源程序中需要声明哪些标识符为外部标识符。

```
;子程序 STDIN.ASM
PUBLIC  STDIN
CODE    SEGMENT
STDIN   PROC   FAR              ;例 4-32 中的输入子程序 STDIN
        …
        STDIN  ENDP
        CODE   ENDS
               END

;子程序 DISPAX.ASM
PUBLIC  DISPAX
DATA    SEGMENT
        DB  4  DUP(?),0AH,0DH,'$'
DATA    ENDS
CODE    SEGMENT
DISPAX  PROC   FAR              ;例 4-33 中的输出子程序 DISPAX
…
DISPAX  ENDP
CODE    ENDS
        END
;子程序 FACT.ASM
PUBLIC  FACT
CODE    SEGMENT
FACT    PROC   FAR              ;例 4-37 中求 N! 子程序 FACT
…
FACT    ENDP
```

```
CODE    ENDS
        END
;主程序 MAIN. ASM
EXTRN   STDIN:FAR,FACT:FAR,DISPAX:FAR
STACK   SEGMENT
        DW  128  DUP  (0)
STACK   ENDS
CODE    SEGMENT
        ASSUME  CS:CODE,SS:STACK
START:  CALL  STDIN
        MOV   AH,0
        CALL  FACT
        CALL  DISPAX
        MOV   AH,4CH
        INT   21H
CODE    ENDS
        END  START
```

再用汇编程序把它们分别汇编成目标文件 STDIN. OBJ、DISPAX. OBJ 和 FACT. OBJ。

当子程序模块很多时,可以把它们统一管理起来,存入一个或多个子程序库中。库文件可以把它看成是子程序的集合。MASM 系统提供了库管理程序 LIB. EXE,可以建立、组织和维护子程序库。

例如,建立一个库文件 MYLIB. LIB,把上述目标文件 STDIN. OBJ、DISPAX. OBJ 和 FACT. OBJ,加入到库文件中,如图 4-13 所示。

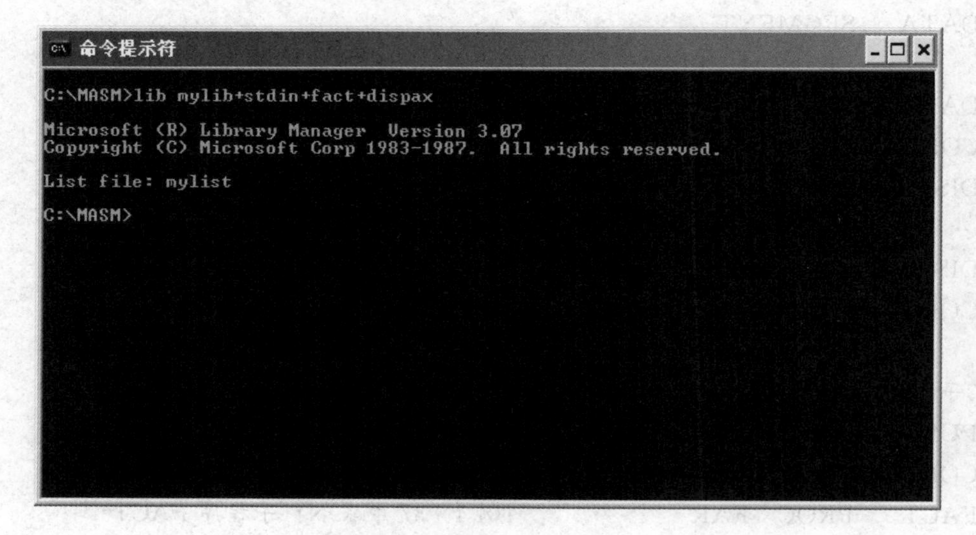

图 4-13　建立库文件 MYLIB. LIB

这样，就可以使用库文件 MYLIB. LIB 连接生成可执行文件 MAIN. EXE，如图 4－14 所示。

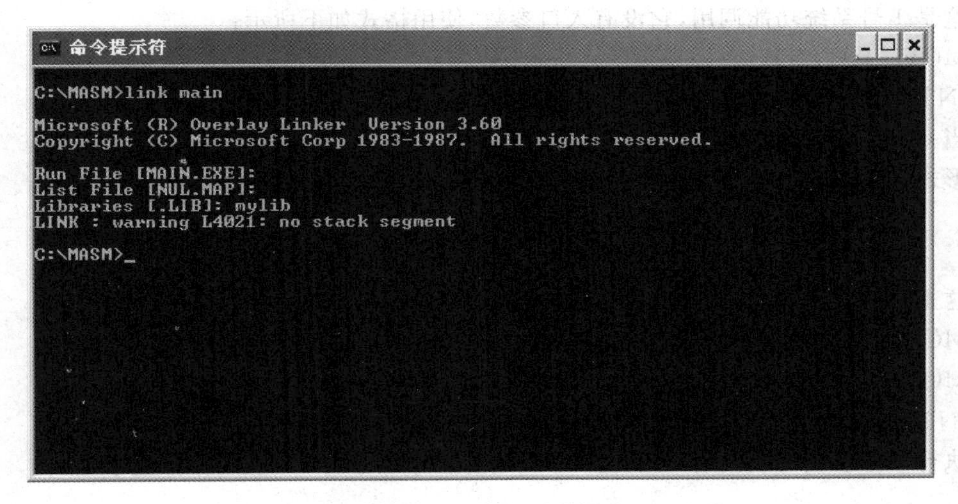

图 4－14　连接生成可执行文件 MAIN. EXE

库文件中存放着各子程序名、目标代码以及连接所需要的定位信息等。当某目标文件与库文件相连接时，LINK 程序只把目标文件所用到的子程序从库文件中找出来，并合并到最终的可执行文件中，而不是把库中所含的全部子程序都纳入最后的可执行文件。

4.7　DOS 系统功能调用

4.7.1　系统功能调用的方法

系统功能调用是 DOS 为用户提供的一组常用子程序，DOS 规定用中断指令 INT 21H 进入各功能调用子程序的总入口，再为每个功能调用规定一个功能号以便进入相应各个子程序的入口。

系统功能调用中的几十个子程序成为用户的重要工具，用户不必了解所使用设备的物理特性、接口方式及内存分配等，不必编写繁锁的控制程序。所以，用户应尽量利用这些系统所提供的工具来编写自己的程序。调用它们时采用统一的格式。

DOS 系统功能调用的使用方法如下：

(1)在 AH 寄存器中设置系统功能调用号；

(2)在指定寄存器中设置入口参数；

(3)用中断调用指令(INT 21H)执行功能调用；

(4)根据出口参数分析功能调用执行情况。

有的子程序无入口参数，则无需设置。调用结束后，系统将出口参数送到指定寄存器中或从屏幕显示出来。

4.7.2　常用的 DOS 系统功能调用

表 4－4 列举了常用的 DOS 系统功能调用，下面举例说明。

1. 输入一个字符(AH＝01H)

这是1号系统功能调用，它没有入口参数，使用格式如下所示：

```
MOV   AH,01H
INT   21H
```

当CPU执行到这两条语句后就等待键盘输入字符，通过键盘输入的字符是以ASCII码的形式送入AL寄存器中，如键入字符3，则送入AL＝33H。

2. 输出一个字符(AH＝02H)

这是2号系统功能调用，使用格式如下所示：

```
MOV   DL,'A'
MOV   AH,02H
INT   21H
```

执行2号系统功能调用时，将置入DL寄存器中的字符'A'从屏幕上显示输出。

表4-4　常用的DOS系统功能调用(INT 21H)

功能号	功能	入口参数	出口参数
AH＝01	键盘输入	AL＝输入字符	
AH＝02H	显示器输出	DL＝输出显示的字符	
AH＝05H	打印机输出	DL＝打印字符	
AH＝09H	显示字符串	DS:DX＝字符串地址	
AH＝0AH	输入字符串	DS:DX＝缓冲区地址	

例4-39　输出3＋5的和8。

```
    MOV   AL,3
    ADD   AL,5
    MOV   DL,AL
    ADD   DL,30H
    MOV   AH,2
    INT   21H
```

例4-40　回车换行的子程序。

```
CRLF  PROC
      PUSH   AX
      PUSH   DX
      MOV    AH,2
      MOV    DL,0DH          ;回车功能的ASCII码是0DH
      INT    21H
      MOV    AH,2
      MOV    DL,0AH          ;换行功能的ASCII码是0AH
```

```
        INT  21H
        POP  DX
        POP  AX
        RET
CRLF    ENDP
```

3. 输出字符串(AH=09H)

这是9号系统功能调用,其功能是将指定的内存缓冲区中的字符串从屏幕显示输出。缓冲区中的字符串以“$”字符作为结束标志。9号系统功能调用的使用格式如下所示:

```
……
BUF  DB  'Wellcom $'
……
MOV DX,OFFSET BUF
MOV AH,9
INT  21H
……
```

执行9号系统功能调用时,将内存缓冲区BUF中存放的字符串送屏幕显示输出。

例4-41 屏幕显示提示“Press any key to contiune…”。

```
;在数据段定义要显示的字符串
STR1  DB  'Press any key to contiune…','$'
;在代码段编写程序
MOV   AX,SEG  STR1   ;取STR1的段地址
MOV   DS,AX
MOV   DX,OFFSET  STR1
MOV   AH,9
INT   21H
```

4. 输入字符串(AH=0AH)

这是0AH号系统功能调用,其功能是将键盘输入的字符串写入到内存缓冲区中,因此必须事先在内存储器中定义一个缓冲区。其第1字节给定该缓冲区中能存放的字节个数,第2字节留给系统填写实际键入的字符个数,从第3个字节开始用来存放键入的字符串,最后键入回车键表示字符串结束。如果实际键入的字符数不足填满缓冲区时,则其余字节填“0”;如果实际键入的字符数超过缓冲区的容量,则超出的字符将被丢失。

0AH号系统功能调用的使用格式如下所示:

```
BUFFER  DB  30                              ;定义缓冲区
        DB  ?
        DB  30  DUP  (?)
        ……
        MOV  DX,OFFSET  BUFFER              ;0AH号系统功能调用
```

```
MOV  AH,0AH
INT  21H
```

以上程序中,由变量定义语句定义了一个可存放30个字节的缓冲区,执行到INT21H指令时,系统等待用户键入字符串。用户每键入一个字符,其相应的ASCII码将被写入缓冲区中,待用户最后键入回车键时,由系统输出实际键入的字符数,并将其写入缓冲区的第2字节中。

5. 返回操作系统(AH=4CH)

这是4CH号系统功能调用,其使用格式如下:

```
MOV  AH,4CH
INT  21H
```

执行结果是结束当前正在执行的程序,并返回操作系统,屏幕显示操作系统提示符(C:\>)。

习 题

4-1 简述编制一个汇编语言程序的步骤。

4-2 编写程序,将DATA_NUM起的4个压缩BCD码转换成十六进制数,并存放在DATA_NUM下面相邻字节中。

4-3 试编写一程序,用查表法将一位十六进制数转换成与之对应的ASCII码。程序的数据段如下:

```
DATA  SEGMENT
TAB   DB  30H,31H,32H,33H,34H,35H,36H,37H
      DB  38H,39H,41H,42H,43H,44H,45H,46H
HEX   DB  6
ASC   DB  ?
DATA  ENDS
```

4-4 试编程求解表达式S=(23000-(X*Y+Z))/Z,其中X=600,Y=25,Z=-2000。

4-5 试编制一程序,要求从键盘上接收一个4位的16进制数,并在屏幕上显示与它等值的二进制数。

4-6 试编制一程序,将一个包含有20个字数据的数组ARRAY分成两个数组,正数数组M和负数数组N。

4-7 试编制一程序,求出首地址为DATA的100个字数组中的最小偶数,并将它存放在BX中。

4-8 将30名学生的成绩存入以GRADE为首地址的字节数组中。另一个数组RANK为30名学生的名次表。编写一程序,根据GRADE中的学生成绩,将学生的名次填入RANK数组中。

4-9 已知数组A包含15个互不相等的整数,数组B中包含20个互不相等的整数。试编写一程序,将即在A中又在B中的整数存入数组C中。

4－10　从键盘输入一系列字符串(以回车符结束),按字母、数字和其它字符分类计数,最后显示出这三类的计数结果。

4－11　以下程序用于计算符号函数。

$$Y=\begin{cases}1 & (X<0)\\ 0 & (X=0)\\ -1 & (X>0)\end{cases}$$ 的取值范围为－128～＋127。请完善下列程序。

```
      ⋮
    MOV  AL,X
    CMP  AL,0
    JZ  EXIT
    ____________
    MOV  AL,1
    ____________
NEG1:
    MOV  AL,0FFH
EXIT:
    MOV  Y,AL
```

4－12　为什么说循环结构是分支结构的特例?

4－13　将3个连续存放的单字节无符号数按递增次序重新存放在原存放位置。

4－14 根据键盘输入的字符'A'～'E'(或'a'～'e'),分别显示'ONE'、'TWO'、'THREE'、'FOUR'、'FIVE',当输入其它字符时,显示'ERROR',然后重新输入。

4－15　试编制一程序,求出首地址为ARY的100个字数组中的最小偶数和最大奇数,并分别存放在BUF1和BUF2中。

4－16　已知数组A包含15个互不相等的整数,数组B包含20个互不相等的整数,试编制一程序将既在A中又在B中出现的整数存放到数组C中。

4－17　定义子程序时如何确定其属性?

4－18　已知:(CS)＝0B9EH,(IP)＝0100H,(BX)＝0126H,子程序SUBA位于当前段,其偏移地址为200H,子程序SUBB所在段的段地址为2C60H,其偏移地址为300H。求以下子程序调用指令转移的物理地址。

(1)CALL　BX

(2)CALL　NEAR　PTR　SUBA

(3)CALL　FAR　PTR　SUBB

4－19　已知堆栈指针寄存器SP的内容是0040H。请画出下列每次调用和返回时堆栈和SP内容的变化过程。

(1)主程序MAIN段内调用SUBA子程序,返回的偏移地址为0030H。

(2)子程序SUBA段间调用SUBB子程序,返回的段地址为1000H,返回的偏移地址为0200H。

(3)从SUBB返回SUBA。

(4)子程序SUBA段内调用SUBC子程序,返回的偏移地址为00B0H。

(5)从 SUBC 返回 SUBA。

(6)从 SUBA 返回 MAIN。

4-20　主程序和子程序之间的参数传递是如何实现的？

4-21　编写一个子程序，计算无符号字数组的累加和。无符号字数组存放在首地址为 ARRAY 的单元中，长度存放在 COUNT 单元中，和存放于 SUM 单元中。假设和小于 65536。

4-22　编写一个子程序，把首地址为 SRC 的数据区存放的 50 个字数据传送到以 DST 为首地址的缓冲区去。

4-23　试分析例 4-37 程序执行时堆栈的变化过程？

4-24　在以 GRADE 为首地址的数组中存放着某班某门课 30 个学生的成绩。试编写三个子程序分别实现：

(1)统计该班这门课的总分。

(2)求该班这门课的平均成绩。

(3)统计小于 60 分，60～89 分和大于等于 90 分的学生人数。

第 5 章 存储器技术

存储器是计算机中用来存放数据和程序的部件。有了存储器，计算机才具有记忆信息的功能，才能把计算机要执行的程序、所要处理的数据以及处理的结果存储在计算机中，使计算机能自动工作。微型计算机系统对存储器的要求是容量大、速度快、成本低，但这三者在同一存储器中不可兼得。为了解决这一矛盾，通常采用分级存储器结构。即将存储系统的层次结构分为高速缓冲存储器、主存储器和外存储器三级，如图 5-1 所示。其中，能被 CPU 直接访问的高速缓冲存储器和主存储器，又统称为内存储器，简称内存。

内存是计算机主机的一个组成部分。用于存放与 CPU 频繁交换的程序和数据，由于要求它的存取速度和 CPU 的处理速度接近，因此它的成本较高，容量有限。大量的程序和数据等信息还需要外存储器来存放。常见的外存储器有磁盘（硬盘和软盘）、光盘等。外存的存储容量大、成本低，但工作速度低。CPU 要使用外存中的信息必须通过专门的硬件设备将所需的信息传送到内存中。

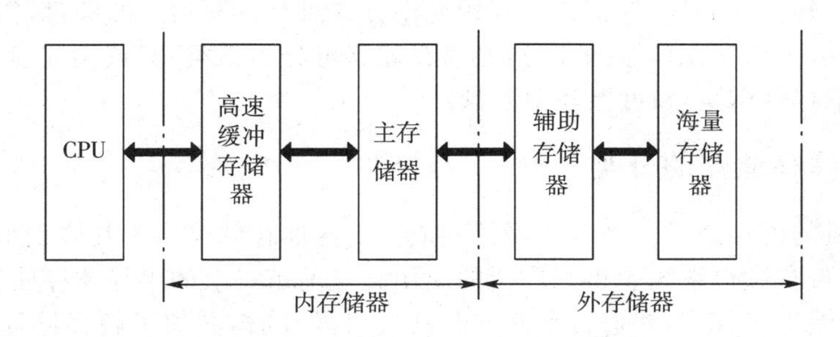

图 5-1 存储体系

微型计算机系统中的内存通常由半导体器件构成。本章在对半导体存储器做一般介绍的基础上，将重点讨论 RAM 和 ROM 的工作原理、结构、特点，以及与 CPU 的接口和应用实例，并介绍高速缓冲存储器和虚拟存储器。

5.1 存储器分类与性能指标

按存储器用途分类，可以分成内部存储器和外部存储器。

5.1.1 内存和外存

1. 内部存储器

内部存储器位于计算机主机的内部，用来存放当前正在使用的或经常使用的程序和数据，CPU 可直接对它进行访问。内存的存储速度较快，一般是由半导体存储器件构成。

内存的容量大小受到地址总线位数的限制，对 8086 系统，20 条地址总线可以寻址内存空间为1MB。80286系统，地址总线为24条，可以寻址16MB，PⅡ以上微机地址总线为36条，可寻址64GB。实际使用中，由于内存芯片价格较贵，目前微型计算机系统中所配置的内存容量较小，这样许多的程序和数据要存放在磁盘外存中，使用时再调到内存。

2. 外部存储器

外部存储器也称为外存，是辅助存储器。外存的特点是大容量，所存储的信息既可以修改，也可以保存，存取速度较慢，要由专用的设备来管理。

计算机系统中一些程序或数据需要长期保存。而构成内存的器件是不能实现这个功能的，因此设计出各种外部存储器，它的容量不受限制，也称海量存储器。将这些需要长期保存的程序或数据放在外部存储器中，当系统需要使用这些程序或数据时再将其由外存传送到内存。

外部存储器主要是磁记录存储器，典型的有软盘、硬盘、光盘等。外部存储器需要相应的硬件驱动器。软盘是涂有磁性材料的塑料片，直径大多为3.5英寸，每片有双面，每面有80个磁道，每个磁道包含18个扇区，每个扇区有512个字节。因而高密度双面软盘存储容量为80磁道/面×2面×18扇区/磁道×512字节/扇区＝1.44MB。硬盘整体装在密封的容器中，直径大多数为3.5英寸、2.5英寸。硬盘容量逐年提高，目前微机中配置120GB以上，转速为7200转/分。光盘存储器是利用光学方式进行读写信息的圆盘，根据激光束和反射光的强弱不同，可以实现信息的读写，光盘存储器可分为三类：只读型光盘(CD－ROM)、只写一次型光盘(WORM)和可擦写型光盘。

5.1.2 半导体存储器的分类

微型计算机的内存通常由半导体器件构成。半导体存储器由于其体积小、速度快、耗电少、价格低等优点在微机系统中得到广泛的应用。当前市场上的半导体存储器件种类繁多，用途各异，性能差别也较大，在进行存储器及其接口设计时，必须了解存储器件的结构和技术指标。半导体存储器通常按照制造工艺和存取方式进行分类，如图5-2所示。

1. 按制造工艺分类

根据制造工艺的不同，一般可将半导体存储器分为双极型和MOS型两大类

(1)双极(Bipolar)型

由TTL(Transistor－Transistor Logic)晶体管逻辑电路构成。该类存储器件工作速度快，与CPU处在同一量级，但集成度低、功耗大、价格偏高，在微机系统中常用作高速缓冲存储器。

(2)金属氧化物半导体(Metal－Oxide－Semiconductor)型

简称MOS型。该类型有多种制作工艺，如NMOS(N沟道MOS)、HMOS(高密度MOS)、CMOS(互补型MOS)、CHMOS(高速CMOS)等，可用来制作多种半导体存储器件，如动态RAM、静态RAM、EPRAM等。该类存储器的集成度高、功耗低、价格便宜，但速度较双极型器件慢。微机的内存主要由MOS型半导体存储器件构成。

2. 按存取方式分类

按照存取方式的不同，半导体存储器可以分为随机存储器RAM(Random Access

Memory)和只读存储器 ROM(Read Only Memory)。

(1)随机存取存储器 RAM

也称随机存储器或读写存储器,对这种存储器信息可以随机写入或读出,但断电后信息将丢失,它通常用来暂存运行的程序和数据。

按照集成电路内部结构的不同,RAM 又可分为 SRAM 静态 RAM(Static RAM)和 DRAM 动态 RAM(Dynamic RAM)。

静态 RAM 采用双稳态电路存储信息,它的速度非常快,只要电源存在内容就不会自动消失,但它的基本存储电路为 6 个 MOS 管组成 1 位,因此集成度相对来说较低,功耗也较大;而动态 RAM 是以电容上的电荷存储信息,内容在 10^{-3}或 10^{-6}秒之后自动消失,因此必须周期性的在内容消失之前进行刷新。由于它的基本存储电路由一个晶体管及一个电容组成,因此它的集成度高,成本较低,耗电也少,但它需要一个额外的刷新电路。DRAM 运行速度较慢,SRAM 比 DRAM 要快 2～5 倍。

(2)只读存储器 ROM

只读存储器 ROM 是一种在工作的过程中只能读不能写的非易失性存储器,断电后所存信息不会丢失,通常用来存放固定不变的程序和数据,如引导程序、基本输入输出系统(BIOS)程序等。

ROM 按集成电路内部结构的不同又可分为以下几种:

● 掩膜式(Masked)ROM,简称 ROM。该类芯片通过工厂的掩膜制作,已将信号做在芯片当中,以后不可更改,适用于大批量生产。

● 熔炼式可编程(Programmable)ROM 即 PROM。该类芯片允许用户进行一次性编程,此后便不可更改。

● 可擦除(Erasable)PROM 即 EPROM。一般指可用紫外光擦除的 PROM。该类芯片允许用户多次编程和擦除。擦除时,通过向芯片窗口照射紫外光的方法来进行。

● 电擦除(Electrically Erasable)PROM 即 EEPROM,也称 E^2PROM。该类芯片允许用户多次编程和擦除。擦除时可采用加电方法在线进行。

● 闪速(Flash)PROM 即 Flash ROM,是一种新型半导体存储器,与 EPROM 只能通过紫外线照射擦除不同,闪速存储器可实现大规模电擦,可迅速地消除整个器件中的所有内容。这一点优于传统的可修改字串的 E^2PROM,但价格比较高。

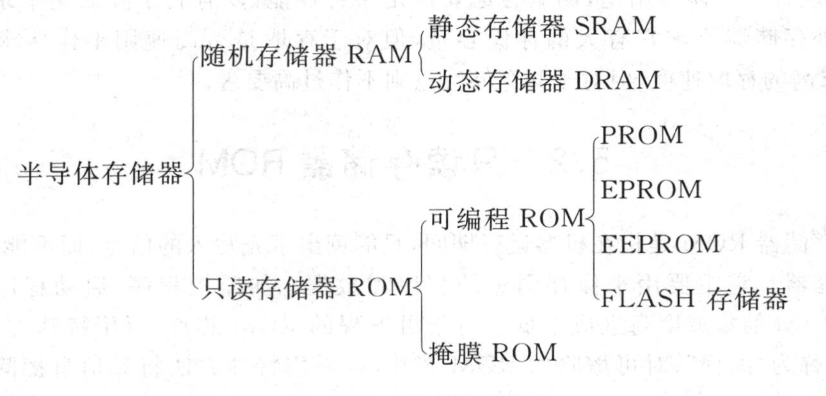

图 5-2　半导体存储器分类

5.1.3 半导体存储器的性能指标

衡量半导体存储器的性能指标有很多，包括存储容量、存储速度、功耗、可靠性、价格、体积、重量、电源种类等。

1. 存储容量

存储器所能记忆信息的多少即存储器所包含记忆单元的总位数称为存储容量。对于以字节编址的微型机，以字节数表示容量。如某微型机的容量为 64M 字节。

2. 存取速度

存取速度是以存储器的存取时间来衡量的。它指从 CPU 给出有效的存储地址到存储器给出有效数据所需的时间，一般为几百纳秒。存取时间越小，则存取速度越快。存取时间主要是与存储器的制造工艺有关。双极性半导体存储器的速度高于 MOS 型的速度，但随着工艺的提高，MOS 型的速度也在提高。Cache 的存取时间目前已小于 $20\mu s$。

3. 功耗

功耗反映了存储耗电的多少，同时也相应的反映了它的发热程度，因为温度会限制集成度的提高。通常要求是功耗要小，这对存储器件的工作稳定性有利，双极型半导体存储器功耗高于 MOS 型存储器，相应的 MOS 型存储芯片的集成度高于双极型的存储芯片。

4. 可靠性

可靠性通常以平均无故障时间(MTBF)来衡量。平均无故障时间可以理解为两次故障之间的平均时间间隔，平均无故障时间越长，则可靠性越高。集成存储芯片一般在出厂时需经过测试以保证它有很高的可靠性。

5. 性能/价格比

性能/价格比用于衡量存储器的经济性能，它是存储容量、存取速度、可靠性、价格等的一个综合指标，其中的价格还应该包括系统中使用存储器时附加的线路的价格。用户选用存储器时，应针对具体的用途，侧重考虑要满足某种性能，以有利于降低整个系统的价格。例如选用外存储器要求它有大的存储容量，但对于存取是否高速则不作要求，高速缓存 Cache 要求高的存取速度，但对于其存储容量则不作过高要求。

5.2 只读存储器 ROM

只读存储器 ROM 是指在机器运行期间，只能读出事先写入的信息，而不能将信息写入其中的存储器。它主要用来保存固定的程序和数据。如监控程序，启动程序，BIOS 等。ROM 比 RAM 的集成度高且成本低。对于可编程的 ROM 芯片，可用特殊方法将信息写入，该过程称为“编程”；对可擦除的 ROM 芯片，可采用特殊方法将原信息擦除，以便再次编程。

ROM按信息写入的方式不同可分为不可编程掩膜ROM、可编程PROM、可擦除可编程EPROM和电可擦写可编程EEPROM等。掩膜ROM和PROM在用户系统中使用较少，掩膜型只读存储器是由生产厂家采用掩膜工艺，在生产的过程中将固定的程序直接注入ROM芯片内，用户不能修改其内容。掩膜ROM只能用于特定场合，它给用户带来很大的限制，缺少灵活性。PROM在一定程度上克服了固定掩膜ROM的缺点。生产厂家在生产这种ROM时，并不将程序代码写入，而是写入全“1”（或全“0”）信息，待用户使用时，根据需要以编程方式写入自己的程序代码。用户一次编程只读存储器。用户写入信息是利用专用的编程器，写入一个PROM只要几分钟，操作非常方便。但是，PROM的一次编程性不适用于在研制产品过程中使用。以下主要介绍EPROM和EEPROM。

5.2.1 EPROM

1. EPROM的工作原理

EPROM允许用户根据需要对它编程，且可以多次进行擦除和重写，因而EPROM得到了广泛的应用。实现EPROM的技术是浮栅雪崩注入式技术。信息存储由电荷分布决定，MOS管的栅极被SiO_2包围，称为浮置栅，控制栅连到字选线。平时浮置栅上没有电荷，若控制栅上加正向电压使管子导通，则ROM存储信息为“1”。EPROM的存储单元电路图如图5-3所示。

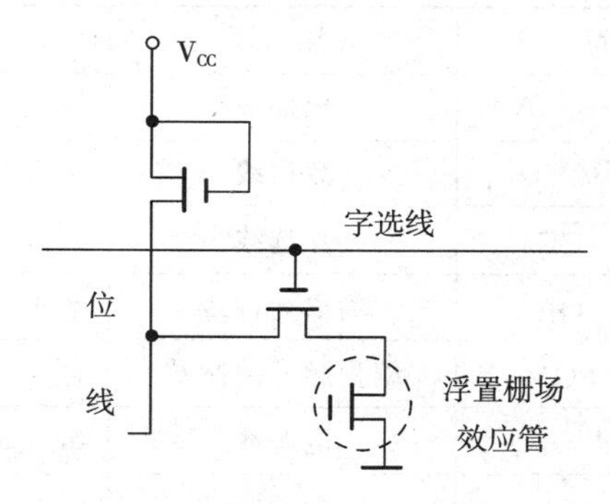

图5-3 EPROM的基本存储电路

如果设法向浮置栅注入电子电荷，就会在源、漏两极间感应出P沟道，使管子导通，此时它存放信息“0”。

EPROM的编程过程实际上就是对某些单元写入“0”的过程，也就是向有关的浮置栅注入电子的过程。一块EPROM在初始状态下，所有的位均为“1”，写入时只能将“1”改变为“0”，用紫外光照后才能将“0”变为“1”。由于浮置栅悬浮在绝缘层中，所以一旦带电后，电子很难泄漏，使信息得以长期保存。至于能够保存多长时间，与芯片所处的温度、光照等环境有关。例如在20℃的温度下信息可保存10年以上，若将芯片置于紫外灯下照射，则信息将在几十分钟内丢失。

2. 典型的EPROM芯片介绍

比较典型的EPROM芯片有Intel2716(2K×8)、Intel2764(8K×8)、Intel27512(64K×8)等。它们皆为双列直插式芯片。现以Intel2764为例对EPROM芯片的特性和工作方式进行介绍。

(1)芯片特性

Intel2764的容量为8K×8，图5-4给出了它的引脚图，Intel2764芯片各引脚功能如表5-1所示。

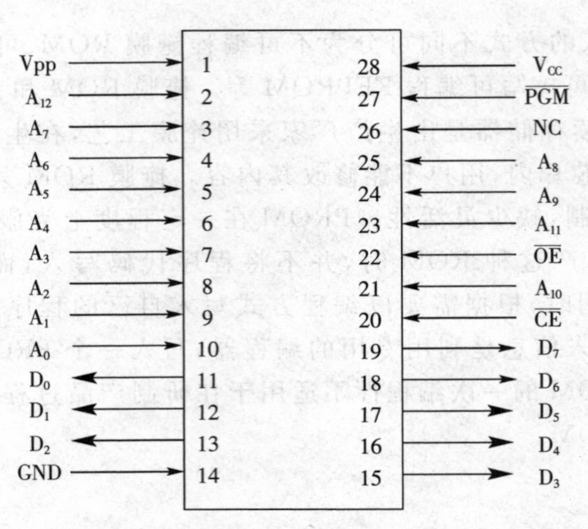

图 5-4　Intel2764 引脚图

表 5-1　Intel2764 芯片引脚功能说明

符　号	名　称	功能说明
$A_{12} \sim A_0$	地址线	输入，按相应地址总线，用来实现对某存储单元寻址
$D_7 \sim D_0$	数据线	编程时作数据输入，读出时为数据输出，连数据总线
$\overline{CE}$	片选线	输入，低电平有效，连地址译码器输出
$\overline{OE}$	输出允许线	输入，低电平有效，连RD信号
$\overline{PGM}$	编程脉冲控制端	输入，连编程控制信号
V_{PP}	电源线	编程时电压输入
V_{CC}	电源线	电源电压，＋5V

(2)工作方式

信号线CE、OE、PGM、V_{pp}、V_{cc}的不同组合决定了 2764 芯片的不同工作方式，表 5-2 列出了该芯片工作方式的选择。

表 5-2　Intel2764 的工作方式

信号端	V_{cc}	V_{pp}	$\overline{CE}$	$\overline{OE}$	$\overline{PGM}$	$D_7 \sim D_0$
读方式	＋5V	＋5V	低	低	低	输出
编程方式	＋5V	＋12V	高	高	正脉冲	输入
检验方式	＋5V	＋12V	低	低	低	输出
备用方式	＋5V	＋5V	无关	无关	高	高阻
未选中	＋5V	＋5V	高	无关	无关	高阻

在读方式下，V_{cc}和 V_{pp}接＋5V 电压，从地址线 $A_{12} \sim A_0$ 输入所选单元的地址，当$\overline{CE}$和$\overline{PGM}$端为低电平时，数据线上出现所寻址单元的数据，芯片允许信号$\overline{CE}$必须在地址稳定后

有效，才能保证读出所寻址单元的数据。

在编程方式下，V_{cc}加+5V电压，V_{pp}要加+12V电压，$\overline{CE}$端为高电平，从A_{12}～A_0端输入要编程数据。在$\overline{PGM}$端加上编程脉冲，宽度为50ms的TTL高电平脉冲，即可实现写入。注意必须在地址和数据稳定之后，才能加上编程脉冲。

检验方式下，V_{cc}加+5V电压，V_{pp}加+12V电压，$\overline{CE}$接低电平，$\overline{PGM}$为低电平。检验总是和编程方式配合使用，每次写入一个字节的数据后，紧接着将写入的数据读出，去检查写入的信息是否正确。

在备用方式下，也就是使EPROM工作在下降方式，此时与芯片未选中类似，但功耗仅为读方式下的25%。备用方式时，只要在$\overline{PGM}$端输入一个TTL高电平即可，此时数据输出呈高阻状态。因为在读方式下，$\overline{CE}$和$\overline{PGM}$两端连在一起，若某芯片未被选中，$\overline{CE}$和$\overline{PGM}$处于高电平状态，那么此芯片就处于备用方式了，大大减少了功耗。

EPROM2764与CPU相连接时，与RAM类似，地址线引脚A_{12}～A_0连接地址总线A_{12}～A_0，8位数据输出时，数据线引脚D_7～D_0连接D_7～D_0；16位数据输出时，要用两块EPROM2764芯片，分别连接数据总线的D_{15}～D_8和D_7～D_0，片选$\overline{CE}$连地址译码器，控制信号$\overline{OE}$为输出允许，连控制总线的$\overline{RD}$。图5-5给出了EPROM2764与CPU的连接图。

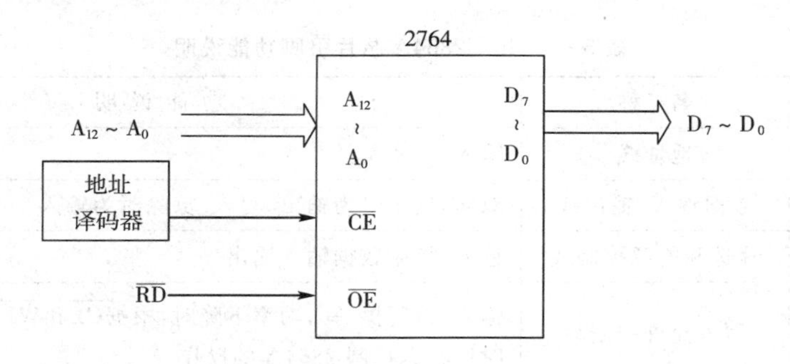

图5-5　2764 EPROM与CPU的连接

5.2.2 EEPROM

1. EEPROM的工作原理

EEPROM为电可擦除可编程的只读存储器，它比EPROM使用方便。它可以以字节为单位进行内容改写，而且无论是字节还是整片改写，均可在应用系统中在线进行。擦除操作一般是在写入过程中自动完成，但擦除、改写时间较读取时间长，约为10ms（读取时间是200～250ns），且写入次数有限，约为几百次到几万次。

2. 典型的EEPROM芯片介绍

EEPROM的典型芯片有的Intel2816/2817、2816A/2817A（2K×8）和2864A（8K×8）。下面以Intel2864A为例，说明EEPROM的基本特点和工作方式。

（1）芯片特性

Intel2864A容量为8K×8，28个引脚双列直插式封装，如图5-6所示。

其最大工作电流160mA，维持电流60mA，典型读出时间250ns，最大写入时间10ms，采用+5V供电。Intel2864A芯片的各引脚功能如表5-3所示。

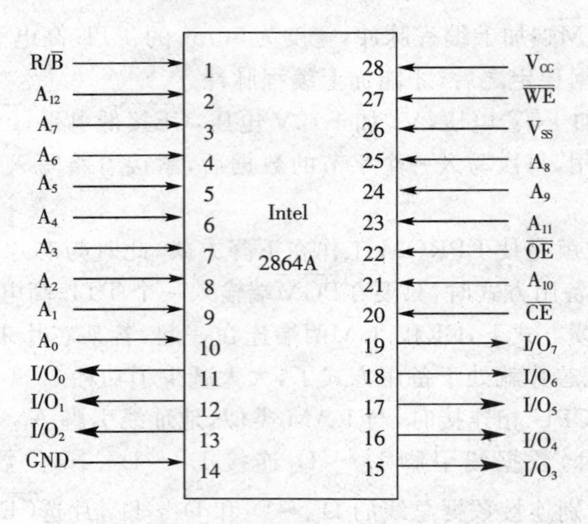

图5-6　2864A　EEPROM的引脚

表5-3　Intel2864A芯片引脚功能说明

符　号	名　称	功能说明
$A_{12}\sim A_0$	地址线	输入
$I/O_7\sim I/O_0$	数据输入/输出线	双向，读出时为输出，写入/擦除时为输入
$\overline{CE}$	片选和电源控制线	输入，控制数据输入输出
$\overline{WE}$	写入允许控制线	输入，进行擦/写，功率下降时，根据$\overline{CE}$和$\overline{WE}$线的电平状态和时序状态控制2864A的操作
$\overline{OE}$	数据输出允许线	控制数据读出
V_{CC}	+5V	电源
R/$\overline{B}$	准备就绪/忙状态线	用来向CPU提供状态信号

(2)工作方式

Intel2864A有4种工作方式：读出、写入、字节擦除和维持方式，如表5-4所示。

表5-4　Intel2864A的工作方式

工作方式 \ 引脚信号	$\overline{CE}$	$\overline{OE}$	$\overline{WE}$	R/$\overline{B}$	数据线功能
读出	0	0	1	高阻	输出
维持	1	×	×	高阻	高阻
写入	0	1	0	低	输入
字节擦除	字节写入前自动擦除				

读出方式时，$\overline{WE}$＝“1”，$\overline{OE}$＝$\overline{CE}$＝“0”，允许 CPU 读取 2864A 的数据。当 CPU 发出地址信号和相应控制信号，经一定延时（读取时间约 250ns）2864A 即可将数据送入数据总线。

写入方式/字节擦除时，擦除和写入是同一种操作，即都是写入，只不过擦除是固定写“1”即数据输入恒为 TTL 高电平，写入时，数据线上是“0”或“1”。所以，2864A 具有以字节为单元的擦写功能。以字节为单位进行写入/擦除时，$\overline{CE}$为低电平，$\overline{OE}$为高电平，$\overline{WE}$脉冲宽度最小为 2ms（低电平），最大一般不超过 70ms。

整片擦除时，所有 8KB 单元全置“1”。不考虑地址信号，数据线置为 TTL 高电平（即为“1”），$\overline{WE}$＝$\overline{CE}$＝“0”，$\overline{OE}$为低（字节擦/写时为高），$\overline{WE}$写脉冲宽度的典型值为 10ms，其他信号与字节擦/写方式相同。

维持方式也就是低功耗方式。通常，2864A 在进行擦/写或读操作时的最大电流消耗为 10mA。当器件不操作时，只需将$\overline{CE}$端加 TTL 高电平，2864A 便进入维持状态，此时最大电流消耗为 40mA。可见，维持状态可将功耗降低 60%，维持状态时，输出端为浮空状态。

5.3 随机存储器 RAM

随机存取存储器 RAM 是指在工作时可以随时读出或写入信息的存储器，主要用来存放当前运行的程序、各种输入输出数据、中间运算结果及堆栈等。随机存储器可分为双极型和 MOS 型两种。目前，双极性 RAM 主要用在高速微型计算机中，而微型计算机广泛使用的是 MOS 型 RAM。MOS 型 RAM 分为静态 RAM（SRAM）和动态 RAM（DRAM）两类。静态 RAM 以双稳态触发器为存储元件，动态 RAM 以 MOS 管栅极或源极的分布电容为存储元件。现分别介绍如下。

5.3.1 静态随机存储器 SRAM

1. 静态 RAM 组成

静态 RAM 一般采用 MOS 器件构成。其单元电路通常是由 6 个 MOS 管组成的双稳态触发器电路，可以用来存储信息“0”或者“1”，只要不掉电，“0”或“1”状态能一直保持，除非重新通过写操作写入新的数据。同样对存储单元信息的读出过程也是非破坏性的，读出操作后，所保存的信息不变。使用静态 RAM 时不需要刷新，访问速度快，电路设计较简单，适用于存储容量较小的系统中，但功耗较大。

静态 RAM 通常由地址译码器，存储矩阵，控制逻辑和三态数据缓冲器组成，存储器芯片内部结构图如图 5－7 所示。

（1）存储矩阵

一个基本存储单元存放一位二进制信息，存储器芯片中的基本存储单元电路按字结构或位结构的方式排列成矩阵。按字结构方式排列时，读/写一个字节的 8 位制作在一块芯片上，若选中则 8 位信息从一个芯片中同时读出，但芯片封装时引线较多。例如 1K 的存储器芯片由 128×8 组成，访问它要 7 根地址线和 8 根数据线。位结构是一个芯片内的基本单元做不同字的同一位，片内按矩阵排列，8 位由 8 块芯片组成。例如 1K 的存储器芯片由 1024×1 组成，访问它要 10 根地址线和 1 根数据线，但使用芯片为 8 块。优点是芯片封装时引线较少。

(2)地址译码器

CPU 读/写一个存储单元时，要先将地址送到地址总线，高位地址经译码后产生片选信号选中芯片，低位地址送到存储器。由地址译码器译码选中所需要的片内存储单元，最后在读/写信号的控制下将存储单元内容读出或写入。

地址译码器完成存储单元的选择，通常有线性译码和复合译码两种方式，一般采用复合译码。如 1K×1 的位结构芯片排列成 32×32 矩阵，A_4～A_0 送到 X 译码器(行译码器)，A_9～A_5 送到 Y 译码器(列译码器)。如图 5-7 所示，X 和 Y 译码器各输出 32 根线，由 X 和 Y 方向同时选中的单元为所访问的存储单元。若采用线性译码器，则要用 10 根地址线经过译码器产生 1024 根输出线来选择存储单元。

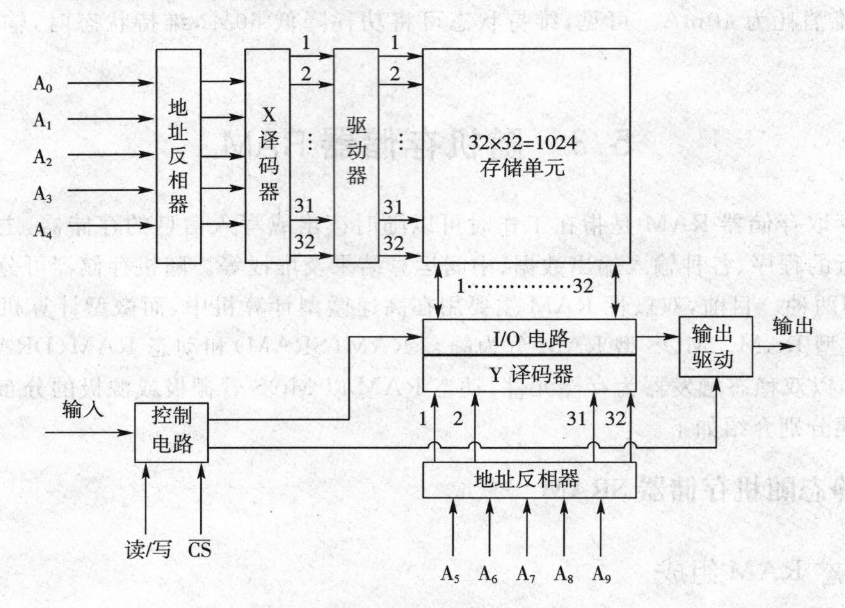

图 5-7　存储器芯片内部结构框图

(3)控制逻辑与三态数据缓冲器

存储器读/写操作由 CPU 控制，CPU 送出的高位地址经译码后，送到逻辑控制器的$\overline{CS}$端。$\overline{CS}$信号为片选信号，$\overline{CS}$有效，存储器芯片选中，允许对其进行读/写操作，当读写控制信号$\overline{RD}$、$\overline{WR}$送到存储器芯片的 R/$\overline{W}$端时，存储器中的数据经三态数据缓冲器送到数据总线上或将数据写入存储器。

2. 静态 RAM 芯片介绍

常见的 SRAM 芯片有 2114、2142(1K×4)，6116(2K×8)，6264(8K×8)等，下面以 Intel2114 为例，介绍一下 SRAM 芯片的基本功能。Intel2114 容量为 1K×4 位，存储时间最大为 450ns。其基本引脚图如图 5-8 所示，芯片各引脚功能如表 5-5 所示。

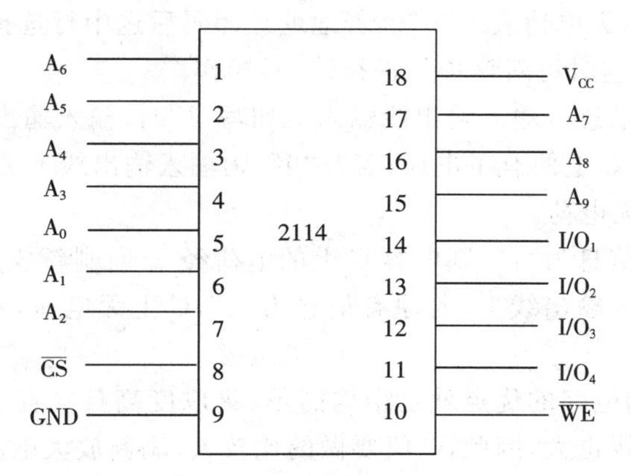

图 5－8　2114 SRAM 引脚图

表 5－5　Intel2114 芯片引脚功能说明

符　号	名　称	功能说明
$A_9 \sim A_0$	地址线	输入，按相应地址总线对某存储单元寻址
$I/O_1 \sim I/O_4$	数据线	双向，用于数据的写入和读出
$\overline{CS}$	片选线	低电平时选中芯片
$\overline{WE}$	写允许线	根据$\overline{WE}$和$\overline{CS}$的电平状态来写入和读出数据
V_{CC}	电源线	＋5V

由表中可看出，当片选信号$\overline{CS}$为低电平时，该芯片被选中。当$\overline{WE}$引脚为高电平时，对选中的单元进行读出，而当$\overline{WE}$为低电平时，就对选中的单元进行写入。数据的输入和数据的输出，采用双向数据总线。有$I/O_1 \sim I/O_4$共 4 根数据引脚。单向地址总线$A_9 \sim A_0$共 10 根地址引脚可用，可以在 1024 个单元中任选一单元。

5.3.2　动态随机存储器 DRAM

1. 动态 RAM 组成

动态 RAM 的存储元件一般由单只或三只 MOS 管组成，依靠 MOS 管栅极电容的电荷记忆信息。为了不丢失信息，须在电容放电丢失电荷信息之前，把数据读出来再写进去，相当于再次给电容充电以维持所记忆信息，这就是所谓的“刷新”。动态 RAM 集成度高，功耗低，但需增加刷新电路，因此适于构成大容量的存储器系统。

图 5－9 所示为最简单的 DRAM 基本存储元电路，它由一个 MOS 管 T_1 和一个电容 C 组成。

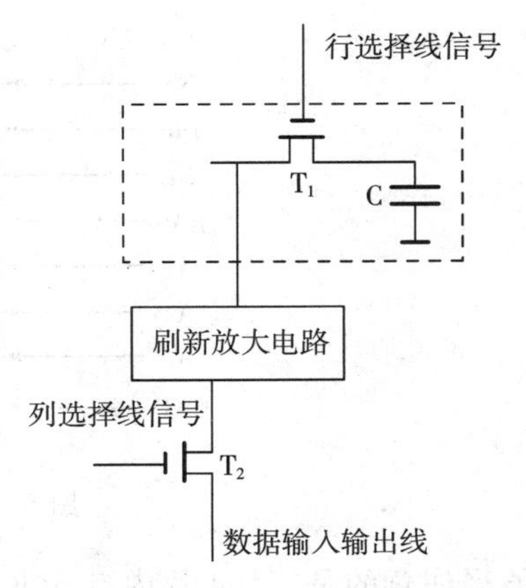

图 5－9　单管 DRAM 基本存储电路

T_2 为一列基本存储单元电路上共有的控制管。

电容 C 有电荷表示“1”，无电荷表示“0”。若地址经译码后选中行选择信号 X 及列选择信号 Y，则 T_1、T_2 同时导通，这时可对该单元进行读/写操作。

写操作时，被写入信息从输入输出线输入。如写“1”时，输入输出线上为高电平，经 T_2、T_1 对电容 C 充电，电容 C 上便有了电荷；若写“0”，则输入输出线上为低电平，电容 C 向数据输入输出线放电，C 上无电荷。

读操作时，如原存信息为“1”，则电容 C 上的电荷经 T 向刷新放大电路放电，产生“1”的输出信号经 T_2 送至输入输出线上；若原有信息为“0”，C 上无电荷，不产生电流，即输出“0”信号。

这种单管动态存储电路的优点就是结构简单、集成度高且功耗小。缺点是列线对地间的极生电容大，噪音干扰也大，因此，C 值要做的比较大，刷新放大电路应有较高的灵敏度和放大倍数。

2. DRAM 的刷新

动态 RAM 都是利用电容存储电荷的原理来保存信息的，由于 MOS 管输入阻抗很高，存储的信息可以保存一段时间，但时间较长时电容会逐渐放电使信息丢失，所以 DRAM 需要在预定的时间内不断进行刷新。所谓刷新，就是把写入到存储单元的数据读出，经过刷新放大器放大之后再写入以保存电荷上的信息。两次刷新的时间间隔与温度有关，在 0～55℃范围内为 1ms～3ms，典型的刷新时间间隔为 2ms。虽然每进行一次读写操作，实际上也进行了刷新，但读/写操作是随机的，不能保证内存中所有的 RAM 单元在 2ms 中可由读/写操作来刷新，因此要安排存储器刷新周期及刷新控制电路来系统地完成对动态 RAM 的刷新。

3. 动态 RAM 芯片介绍

目前市场上的 DRAM 芯片种类很多，常用的有 Intel 2116(16K×1)、2164(64K×1)等。现以 Intel 2164 为例对 DRAM 的芯片特性作简单介绍。

Intel 2164 是 64K×1 的 DRAM 芯片，它的内部有 4 个 128×128 基本存储电路矩阵，图 5-10 给出了 2164DRAM 的引脚图。芯片各引脚功能如表 5-6 所示。

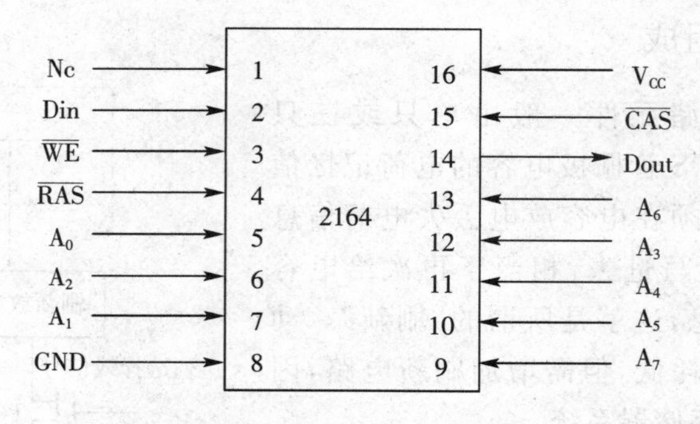

图 5-10　2164 DRAM 引脚图

值得注意的是，2164 片内有 64K 个地址单元，需要 16 条地址线寻址。采用行和列两部分地址，地址线却只需 8 条。内部有地址锁存器，先由$\overline{RAS}$信号选通 8 位行地址并锁存。再由$\overline{CAS}$信号选通8位列地址并锁存，16位地址选中64K存储单元之中一个。

计算机中的内存由DRAM组成，目前PC机上广泛使用的内存条为SDRAM（同步动态随机存取存储器）和DDR－SDRAM（双数据率同步动态RAM），其中DDR－SDRAM为当今存储器的主流产品。

表5-6 Intel2164芯片引脚功能说明

符 号	名 称	功 能 说 明
$A_7 \sim A_0$	地址线	按相应地址总线对某存储单元寻址
$\overline{WE}$	读/写控制线	根据$\overline{WE}$的电平状态实现数据的读出写入
$\overline{RAS}$	行选通信号	选通8位行地址并锁存
$\overline{CAS}$	列选通信号	选通8位列地址并锁存
D_{in}	数据输入线	根据此数据线向存储器内写入数据
D_{out}	数据输出线	根据此数据线由存储器内读出数据
V_{CC}	电源线	＋5V

5.4 高速缓冲存储器技术

5.4.1 Cache的发展

CPU速度的提升非常快，现已比主存使用的动态RAM快数倍乃至一个数量级以上，这就导致了两者速度的不匹配。而计算机从内存中取指和取数是最主要的操作，慢速的存储器严重限制了高速CPU的性能，影响了计算的运行速度并限制了计算机性能的进一步发展和提高；另一方面，由于速度与处理器同一数量级的高速存储器件的价格又十分昂贵，不可能大规模的使用，于是出现了Cache这一速度与价格的折中产物。

Cache是一种存储空间较小而存储速度却很高的一种存储器，它在存储器的层次结构中位于CPU和存储容量比较大但操作速度比较低的主存储器之间。由于使用后可以减少访问存储器的存取时间，减少处理器的等待时间，所以对增加整个处理机的性能，Cache起到了非常重要的角色。在半导体存储器中，只有双极型静态RAM的存取速度与CPU速度处于同一数量级，但这种RAM价格较贵，功耗大，集成度低，达到与动态RAM相同的容量时体积较大且成本较高。因而不可能将存储器都采用静态RAM，于是就产生出一种分级处理办法，在主存和CPU之间加一个容量相对小的双极性静态RAM作为高速缓冲存储器Cache。管理这两级存储器的部件为Cache控制器，CPU主存之间的数据传输都必须经过Cache控制器，Cache控制器将来自CPU的数据读写请求，转向Cache存储器，如果数据在Cache中，则CPU对Cache进行操作，称为一次命中，命中时，CPU从Cache中读/写数据。由于Cache速度与CPU速度相匹配，因此不需要插入等待状态，CPU处于零等待状态，也就是CPU与Cache达到了同步。若数据不在Cache中，则CPU对主存操作，称为不命中，不命中时，CPU必须在其机器周期中插入等待周期。大容量的Cache存储器与适当的调度策略相配合，可以使 CPU 访问 Cache 的命中率高达 90%～98%，可以大大地提高 CPU 访问数据的速度，同时提高系统的性能。

Cache 的命中率主要是指命中 Cache 的次数与访问 Cache 的次数的百分比。Cache 的命中率受 Cache 规模大小、Cache 体系结构、所采用的算法，以及运行的程序等诸多因素影响和制约。因此从 CPU 的角度看，这种 Cache—主存存储体系的速度接近于 Cache，容量及存储单位的价格则接近于主存，从而解决了速度与成本之间的矛盾。

对大量的典型程序的运行情况分析结果表明，在一个较短的时间内，由程序使用的地址往往集中在存储器逻辑地址空间的很小范围内。在多数情况下，指令是顺序执行的，因此指令地址的分布是连续的，再加上循环程序段和子程序段要重复执行多次，因此对这些地址的访问就自然具有时间上集中分布的倾向。数据的这种集中倾向不如指令明显，但对数组的存储和访问以及工作单元的选择都可以使存储器地址相对集中，这种对局部范围的数组的存储和访问以及工作单元的选择都可以使存储器地址相对集中。这种对局部范围的存储器地址访问频繁，而对此范围以外的地址访问甚少的现象称为程序访问的局部性。

根据程序访问的局部性原理，在主存和 CPU 之间设置 Cache，把正在执行的指令地址附近的一部分指令或数据从主存装入 Cache 中，供 CPU 在一段时间内使用，是完全可行的。

5.4.2 Cache 的工作原理

Cache 系统基本结构如图 5-11 所示。

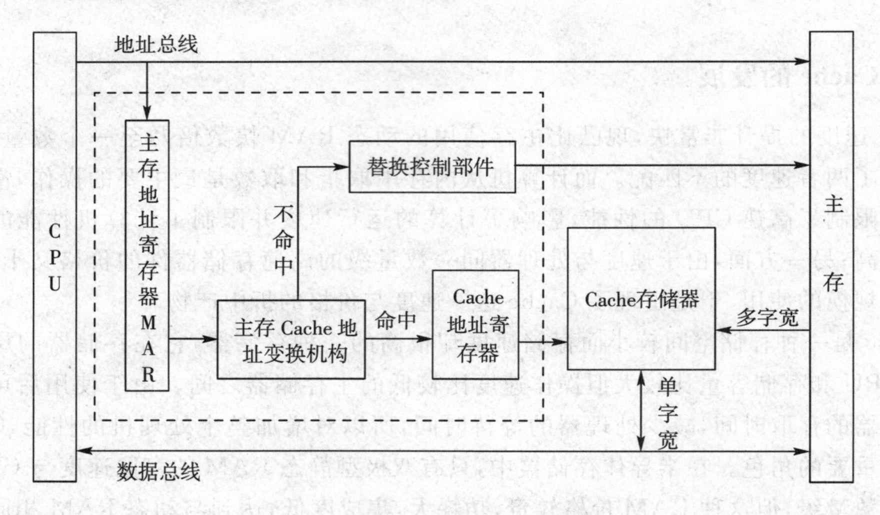

图 5-11 Cache 存储系统基本结构

它包括 Cache 控制器(虚框内)和 Cache 存储体两部分。控制器部分包含主存地址寄存器 MAR、主存—Cache 地址变换机构、替换控制部件和 Cache 地址寄存器。整个 Cache 介于 CPU 与主存之间，CPU 不仅与 Cache 相连，也与主存保持通路。图中，Cache 存储体用于存放要访问内容，即当前访问最多的程序代码和数据；主存—Cache 地址变换机构中存放着与 Cache 中内容相关的高位地址，当访问 Cache 命中时，用来和地址总线上的低位地址一起形成访问 Cache 的地址；置换控制器则按照一定的置换算法控制高速缓冲存储器中内容的更新。

在主存—Cache存储体系中，所有的程序和数据都在主存中，Cache存储器只是存放贮存中的一部分程序块和数据块的副本，这是一种以块为单位的存储方式。Cache中的程序块和数据块会使CPU要访问的内容在大多数情况下已经在Cache存储器中，CPU的读写操作主要在CPU和Cache之间进行。

当CPU访问主存储器时，送出访问主存单元的地址，由地址总线传送到Cache控制器中的主存地址寄存器MAR，主存—Cache地址转换机构从MAR获取地址并判断该单元内容已在Cache中存有副本，如果副本已经在Cache中，即命中，立即把访问地址变换成它在Cache中的地址，然后访问Cache存储器，如果CPU访问的内容根本不在Cache中，即不命中，CPU转去直接访问主存，并将包含该存储单元的一块信息装入Cache。若Cache存储器已被装满，则需在替换控制部件的控制下，根据某种替换算法，用此块信息替换掉Cache中原来的某块信息。

5.4.3 地址映象

为了把信息装入Cache中，必须应用某种函数把主存地址映象到Cache中定位，称作地址映象。当信息按这种映象关系装入Cache后，执行程序时，应将主存地址变换成Cache地址，这个变换过程成为地址变换。Cache容量小，而主存容量大，故Cache中的一块要与主存中的若干块相对应，即若干个主存地址将映象到同一个Cache地址。根据这种对应方法。常用的地址映象方式有全相联映象、直接映象和组相联映象。

1. 全相联

主存中的每一个字块可映象到Cache任何一个字块的位置上，这种方式称为全相联映象。这种方式的Cache命中率很高，但实现复杂。

由于Cache内的 2^n 个数据块的全部地址之间不允许有单独联系现象存在，所以Cache内存放的必须是一个数据块的完整地址。当处理器需要用数据时，Cache控制器就拿所需数据地址与Cache内的 2^n 个地址逐个进行比较，查找符合条件的数据。图5-12就是全相联的Cache结构。

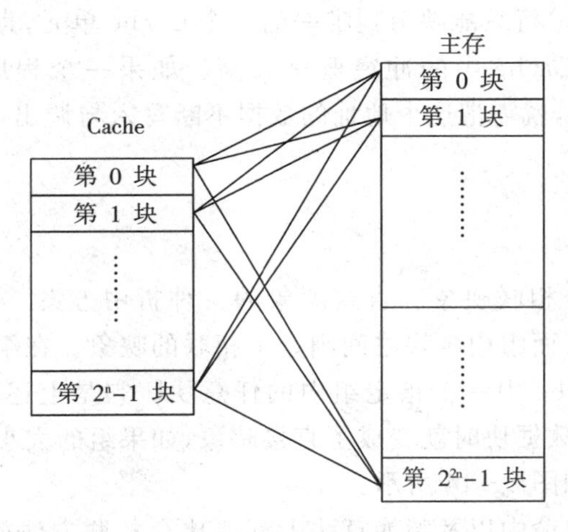

图5-12　全相联映象图

全相联方法只有在Cache中的块全部装满后才会出现块冲突，所以块冲突的概率低，Cache的利用率高。但全相联Cache中块表查找的速度慢，由于Cache速度要求高，因此全部比较和替换策略都要用硬件实现。这就带来了由于控制复杂、硬件实现起来比较困难的问题。

2. 直接映象

每个主存地址映象到Cache中的一个指定地址的方式称为直接映象。在直接映象方式下，主存中存储单元的数据只可调入Cache中的某个固定的位置，如果主存中另一个存储单元的数据也要调入该位置，则将发生冲突。地址映象的方法一般是将主存块地址对Cache的块号取模即可得到Cache中的块地址，这相当于将主存的空间按Cache的尺寸分区，每区内相同的块号映象到Cache中相同的块位置。图5-13就是直接相联的Cache结构。

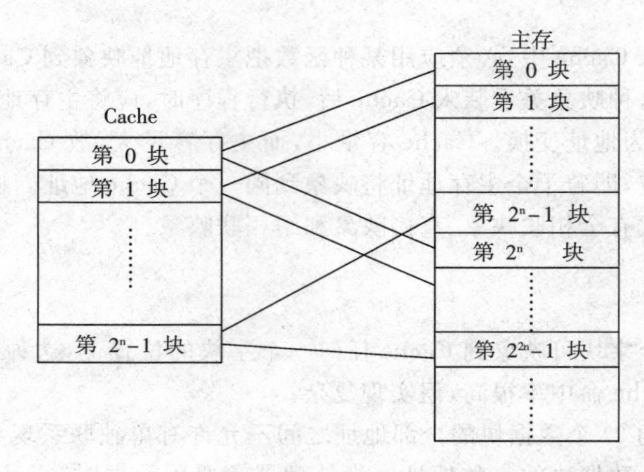

图5-13 直接映象图

直接映象的Cache的结构比较简单，只需比较一次就可确定所需的数据是否在Cache中，这是因为每一个Cache行只能映射到唯一的一个Cache单元，直接映象的地址变换速度快。但使用直接映象时Cache中的冲突概率较高。如果一个程序所需的多个数据块在Cache中的映射地址相同，就需把这个地址的数据不断写入与调出，这时即使Cache中有其他空闲块也无法利用。

3. 组相联映象

组相联映象方式是全相联映象和直接映象的一种折中方案。它将存储空间分成若干组，各组之间是直接映象，而组内各块之间则是全相联的映象。在组相联映象方式下主存中存储块的数据可调入Cache中一个指定组内的任意块。它是上述两种映象方式的一般形式，如果组的大小为一个数据块时就变成了直接映象，如果组的大小为整个Cache的尺寸时就变成了全相联映象。如图5-14所示。

组相联方法在判断块命中以及替换算法上都要比全相联方法简单，其命中率也介于直接映象和全相联映象之间。

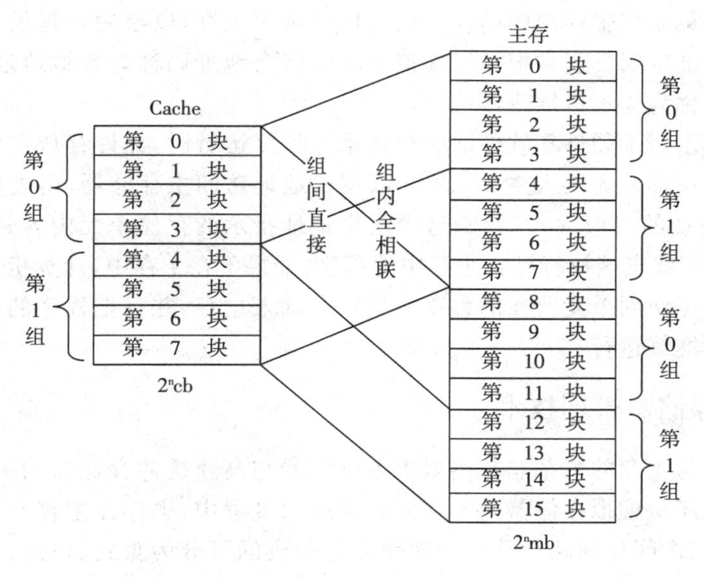

图 5-14 组相联映象图

5.4.4 替换策略

当处理器所需处理的信息不在 Cache 中时，就需从主存调出所需信息写入 Cache。如果 Cache 中所有存储单元已经被填满，那么就必须去除旧的数据，让出可用的存储单元。这个过程必须要遵循特定的算法。这些算法被称为替换策略。常用的替换策略有两种。

1. 先进先出

FIFO(First In First Out)策略总是把最先调入 Cache 的字块替换出去。它不需要随时记录各个字块的使用情况，实现容易。缺点是经常使用的块也可能由于它是最早的块而被替换掉。

2. 近期最少使用

LRU(Least Recently Used)策略是把当前 Cache 中一段时间最少使用的那块字块替换出去。这种替换算法需不断记录 Cache 中各个字块的使用情况，以便确定哪个字块是最少被使用的字块。LRU 替换策略的平均命中率比 FIFO 要高，并且当分组容量加大时，能提高 LRU 替换策略的命中率。

5.5 虚拟存储器及其管理技术

5.5.1 虚拟存储器

虚拟存储器是为满足用户对存储空间不断增加的需求而提出的一种计算机存储器技术，也是以存储器访问的局部性为基础，建立在主—辅存体系上的存储管理技术，它的基本思想是通过某种策略把辅存中的内容一块一块地调入主存，以给用户提供一个比实际主存容量大得多的地址空间。通常把访问虚拟空间的指令地址码称为虚拟地址或逻辑地址，把实际主存的地址称为物理地址或实地址。

虚拟存储器采用了硬件和软件的综合技术。程序运行时，允许存放在虚拟存储器中的数据或程序只有一部分先调入主存，CPU以逻辑地址访问主存储器，由硬件和软件找出逻辑地址和物理地址的对应关系，判断这个逻辑地址指示的存储单元内容是否已装入内存。如果在主存，CPU就直接执行已在主存中的程序；如果不在主存中，计算机系统存储管理软件和相应的硬件把访问单元所在的程序块从辅存调入主存，并且把程序的逻辑地址变成物理地址后使程序继续运行。

5.5.2 虚拟存储器管理技术

虚拟存储器与主存的关系非常类似于主存储器与高速缓冲存储器的关系，其原理也极其相近，因此，程序从虚拟存储器向主存储器调度的过程中，也存在主存空间与磁盘空间如何分区管理、虚实之间如何映像等一些问题。这相应的可分为页式、段式、段页式虚拟存储器三种方式。

1. 页式虚拟存储器

将虚拟存储器与主存储器空间都划分成若干大小相同的页，虚拟存储器中的页称为虚页，主存储器中的页称为实页，每页大小固定，常见的有512B至4KB不等。

运行程序的每个地址都由两部分组成：页号和页内地址。信息由虚拟页向实际存储器中实页调入时，以页为单位，页边界对齐即可。因此虚地址和实地址之间的转换就是虚页号向实页号的转换，其转换关系由页表给出，页表由以虚页号为序的若干行组成，每一行记录了与相应虚页的若干信息项，具体如图5-15所示。

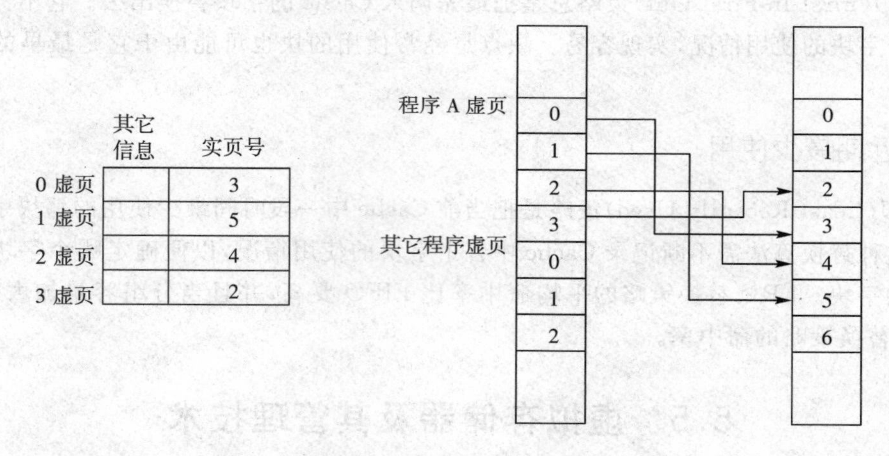

图5-15 页表及其用法

访问页式虚拟存储器时的虚、实地址转换过程如图5-16所示。当CPU根据虚地址访存时，首先将虚页号与页表起始地址合成，形成访问页表对应行的地址，根据页表内容判断该虚页是否在主存中。若已调入主存，可从页表中读得对应的实页号，再将实页号与页内地址合成，得到对应的主存实地址。至此就可以访问实际的主存单元。

若该虚拟页还没有调入主存，则产生缺页中断，以中断方式将所需页内容调入主存。如果主存空间已满，则需在中断处理程序中执行替换算法，将可替换的主存页内容写入辅存，再将所需页调入主存。

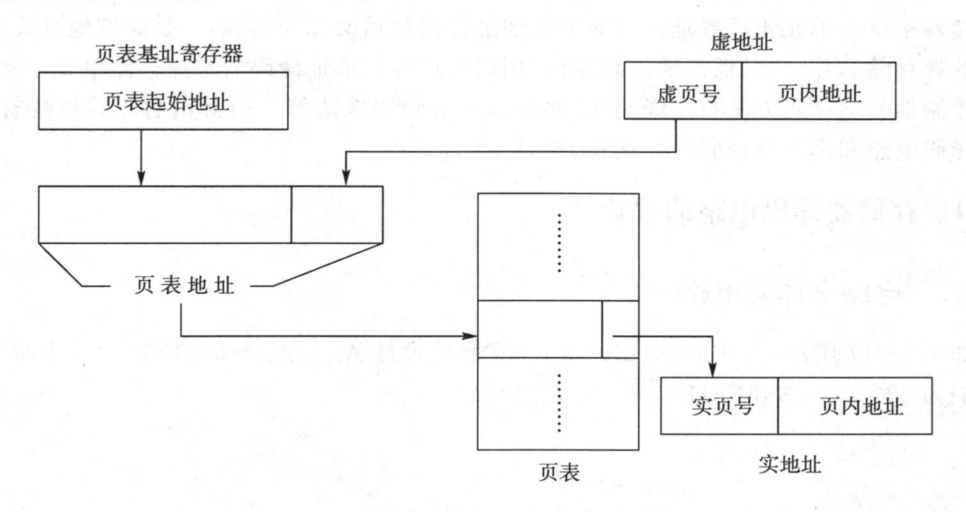

图 5-16　页式虚拟存储器地址转换

页式虚拟存储器的优点是主存储器的利用率比较高，页表设置相对简单，虚地址—实地址的转化非常快。其缺点是，页面往往不能完全利用，从而产生一些碎片，并且造成一个程序段跨越几页或一页中有几个程序段的现象，降低查询的效率。

2. 段式虚拟存储器

段式虚拟存储器是以程序的逻辑结构所自然形成的段作为主存分配的单位来进行存储器管理的一种虚拟存储器，与模块化程序非常适应。其中每个段的长度可以不同。与页式虚拟存储技术十分相似，每个程序都有一个段表，存放程序段装入主存的状态信息，程序执行时，要先根据段表确定所访问的虚段是否已在主存中。如果已在主存中，则进行虚实转换确定其在主存中的位置，如果不在，则要先将其调入主存。

段式虚拟存储器配合了模块化程序设计，使各段之间相对独立，互不干扰。程序按逻辑功能分段，便于程序段公用和按段调用，可提高命中率。但由于段长不等，虚段调往主存时，主存分配困难。

3. 段页式虚拟存储器

段页式存储器综合了段式虚拟存储器和页式虚拟存储器的优点，也是两者的结合体。它将存储空间按程序的逻辑模块化分成段，以保证每个模块的独立性。每段又分成若干个页，页面大小与实存页相同，虚拟存储器和实存储器之间的信息调度以页为基本传送单元。每个程序有一张段表，每段对应一个页表，CPU 访问时，段表指示每段对应的页表地址，每一段的页表确定所在实存空间的位置，最后与页表内地址拼接确定 CPU 要访问的单元实地址。

5.6 存储器地址译码方式及译码电路的设计

存储器与地址总线的连接，本质上就是地址分配的基础上实现地址译码，保证 CPU 能对存储器中所有单元正确寻址。存储器的地址译码包括两方面内容：一是高位地址线译码，用以选择存储芯片；二是低位地址线连接，用以通过片内地址译码器选择存储单元。常见的片选控制信号的译码方法有全译码法、部分译码法和线选法等。而常用的译码设备有门电路全译码电路和译码器译码电路两种。

5.6.1 存储器译码电路的设计

1. 门电路全译码电路

如图 5－17 所示，芯片 2764(8K×8 位)在高位地址 $A_{19}\sim A_{13}$＝0011001 被选中时，其地址范围为 32000H～33FFFH。

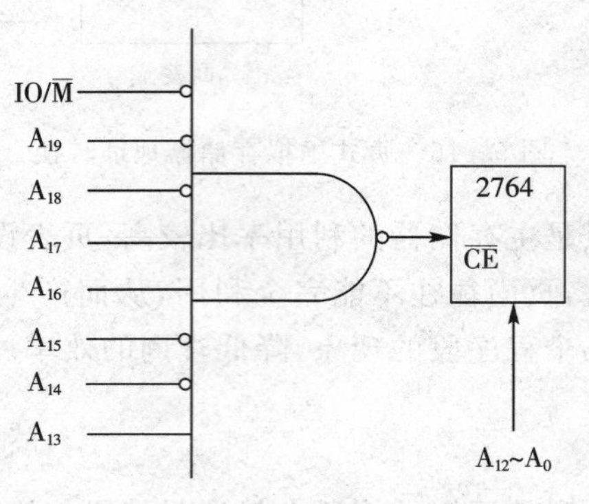

图 5－17 门电路全译码图

2. 译码器译码电路

如图 5－18 所示，用 74LS138 译码器译码。高位地址 $A_{19}\sim A_{13}$＝0011001 时被选中时，其地址范围是 32000H～33FFFH。

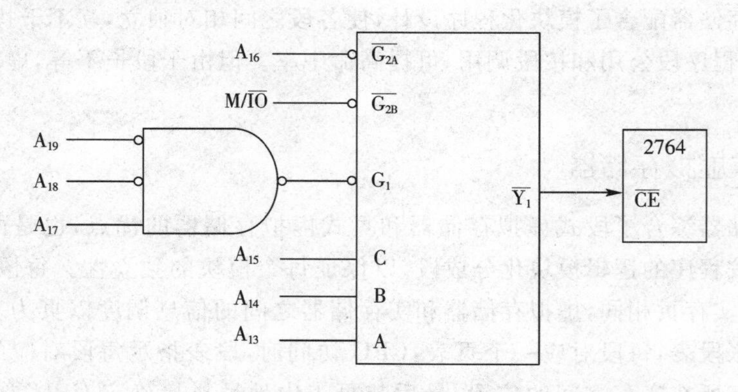

图 5－18 译码器全译码图

5.6.2 存储器地址译码方式

1. 全译码法

全译码法是指将地址总线中除片内地址以外的全部高位地址接到译码器的输入端参与译码。

例 5-1 设 CPU 寻址空间为 64KB(地址总线为 16 位),存储器由 8 片 8K×8 的芯片组成,则其全译码地址选择方式连线图如图 5-19 所示。

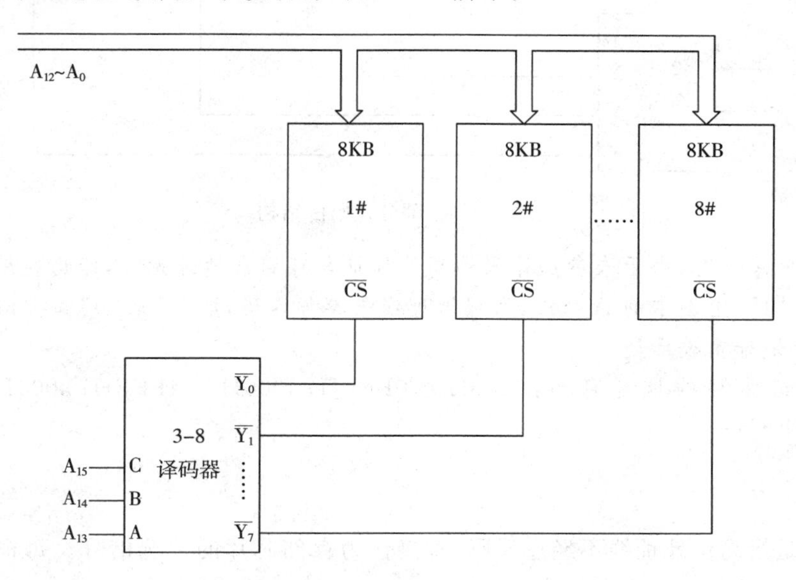

图 5-19 全译码法结构图

则这 8 片芯片所占的地址空间分别为:

第一组:地址范围为 0000H~1FFFH

第二组:地址范围为 2000H~3FFFH

第三组:地址范围为 4000H~5FFFH

第四组:地址范围为 6000H~7FFFH

第五组:地址范围为 8000H~9FFFH

第六组:地址范围为 A000H~BFFFH

第七组:地址范围为 C000H~DFFFH

第八组:地址范围为 E000H~FFFFH

采用全译码法,每个存储单元的地址都是唯一的,不存在地址重叠,但译码电路较复杂,连线也较多。

2. 部分译码法

部分译码法是将高位地址线中的一部分(非全部)进行译码,产生片选信号。该方法常用于不需要全部地址线的寻址需求。

例 5-2 设 CPU 地址总线为 16 位,存储器由 4 片 4K×8 的芯片组成。则其部分译码地址选择方式连线图如图 5-20 所示。

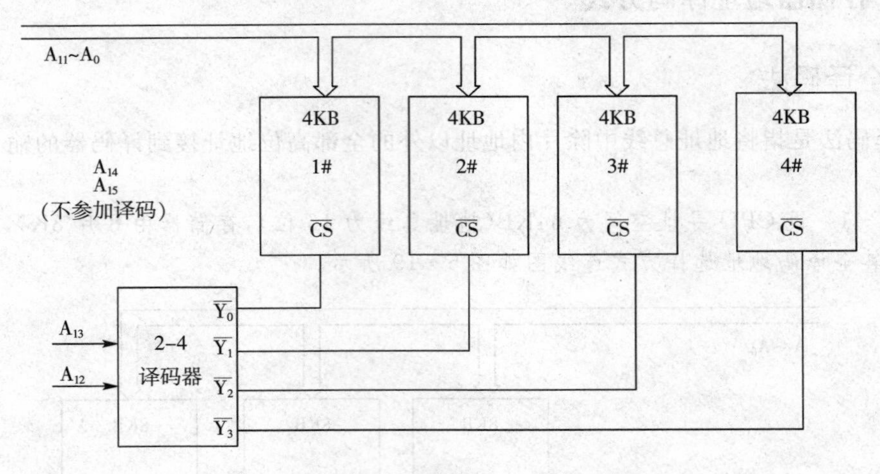

图 5-20　部分译码法结构

采用部分译码时，由于未参加译码的高位地址与存储器地址无关，即这些地址的取值可为"0"也可为"1"，上图中的 A_{15}、A_{14} 两根地址线未参加译码，取"1"取"0"都指向相同的存储单元，即存在地址重叠问题。

如第一组芯片的地址可为：0000H～0FFFH；4000H～4FFFH；8000H～8FFFH；C000H～CFFFH；

3. 线选法

线选法是指高位地址线不经过译码，直接作为存储芯片的片选信号。每根高位地址线接一块芯片，用低位地址线实现片内寻址。

例 5-3　设 CPU 地址总线为 16 位，存储器由 2 片 8K×8 的芯片组成。则其线选法连线图如图 5-21 所示。

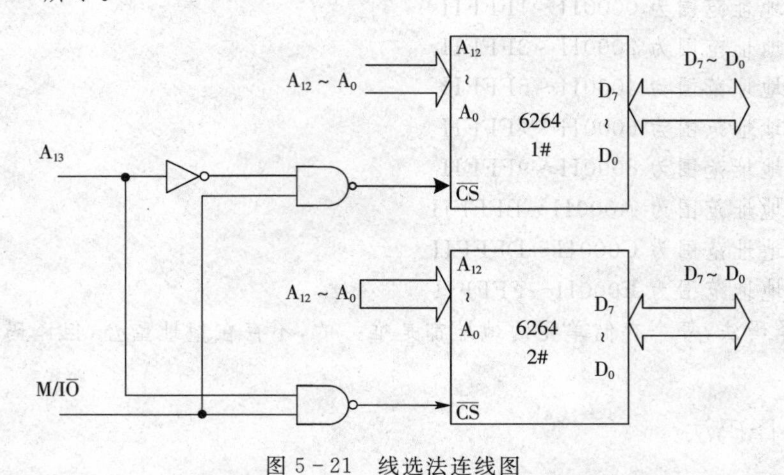

图 5-21　线选法连线图

图中 A_{13}=0 而 A_{15}、A_{14} 为任意值时选中 1#芯片，A_{13}=1 而 A_{15}、A_{14} 为任意值时选中 2#芯片。此时：

1# 芯片的寻址范围为：0000H～1FFFH；4000H～5FFFH；8000H～9FFFH；C000H～DFFFH

2# 芯片的寻址范围为：2000H～3FFFH；6000H～7FFFH；A000H～BFFFH；E000H～FFFFH

线性法的优点是结构简单，节省译码电路，是一种简单经济的方法。缺点是地址分配重叠，地址空间不连续。

5.7 存储器与 CPU 的连接

下面主要介绍存储器与 8086CPU 之间数据总线及控制总线的连接，8086CPU 与存储芯片连接的数据线有 16 位，与 8086CPU 相连的存储器是用两个存储体组成，分别是偶地址存储体和奇地址存储体。可用 A_0 和 $\overline{BHE}$ 信号分别选中。8086CPU 与存储芯片连接的控制信号主要有 ALE（地址锁存信号），$\overline{RD}$（读选通信号），$\overline{WR}$（写选通信号），$M/\overline{IO}$（存储器或输入输出选择信号），$\overline{DEN}$（数据允许输出信号），$DT/\overline{R}$（数据收发控制信号），READY（准备好信号）。

在最小模式系统中，存储器所接信号全部由 CPU 提供，其中包括 AD_{15}～AD_0（地址/数据复用线），地址线 A_{19}～A_{16}，控制信号 $\overline{BHE}$、ALE、$\overline{RD}$、$\overline{WR}$、$M/\overline{IO}$、$DT/\overline{R}$ 和 $\overline{DEN}$。

8086 最小模式下的系统存储器接口框图如图 5-22 所示。

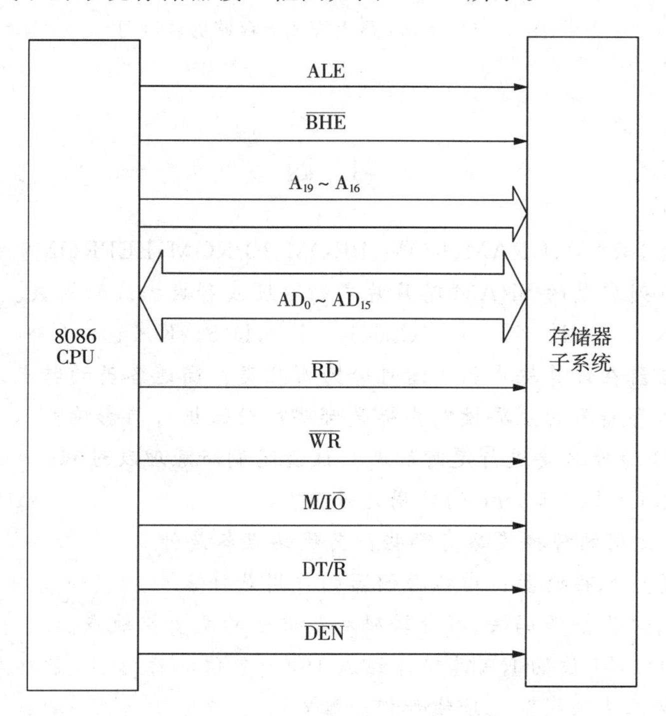

图 5-22 8086 最小模式下存储器接口图

8086CPU 在最大模式下工作，在与存储器的接口电路中增加了一片总线控制器 8288，CPU 只是向 8288 发送总线状态信息 $\overline{S_2}$、$\overline{S_1}$、$\overline{S_0}$，8288 根据这三个状态信号产生一系列逻辑控制信号$\overline{MRDC}$、$\overline{MWTC}$、$\overline{AMWC}$、ALE、DT/$\overline{R}$及$\overline{DEN}$。显然，在最大模式系统中，为了减轻 CPU 的负荷，8288 总线控制器代替 CPU 产生了和存储器接口的大部分总线信号，如图5-23所示。

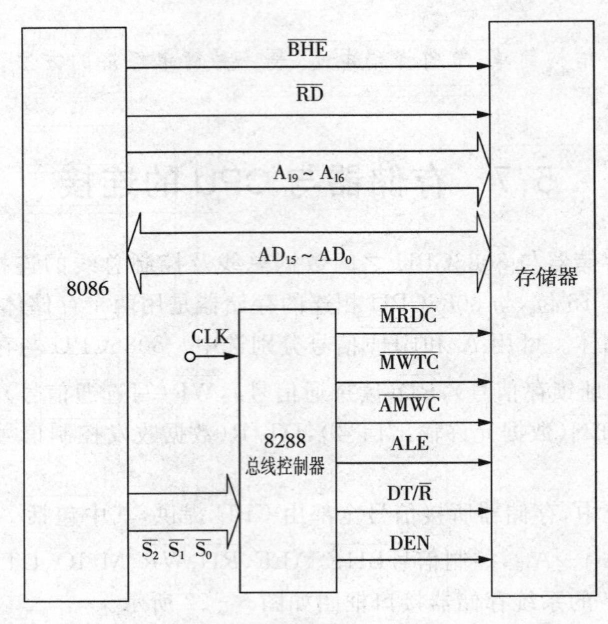

图 5-23　8086 最大模式下存储器接口图

习　题

5-1　什么是 SRAM、DRAM、ROM、PROM、EPROM、EEPROM？他们各有何特点？

5-2　写出下列容量的 SRAM 芯片片内的地址线和数据线的根数。

(A)2K×4　(B)4K×8　(C)64K×1　(D)512K×4

5-3　按存储器在计算机中的用途可分为哪几类？简述各类的特点。

5-4　半导体存储器的主要性能指标是哪些？对微机有何影响？

5-5　DRAM 为什么要进行定时刷新？试简述刷新原理及过程。

5-6　什么是 Cache？Cache 的作用是什么？

5-7　Cache 常用的替换策略有哪些？其优缺点各是什么？

5-8　什么是虚拟存储器？虚拟存储器的作用是什么？

5-9　试分别说明全译码法、部分译码和线选法的主要优缺点。

5-10　用 1024×1 位的 RAM 芯片组成 16K×8 位的存储器，需要多少个芯片？分为多少组？共需多少根地址线？地址线如何分配？

5-11　某微机系统的存储器容量为 256K 字节，若采用单片容量为 16K×1 位的 SRAM 芯片，则组成该存储系统共需该芯片多少个？每个芯片需多少根片内地址选择线？整个系统应分为多少个芯片组？

5－12　8086 工作在最小模式时，当从存储器偶地址单元读一个字节数据时，写出存储器的控制信号和它们的有效逻辑电平。

5－13 设计一个 64K×8 位的存储器系统，采用 74LS138 和 EPROM2764 器件，使其寻址存储器的地址范围为 40000H～4FFFFH。

5－14　某 8086 系统用 2764(8K×8 位)EPROM 芯片和 6264(8K×8 位)SRAM 芯片构成 16KB 的内存。其中，RAM 的地址范围为 0F0000H～0F1FFFH，ROM 的地址范围为 0FE000H～0FFFFFH。试利用 74LS138 译码器画出存储器与 CPU 的连接图。

第6章 中断处理技术及应用

数据传送的查询方式尽管很简单,但它有以下两方面的限制:

① CPU 在对外设查询时不能做其他的工作,特别是在对多个外设轮询时,要查询每个外设状态,造成处理器时间浪费,CPU 工作效率降低。

② CPU 在对多个外设以查询方式实现 I/O 操作时,如果某外设要求 CPU 对其服务的时间间隔小于 CPU 对多个外设轮询服务一个循环所需要的时间,则 CPU 就不能对外设进行实时数据交换,可能会造成数据丢失。

若要求 CPU 具有较高的工作效率,或与 CPU 进行数据交换的外设有较高的实时性要求,则选择中断方式更适宜。

实际使用中,中断不仅用于实时处理,而且还广泛地用于分时操作、人机交互、多机系统、实时多任务处理中。

6.1 中断的基本概念

6.1.1 中断的定义

中断是微处理器 CPU 与外部设备交换信息的一种方式。计算机在执行正常程序的过程中,当出现某些异常事件、某种外部请求或程序预先安排的事件服务时,处理器就暂时中断正在执行的正常程序,而转去执行对异常事件或某种外设请求的处理操作或预先安排的事件服务的程序中去。当处理完毕后,CPU 再返回被暂时中断的程序继续执行,这个过程称为中断。

显然,中断的产生需要特定事件的引发,中断过程的完成需要专门的控制机构。图6-1示意了微机中实现中断的基本模型,其中的中断控制逻辑和中断优先级控制逻辑构成了中断控制器,它用来控制 CPU 是否响应中断事件提出的中断请求、多个中断事件发生时 CPU 优先响应的对象、如何对中断事件进行处理以及如何退出中断,即它控制了中断方式的整个实现过程。图 6-2 显示了有中断产生的情况下 CPU 运行程序的轨迹,从程序执行的角度看,中断使 CPU 暂停正在执行的程序,转到中断处理程序上执行,在中断处理程序执行完毕后,又回到被暂停程序的中断断点处继续运行原程序。

通常,中断是由外部设备通过 CPU 的中断请求线(如 INTR)向 CPU 提出的,在满足一定条件下的 CPU 响应中断请求后,暂停原程序的执行,转至为外设服务的中断处理程序。中断处理程序可以按照所要完成的任务编写成与过程类似的子程序。在子程序的最后执行一条中断返回指令(8086/8088 的 IRET)返回主程序,继续执行被打断的原程序,这种由外部设备请求引起的中断称为外部中断,此外,还有由程序内部引起的中断,如执行中断指令、除法出错、算术运算溢出等,这些统称为内部中断。

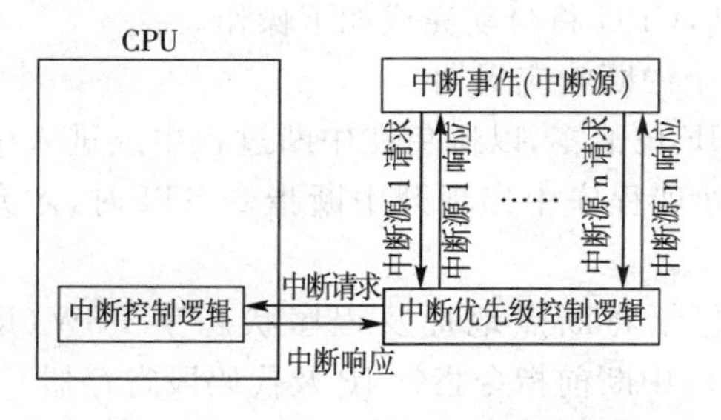

图 6-1 微机中实现中断的基本模型

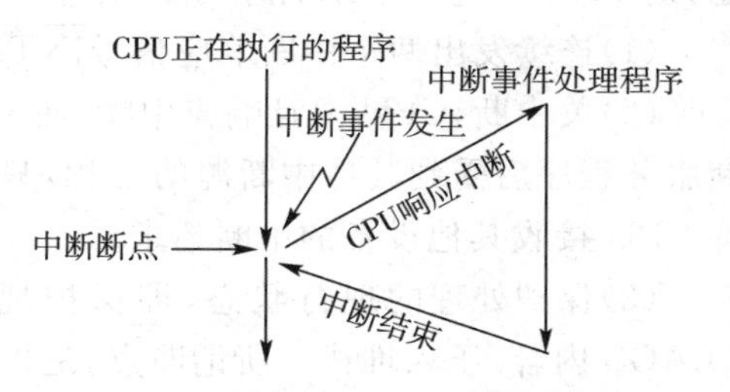

图 6-2 CPU 运行程序的轨迹

中断是提高计算机工作效率的一种手段,能较好地发挥处理器的能力。通常,处理器的运算速度相当高,每条指令的平均执行时间均以微秒为单位。然而,外部设备的运行速度却较低,即使传送数据较快的磁盘,其平均查找时间也只能以毫秒为单位,因此,快速的 CPU 与相对缓慢的外部设备在传送数据的速率上存在着矛盾,为了提高输入输出数据的吞吐率,现代微型机均配有中断处理功能。这样,仅当外部设备完成一个输入输出操作后才向 CPU 请求中断。CPU 在中断处理程序中完成外设请求的操作(如启动该外部设备工作)后,便返回原程序继续执行下去。与此同时,外部设备接收到 CPU 在中断处理程序中发出的工作命令后,便依自己的控制规律执行相应的输入输出操作,任务完成后再次向 CPU 发出新的中断请求。所以采用中断技术后,CPU 在大部分时间内与外部设备并行工作,工作效率大大提高。正因为如此,中断处理功能在输入输出技术中得到非常广泛的应用。如键盘的字符输入操作,打印机的字符输出操作及采集模拟量信号的 A/D 转换结果等都要用到中断。

中断技术也广泛用来进行应急事件的处理,如电源掉电、硬件故障等。传输错、存储错、运算错及操作面板控制等均需采用中断技术。

因此,计算机中断处理功能的强弱是反映其性能好坏的一个主要指标。

6.1.2 中断的处理过程

虽然不同的微型计算机的中断系统有所不同,但实现中断时有一个相同的中断过程,中断的处理过程一般有以下几个步骤:中断请求、中断响应、中断处理和中断返回。

1. 中断请求

当外部设备要求 CPU 为它服务时,发出一个中断请求信号给 CPU 进入中断申请,CPU 在执行完每条指令后都要检测中断请求输入线,看是否有外部发来的中断请求信号,是否响应取决于 CPU 允许中断还是禁止中断。若允许中断,则用 STI 开中断指令打开中断触发器 IF,若禁止中断,则用关中断指令 CLI 关闭中断触发器 IF。有中断请求但未被允许称为中断屏蔽。这种用软件指令来控制中断的开/关,给程序的设计带来很大方便,使重要的程序段不被外来的中断请求所打断,例如,在实时控制系统的数据采集程序过程中,不希望被外来的中断请求所打扰,可用一条 CLI 指令来禁止 CPU 响应;在完成数据采集之后,在程序后面写一条 STI 指令,允许 CPU 响应外部的中断请求。

2. 中断响应

当 CPU 检测到外部设备有中断请求时,即 INTR 高电平有效,CPU 又处于允许中断状态，则CPU就进入中断响应周期，在中断响应周期，CPU将自动完成如下操作。

(1)连续发出两个中断响应信号$\overline{INTA}$完成一个中断响应周期。

(2)关中断，CPU一旦响应中断，便要立即将IF位清零，以避免在中断过程中或进入中断服务程序后受到其他中断源的干扰，只有中断处理程序中出现开中断指令STI时，才允许CPU接收其他设备的中断请求。

(3)保护处理的现行状态，即保护现场。这包括将断点地址及程序状态字PSW(即FLAGS内容)压入堆栈。所谓断点，是指CPU响应中断前指令指针IP及代码段寄存器CS中所保留的下一条指令的地址。程序状态字是现行程序运行结果产生的状态标志和控制标志，在执行中断处理程序前，通过内部硬件自动将断点地址及PSW压入堆栈保存起来，从而保证当中断处理程序执行完后能返回原程序。

(4)在中断响应周期的第二个总线周期中，读取中断类型号，找到中断服务程序的入口地址，自动将程序转移到该中断源设备的中断处理程序的首地址，即将中断处理程序所在段的段地址及第一条指令的有效地址分别装入CS及IP，一旦装入完毕，中断服务程序就开始执行。

上述从CPU响应中断请求到中断现行程序并将程序转移到中断处理地址的过程称为中断响应过程，不同的机器，在中断响应期间所完成的功能类似，但实现方法不相同。

3. 中断服务程序

所谓中断服务程序，就是为实现中断源所期望达到的功能而编写的程序。例如，有的中断源希望与CPU交换数据，则在中断服务程序中主要进行输入/输出操作；有的外设提出中断申请，是希望CPU给予控制，那么中断服务程序的主要内容是发出一系列控制信号。

中断服务程序一般由4部分组成：保护现场、中断服务程序、恢复现场、中断返回。所谓保护现场，是因为有些寄存器可能在主程序被打断时存放有用的内容，为了返回后不破坏主程序在断点处的状态，应将有关寄存器的内容压入堆栈。当然，中断服务程序不使用的寄存器不必入栈保护。恢复现场是指中断服务程序完成后，把原压入堆栈的寄存器内容再弹回CPU相应的寄存器中，有了保护现场和恢复现场的操作，就可保证在返回断点后正确无误地继续执行原被打断的程序。中断服务程序是中断处理程序的核心部分，由于CPU在响应中断时自动关中断，若允许CPU响应新的更高级的中断请求，则在保护现场后或恢复现场后加一条开中断指令。有的程序在中断服务执行完后还要发出中断结束(EOI)命令，中断处理程序的最后是一条中断返回指令(IRET)。

4. 中断返回

中断服务程序结束，执行中断返回指令IRET，使原先压入堆栈的断点值及程序状态字依次弹回CS、IP及FLAGS中，继续执行原程序。

从上述过程可以看出，CPU处理一个中断时，不论该中断是可屏蔽中断INTR或不可屏蔽中断NMI，或者是软件中断，其现场保护是一样的，并且都需要从中断向量表获取中断向量，也都需要执行中断返回等。

6.1.3 中断源、中断识别及其优先级

1. 中断源

所谓中断源，是指发出中断申请的外部设备或引起中断的内部原因。CPU 响应中断后，如何知道是哪一种中断源引起的中断，即找到发出中断申请的中断源，这就是所谓的中断识别。中断识别的目的是要形成该中断源的中断服务程序的入口地址，以便 CPU 将此地址装入 CS、IP 寄存器中，从而实现程序的转移，CPU 识别中断或获取中断服务程序入口地址的方法有两种，分别是向量中断和程序查询。

向量中断：CPU 响应中断时，发出中断响应信号 $\overline{INTA}$，由中断控制器（例如 8259A）送出中断类型号，CPU 根据中断类型号从中断向量表中找到中断服务程序的入口地址，此中断称为向量中断。由于采用硬件结构提供中断向量，CPU 不需要花费时间去查询状态位，响应中断的速度较快，所以目前采用此法处理较多。

查询中断：是指采用软件查询方法来确定发出中断申请的中断源。采用此方法时，用户应首先确定中断源的优先级，查询的次序即为优先权的次序，采用查询法的优点是，硬件简单，程序层次分明，优先级高的先查询。主要缺点是，从 CPU 响应中断开始到将程序转移到相应外设服务程序的时间较长。所以此方法一般用于中断源较少、实时要求不很高的场合。

当多个中断源共用一条中断请求线时，若有多个中断源同时申请中断，CPU 究竟首先响应哪一个中断源的中断申请是一个响应次序的问题，一般来说，多级中断的每条中断线（如 8086/8088 的 INTR 和 NMI）具有固定的系统规定的优先权。而对于一条中断线上的不同中断源可由用户规定其优先级。因为在实际应用中，需要处理的中断事件的紧急程度是有区别的。例如，电源出故障就需要优先处理，快速外部设备要比慢速外部设备优先处理等。因此，把多个中断源根据轻重缓急按优先处理权从高到低的顺序排列，这些高低级别排列被称为中断优先级。

CPU 处理中断的一般原则如下：

① 不同级的中断同时发生时，按优先级别高低依次处理。

② 当 CPU 在处理级别低的中断过程中，又出现级别高的中断请求，应立即暂停低级别中断的处理程序而去优先处理优先级高的中断，等优先级高的中断处理完毕后，再返回处理低级的原来未处理完的程序。这种中断处理方式称为多重中断，或中断嵌套。

③ 处理某一中断的过程中，若出现比它级别低的或同级的中断请求，则应处理完当前的中断后再响应新的中断请求。

④ 中断级相同的不同设备同时请求中断时，则按事先规定的次序逐个处理。

由于中断源种类繁多、功能各异，所以它们在系统中的地位、重要性不同，它们要求 CPU 为其服务的响应速度也不同。按重要性、速度等指标对中断源进行排队，并给出顺序编号，这样就确定了每个中断源在接受 CPU 服务时的优先等级（即中断优先级）。

在多中断源的中断系统中，解决好中断优先级的控制问题是保证 CPU 能够有序地为各个中断源服务的关键，中断优先级控制逻辑要解决：

① 不同优先级的多个中断源同时提出中断请求时，CPU 应首先响应最高优先级的中

断源提出的请求；

② CPU 正在对某中断源服务时，若有优先级更高的中断源提出请求，则 CPU 应对高优先级的中断做出响应，即高优先级的中断请求可以中断低优先级的中断服务。

2. 中断识别及优先级

目前采用的解决中断优先级控制的主要方案有：

(1)软件查询

采用软件识别中断源的方法(如图 6-3 所示)，以软件查询的顺序确定中断源优先级的高低，即先查询的优先级高，后查询的优先级低。

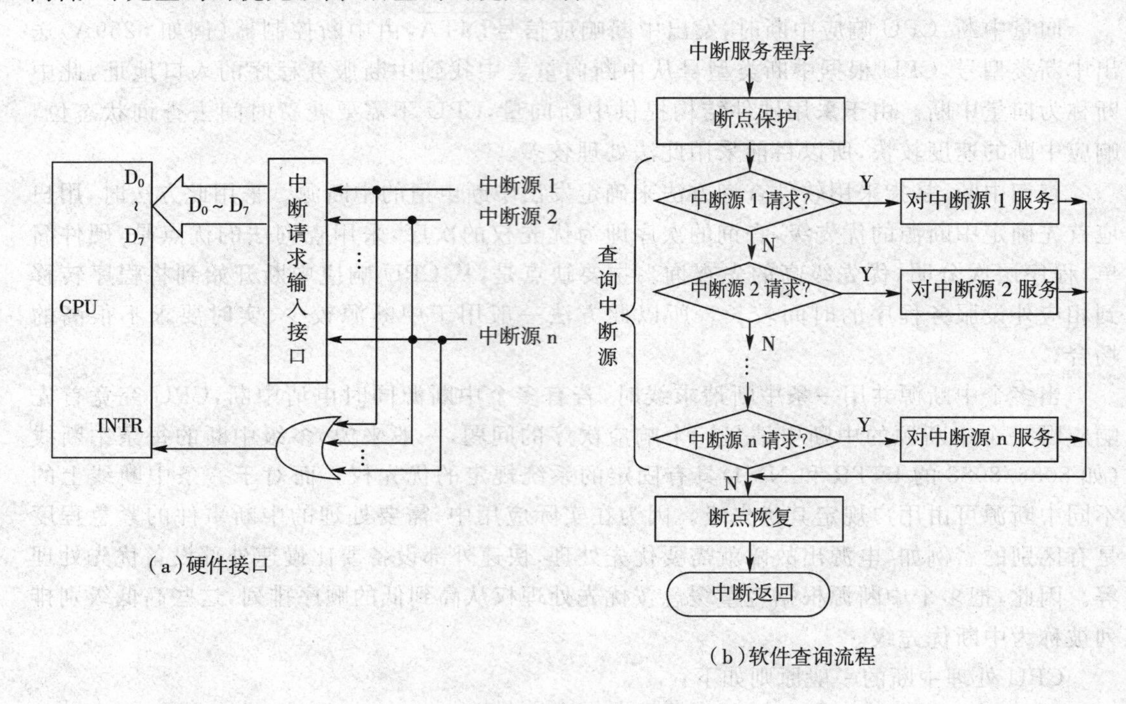

图 6-3　软件识别中断源的方法

(2)硬件菊花链式优先级排队电路

它是在每个外设的对应接口上连接一个逻辑电路构成一个链，控制了中断响应信号的通路，图 6-4 给出了它的原理图。

当任一外部设备申请中断后，中断请求信号送到 CPU 的 INTR 端，CPU 发出$\overline{INTA}$中断响应信号。当前一组的外设没有发出中断申请时，$\overline{INTA}$信号会沿着菊花链线路向后传递，传送到发出中断请求的接口。当某一级的外设发出了中断申请，此级的逻辑电路就阻塞了$\overline{INTA}$的通路，后面的外设接口不能接收到$\overline{INTA}$信号。此级接口收到$\overline{INTA}$信号后撤销中断请求信号，向总线发送中断类型号，从而 CPU 可以转入中断处理。

当多个外设接口同时申请中断时，显然最接近 CPU 的接口优先得到中断响应。菊花链的排列，使外设接口不会竞争中断响应信号$\overline{INTA}$，从硬件线路上就决定了越靠近 CPU 的外设接口，优先级越高，首先响应中断。

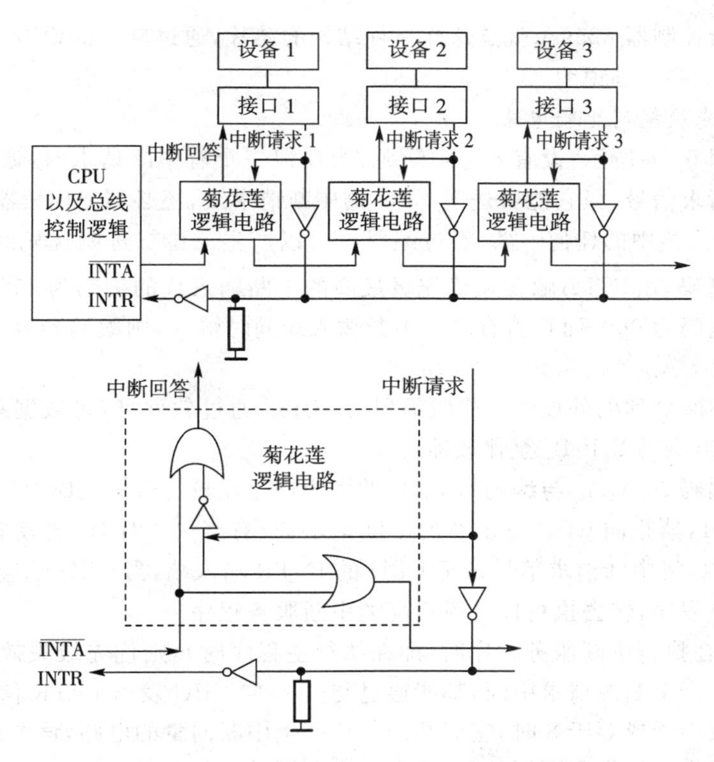

图 6-4　菊花链式优先级排队电路

(3)矢量中断优先级

矢量中断优先级的设置是采用中断优先级控制器,图 6-5 给出了它的典型设计原理框图。外设可以有 8 个中断请求 $IR_0 \sim IR_7$,送入中断请求寄存器,中断屏蔽寄存器可由用户设置屏蔽某几位的中断请求,中断优先级管理逻辑电路判别出最高优先级中断请求,将其中断级转换成 3 位码,送到中断类型寄存器的低 3 位及当前中断服务寄存器。此后,中断优先级控制器向 CPU 发出中断请求信号,当 CPU 开中断时,CPU 发出中断响应信号,如上所述开始一个中断处理过程。中断处理结束引起中断服务寄存器的相应位清 0,这样级别较低的中断请求才能得到响应。

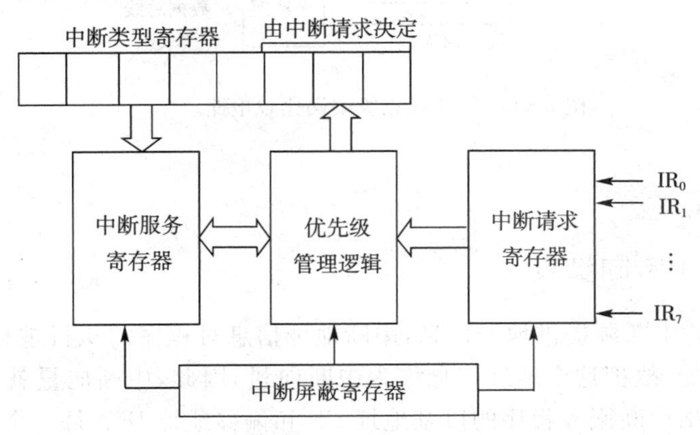

图 6-5　矢量中断优先权控制器的原理图

可编程中断控制器8259A就是这样一种结构的芯片，通过软件的设置可以有多种优先权设置方式，下节将详细说明。

(4)硬件优先级编码比较电路

该电路如图6-6所示，设有8个中断源，当任何一个有中断请求时，通过"或"门，即可产生一个中断请求信号，但它能否送至CPU的中断请求线，还必须受比较器的控制。

8条中断输入线中的任何一条，经过编码器可以产生三位二进制优先编码 $A_2A_1A_0$（同时也是中断类型码，由 $\overline{INTA}$ 触发），优先级最高的中断输入线的编码为111，优先级最低的中断输入线的编码为000，而且若有多个中断输入线同时输入，则编码器只输出优先级最高的编码。

正在进行中断处理的外设的优先级编码，由CPU通过软件，经过数据总线送至优先级寄存器，然后取出编码 $B_2B_1B_0$ 至比较器。

比较器对编码 $A_2A_1A_0$ 与编码 $B_2B_1B_0$ 的大小进行比较。若 $A \leqslant B$，则"A＞B"端输出低电平，封锁与门1，禁止向CPU发出新的中断请求；只有当 $A > B$ 时，比较器输出端才为高电平，打开与门1，将中断请求信号送至CPU的INTR输入端，当CPU响应中断，中断正在进行的中断服务程序，转去执行优先级更高的中断服务程序。

若CPU不在执行中断服务程序时（即在执行主程序时），则优先级失效信号为高电平，此时如有任意一个中断源请求中断，都能通过与门2，向CPU发出INTR信号。

当外设个数小于或等于8时，它们共用一个产生中断向量的电路，该电路由三位比较器的编码 $A_2A_1A_0$ 供给。据此不同编码，即可转入不同的入口地址。

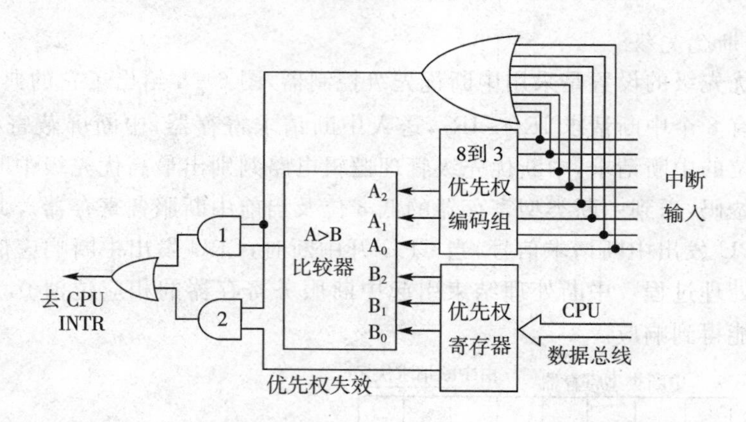

图6-6 硬件优先级编码比较电路

6.1.4 中断向量

1. 中断向量与中断向量表

CPU响应中断后，中断源提供地址信息，中断地址信息对程序的执行进行导向，引导到中断服务程序的入口处，故把这个地址信息称为中断向量，因此，中断向量就是中断服务程序的入口地址。它包括中断服务程序的段基地址CS和偏移地址IP。每一个中断服务程序都有一个唯一确定的入口地址，我们把系统中所有的中断向量集中起来存放到存储器的某段区域内,这个存放中断向量的存储区就叫中断向量表。

8086/8088 CPU 以存储器的 00000～003FF 共 1024 个单元作为中断向量存储区,由于每个中断向量占用 4 个存储单元,故这个中断向量表可存放 256 个中断类型的中断向量,也就是说,8086/8088 CPU 的中断系统最多能处理 256 个中断源。

2. 中断向量指针与中断类型号

为了便于在中断向量表中找到中断向量(即中断服务程序的入口地址),通常设置一种指针用于指出中断向量存放在中断向量表的具体位置,它实际上就是中断向量的地址,在 PC 系列中断系统中,这个指针是根据中断类型号而得到的,一般是将中断类型号 N 乘以 4,得到中断向量的最低字节(即存放 IP 的低 8 位)的指针,即向量地址＝0000H:N×4,从上述地址开始连续 4 个单元中存放中断向量。例如,软磁盘 INT 为 13H,它的中断向量为 0070H:0FC9H,当处理中断时,CPU 根据中断类型号 13H 乘以 4 后得到中断向量的第一个字节的指针,即 13H×4＝004CH。从 004CH 开始连续 4 个单元用来存放 INT 13H 的中断向量,即(004CH)＝C9H,(004DH)＝0FH,(004EH)＝70H,(004FH)＝00H。

3. 中断向量的装入

中断向量并非常驻内存,而是开机上电时由程序装入指定的存储区内。BIOS 程序只负责中断类型号 00H～1FH 共 32 种中断的中断向量的装入。用户若想使用软件中断,或者编写新的中断服务程序代替旧的中断服务程序,则要将新的中断服务程序入口地址装入中断向量指针所指定的中断向量表中。下面举例说明填写中断向量表常用的 3 种方法。

(1)采用 MOV 指令填写中断向量表。例如,假设中断类型号为 60H,中断服务程序的入口地址为 INT,则填写中断向量的程序段如下。

```
CLI
CLD
MOV   AX,0
MOV   ES,AX
MOV   DI,4*60H              ;中断向量指针→DI
MOV   AX,OFFSET  INT        ;中断服务程序偏移量→AX
STOSW                       ;AX→[DI]、[DI+1]两个存储单元
MOV   AX,SEG  INT           ;中断服务程序的段基地址→AX
STOSW                       ;AX→[DI+2]、[DI+3]两个存储单元
STI
```

(2)将中断服务程序的入口地址直接写入中断向量表中,其程序段如下。

```
MOV   AX,0
MOV   ES,AX
MOV   BX,4*60H              ;中断类型号×4→BX
MOV   AX,OFFSET  INT        ;中断服务程序偏移量→AX
MOV   ES:[BX],AX            ;装入偏移地址
MOV   AX,SEG  INT           ;中断服务程序的段基地址→AX
```

```
MOV  ES:[BX+2],AX       ;装入段地址
```

(3)采用 DOS 功能调用 INT 21H,功能号 AH=25H,装入中断向量,其程序段如下。

```
MOV  AX,SEG  INT
MOV  DS,AX              ;DS 存放中断服务程序段基地址
MOV  AL,N               ;中断类型号为 N
MOV  AH,25H
MOV  DX,OFFSET  INT     ;DX 存放中断服务程序偏移地址
INT   21H
```

以上 3 种方法中,第二种方法比较简便和实用,所以在程序中大多数采用第二种方法来填写中断向量。

6.1.5 中断嵌套

中断控制逻辑可以确保高优先级的中断请求中断低优先级的中断服务,使得 CPU 在对某个中断源服务期间有可能转向对另一个中断源的服务,如图 6-7 所示,假设中断源 1 ~n 的优先级为从高到低,从而形成了中断嵌套。中断嵌套可以保证 CPU 对中断源的响应更及时,可以更加突出中断源之间重要性的差别。

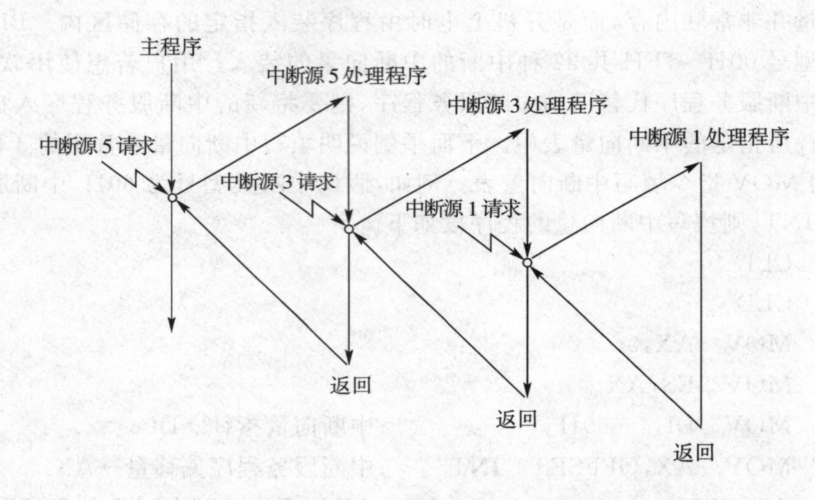

图 6-7 中断嵌套示意图

中断嵌套可以在多级上进行,要保证多级嵌套的顺利进行,需要做以下几个方面的工作:

(1)在中断处理程序中要有开中断指令,大多数微机在响应中断时硬件自动关中断,因此,中断处理程序是在关中断的情况下运行的。若要实现中断嵌套,对于可屏蔽中断而言,一定要使中断处理程序处于允许中断的情况下。

(2)要设置足够大的堆栈。当断点信息保存在堆栈中时,随着中断嵌套级数的增加,对堆栈空间的需求也在增加,只有堆栈足够大时,才不会发生堆栈溢出。

(3)要正确地操作堆栈。在中断处理程序中,涉及堆栈的操作要成对进行,即有几次的压栈操作,就应有几次相应的出栈操作,否则会造成返回地址与状态错误。

6.2　8086/8088 的中断系统

8086/8088 CPU 有一个强有力的中断处理系统，能处理 256 种不同的中断类型，且方法简便灵活。

6.2.1　8086/8088 的中断系统结构

1. 中断源的类型

8086CPU 系统中的中断(源)类型分为两大类，分别是外部中断和内部中断。

外部中断是由外部硬件中断源引起的中断。8086CPU 共有两条外部中断请求线，分别是 INTR 和 NMI。

由 INTR 信号线请求的中断称为可屏蔽中断，它受中断允许标志位 IF 的控制。当 IF 被软件(即 STI 指令)置 1 时，表明可屏蔽中断被允许，CPU 可以响应此中断；当 IF 被软件(即 CLI 指令)置 0 时，表明此中断被禁止响应，即 CPU 不响应可屏蔽中断。8086/8088 系统中，可屏蔽中断源产生的中断请求信号，通常都通过 8259A 中断控制器进行优先权控制后，由 8259A 向 CPU 送中断请求信号 INTR 和中断类型号。

由 NMI 信号线请求的中断称为非屏蔽中断，它是不能被 IF 标志禁止的中断。通常用于处理应急事件，如电源掉电等。非屏蔽中断源产生的中断请求信号直接送 CPU 的 NMI 引脚。

内部中断也分两类，其一是在系统运行程序时，内部硬件出错(如内存奇偶校验错)或某些特殊事件发生(如除数为零、运算溢出或单步跟踪及断点设置等)引起的中断，称为内部硬件中断；其二是 CPU 执行软件中断指令 INT n 引起的中断，称为软中断。所有的内部中断都是非屏蔽的，图 6-8 所示为 8086/8088 的中断系统结构。

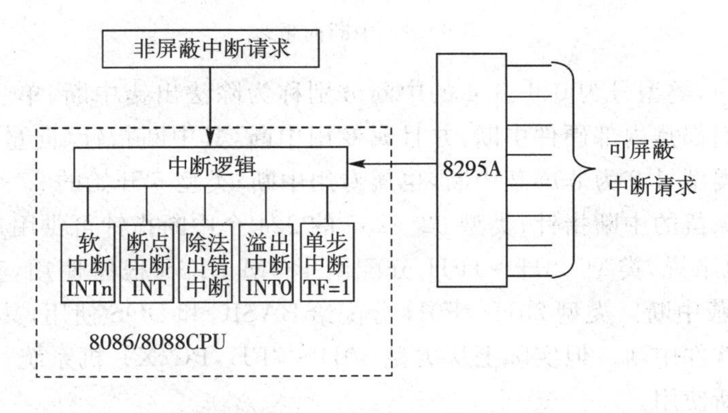

图 6-8　8086/8088 的中断系统结构

2. PC/XT 的中断向量表

中断向量表也称中断指针表，用来按中断类型号顺序存放 256 种中断源对应的中断服务程序首地址，每个中断类型号对应 4 个字节的存储区，用来存放 32 位的中断向量(中断服务程序首地址)。其中段基址 CS 值存放在高地址字中,而段内偏移地址存放在低地址字中。中断类型号乘以 4(左移两位)即为相应中断类型号对应的向量地址。256 种中断类型,共有 256 个中断向量,需占用 1KB 的存储空间。通常,系统的内存最低端 00000H~003FFH 处设置一张中断向量表,专门用来存放 256 种中断所对应的中断向量,如图 6-9 所示。

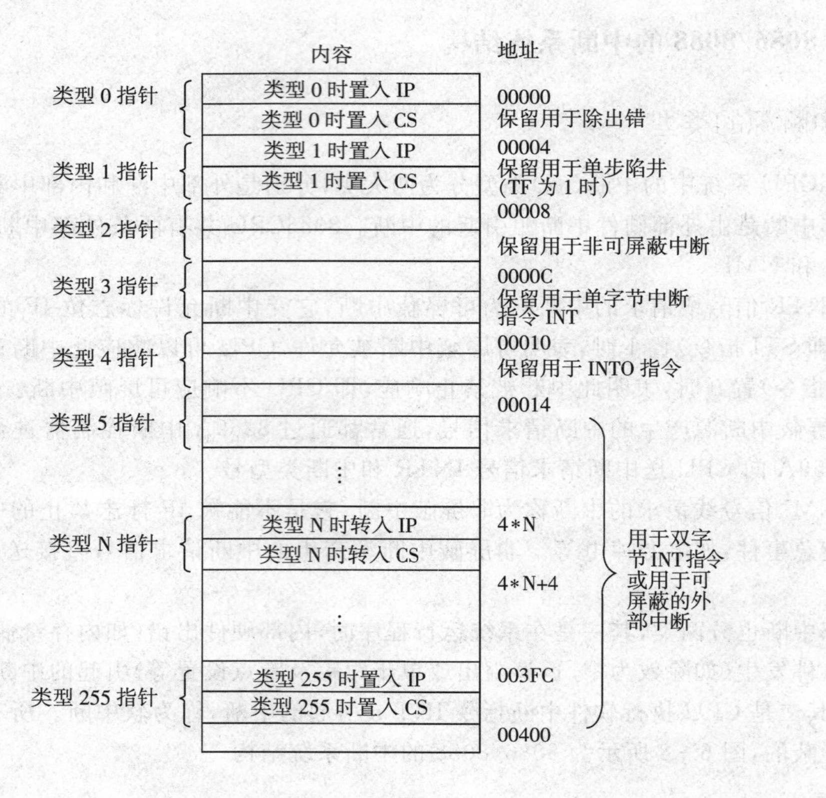

图 6-9　中断向量表

中断向量表中,类型号为 0、1、3、4 的中断分别称为除法出错中断、单步中断、断点中断和溢出中断。它们都是内部硬件中断,并且属专用中断,其中断指针(向量地址)是固定的,用户不得修改。类型号 2 为非屏蔽中断,也属专用中断;类型 5 开始的 27 个中断指针,Intel 公司规定它们为保留的中断指针;类型 32~255 的 224 个中断指针可供用户使用。

对 PC/XT 机来说,类型 08H~1FH 分配给 ROM BIOS 程序使用,其中类型 08H~0FH 为外部可屏蔽中断。类型 20H~F0H 分配给 BASIC 和 DOS 使用,其中类型 60~67H 为用户可使用的软件中断。但实际上从类型 40H~7FH,PC/XT 机系统均未使用,故也可供用户作软件中断使用。

3. 中断的优先级

8086/8088 的中断系统中优先级最高的是内部中断(单步中断除外),其次是外部非屏蔽中断和可屏蔽中断,优先级最低的是单步中断。优先级按从高到低的顺序排列如下:

除法出错中断→INT n→溢出中断→NMI→INTR→单步中断

6.2.2 内部中断

1. 内部硬件中断

如前所述，这类中断是在系统运行程序时硬件出错或某些特殊事件发生而引起的中断，它们均属专用中断，其类型号分别为0、1、3、4。

(1)0号中断

除数零，当CPU执行DIV或IDIV除法指令时，若所得商大于规定的目标操作数所能表示的数值范围，便产生0号中断，故此中断称为除法出错中断或除数为零中断。

(2)1号中断

单步执行。只要TF标志置1,8086/8088 CPU就处于单步工作方式，即每执行完一条指令后便产生一次1号中断，也称单步中断。在单步中断处理程序中，可安排显示或打印一条指令执行之后相关寄存器的内容、指令指针IP的内容、状态标志的情况及相关存储器变量的情况等，因而单步方式是作为进行调试目标代码程序的重要手段之一，能跟踪程序的具体执行过程，方便地找出故障之处。

虽然8086/8088 CPU的指令系统中没有使TF置位和复位的指令，但可借助于PUSHF及POPF指令实现TF的置位与复位，如若要使TF=1，则可编写如下指令。

```
PUSHF
POP   AX
OR    AX,0100H
PUSH  AX
POPF
```

(3)3号中断

断点处理，是由单字节中断指令(书写为INT 3，指令码为CCH)引起的中断。该单字节中断指令能方便地用来设置程序断点，即在程序中，凡是插入INT指令之处便是程序断点。在遇到程序断点(单字节INT 3指令)时，CPU便自动执行3号中断(即断点中断)，转入相应的中断处理程序，须指出的是，系统并未提供断点中断服务程序，通常由实用软件支持，DEBUG的G命令最多允许设置10个断点，以便在断点处进行寄存器内容及存储单元内容的显示、打印。这样，程序员即可分析该断点之前的一段程序执行得是否正确以及是否要修改等，断点工作方式也是程序调试的重要手段之一。

(4)4号中断

溢出中断。在算术运算指令之后加写一条INTO指令，则当算术运算之后有溢出(OF=1)时便自动产生一次溢出中断，在溢出中断处理程序中可对溢出问题进行一定的处理。

2. 软件中断

软件中断是由中断指令INT n引起的中断。指令长度为双字节，第一个字节为指令操作码CDH，第二个字节为指令操作数n，称软中断号。256种中断中大部分为这类中断，其中有些类型号已为系统软件如BIOS、BASIC、DOS所用，并形成一系列可供用户调用的专用程序。另外还有相当一部分这类中断可供用户使用，用户可根据需要在程序适当的地方插入 INT n 指令，以便将程序转入相应的处理程序，完成特定的操作后再返回原来的程序继续执行。

3. 内部中断的处理过程及特点

内部中断(包括内部硬件中断和软件中断)的处理过程如下。

(1)程序状态字(标志寄存器内容)压入堆栈。

(SP)－2→(SP)

(PSW)→((SP)＋1,(SP))

(2)断点地址压入堆栈。

(SP)－2→(SP)

(CS)→((SP)＋1,(SP))

(SP)－2→(SP)

(IP)→((SP)＋1,(SP))

(3)IF、TF 标志位清零，禁止可屏蔽中断和单步中断。

(4)根据中断类型号计算出中断向量地址，并从中断向量表找到相应的中断服务程序的入口地址。

(4 * N)→(IP)

(4 * N＋2)→(CS)

其中 N 为中断类型号。

(5)执行中断处理程序。这主要包括保护现场、中断服务和恢复现场等操作。

(6)执行中断返回指令 IRET，将程序返回断点处继续执行原程序。

((SP)＋1,(SP))→(IP)

(SP)＋2→(SP)

((SP)＋1,(SP))→(CS)

(SP)＋2→(SP)

((SP)＋1,(SP))→(PSW)

(SP)＋2→(SP)

以上 6 步中，(1)～(4)步共占用 CPU 的 5 个总线周期，其中(1)、(2)步需 3 个总线周期，(4)步需 2 个总线周期。(5)步中所述中断处理程序由系统设计者或用户自行设计，由于所要完成的任务不同，这一步所需时间有很大差异。

综上所述，8086/8088 系统的内部中断都不需要 CPU 发出中断响应信号 $\overline{\text{INTA}}$，也不需要执行中断响应周期。它们的中断类型号要么由指令指定，要么是预先规定好的。除单步中断可由软件禁止且中断优先级是最低外，其余内部中断都不可用软件禁止，且中断优先级都比外部中断高。

6.2.3 外部中断

外部中断是由外部设备接口电路根据外部设备需要发出实时中断请求而引起的，分为不可屏蔽中断和可屏蔽中断两种。

1. 不可屏蔽中断

不可屏蔽中断为类型 2 号中断，在 NMI 引脚有一个从低到高的上升沿触发有效，它的特点是 CPU 不能用指令 CLI 加以禁止的外部中断，而且一旦出现此中断请求，CPU 必须立即响应，转到服务程序中去。因此，它常用于紧急情况的故障处理，也属专用中断，在 PC 系列机中，RAM 奇偶校验错($\overline{\text{PCK}}$)，I/O 通道校验错($\overline{\text{I/O CHCK}}$)和协处理器 8087 运算错(INT)都能够产生不可屏蔽中断 NMI，多个中断请求信号通过一个 NMI 信号产生逻辑电路接到 CPU 的 NMI 端。如图 6-10 所示电路中，设置了一个 NMI 允许触发器，以便对 NMI 请求进行允许与禁止控制。其端口地址为 A0H，向 A0H 端口写入 80H($D_7=1$)，NMI 允许触发器置 1(Q=1)，允许请求；写入 00H 或 RESET 复位信号有效，NMI 允许触发器复位(Q=0)禁止请求。此中断的处理过程与内部中断相同。

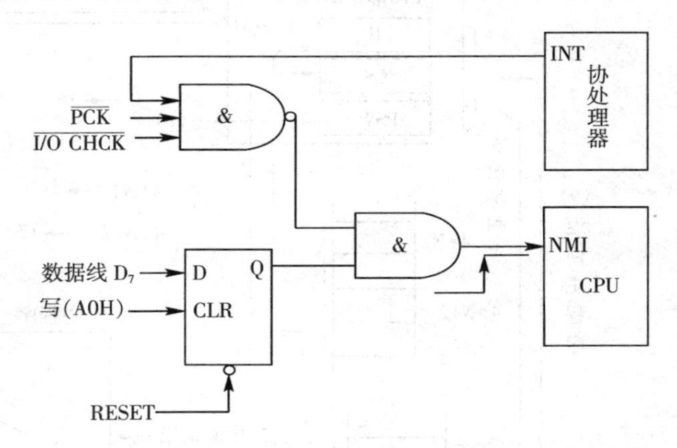

图 6-10 NMI 信号产生逻辑

2. 可屏蔽中断

可屏蔽中断是可以用软件禁止的中断，在 INTR 引脚上高电平有效。可用软件对中断控制器设置某些屏蔽参数禁止指定的某些中断，也可直接使用关中断指令 CLI 禁止 CPU 响应所有可屏蔽外部中断。

通常，外部设备的接口电路产生的实时中断请求信号，按系统设置的优先级依次与 8259A 中断控制器的中断请求线 $IR_0 \sim IR_7$ 相连。因而，硬件连接一旦确定，各中断源的优先级也就确定了，一般不必通过软件对其修改。

原则上说，除专用中断类型以外的中断类型号都可用做可屏蔽中断的中断类型号。但在 IBM PC 中规定中断类型号 08H～0FH 为外部可屏蔽中断。

可屏蔽中断的响应和处理过程如图 6-11 所示。

(1)CPU 要响应可屏蔽请求，必须满足一定的条件，即中断允许标志位置 1(IF=1)，没有内部中断，没有不可屏蔽中断(NMI=0)，没有总线请求(HOLD=0)。

(2)当某一外部设备通过其接口电路向中断控制器 8259A 发出中断请求信号时，经 8259A 处理后，得到相应的中断类型码，并同时向 CPU 提出申请中断，即 INT=1。

(3)如果现行指令不是 HLT 或 WAIT 指令，则 CPU 执行完当前指令后便向 8259A 发出中断响应信号($\overline{\text{INTA}}=0$)，表明 CPU 响应该可屏蔽中断请求。

若现行指令为 HLT，则中断请求信号 INTR 的产生使处理器退出暂停状态，响应中断，进入中断处理程序。

若现行指令为 WAIT 指令，且$\overline{\text{TEST}}$引脚加入低电平信号，则中断请求信号 INTR 产生

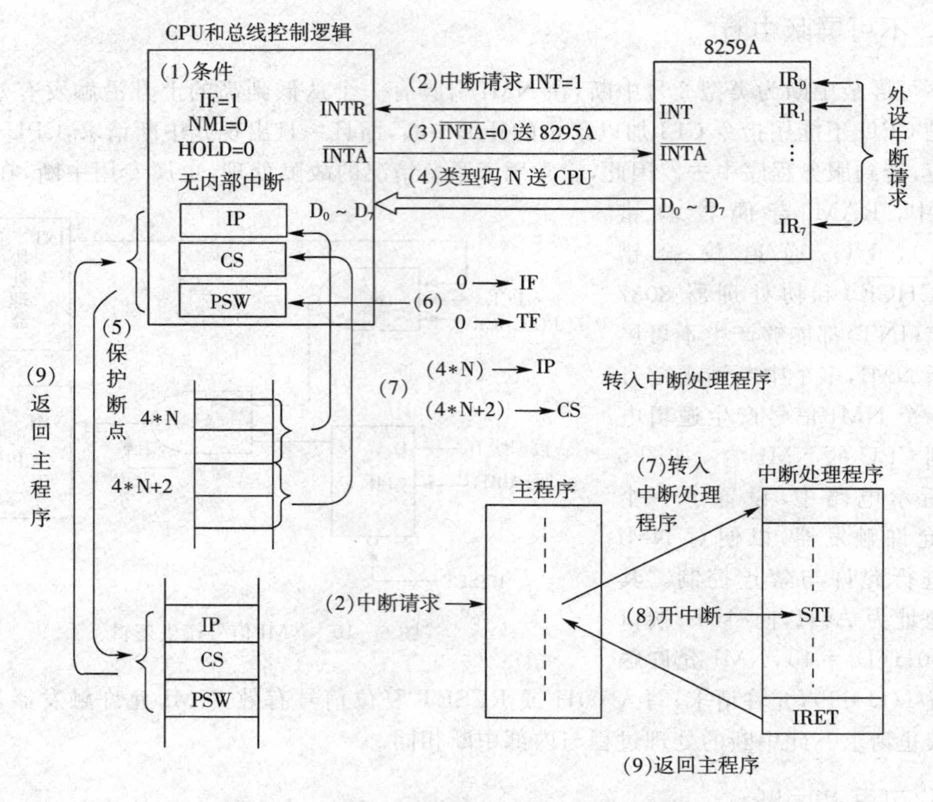

图 6-11　可屏蔽中断的响应和处理过程

后，便使处理器脱离等待状态，响应中断，进入中断处理程序。

此外，对于加有前缀的指令，则在前缀与指令之间 CPU 不识别中断请求；对于目标地址是段寄存器的 MOV 和 POP 指令，则 CPU 执行完这条指令再执行后面一条指令后才响应中断。对于多机系统或 DMA 控制器的系统，使用 INTR 时要注意两点：一是当$\overline{LOCK}$信号有效时，CPU 在这两个周期中$\overline{INTA}$不能获得总线；二是有 DMA 请求时，且 HOLD 有效，则先响应 DMA 请求，后响应 INTR 请求。

(4)CPU 发出两个$\overline{INTA}$负脉冲，进入两个总线周期，8259A 在第二个总线周期即第二个负脉冲$\overline{INTA}$期间，通过数据总线将中断类型码送 CPU。

(5)断点保护。将标志寄存器(PSW)、当前段寄存器(CS)及指令指针(IP)内容依次压入堆栈保存。

(6)清除 IF 及 TF 位(IF＝0，TF＝0)，以便禁止响应可屏蔽中断或单步中断。

(7)根据 8259A 向 CPU 送来的中断类型号 n 求得中断向量，从中断向量表中获得相应中断处理程序的入口地址(段内偏移地址和段地址)，并将其分别置入 IP 及 CS 寄存器中，转中断服务程序。

(8)与内部中断一样，中断处理程序一般包括保护现场、中断服务、恢复现场等部分。同时，为了能够处理多重中断，还可在中断处理程序的适当地方加入开中断指令(STI)。

(9)中断处理程序执行完毕，最后执行一条中断返回指令 IRET 将原压入堆栈的标志寄存器内容及断点地址弹出，返回断点处，继续原程序的执行。

3. 中断响应过程

在 8086 系统中，中断控制是由 CPU 与中断控制器共同完成的，这使得中断过程简化为：

(1)中断请求；

(2)中断响应；

(3)中断处理(主要分为：①保护现场　②中断服务　③恢复现场　④中断返回)。

其中，步骤(1)为外部中断源动作，步骤(2)是 CPU 硬件自动完成的动作，步骤(3)是中断处理程序应该完成的工作。CPU 从检测出中断请求到转移至中断处理程序之前所做的工作即为中断响应过程，其流程如图 6－12 所示。

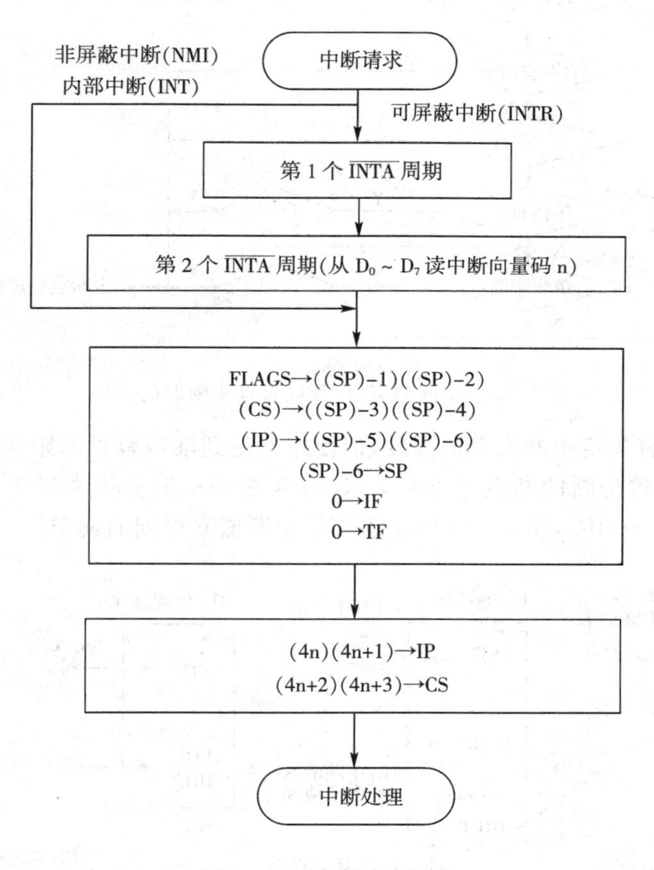

图 6－12　中断响应过程

如果是可屏蔽中断，CPU 连续执行 2 个 $\overline{INTA}$(中断响应)周期。在第 1 个 $\overline{INTA}$ 周期，CPU 通知中断控制器响应中断请求，同时将地址总线与数据总线置为高阻，在第 2 个 $\overline{INTA}$ 周期，通知中断控制器将相应中断源的中断向量码放至数据总线上，随后 CPU 从数据总线上读取中断向量码(8 位)。

$\overline{INTA}$ 周期结束之后，或者在产生内部中断、NMI 中断时，CPU 将标志寄存器、CS、IP 的内容压人堆栈，关中断。然后，根据中断向量码 n 查找中断向量表，从中获取中断源 n 的中断处理程序首地址，并使 CPU 转向执行中断处理程序。如果同时有几类中断发生，CPU 按图 6－13 所示顺序进行查询，再做出响应。这个查询顺序决定了 8086 中断系统中几类中断源的优先顺序，即内部中断(INT)优先级高于非屏蔽中断，非屏蔽中断(NMI)优先级高于可屏蔽中断(INTR)。单步中断是一个特例，它是所有中断源中优先级最低者，而且还受 IF 屏蔽。

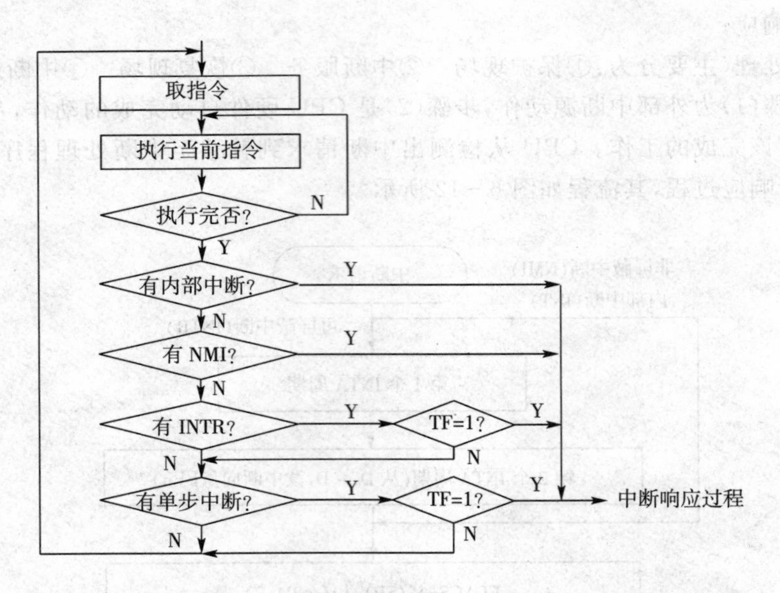

图 6－13　中断响应时 CPU 查询中断源的顺序

IBM PC 机没有规定中断嵌套的深度，但使用中受到堆栈容量的限制，必须要有足够的堆栈单元来保存多重中断的断点及寄存器，8259A 在完全嵌套优先级工作方式下，中断优先次序为 IR_0、IR_1、…、IR_7，图 6－14 图示说明了中断嵌套序列的例子。

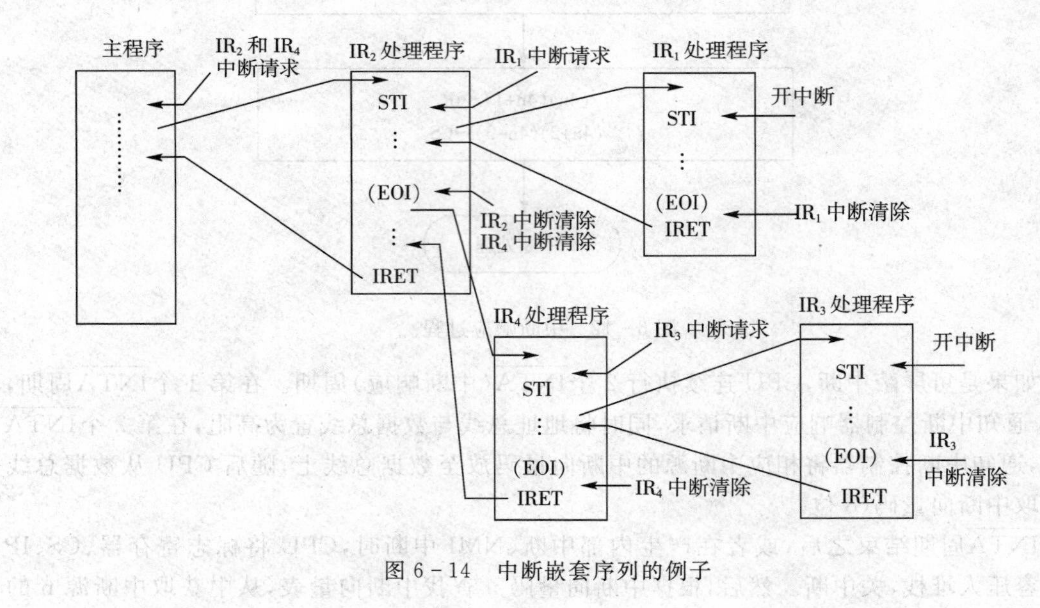

图 6－14　中断嵌套序列的例子

主程序执行过程中 IR_2、IR_4 中断请求到达，优先执行 IR_2 处理程序。正在执行中，IR_1 中断请求又进入，IR_1 优先级高，CPU 中断 IR_2 处理程序转去执行 IR_1 处理程序。IR_1 处理程序结束，发出 EOI 结束命令，并返回 IR_2 处理程序。因 IR_2 处理程序中提前发出了 EOI 结束命令，IR_2 中断服务寄存器相应位清 0，允许级别较低的 IR_4 处理程序执行。在 IR_4 处理程序中，IR_3 中断请求到达。在开中断后 IR_3 优先级高，转入 IR_3 中断处理程序，IR_3 中断处理完毕，发出 EOI 结束命令及 IRET 命令，返回到 IR_4 程序，同样 IR_4、IR_2 逐级返回主程序。

从图 6-14 可以看到：

(1)主程序必须有开中断指令，使 IF=1 才能响应中断。进入中断处理程序时，系统自动关中断，在中断服务程序中必须有 STI 开中断指令，这样才可以允许其它中断进入实现中断嵌套。

(2)中断结束返回前要有 EOI 中断结束命令，用来清除中断服务寄存器中的对应位，允许低级中断进入。最后有中断返回指令 IRET，使程序返回到被中断的程序的断点处。

(3)中断处理程序中如果没有 STI 指令，中断处理中不会受其它中断影响，在执行 IRET 指令后，因为自动返回中断断点及中断标志寄存器 PSW 的内容，当 IF 的值为 1，系统便能开放中断。

(4)一个正在执行的中断处理程序，中断服务寄存器相应位置“1”，在开中断(IF=1)的情况下，能够被优先级高于它的中断源中断。但如果中断处理中提前发出了 EOI 命令，则清除了正在执行的中断服务，中断服务寄存器置“1”位被清 0，允许响应同级或低级的中断申请。从图 6-14 中可以看到在 IR_2 处理程序中，由于发出了 EOI 命令，清除 IR_2 的中断服务寄存器，所以较低优先级的 IR_4 请求到达后，转去处理 IR_4 中断请求，但这种情况要尽量避免，防止重复嵌套，使优先级高的中断不能及时服务，因此一般 EOI 结束命令放在中断返回指令 IRET 前面。

6.3 8259A 中断控制器

根据 8086 CPU 可屏蔽中断 INTR 的特点，为了使多个外部中断源能共享中断资源，还必须解决几个问题。CPU 芯片上只有一个 INTR 输入端，多个中断源应如何与 INTR 连接，中断向量应如何区分，各中断源的优先级应如何判定等。8259A 就是为了这个目的而设计的，它可以方便地与 INTEL 各档微处理器连接。同时，为了使这个中断控制器能提供各种不同方式的服务，将它设计成可编程的控制器。所谓可编程是指该芯片可以由 CPU 通过软件方式写入不同的方式控制字，使之工作于不同的工作方式。现在的接口芯片绝大部分都是可编程的，读者应熟悉各类芯片初始化编程和工作控制的一般方法。

6.3.1 8259A 的外部特性和内部结构

8259A 能与 8088/8086 等多种微处理器芯片组成中断控制系统。作为这些微处理器外部中断的一个控制器，它可以允许有 8 个外部中断源输入，直接管理 8 级中断，能用软件屏蔽中断请求输入，通过编程可选择多种不同的工作方式，以适应不同的应用场合。在 CPU 响应中断周期中，8259A 会自动送出中断类型号，保证 CPU 实现快速的向量中断。8259A 控制器还可以实行两级级联工作，最多可用 9 片 8259A 级联管理 64 个中断。

1. 8259A 芯片引脚

8259A 为 28 引脚双列直插式，外部引脚如图 6-15 所示，各引脚的定义及功能如表 6-1所示。

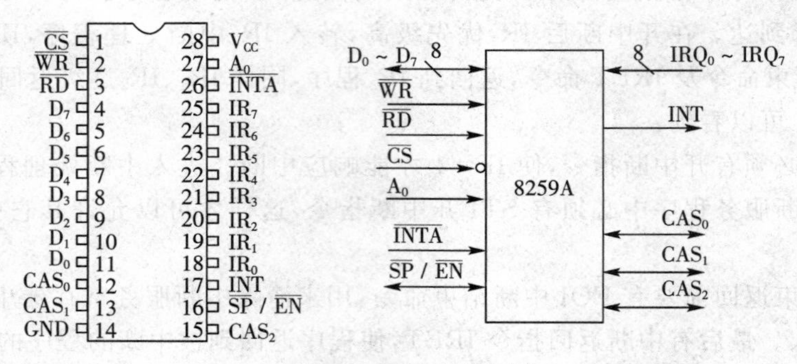

图 6-15　外部引脚图

表 6-1　8259A 引脚定义及功能

引脚名称	引脚号	输入/输出	功　能
$\overline{CS}$	1	输入	片选
$\overline{RD}$	2	输入	读
$\overline{WR}$	3	输入	写
$D_7 \sim D_0$	11～4	输入或输出	双向数据总线。通过它传送命令，接收状态和读取中断向量
$CAS_2 \sim CAS_0$	15，13，12	输入或输出	级联。主控 8259A 与从控 8259A 的连接线作为主控时该总线为输出，从控时总线为输入
$\overline{SP}$/$\overline{EN}$	16	输入或输出	主从定义/缓冲器方向。为双功能脚，当为非缓冲方式时作输入线，指定8259A 为主控制器（$\overline{SP}$＝1）或是从控制器（$\overline{SP}$＝0）。在缓冲方式时，用作输出线，控制缓冲器的发送
$IR_7 \sim IR_0$	25～18	输入	外设的中断请求。从外设来的中断请求由这些引脚输入到 8259A。在边沿触发方式中 IR 输入应有由低到高的上升沿，此后保持为高，直到被响应。在电平触发方式中，IR 输入应保持高电平直到被响应为止
INT	17	输出	8259A 的中断请求。当 8259A 接到从外设经 IR 脚送来的中断请求时，由它输出高电平，对 CPU 提出中断请求。该引脚连接到 CPU 的 INTR 引脚
$\overline{INTA}$	26	输入	中断响应。两个中断响应脉冲，第一个$\overline{INTA}$用来通知 8259A 中断信号已经被响应；第一个$\overline{INTA}$作为特殊读操作信号，读取 8259A 提供的中断类型号
A_0	27	输入	A_0 地址线。该引脚与$\overline{CS}$、$\overline{WR}$和$\overline{RD}$联合使用。以便 CPU 实现对 8259A 进行读写操作。它一般连接到 CPU 地址线的 A_1 上
V_{CC}	28	输入	+5V 电源
GND	14	输入	地

2. 8259A 内部结构

8259A 内部结构如图 6-16 所示。

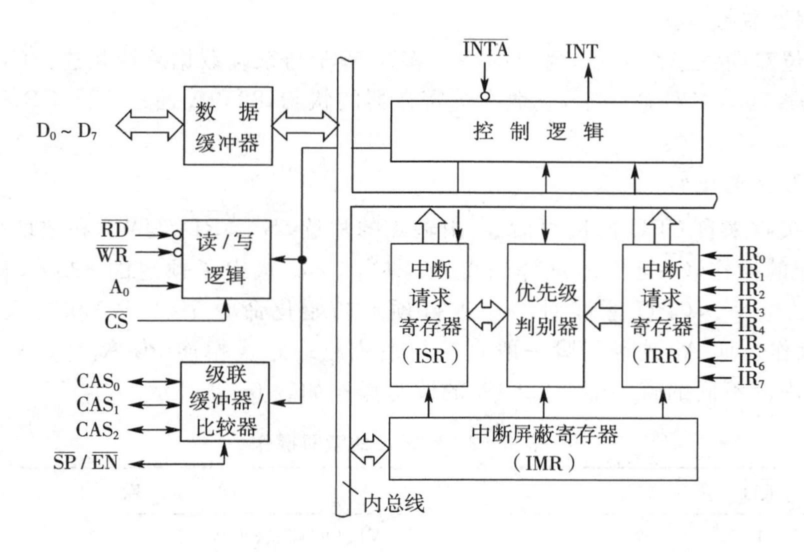

图 6-16 8259A 内部结构

(1)中断请求寄存器 IRR

8259A 有 8 个外部中断请求输入端 $IR_0 \sim IR_7$,它们与外部的 8 个中断源直接相连。中断请求寄存器 IRR 存放外部的中断请求情况,具有锁存功能,外部中断请求触发方式有两种,即边沿触发和电平触发方式。边沿触发要求 IR 端有一个从低到高的电平跳变,并保持高电平直至中断被响应为止。而电平触发方式只要求 IR 端输入并保持高电平即可。

(2)中断屏蔽寄存器 IMR

该寄存器用于存放中断屏蔽信息。针对 8 个中断输入,相应设置了 8 个中断屏蔽位,使之一一对应。如果某屏蔽位置"1",即使对应 IR_i 有请求信号输入也不会在 8259A 上产生中断请求输出 INT;反之,若屏蔽位置"0",则不屏蔽,即产生中断申请。由于对每个 IR 都设置了一个屏蔽位,所以它们的屏蔽作用是独立的,即不管是哪一级中断被屏蔽,它都不会影响其他没被屏蔽的中断请求工作。

(3)中断服务寄存器 ISR

ISR 用于保存正在被服务的中断请求的情况,它的各位与外部中断请求位一一对应,所以可以同时反映各中断请求的服务情况。从 IRR 中获得的各中断请求位状态,除去被屏蔽的位以外,在中断优先级排列电路中,把有请求的各位中优先级最高的位输出,置入 ISR 中的相应位,若 ISR 的 IR_2 获得中断请求允许,则 ISR 中的 IS_2 位置位表明 IR_2 正处于被服务之中。ISR 位的置位也允许嵌套,即如果已有 ISR 的某位置位,但 IRR 中又送来优先级更高的中断请求,经判优后,相应的 ISR 位仍可置位,形成多重中断。

(4)优先权分析器 PR

当在 IR 输入端有中断请求时,通过 IRR 送到 PR,PR 检查中断服务寄存器 ISR 的状态,判别有无优先级更高的中断正在被服务,若无,则将中断请求寄存器 IRR 中优先级最高的中断请求送入中断服务寄存器 ISR，并通过控制逻辑向 CPU 发出中断请求信号 INT，并且将 ISR 中的相应位置“1”，用来表明该中断正在被服务；若中断请求的中断优先级等于或低于正在服务中的中断优先级，则 PR 不提出申请，不将 ISR 的相应位置位。

(5)数据总统缓冲器

此为 8 位双向三态缓冲器，通过缓冲器将 8259A 与系统数据总线相连。CPU 通过此缓冲器向 8259A 写入各种命令字，读取有关寄存器的状态，8259A 通过它向 CPU 提供中断类型号。

(6)读/写控制逻辑

该部件接收来自 CPU 的读写命令，由输入的片选$\overline{CS}$、读$\overline{RD}$、写$\overline{WR}$和地址线 A_0 共同控制，完成规定的操作，$\overline{CS}$是由地址译码得来，即当 CPU 选中了预定的 8259A 端口地址时，$\overline{CS}$端有效（低电平），CPU 才能对芯片进行预置初始化命令字（ICW）和写入操作命令字（OCW）的操作。而 A_0 地址引脚一般直接与系统地址总线相连，当 $A_0=0$ 或 1 时，可以进行选择芯片内部不同的寄存器。8259A 的读写操作如表 6-2 表示。

表 6-2　8259A 的读写操作

$\overline{CS}$	$\overline{RD}$	$\overline{WR}$	A_0	读　写　操　作
0	1	0	0	写 ICW1、OCW2、OCW3
0	1	0	1	写 ICW2、CW3、ICW4、OCW1
0	0	1	0	读 ISR、查询字
0	0	1	1	读 IMR

(7)控制逻辑

此部分是 8259A 全部功能的控制核心，它包括一组初始化命令字寄存器和一组操作命令字寄存器，以及有关的控制电路。芯片的全部工作方式及过程由上述两组寄存器内容来设定。

控制逻辑对中断请求的处理过程如下：当 IRR 中有中断请求位置位，且该位没有被屏蔽时，控制逻辑输出高电平的 INT 信号，向 CPU 请求中断，在 CPU 响应中断后，输出低电平$\overline{INTA}$信号，控制逻辑在这个信号作用下，使 ISR 相应位置位，并将控制逻辑中所存的中断类型号送到数据总线上。当中断服务结束时，控制逻辑按编程时规定的方式进行处理。

(8)级联缓冲器/比较器

8259A 单片方式工作时可以允许有 8 个外部中断源输入，当使用芯片级联方式工作时，最多允许 64 个外部中断源输入，而对于中断优先级处理、中断向量的提供等各项性能毫无影响。主从级联方式如图 6-17 所示。级联时用一片 8259A 作为主控制器，由于主控制器的每一个 IR 都可以连接一片 8259A 作为从控制器，所以系统中总共可以允许接 9 片 8259A，最多能处理 64 个中断请求输入信号。

在实现互连时，主、从控制器上对应的 CAS_0、CAS_1 和 CAS_2 这 3 个信号互相并接在一起，成为一个级联总线，传送控制信息。其中，主控制器上的级联线为输出线，而从控制器的级联线则作为输入线，当一个中断请求经两级判断最后由主控制器送出 INT 后，如果 CPU 响应这个中断，送出的$\overline{INTA}$加到各主、从控制器上，在第一个$\overline{INTA}$周期到来时，主控制器的级联线将该次响应的中断所属的从控制器编码输出，与此同时，各从控制器将收到的编码与自身编码进行比较，若相同，说明本次响应的中断是本控制器提出的请求。在第二个$\overline{\text{INTA}}$周期到来时，该从控制器将相应的中断类型号送到数据总线。通过级联线比较，编码不相同的从控制器则不动作，如果在这以前它提出过中断请求，就说明这个请求的优先级较低，尚未得到响应。

部件上$\overline{\text{SP}}/\overline{\text{EN}}$是个双重功能信号，如果 8259A 工作在一个大系统中，芯片的 $D_0 \sim D_7$ 与系统总线连接时可能要用到一个数据收发器，收发器的开关由 8259A 的$\overline{\text{EN}}$端控制，这种方式称为缓冲工作方式。是否需要此方式由编程来确定，若对 8259A 进行读写操作，$\overline{\text{EN}}$端就输出一个低电平，使数据收发器打开，将芯片的局部数据与系统数据线连通。

当数据线不用缓冲方式工作时，这个引脚为输入引脚，作为主从方式的选择线，以输入不同电平进行控制。当输入$\overline{\text{SP}}=1$ 时，该片 8259A 设定为主控制器；输入$\overline{\text{SP}}=0$ 时，该片 8259A 则作为从控制器工作。

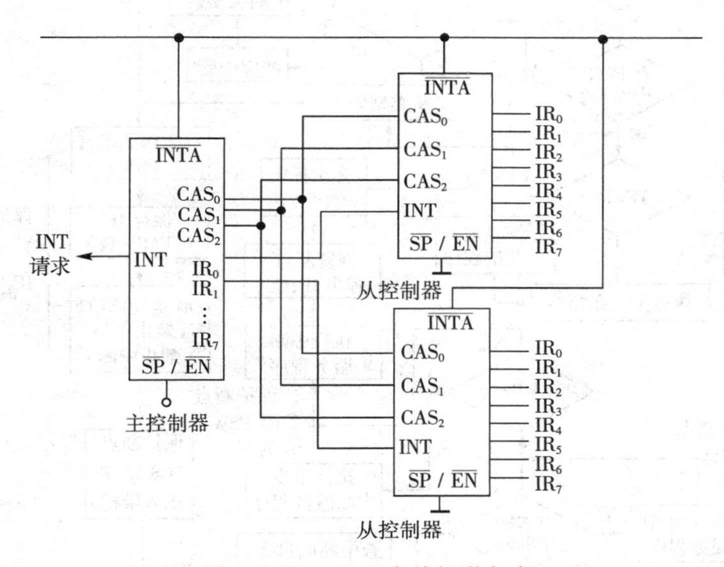

图 6-17 8259A 主从级联方式

3. 中断响应过程

8259A 的一个突出优点就是可以方便地与 CPU 配合实现向量中断，避免对中断设备逐个查询。下面以单级主控方式的 8259A 为例，结合 CPU 的动作，说明中断的基本过程，以便更好地理解 8259A 的功能。

(1)当 $IR_0 \sim IR_7$ 中有一个或几个中断源变成高电平时，使相应的 IRR 位置位。

(2)8259A 对 IRR 和 IMR 提供的情况进行分析处理，如果这个中断请求是唯一的，或请求的中断比正在处理的中断优先级高，或虽然优先级低但前一个中断服务正好结束，就从 INT 端输出一个高电平，向 CPU 发出中断请求。

(3)CPU 在每个指令的最后一个时钟周期检查 INT 输入端的状态，当 IF 为“1”且无其他高优先级(如 NMI)的中断时，就响应这个中断，CPU 进入两个中断响应($\overline{\text{INTA}}$)周期。

(4)在 CPU 第一个$\overline{\text{INTA}}$周期中，8259A 接收第一个$\overline{\text{INTA}}$信号时，将 ISR 中当前请求

中断中优先级最高的相应位置位，而对应的 IRR 位则复位为“0”。

(5)在 CPU 第二个$\overline{\text{INTA}}$周期中，8259A 收到第二个$\overline{\text{INTA}}$信号时，送出中断类型号，实现向量中断。

如图 6－18 所示的是 8086/8088CPU 各类中断处理的基本过程。

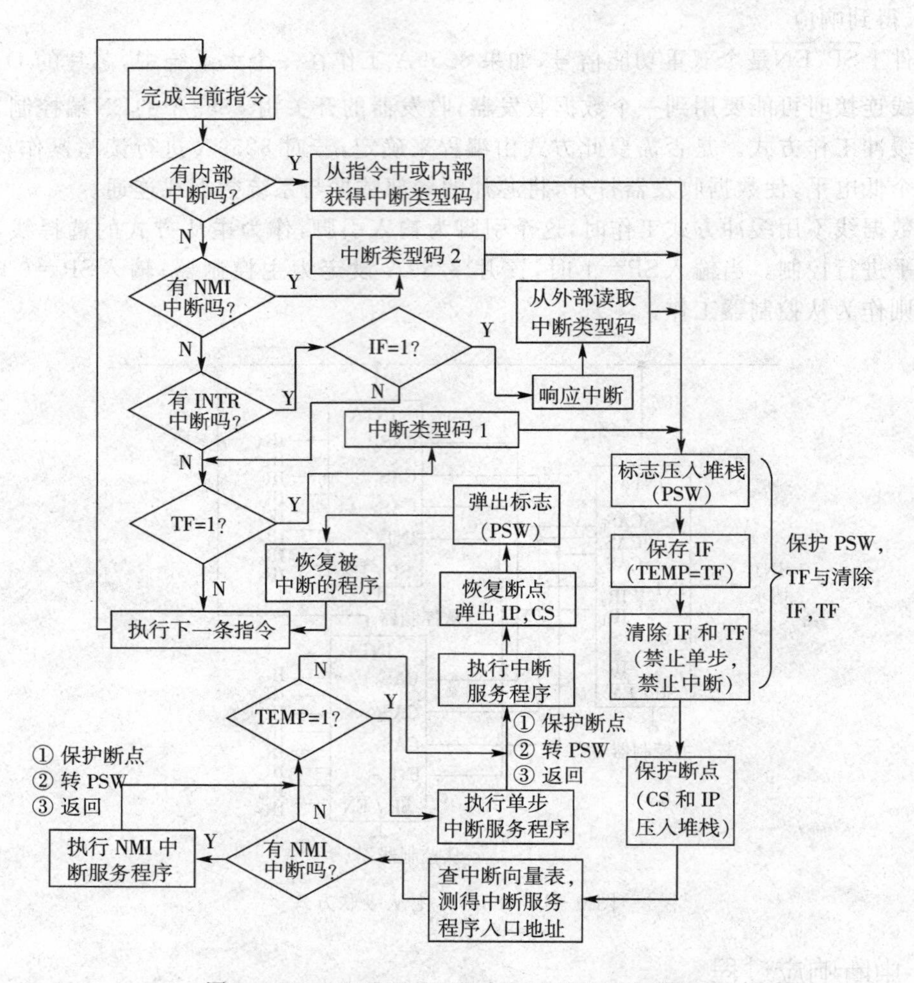

图 6－18　8086/8088CPU 中断处理的基本过程

对图 6－18 做如下几点说明：

(1)中断的基本过程可分为：中断请求，中断响应，中断处理和中断返回。

(2)按预先设计安排的中断优先权来响应中断。

(3)在一般情况下，都要等待当前指令执行完后方可响应中断申请。但有少数情况是在下一条指令完成之后才响应中断请求。例如，REP(重复前缀)，LOCK(封锁前缀)和段超越前缀等指令都应当将前缀看作指令的一部分，在执行前缀和指令间不允许中断。段寄存器的传送指令 MOV 和段寄存器的弹出指令 POP 也是一样，在执行下条指令之前都不能响应中断。

(4)在 WAIT 指令和重复数据串操作指令执行的过程中间可以响应中断请求，但必须要等一个基本操作或一个等待检测周期完成后才能响应中断。

(5)因为NMI引脚上的中断请求是需要立即处理的，所以在进入执行任何中断(包括内部中断)服务程序之前，都要安排测试NMI引脚上是否有中断请求，以保证它实际上有最高的优先权。这时要为转入执行NMI中断服务程序而再次保护现场、断点，并执行完NMI中断服务程序后返回到所中断的服务程序，例如内部中断或INTR中断的中断服务程序。

(6)若此时无NMI中断发生，则接着去查看暂存寄存器TEMP的状态。若TEMP=1，则在中断前CPU已处于单步工作方式，就和NMI一样重新保护现场和断点，转入单步中断服务程序。著TEMP=0，也就是在中断前CPU处于非单步工作方式，则这时CPU将转去执行最先引起中断的中断服务程序。

(7)中断处理程序结束时，由中断返回指令将堆栈中存放的IP、CS以及PSW值还原给指令指针IP、代码段寄存器CS以及程序状态字PSW。

4. 多个中断同时发生的处理过程

当多个中断请求同时产生时8086CPU将根据各中断源优先权的高低来处理，首先响应优先权较高的中断请求，等具有较高优先权的中断请求处理完以后，再去依次响应和处理其它中断申请。假定8086 CPU处于开中断(IF=1)及单步工作(TF=1)方式，其处理多个中断请求的过程如图6-19所示。

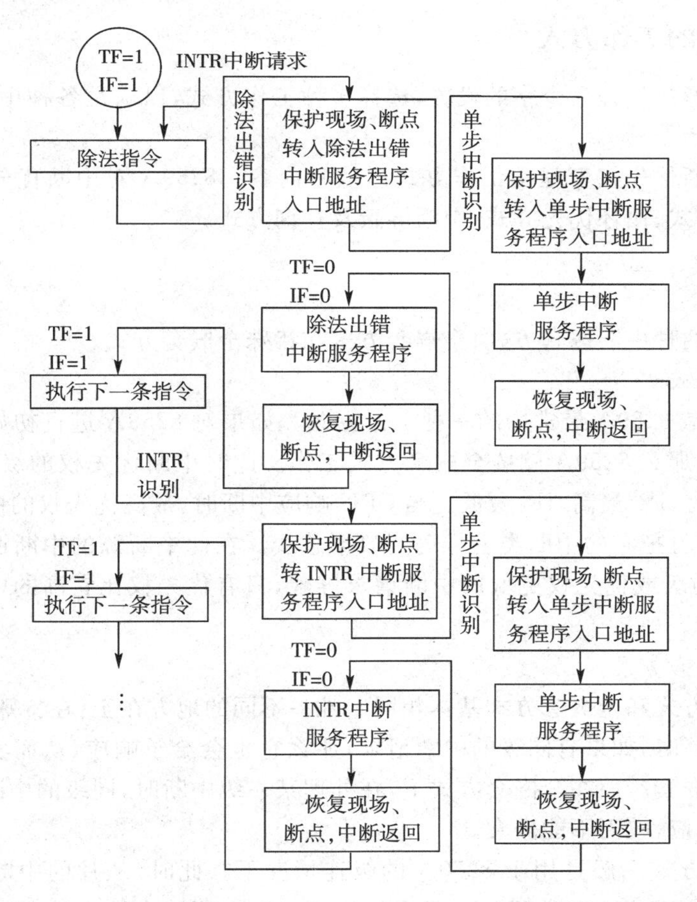

图6-19　同时发生多个中断请求的处理过程

在图 6－19 中，假定 8086 在执行除法指令的过程中采样到有一个 INTR 中断请求产生，由于除法出错中断是在执行除法指令时才可能产生的，并且除法出错中断被看做是除法指令的一部分，故 INTR 引脚上的中断请求要待除法指令后的一条指令执行完时才能得到响应。因此，如果有除法错，则 CPU 首先响应除法出错中断，于是进行现场保护，并且关中断，进入除法出错处理程序，若在除法出错处理程序中没有用指令 STI 使 CPU 开中断，那么在整个除法错中断处理过程中 CPU 都不会响应 INTR 引脚上的中断请求。

如前所述，CPU 在响应中断、执行保护现场与查中断向量表，得到中断服务程序入口地址以后和执行中断服务程序之前，还要测试 NMI 引脚上有无中断请求。此时若无 NMI 中断请求，就测试其是否处于单步工作方式。如果 TF＝1，即在执行除法出错中断服务程序的第一条指令之前 CPU 接受了单步中断，则 CPU 就根据单步中断服务程序的具体安排，既可使除法错中断服务程序在单步方式下工作，也可以使之在正常情况下工作。待除法出错处理程序执行后，恢复现场，开中断，返回原来被中断的程序。若 INTR 引脚上的中断请求依然存在，则 CPU 在将 IF 置 1 并且又执行完一条指令以后，才响应 INT 引脚上的中断请求。同样，首先进行现场保护，重复执行上述过程。中断处理完了后，恢复现场，返回到原来被中断的程序。这样就描述了在单步方式下对同时产生除法出错中断和 INTR 中断进行处理的全过程。

6.3.2　8259A 的工作方式

8259A 可以通过编程命令字的设置，选择多种工作方式，以满足各种中断的不同需要，使用起来非常灵活。

8259A 的中断优先权管理是工作方式的核心内容。8259A 对中断优先权的管理概括起来为：全嵌套方式、循环优先方式、中断屏蔽及查询方式。

1. 中断嵌套方式

8259A 中有两种中断嵌套方式：全嵌套方式和特殊全嵌套方式。

(1)全嵌套方式

全嵌套方式是 8259A 最常用的一种工作方式。如果对 8259A 进行初始化后没有设置其他优先级方式，那么 8259A 就按全嵌套方式工作。此时中断优先权的级别是固定的，按 $IR_0 \sim IR_7$ 逐级次之，IR_0 最高，IR_7 最低。当 CPU 响应中断时，最高优先权的中断源在 ISR 中的相应位置位，而且把它的中断类型号送到数据总线。在此中断源的中断服务程序完成之前，可以把与它同级或优先权更低的中断请求屏蔽，只有优先权比它高的中断请求才被开放，实现中断嵌套。

(2)特殊全嵌套方式

特殊全嵌套方式和全嵌套方式基本相同。唯一不同的地方在于：在特殊全嵌套方式下，当处理某一级中断时，如果有同级的中断请求，那么它也会给予响应，从而实现一种对同级中断请求的特殊嵌套。而在全嵌套方式下，在处理某一级中断时，同级的中断请求是要被屏蔽的，不能予以响应，故而不能嵌套。

特殊全嵌套方式一般是用于 8259A 的级连情况下。此时，从片的中断请求输出 INT 连接到主片的中断请求输入端 IR_i 上，每个从片的 8 个中断请求输入端 $IR_0 \sim IR_7$ 也有不同的优先级别。但作为主片看来,每个从片作为一级,这就是说,主片把从片的8个中断请求看作同一优先级。如果主片采用全嵌套方式,则从片中某一较低级中断请求经主片得到响应后,主片会把该从片的所有其它中断请求作为同一级而屏蔽掉,包括优先级较高的中断请求,因此无法实现从片上各级中断的嵌套。解决办法是主片采用特殊全嵌套方式,在此方式下从片的某一级中断请求经主片得到的响应后,主片不会屏蔽从片中其它的中断请求,而是由从片内部本身的优先级关系确定该屏蔽哪些请求,开放哪些请求,从而实现从片级的中断嵌套。所以,系统中只有单片8259A时,通常采用全嵌套方式,而系统中有多片8259A时,主片则必须采用特殊全嵌套方式,而从片可采用全嵌套方式。

2.循环优先方式

在实际应用中,中断源的优先权关系是很复杂的。不一定有明显的级别,也不一定是固定不变的。所以不能总是规定IR_0优先权最高,IR_7优先权最低,而是要根据实际情况进行处理。8259A提供了两种改变优先权的方法。

(1)优先权自动循环方式

这种方式一般用于系统中有多个相同优先权的中断源的场合。在这种方式下,当某一个中断源受到中断服务后,它的优先权就自动降为最低,而与之相邻的优先级就升为最高。例如,若当前IR_0优先权最高,IR_7最低,当IR_4、IR_5同时有请求时,响应IR_4,在IR_4被服务后,IR_4的优先权降为最低,而IR_5升为最高,以下依次为IR_6,IR_7,IR_0,IR_1,IR_2,IR_3。若IR_5被响应且被服务后,IR_5又降为最低,IR_6变为最高,其余依次类推。8259A在设置优先权自动循环方式时,总是自动规定IR_0为最高优先权,IR_7为最低。

(2)优先权特殊循环方式

优先权特殊循环方式与优先权自动循环方式相比仅有一点不同,就是在优先权特殊循环方式下,一开始的最低优先权是由编程确定的,而不是自动规定,从而也就确定了最高优先权。例如,编程时确定IR_5为最低优先权,则IR_6就是最高优先级。

3.中断屏蔽方式

8259A的8个中断请求线上的每一个中断请求都可以写入相应的屏蔽字,实现是否屏蔽。中断屏蔽方式有两种。

(1)普通屏蔽方式

这种屏蔽方式是通过编程将中断屏蔽字写入IMR而实现的。若写入某位为1,对应的中断请求被屏蔽,为0则对应的中断请求被开放。

(2)特殊屏蔽方式

特殊屏蔽方式是用于这样一种特殊要求的场合,即在执行较高级的中断服务时,希望开放较低级的中断请求。采用普通屏蔽方式是不能实现这一要求的,因为用普通屏蔽方式时,即使把较低级的中断请求开放,但由于ISR中当前正在服务的较高中断级的对应位仍为“1”,它会禁止所有优先级比它低的中断请求。在采用特殊屏蔽方式后,在用屏蔽字对IMR中某一位置“1”时,会同时使ISR中对应位清“0”,这样就不但屏蔽了当前被服务的中断级,同时真正开放了其他优先权较低的中断级。所以,先设置特殊屏蔽方式,然后建立屏蔽信息,这样就可以开放所有未被屏蔽的中断请求,包括优先权较低的中断请求。

4. 中断结束方式

当某个中断服务完成时，必须给 8259A 一个中断结束命令，使该中断级在 ISR 中的相应位清“0”，从而使中断结束。8259A 有两种不同的中断结束方式。

(1)自动中断结束方式(AEOI)

这种方式只能用在单个 8259A 系统中，且多个中断不会嵌套的情况。在这种方式下，系统一旦进入中断响应，8259A 就在最后一个中断响应周期的 $\overline{INTA}$ 信号的后沿，自动将 ISR 中被响应中断级的对应位清“0”，这是一种最简单的中断结束处理方式，可以通过初始化命令字来设定。

(2)非自动中断结束方式(EOI)

在这种工作方式下，从中断服务程序返回前，必须输出中断结束命令(EOI)把 ISR 当前优先权最高的对应位清“0”。

在全嵌套方式下，ISR 中的优先权最高对应位就是最后一次被响应的中断级，也就是当前正在处理的中断级，所以它的清“0”就是结束当前正在处理的中断，这是一般的中断结束方式。若 8259A 工作在特殊全嵌套方式下，就用特殊的中断结束 EOI 命令。因为此时 8259A 不能确定刚才服务的中断源等级，只有通过设定特殊中断结束命令，在命令中指出到底要对哪一个中断级清“0”。

5. 程序查询方式

在程序查询方式下，8259A 不向 CPU 发 INT 信号，而是靠 CPU 不断查询 8259A. 当查询到有中断请求时，就转入相应的为中断请求的服务程序中去。设置查询方式的过程是：系统先关中断，然后把“查询方式命令字”写到 8259A，再对 8259A 执行一条读指令，8259A 便将一个 8 位的查询字送到数据总线上，查询字格式为：

D_7	D_6	D_5	D_4	D_3	D_2	D_1	D_0
I	—	—	—	—	W_2	W_1	W_0

I=1 表示有中断请求，$W_2W_1W_0$ 表示 8259A 请求服务的最高优先级编码。CPU 读取查询字，判断有无中断请求。若有，便根据 $W_2W_1W_0$ 的值转移到对应的中断服务程序去。

6. 读 8259A 状态

IRR、ISR 和 IMR 的内容可以通过相应的读命令读取，以了解 8259A 的工作状态。

上述 8259A 各种工作方式的选择，是通过 8259A 的初始化命令字(ICW1～ICW4)和操作命令字(OCW1～OCW3)来设定的。

6.3.3 8259A 的控制字及中断操作功能

8259A 是个使用非常灵活，适用面较广的中断控制器，它的这些优点主要来源于“可编程”。除了要正确地将 8259A 接入系统总线外，还必须正确地理解各种不同的中断操作功能，并依此对它正确地进行编程。控制字分成两大部分，即初始化命令字和操作命令字。

初始化编程是由 CPU 向 8259A 写入初始化命令字来完成的，这是芯片进行正常工作前必须做的，在系统工作过程中保持不变。操作编程是由 CPU 向 8259A 写入操作命令字实现的，它可以在初始化编程之后任何时刻写入，以实现不同的中断功能，如完全嵌套方式、优先权循环方式、特殊屏蔽方式或查询方式等。

下面我们通过讲解各个命令字，了解各位含义，进一步深入掌握 8259A 的各种不同工作方式的意义，以及使用这些方式的方法。

1. 初始化命令字(ICW)

初始化命令字共有 4 个，ICW1～ICW4，每个字为一个字节。要求首先输入 ICW1，然后依次输入 ICW2、ICW3 和 ICW4，在有些工作方式下，可以不用写入 ICW3 和 ICW4，这都由 ICW1 中有关位内容规定。

(1)初始化命令 ICW1

A_0	D_7	D_6	D_5	D_4	D_3	D_2	D_1	D_0
0	0	0	0	1	LTIM	ADI	SNGL	IC_4

ICW1 必须写入 8259A 的偶地址端口，即 8259A 的地址 $A_0=0$，下面说明各位的控制功能。

D_0：IC_4 用以决定初始化过程中是否需要设置 ICW4。如 $IC_4=0$，则不要再写 ICW4，并且使 ICW4 中各位全部复位。若 $IC_4=1$ 时，需要对 ICW4 的各位进行设置。由于 ICW4 中 D_0 位是用来设置 CPU 类型的，且该位为“1”时选择 CPU 为 8086/8088。所以，如果系统中使用 8086/8088 CPU 时，ICW4 一定要写，且 ICW1 的 D_0 位必须设定为“1”。

D_1：SNGL 用来设定 8259A 是单片使用还是多片级联方式。如系统中只有一片 8259A，则该位 SNGL=1，且在初始化过程中不用设置命令字 ICW3。反之，若采用级联方式工作，则 SNGL=0，且在命令字 ICW1 和 ICW2 之后必须设置 ICW3 命令字。

D_2：ADI 8080/8085 CPU 方式下工作时，设定中断矢量的地址间隔大小，当该位 ADI=1 时，表示地址间隔 4 字节，而 ADI=0 则表示地址间隔为 8 字节。对于 8086/8088 系统中这一位无效，在编程时可以为任意值出现，但习惯上写一个“0”。

D_3：LTIM 位用来设定中断请求输入信号 IR 的触发方式。当 LTIM=0，设定为边沿触发方式，即在 IR 输入端检测到由低到高的正跳变时，且正电平保持到第一个 $\overline{INTA}$ 周期到来之后，8259A 就认为有中断请求，才被识别而送入 IRR 中。当 LTIM=1 时，设定为电平触发方式，不用边沿检测，只要在 IR_i 输入端检测到一个高电平，且在第一个 $\overline{INTA}$ 脉冲到来之后维持高，就认为有中断请求，并使 IRR 相应位置位。电平触发方式有可能出现一次高电平引起两次中断的现象，应要求在 IRR 复位前或 CPU 再允许下一次中断进入之前，撤销这个高电平，当然，第二种触发的高电平持续时间也不能太短，至少应保持到中断被响应后才能撤销。

D_4：标志位，$D_4=1$ 表示当前写入的是 ICW1 初始化命令字。

$D_5 \sim D_7$：$D_5 \sim D_7$ 是 8080/8085 系统中断向量地址的 $A_5 \sim A_7$ 位。在 8086/8088 系统中，这 3 位不用，可为 1，也可为 0。

例如，若 8259A 单片使用，采用电平触发，需要 ICW4，则程序段如下。

```
        MOV    AL,00011011B              ;ICW1 的内容
```

```
        OUT    20H,AL              ;写入ICW1端口(A0=0)
```

(2)初始化命令字 ICW2

A_0	D_7	D_6	D_5	D_4	D_3	D_2	D_1	D_0
1	T_7	T_6	T_5	T_4	T_3	0	0	0

8259A 提供给 CPU 的中断类型号是一个 8 位代码,是通过初始化命令 ICW2 得到的,它紧跟 ICW1,在任何工作方式下都必须设置,必须写至 8259A 的奇地址端口,即 8259A 的 $A_0=1$。

在 8086/8088 系统中,ICW2 的高 5 位 $T_7\sim T_3$ 作为规定 $IR_7\sim IR_0$ 对应的中断类型码的高 5 位,中断类型码的低 3 位由 IR 编码自动填入,即由 8259A 自动产生。例如,要设定 IR_0 的中断类型码为 08H,那么 $T_7\sim T_3$ 的中断类型号就设定为 00001。8259A 所处理的 8 个中断源的中断类型号是连续的,那么 $IR_1\sim IR_7$ 的中断类型号就为 09H~0F,则对应程序段如下。

```
        MOV    AL,08H              ;ICW2的内容
        OUT    21H,AL              ;写入ICW2端口(A0=1)
```

可见,中断源的中断类型号是由高 5 位和低 3 位构成,其中,高 5 位由初始化命令字 ICW2 确定,低 3 位是由中断源所连接的中断请求线 IR_i 的编码决定。

(3)初始化命令字 ICW3

初始化命令字 ICW 的 SNGL=0,即系统中含有两片或更多片 8259A 使用级联方式工作时才需要设置命令字 ICW3,所以,ICW3 是标志主片/从片的命令字,必须写到 8259A 的奇地址端口(8259A 的 $A_0=1$)。对于主片或从片,ICW3 的格式和含义是不相同的,所以,主片/从片的命令字 ICW3 要分别写。

若本片为主片,则 ICW3 的格式和各位含义如下。

A_0	D_7	D_6	D_5	D_4	D_3	D_2	D_1	D_0
1	IR_7	IR_6	IR_5	IR_4	IR_3	IR_2	IR_1	IR_0

采用级联方式时,从片 8259A 的输出端 INT 连到主片 8259A 的某一个中断请求输入端 IR_i 上。那么,主片 8259A 如何知道哪一个中断请求输入端连有从片 8259A 呢?通过设置主片的 ICW3 命令字完成此功能。ICW3 的 IR_i 位为"1",则主片的 IR_i 输入端连有从片 8259A;若 IR_i 位为"0",则主片的 IR_i 输入端未连从片 8259A。例如,主控制器 8259A 的 IR_3 和 IR_7 两个输入端分别连有从控制器 8259A,则对应程序段如下。

```
        MOV    AL,10001000H        ;ICW3的内容
        OUT    21H,AL              ;写入ICW3端口(A0=1)
```

若本片为从片,则 ICW3 的格式和各位含义如下。

A_0	D_7	D_6	D_5	D_4	D_3	D_2	D_1	D_0
1	0	0	0	0	0	ID_2	ID_1	ID_0

3 位从控标志码可有 8 种编码,表示从控制器 8259A 的中断请求线 INT 被连到主控制器的哪一个中断请求输入端 IR_i,若从控制器的 INT 端接在主控制器的 IR_3 端,则从控制器的 ICW3 的低 3 位编码为 $ID_2ID_1ID_0=011$。

级连方式工作时，从片的 $CAS_2 \sim CAS_0$ 接收主片发来的编码，并将这一编码与自身 ICW3 的 $ID_2 \sim ID_0$ 相比较，若相等，则在第二个 $\overline{INTA}$ 脉冲到来时，将自己的中断类型号送到数据总线上。

(4)初始化命令字 ICW4

A_0	D_7	D_6	D_5	D_4	D_3	D_2	D_1	D_0
1	0	0	0	SFNM	BUF	M/S	AEOI	uPM

当 ICW1 中的 $IC_4=1$ 时，才要设置 ICW4，它的格式及含义如下。

D_0:uPM 用来指出 8259A 是在 16 位机系统中使用，还是在 8 位机系统中使用。若 uPM=1，则 8259A 用于 8086/8088 系统；uPM=0，则 8259A 用于 808O/8085 系统。故此位用于 CPU 类型的选择。

D_1:AEOI 位用于选择 8259A 的中断结束方式。当 AEOI=1 时，设置中断结束方式为中断自动结束方式；当 AEOI=0 时，则 8259A 工作在一般中断结束方式。

中断结束有两种不同的含义，一是执行 IRET 指令后退出中断，另一个是指把 ISR 中相应位复位。这里是指当中断响应后将 8259A 中正在处理的寄存器 ISR 相应位复位的方式。若设定为中断自动结束方式，当 CPU 送来的第二个 $\overline{INTA}$ 脉冲的上升沿使 ISR 相应位复位，因此，在中断服务程序中不需要写中断结束命令 EOI，若设定为非自动中断结束方式，则必须在中断服务程序中使用 EOI 命令，即由 CPU 给 8259A 写入操作命令字 OCW2。使其中的 D_5 位(EOI)置"1"，才能使 ISR 中最高优先权的位复位。如果是级联工作的，需要给主、从控制器分别送 EOI 命令。

使用自动中断结束方式工作时，因为 IRR 和 ISR 在正式进入中断处理程序前就复位了。所以作为 8259A 来说就处在与没有响应中断时相同的状态，这时它仍可响应各种中断请求的输入，即使是比正在处理的中断优先级低的中断也将向 CPU 发出中断请求，这样可能引起中断混乱。

D_2:M/S 用来规定 8259A 在缓冲方式下本片是主片还是从片，即这位只有在缓冲方式(BUF=1)时才有效。当 BUF=1 且 M/S=1 时，8259A 以主控制器工作，当 BUF=1 但 M/S=0 时，就以从控制器工作，而 8259A 在非缓冲方式下(BUF=0)工作时，M/S 位不起作用，此时的主、从方式由 $\overline{SP}/\overline{EN}$ 端的输入电平决定。

D_3:BUF 位用来设置 8259A 是否在缓冲方式下工作。若 BUF=1，则 8259A 在缓冲器方式下工作，此时 $\overline{SP}/\overline{EN}$ 引脚用做输出，控制数据收发器的传送方向，若 BUF=0，则 8259A 工作在非缓冲方式下，此时 SP/EN 引脚作为输入线，通过电平高低设置 8259A 是主/从控制器。

值得一提的是，当 8259A 在一个大系统中使用时，8259A 通过数据收发器和系统数据总线相连就采用缓冲方式，非缓冲方式是相对于缓冲方式而言的，8259A 的数据总线直接与 CPU 系统总线相连，中间不加驱动。

D_4:SFNM 用来设定 8259A 主控制器的中断嵌套方式。若该位 SFNM=1，此主控制器被设置为特殊完全嵌套方式。比如从控制器 8259A 已接受了 IR_3 的中断请求，且 CPU 也开始处理此中断，在中断处理过程中又有一个中断请求输入到从片 8259A 的 IR_2 端，因为 IR_2 的优先级比 IR_3 的高，所以 8259A 仍通过同一引脚向主片 8259A 发出中断请求，由于主控制器识别到的是同一级的请求，将不予处理。于是不能实现真正的完全嵌套。所谓的特殊完全嵌套就是让主控制器对于同一级的中断请求输入也给予响应，向 CPU 发出 INT。从中断源角度来看，一个中断请求被 CPU 响应后，任何一个优先级更高的中断请求输入都可以通过 8259A 从/主控制再次向 CPU 送出 INT。若位 SFNM＝0，主控制器被设置为一般嵌套完全方式，在此方式下，优先级低的中断请求不能打断优先级高的中断服务。

8259A 的编程可以分为两部分。首先是初始化编程，在 8259A 工作之前，由 CPU 向 8259A 送 2～4 字节的初始化命令字 ICW，使其处于准备就绪状态。

2. 操作命令字(OCW)

CPU 在对 8259A 初始化编程后，8259A 就进入了工作状态，可以接收 IR 端输入的中断请求，并处于完全嵌套中断方式，若想变更 8259A 的中断方式和中断响应次序等，就向 8259A 写入操作命令字。操作命令字可以在主程序中写入，也可以在中断服务程序中写入。操作命令字 OCW 一共有 3 个，它们的写入没有次序规定，完全根据需要进行编程。

(1)操作命令字 OCW1

OCW1 是中断屏蔽操作命令字，必须写入 8259A 的奇地址端口，即 8259A 的 A_0＝1。命令字的格式和各位含义如下：OCW1 的 8 位 M_7～M_0 分别为 IR_7～IR_0 的中断请求屏蔽位。如某位置 1，它就使相应的 IR 输入被屏蔽，而不影响其他 IR 输入；若某位 Mi＝0，则相应 IR_i 中断请求得到允许。

A_0	D_7	D_6	D_5	D_4	D_3	D_2	D_1	D_0
1	M_7	M_6	M_5	M_4	M_3	M_2	M_1	M_0

IMR 的内容可以读出，供 CPU 了解当前中断屏蔽情况。

例如，要使中断源 IR_2 允许，其余均被屏蔽，则程序段如下：

```
MOV  AL,0FBH          ;OCW1 的内容
OUT  21H,AL           ;写入 OCW1 的端口(A0=1)
```

(2)操作命令字 OCW2

这是一个用来控制中断结束方式。优先级循环等工作方式的操作命令字，与前面各字中每一位代表某一意思的方法不太相同，它是以一些位的组合来表示某种操作的。该命令字必须写入 8259A 的偶地址端口，即 8259A 的地址线 A_0＝0。其中命令字的 D_4D_3＝00 作为 OCW2 的标志位，OCW2 命令字的格式和各位含义如下。

A_0	D_7	D_6	D_5	D_4	D_3	D_2	D_1	D_0
0	R	SL	EOI	0	0	L_2	L_1	L_0

D_7：R 位作为优先级循环控制位。R＝1 为循环优先级，R＝0 为固定优先级。

D_6：SL 位作为选择指定的 IR 级别位。SL＝1 时，按照 L_2～L_0 编码指定的 IR 级别上运行。SL＝0 时，L_2～L_0 位编码无效。

D_5：EOI 中断结束控制位。在非自动中断结束时，该位写入 1，使 ISR 中最高优先级位复位。EOI＝0，则不起作用，即不发中断结束命令。

这 3 位组合形成的操作功能如表 6-3 所示。表中所列的 7 种操作命令归纳起来是实现以下 3 种功能。

表 6-3　OCW2 命令字高 3 位组合的操作功能

R	SL	EOI	操作功能
0	0	1	正常 EOI 中断结束命令
0	1	1	特殊 EOI 中断结束命令
1	0	1	正常 EOI 时循环命令
1	0	0	自动 EOI 时循环置位命令
0	0	0	自动 EOI 时循环复位命令
1	1	1	特殊 EOI 时循环命令
1	1	0	优先级设定命令
0	1	0	无操作

① 中断结束命令

正如前面所指出的，中断结束命令是指如何将 ISR 寄存器中各位清除的命令。中断结束方式分为自动中断结束方式和非自动中断结束方式，自动的可以用 ICW4 中的 AEOI 位=1 设定。非自动中断结束方式又可分为两种，即正常 EOI 中断结束方式和特殊 EOI 中断结束方式。

8259A 中正常优先级安排为 IR_0 最高，IR_7 最低，是固定的，所以用 EOI 命令结束中断时，它是将 ISR 中优先级最高的位复位，这样做总是正确的，但是，如果优先级不是固定的，而是可变的，按上述正常 EOI 方式就可能清除 ISR 的错误位，造成系统混乱。为了避免出现这种情况，就要用特殊的 EOI 方式结束中断。若采用特殊 EOI 命令，在同一操作命令字中的 $L_2 \sim L_0$ 位（$D_2 \sim D_0$ 位）上给出一个编码，指定要清除的 ISR 中的某一位，从而保证了正确的清除。

显然，两种结束中断方式的根本区别是，正常时清除优先级最高的 ISR 位，特殊时清除由 $L_2 \sim L_0$ 编码指定的 ISR 位。

② 优先级自动循环命令

当各外部设备的优先级相同时，采用自动循环方式比较合理，在这种方式下，当一个设备受到服务后，优先级变得最低，原来比它低一级的设备优先级变为最高。最不利的情况是，一个提出中断请求的设备，将在其他 7 个设备服务完后才能得到一次响应。因此，此方式运用于多个中断源中断请求的紧急程度相同的场合。

自动循环根据中断结束方式的不同又可分成两种类型：正常 EOI 和自动 EOI 下的循环。前者由 R=1、SL=0、EOI=1 设置，后者由 R=1、SL=0，EOI=0 设定。

③ 优先级指定循环命令

程序员可以通过编程设定某中断具有最低优先级，从而决定了其他所有中断的优先级。例如，利用 OCW2 命令，R=1、SL=1、EOI=0、$L_2 \sim L_0$=011，IR_3 被指定为最低优先级，那么优先级按从高到低排列顺序为：$IR_4 \to IR_5 \to IR_6 \to IR_7 \to IR_0 \to IR_1 \to IR_2 \to IR_3$。

通过上面的叙述，$L_2 \sim L_0$ 的功能主要有两点：一是在特殊 EOI 中用来确定被清除 ISR 位，二是在特殊循环优先级时用来指定最低优先级的 IR_i。

(3)操作命令字 OCW3

OCW3 的功能有 3 个,一是用来设置和撤销特殊屏蔽方式,二是读取 8259A 的内部寄存器,三是设置中断查询方式。此命令字必须写入 8259A 的偶地址端口,即 8259A 的 A_0=0,命令字的 D_4D_3=01 作为标志位。其格式和各位含义如下。

A_0	D_7	D_6	D_5	D_4	D_3	D_2	D_1	D_0
0	0	ESMM	SMM	0	1	P	RR	RIS

① 读寄存器命令

D_1:RR 读寄存器命令位。RR=1 时允许读 IRR 或 ISR,RR=0 时禁止读这两个寄存器。

D_0:RIS 读 IRR 或 ISR 的选择位。显然,这一位只有当 RR=1 时才有意义,当 RIS=1 时,允许读正在服务寄存器 ISR,RIS=0 时,允许读中断请求寄存器 IRR。

读这两个寄存器内容的步骤是相同的,即先写 OCW3 确定要读的那个寄存器,然后再对 OCW3 读一次(即对同一个口地址),就得到指定寄存器内容了。

比如,要读 IRR 的状态,至少要下面 3 条指令才能完成。

```
MOV  AL,0AH
OUT  20H,AL
IN   AL,20H
```

中断屏蔽寄存器 IMR 的内容可以通过对 OCW1 进行读操作获得。

② 查询

D_2:P 位是 8259A 的中断查询设置位。当 P=1 时,8259A 被设置为中断查询方式:当 P=0 时,表示 8259A 未被设置为中断查询方式。中断查询方式是指查询当前提出中断请求的情况,查询是由 CPU 对 8259A 读入完成的,这时$\overline{CS}$=0,$\overline{RD}$=0。8259A 将$\overline{RD}$=0 作为中断响应信号$\overline{INTA}$对待,即完成把中断请求写入 ISR 的相应位和将它的编码送入数据总线,CPU 可在判别读入的数据后知道现在正要服务的中断是哪一个。读出的格式表示如下:

D_7	D_6	D_5	D_4	D_3	D_2	D_1	D_0
I	—	—	—	—	W_2	W_1	W_0

其中 W_2~W_0 就是请求服务的最高优先级的编码,而 I 位表示有无请求,若 I=1 表示有请求,I=0 则无请求。在这种方式下,可以不管 CPU 是否开放中断,也不需要从 8259A 的 INT 输出请求信号,有时候此方式使用起来比较方便。

某系统 8259A 采用完全嵌套方式,已知当前 ISR 寄存器中的 D_2、D_5 位被置"1",即第 2 级的中断打断了第 5 级中断,当前执行的是第 2 级中断服务程序,若在第 2 级中断服务程序中将 OCW3 的 P 位置"1"后,执行一条 IN AL,PORT 指令,则 AL 中的内容是:

1	×	×	×	×	0	1	0

③ 中断屏蔽

D_6:ESMM 允许 SMM 位起作用的控制位。若 ESMM=1 时,则允许 8259A 工作在特殊屏蔽方式,SMM 的设置有意义,当 ESMM=0 时,则不允许 8259A 工作在特殊屏蔽方式,

SMM 的设置将变得无效。

D_5：SMM 设置/撤销特殊屏蔽方式位。当 ESMM＝1，SMM＝1 时设置特殊屏蔽方式：SMM＝0 时撤销特殊屏蔽方式，而恢复成一般屏蔽方式。一般屏蔽方式是由 IMR 和 ISR 两个寄存器实施的。IMR 的每一位只对一个中断源屏蔽，且互不影响。ISR 是对当前正在服务的最高优先级中断的相应位置位，低于或等于这个优先级的中断就被屏蔽了。

8259A 的编程可以分为两部分。首先是初始化编程，在 8259A 工作之前，由 CPU 向 8259A 送 2～4 字节的初始化命令字 ICW，使其处于准备就绪状态。然后进行工作方式编程，由 CPU 向 8259A 送操作命令字 OCW，以规定 8259A 的工作方式。OCW 可以在 8259A 已初始化后的任何时候写入。

8259A 的初始化的过程如图 6－20 所示。

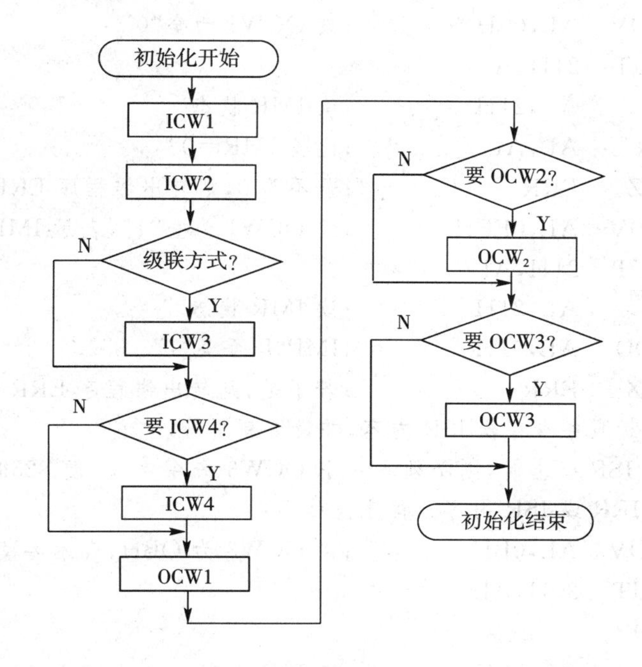

图 6－20　8259A 的初始化过程

例 6－1　设定 8259A 各命令字的口地址为 20H、21H。8259A 初始化设定的工作方式为：边沿触发方式、缓冲器方式、EOI 方式、中断全嵌套优先权管理方式。

根据以上要求，对 IBM－PC 微机 8259A 初始化的程序段如下：

```
MOV  AL,00010011B    ;设 ICW1 为边沿触发方式,单片 8259A,需要 ICW4
OUT  20H,AL
MOV  AL,00001000B    ;设置 ICW2 中断类型号为 08H－0FH
OUT  21H,AL
MOV  AL,00001101B    ;设置 ICW4 为 8086 模式,正常 EOI、缓冲,全嵌套
OUT  21H,AL
```

初始化以后，8259A 就处于全嵌套工作方式。如果允许定时时钟、键盘、异步通信卡(COM1)中断(见图 6－21)，而屏蔽其它的中断，可以接着用以下两条指令设置 OCW1：

```
MOV  AL,11101100B
OUT  21H,AL
```

由于设定的是正常的EOI中断结束方式,所以在中断服务程序结束返回断点之前,必须写入OCW2命令字,其值为00100000B(20H):

```
MOV  AL,00100000B
OUT  20H,AL
IRET
```

例6-2 BIOS中检查中断屏蔽寄存器IMR的程序。

通过对IMR写入一个屏蔽字,然后再读出IMR的屏蔽字,以检查IMR的工作是否正常。程序段如下:

```
        MOV  AL,00H      ;设OCW1为全"0"
        OUT  21H,AL
        IN   AL,21H      ;读IMR状态
        OR   AL,AL       ;比较IMR=0?
        JNZ  ERR         ;若不为0,则转出错程序ERR
        MOV  AL,0FFH     ;设OCW1为全"1",表示IMR为全"1"
        OUT  21H,AL
        IN   AL,21H      ;读IMR状态
        ADD  AL,01H      ;IMR是否全"1"
        JNZ  ERR         ;若不是,则转出错程序ERR
```

例6-3 读中断服务寄存器ISR内容,并设置新屏蔽。

若要对IRR或ISR读出时,则必须写一个OCW3命令字,以便8259A处于被读状态,然后再用读指令取出IRR或ISR内容。程序段如下:

```
        MOV  AL,0BH      ;设OCW3为OBH,表示要读ISR
        OUT  20H,AL
        NOP
        IN   AL,20H      ;读ISR内容
        MOV  AH,AL       ;保存ISR内容入AH中
        OR   AL,AH       ;判ISR中内容是否为全"0"
        JNZ  HW_INT      ;否,转硬件中断处理程序
        ……               ;是全"0",则不是硬件中断,作其它处理
HW_INT: IN   AL,21H      ;读IMR
        OR   AL,AH       ;产生新屏蔽字
        OUT  21H,AL      ;屏蔽掉正在服务的中断级
        MOV  AL,20H      ;设OCW2为20H,表示中断结束命令EOI
        OUT  20H,AL      ;发EOI命令
```

在实际使用时,可能需要响应某些比正在处理的中断级别更低的中断请求,而按一般屏蔽方法,在中断服务程序执行过程中一般安排EOI命令,即不会使ISR中的位复位,也就无法响应低优先级的中断请求,如果采用特殊屏蔽方式,则除了被IMR屏蔽的中断源外,

8259A对任何级别的中断请求都能响应。

6.4 8259A的综合应用举例

由上节可知,8259A有两类编程命令,初始化命令字ICW和操作命令字OCW,在中断系统运行之前,系统中的每片8259A都必须进行初始化编程,初始化程序放在程序的开头,命令字ICW1、ICW2,ICW4必须有,至于命令字ICW3是否需要,取决于系统中的8259A是否采用级联方式。CPU对8259A完成初始化编程后,8259A处于等待外部中断请求状态,进行一般中断嵌套管理。若想改变操作方式,通过CPU向8259A发操作命令字OCW实现中断动态管理。OCW与ICW不同的是,OCW不需要按次序发送,根据需要可放在程序任意位置。

6.4.1 8259A在PC/XT及PC/AT系统中的初始化编程

例6-4 PC/XT系统中,8259A的初始化编程。

(1)8259A在PC/XT系统中的使用要求和特点。

① 单片使用,管理8级中断,SP/EN接+5V,CAS_2~CAS_0不用。

② 端口地址范围为20H~3FH,实际使用20H和21H两个端口。

③ 8个中断请求信号IR_7~IR_0均为边沿触发。

④ 采用中断优先级固定方式,0级最高,7级最低。

⑤ 中断类型号范围为08H~0FH。非自动中断结束。

(2)根据上述要求,硬件连线如图6-21所示。

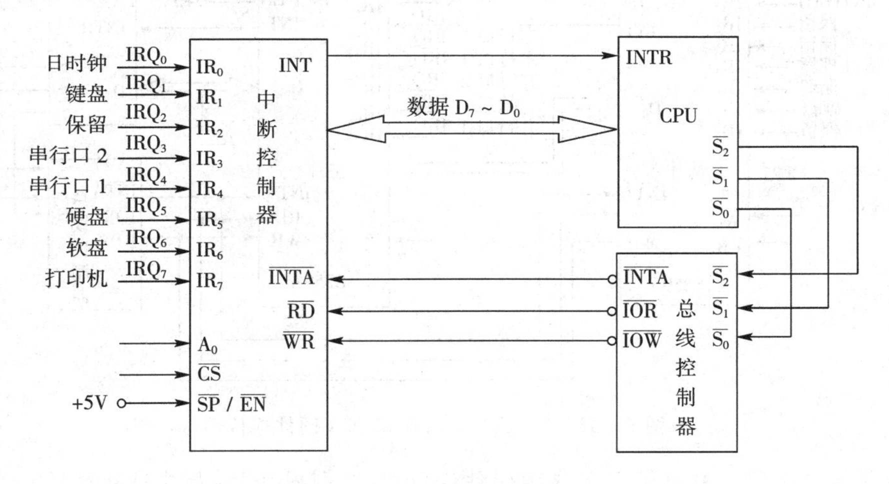

图6-21 PC/XT中8259A硬件连线图

(3)初始化编程。根据使用要求和硬件连线图,初始化程序段如下。

```
INTA00  EQU    20H          ;8259A偶地址端口
INTA01  EQU    21H          ;8259A奇地址端口
……
MOV     AL,13H              ;ICW1:边沿触发、单片、需要ICW4
```

```
OUT     INTA00,AL
MOV     AL,08H                  ;写 ICW2:中断类型号高 5 位
OUT     INTA01,AL
MOV     AL,01H                  ;写 ICW4:一般嵌套,8086/8088 CPU
OUT     INTA01,AL               ;非自动结束
……
```

例 6-5 在 PC/AT 系统中,8259A 的初始化编程。

(1)8259A 在 PC/AT 系统中的使用要求和特点。

① 两片级联使用,管理 15 级中断,主片的 $\overline{SP}/\overline{EN}$ 端接+5V,从片的 $\overline{SP}/\overline{EN}$ 端接地,$CAS_2 \sim CAS_0$ 作为互连线,从片的 INT 端连到主片的 IR_2。

② 主片的端口地址范围为 20H～3FH,实际使用 20H 和 21H 两个端口。从片的端口地址范围为 0A0H～0BFH,实际使用 0A0H 和 0A1H 两个端口。

③ 主从片的中断请求信号均为边沿触发。

④ 采用一般完全嵌套方式。使用非缓冲器方式。

⑤ 设置 0～7 级中断的类型号范围为 08H～0FH,设置 8～15 级中断的类型号范围为 70H～77H。

(2)根据上述要求,硬件连线如图 6-22 所示。

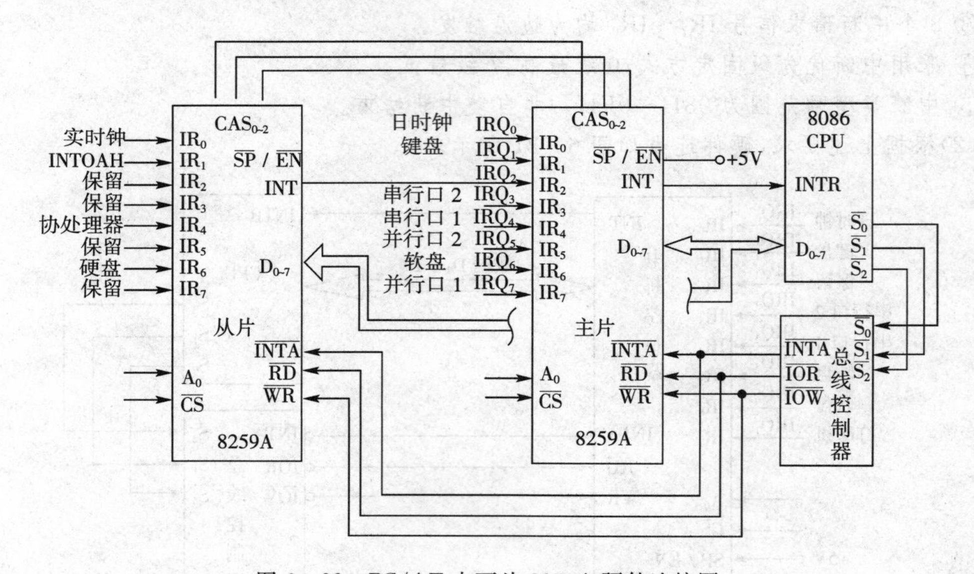

图 6-22 PC/AT 中两片 8259A 硬件连接图

(3)初始化编程。根据使用要求和硬件连线图,分别对主片、从片进行初始化。

① 初始化主片 8259A 的程序段如下。

```
INTA00   EQU    20H             ;主 8259A 偶地址端口
INTA01   EOU    21H             ;主 8259A 奇地址端口
……
MOV     AL,11H                  ;ICW1:边沿触发、多片、需要 ICW4
OUT     INTA00,AL
```

```
MOV     AL,08H                  ;ICW2:中断类型号高5位
OUT     INTA01,AL
MOV     AL,04H                  ;ICW3:主片的IR2接从片输出INT
OUT     INTA01,AL
MOV     AL,01H                  ;ICW4:一般嵌套,8086/808B CPU
OUT     INTA01,AL               ;自动结束,非缓冲
```

② 初始化从片8259A的程序段如下。

```
INTB00  EQU     0A0H            ;从8259A偶地址端口
INTB01  EQU     0A1H            ;从8259A奇地址端口
……
MOV     AL,11H                  ;ICW1:边沿触发、多片、需要ICW4
OUT     INTB00,AL
MOV     AL,70H                  ;ICW2:中断类型号高5位
OUT     INTB01,AL
MOV     AL,02                   ;ICW3:从片的INT接主片IR2输入端
OUT     INTB01,AL
MOV     AL,02H                  ;ICW4:一般嵌套,8086/8088 CPU
OUT     INTB01,AL               ;自动结束,非缓冲
……
```

6.4.2 8259A的应用举例

例6-6 中断请求通过PC/XT 62芯总线的IRQ2端输入,中断源来自于定时计数器8253的输出脉冲,或者其他分频电路的脉冲要求每次主机响应外部中断IRQ2时,显示字符串"THIS IS A 8259A INTERRUPT!"(或其它串),中断10次后,程序退出。

已知:PC/XT机内8259A的端口地址为20H和21H,IRQ2保留给用户使用,其中断类型号为0AH,而其它外中断已被系统时钟、键盘等占用,机内的8259A已被初始化成边沿触发、固定优先级、一般中断结束、普通屏蔽。

则编写对应的程序如下。

```
INTA00  EQU     20H                     ;XT系统中8259A的偶地址端口
INTA01  EQU     21H                     ;XT系统中8259A的奇地址端口
DATA    SEGMENT
MESS    DB  'THIS IS A 8259A INTERRUPT!'0AH,0DH,'$'
DATA    ENDS
CODE    SEGMENT
  ASSUME  CS:CODE,DS:DATA
START:  MOV  AX,CS                      ;0AH号中断向量表初始化
        MOV  DS,AX
        MOV  DX,OFFSET  INT_PROC
        MOV  AX,250AH                   ;0AH号中断向量
```

```
        INT     21H
        CLI                                  ;关中断
        MOV     DX,INTA01                    ;开放 IRQ2 中断对应的屏蔽位
        IN      AL,DX
        AND     AL,0FBH                      ;IMR2=0
        OUT     DX,AL
        MOV     BX,10                        ;设置计数值为 10
        STI                                  ;开中断
LL:     JMP     LL                           ;死循环,等待中断
TNT_PROC: MOV   AX,DATA                      ;设置 DS 指向数据段
          MOV   DS,AX
          MOV   DX,OFFSET  MESS              ;显示发生中断的信息
          MOV   AH,9
          INT   21H
          MOV   DX,INTA00                    ;发中断结束命令
          MOV   AL,20H
          OUT   DX,AL
          DEC   BX                           ;计数值减 1 不为 0 转 NEXT
          JNZ   NEXT
          MOV   DX,INTA01                    ;关闭 IRQ2 中断对应的屏蔽位
          IN    AL,DX
          OR    AL,04H                       ;IMR2=1
          OUT   DX,AL
          STI                                ;开中断
          MOV   AH,4CH                       ;返回 DOS
          INT   21H
NEXT:     IRET                               ;中断返回
CODE      ENDS
END       START
```

例 6-7 8259A 的级连实例。

在一个中断系统中,可以使用多片 8259A,使中断优先级从 8 级扩展到最多的 64 级,这得通过 8259A 的级连来实现。在级连时,只能有一片 8259A 作为主片,其余的 8259A 均作为从片。

主 8259A 的三条级连线 $CAS_0 \sim CAS_2$ 作为输出线,通过驱动器连接到每个从片的 $CAS_0 \sim CAS_2$ 的输入端。如只有一个从片,也可以不加驱动器。每个从片的中断请求信号输出线 INT,连接到主片的中断请求输入端 $IR_0 \sim IR_7$,主片的中断请求输出线 INT 连接到 CPU 的中断请求输入端 INTR。

图 6-23 给出了 8259A 级连的具体连接。图中未画出数据总线驱动器,在实际线路中要连接数据总线驱动器时,只要把主片的 $\overline{SP}/\overline{EN}$ 端接数据总线驱动器的输出允许端 $\overline{OE}$,再

把 8259A 的数据线 $D_7 \sim D_0$ 和驱动器的数据线 $D_7 \sim D_0$ 相连就可以了。从片的 $\overline{SP}/\overline{EN}$ 接地。

主片和从片都必须通过设置初始化命令字 ICW 进行初始化，而且要通过操作命令字 OCW 来设置它们的工作方式。下面以 IBM PC/AT 微机的中断系统为例说明主片、从片的初始化编程。IBM PC/AT 机有两片 8259A，主片端口地址为 20H，22H，中断类型号为 08H～0FH，从片端口地址为 0A0H，0A2H，中断类型号为 70H～77H，主片的 IR_2 和从片级连。

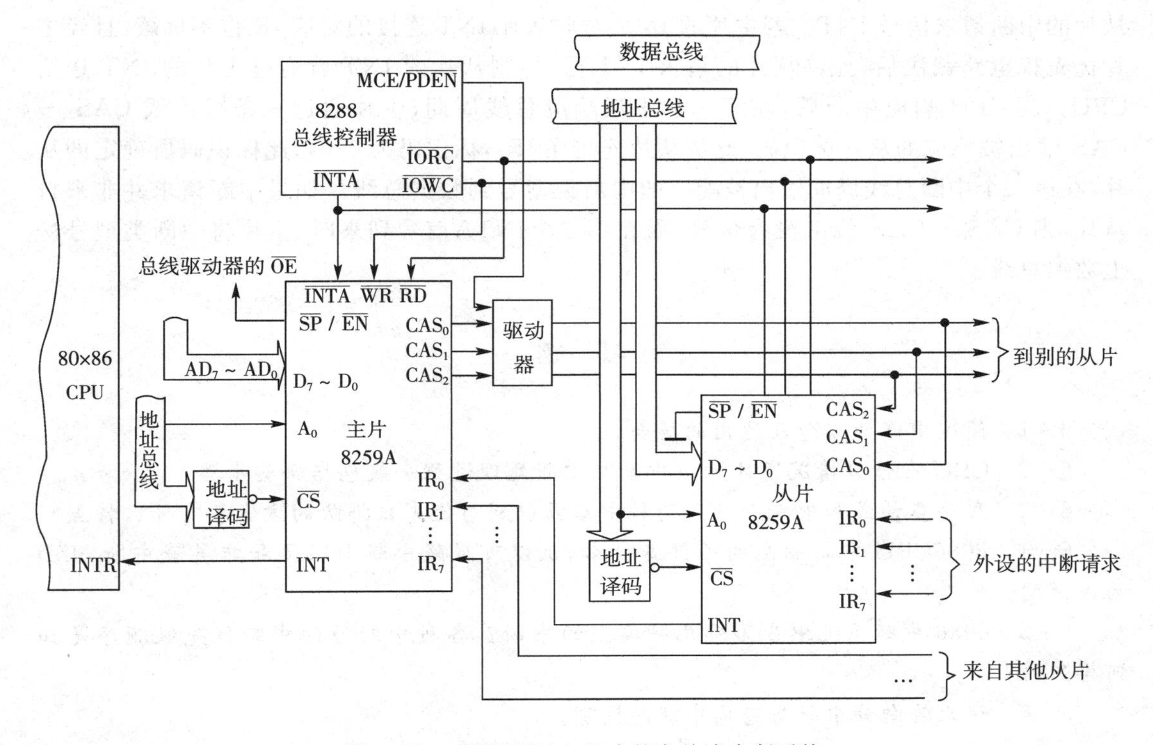

图 6－23　两片 8259A 组成的主从式中断系统

(1)主片 8259A 的初始化

```
MOV   AL,11H          ;设置ICW1,级连方式,要ICW3、ICW4
OUT   20H,AL
MOV   AL,08H          ;设置ICW2,中断类型码起始号为08H
OUT   22H,AL
MOV   AL,04H          ;设置ICW3,从片连到主片的IR2上
OUT   22H,AL
MOV   AL,11H          ;设置ICW4,非缓冲,正常EOI,特殊全嵌套方式
OUT   22H,AL
```

(2)从片的 8259A 的初始化

```
MOV   AL,11H          ;设置ICW1
OUT   0A0H,AL
```

```
MOV   AL,70H          ;设置ICW2,从片中断类型码起始号70H
OUT   0A2H,AL
MOV   AL,02H          ;设置ICW3,从片识别码对应主片IR2
OUT   0A2H,AL
MOV   AL,01H          ;设置ICW4,非缓冲,正常EOI,全嵌套方式
OUT   0A2H,AL
```

该主从式中断系统,当从片中任一输入端有中断请求,经内部优先权电路裁决后,产生从片的中断请求信号 INT。若主片的 IMR 对此从片 INT 连接的对应 IR_i位不屏蔽,且经主片优先权电路裁决后,允许从片的请求 INT 通过,则从片的 INT 就通过主片的 INT 送给 CPU。当 CPU 响应中断后,在第一个中断响应总线周期,主片通过三条级连线 CAS_0～CAS_2输出被响应的从片标识码(此例从片连接在 IR_2,标识码为 010),此标识码所确定的从片,在第二个中断总线周期输出被响应的中断类型号到数据总线。如果中断请求并非来自从片,则 CAS_0～CAS_2线上没有信号,而在第二个$\overline{INTA}$信号到来时,主片将中断类型号送上数据总线。

习　题

6－1　简述中断的概念及适用的场合。

6－2　CPU 在什么情况下才响应中断？中断处理过程一般包括哪些步骤？

6－3　程序查询式和中断向量式两种中断源识别与优先权排队的方案各有什么特点？

6－4　8086CPU 中断响应的条件是什么,试以可屏蔽中断 INTR 和非屏蔽中断 NMI 为例说明。

6－5　8086 中断系统中分为哪几种类型的中断？各种中断源的中断优先级顺序是如何排列的？

6－6　试比较向量中断与查询中断的区别。

6－7　8086 的中断向量包括什么内容？一个中断类型号为 13H 的中断服务程序存放在 1122:3344H 的内存中,中断向量应如何存放？

6－8　试说明自动中断结束和非自动中断结束方式,中断一般嵌套和特殊嵌套的区别,它们各自在什么情况下使用？

6－9　什么是循环优先级方式？这种方式适合什么场合？

6－10　一个 8259A 初始化时,ICW1＝1BH,ICW2＝30H,ICW4＝01H,试说明 8259A 的工作情况。

6－11　简述 8259A 中断控制器的作用是什么？

6－12　8259A 的中断屏蔽寄存器 IMR 和 8086 的中断允许触发器 IF 有什么差别？

6－13　某系统中两片 8259A 接成主从式控制器,若从片接主片的 IR_3端,试画出硬件接线图。

6－14　在中断响应周期中,CPU 会发出两个$\overline{INTA}$负脉冲,8259A 利用这两个负脉冲实现什么功能？

6－15　已知中断向量表中地址 0020H～0023H 的单元中依次是 40H,00H,00H,

01H，并已知 INT 8 指令本身所在地址为 9000H：00A0H。若 SP=0100H，SS=0300H，标志寄存器 F=0240H，试指出在执行 INT 8 指令，刚进入它的中断服务程序时，SP，SS，IP，CS 和堆栈顶上三个字的内容（用图表示）。

6-16　某一用户中断源的中断类型号为 60H，其中断处理程序的符号地址为 INTR60。请至少用两种不同的方法设置它的中断向量表。

6-17　8086 系统中，若端口地址为 02C0H，02C2H 的 8259A 是单片、全嵌套工作方式、非特殊屏蔽和非特殊结束方式、中断请求信号边沿触发。当中断响应时，8259A 输出的中断类型号为 08H。试给出 8259A 初始化程序。

6-18　试编写一段将 8259A 中 IRR，ISR，IMR 的内容读出，存入到 BUFFER 开始的数据缓冲区去的程序。8259A 端口地址为 50H，52H。

6-19　若一个中断系统有一片主 8259A 和三片从 8259A. 从 8259A 分别接在主 8259A 的 IR_2，IR_3，IR_4 上。若主片的 IMR 置成 01010000，各从片的 IMR 所有位均清“0”，连接在 IR_3 上的从片的最高优先级是 IR_5。试按优先级顺序排列各未被屏蔽的中断级（从高到低排列）。

第7章 计数器/定时器

在微型计算机系统中，经常要用到定时功能。例如，在 IBM PC 机中，需要有一个实时时钟以实现计时功能，还要求按一定的时间间隔对动态 RAM 进行刷新，此外，扬声器的发声也是由定时信号来驱动的。在计算机实时控制和处理系统中，则要按一定的采样周期对处理对象进行采样，或定时检测某些参数等等，都需要定时信号。此外，在许多微机应用系统中，还会用到计数功能，需对外部事件进行计数。

7.1 实现计数与定时的基本方法

实现定时功能的主要方法有三种：软件定时、不可编程的硬件定时和可编程的硬件定时。

软件定时是最简单的定时方法，它不需要硬件支持，只要让机器循环执行某一条或一系列指令，这些指令本身并没有具体的执行目的，但由于执行每条指令都需要一定的时间，重复执行这些指令就会占用一段固定的时间。因此，习惯上将这种定时方法称为软件延时。通过正确选取指令和合适的循环次数，便很容易实现定时功能。利用这种方法定时，完全由软件编程来控制和改变定时时间，灵活方便，而且节省费用。这种方法的明显缺点是 CPU 的利用率太低，在定时循环期间，CPU 不能再去做任何其他有用的工作，而仅仅是在反复循环，等待预定的定时时间的到来。这在许多情况下是不允许的，比如，对动态存储器的定时刷新操作点要处于开机状态，就需要一直不停地进行下去，显然不能采用软件定时。为了提高 CPU 的利用率，常采用可编程和不可编程的硬件电路来实现定时。

555 芯片是一种常用的不可编程器件，加上外接电阻和电容就能构成定时电路。这种定时电路结构简单，价格便宜，通过改变电阻或电容值，可以在一定的定时范围内改变定时时间。但这种在硬件电路已连接好的情况下，定时时间和范围就不能由程序来控制和改变，而且定时精度也不高。

可编程定时器/计数器电路利用硬件电路和中断方法控制定时，定时时间和范围完全由软件来确定和改变，并由微处理器的时钟信号提供时间基准。因这种时钟信号由晶体振荡器产生，故计时精确稳定。但该时钟信号频率太高，所以要把它送到专门的计数器/定时器芯片进行分频后，才能产生所需的各种定时信号。用可编程定时器/计数器电路进行定时时，先要根据预定的定时时间，用指令对计数器/定时器芯片设定计数初值，然后启动芯片进行工作。计数器一旦开始工作后，CPU 就可以去做别的工作了，等计数器计到预定的时间，便自动形成一个输出信号，该信号可用来向 CPU 提出中断请求，通知 CPU 定时时间已到，使 CPU 作相应的处理。或者直接利用输出信号去启动设备工作。这种方法不但显著提高了 CPU 的利用率，而且定时时间由软件设置，使用起来十分灵活方便，加上定时时间又很精确，所以获得了广泛的应用。

如果系统中有产生代表外部事件的脉冲信号源，也可以利用计数器/定时器芯片对外部事件进行计数。

7.2 可编程计数器/定时器 8253

7.2.1 可编程计数器/定时器的主要功能

Intel 8253 就是一种能完成上述功能的计数器/定时器芯片，被称为可编程间隔定时器(Programmable Interval Timer，PIT)。8253 内部具有 3 个独立的 16 位计数器通道，通过对它进行编程，每个计数器通道均可按 6 种不同的方式工作，并且都可以按 2 进制或 10 进制格式进行计数，最高计数频率能达到 2MHz。8253 还适用于许多其他的场合，如用作可编程方波频率产生器、分频器、程控单脉冲发生器等等。

Intel 8254 是 8253 的增强型产品，它与 8253 的引脚兼容，功能几乎完全相同，不同之处仅在于以下两点：

1. 8253 的最大输入时钟频率为 2MHz，而 8254 的最大输入时钟频率可高达 5MHz，8254－2 则为 10MHz。

2. 8254 有读回(read－back)功能，可以同时锁存 1～3 个计数器的计数值及状态值，供 CPU 读取，而 8253 每次只能锁存和读取一个通道的计数器，且不能读取状态值。

下面主要以 Intel 8253 为例，介绍计数器/定时器芯片的基本工作原理和使用方法。在讨论计数器/定时器的应用实例时，将举例说明 8254 的回读功能。

7.2.2 8253 的内部结构和引脚信号

8253 的内部结构和引脚信号分别如图 7－1 和图 7－2 所示。

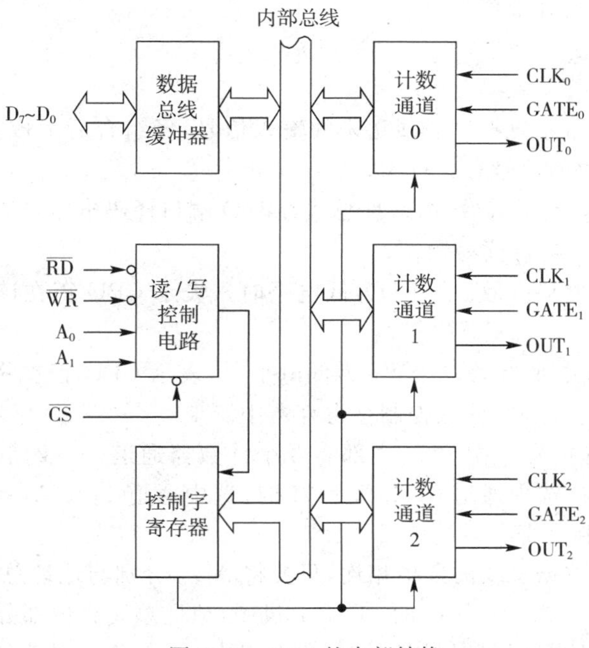

图 7－1 8253 的内部结构

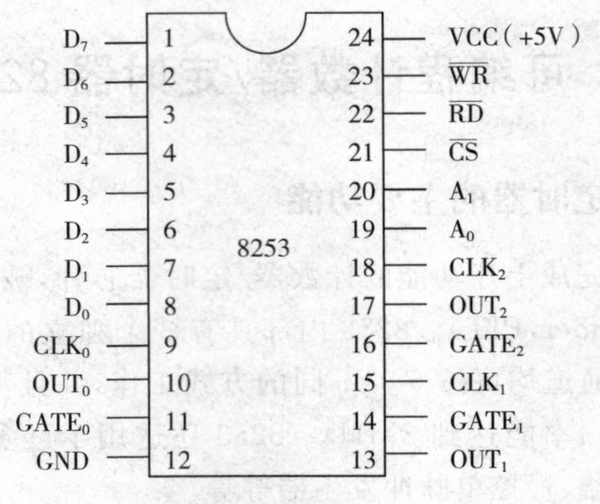

图 7-2　8253 的引脚

从图 7-1 可见,8253 内部包含数据总线缓冲器、读/写控制电路、控制字寄存器和 3 个结构完全相同的计数器,这 3 个计数器分别称为计数器 0,计数器 1 和计数器 2。各部分的功能和有关引脚的意义分述如下:

1.数据总线缓冲器

数据总线缓冲器是 8253 与系统数据总线相连接时用的接口电路,它由 8 位双向三态缓冲器构成,CPU 用输入、输出指令对 8253 进行读/写操作的信息,都经 8 位数据总线 D_7～D_0传送,这些信息包括:

(1)CPU 在对 8253 进行初始化编程时,向它写入的控制字。

(2)CPU 向某一计数器写入的计数初值。

(3)从计数器读出的计数值。

2.读/写控制电路

读/写控制逻辑接收系统控制总线送来的输入信号,经组合后形成控制信号,对各部分操作进行控制。可接收的信号有:

(1)$\overline{CS}$片选信号,低电平有效,由地址总线经 I/O 端口译码电路产生。只有当它为低电平时,CPU 才能对 8253 进行读写操作。

(2)$\overline{RD}$读信号,低电平有效。当$\overline{RD}$为低电平时。表示 CPU 正在读取所选定的计数器通道中的内容。

(3)$\overline{WR}$写信号,低电平有效。当$\overline{WR}$为低电平时,表示 CPU 正在将计数初值写入所选中的计数通道中或者将控制字写入控制字寄存器中。

(4)A_1A_0端口选择信号。在 8253 内部有 3 个计数器通道(0～2)和一个控制字寄存器端口。当 A_1A_0=00 时,选中通道 0;A_1A_0=01 时,选中通道 1;A_1A_0=10 时,选中通道 2;A_1A_0=11 时,选中控制字寄存器端口。

如果 8253 与 8 位数据总线的微机相连,只要将 A_1A_0分别与地址总线的最低两位 A_1A_0相连即可。比如,在以 8088 为 CPU 的 PC/XT 机中,地址总线高位部分(A_9～A_4)用于 I/O 端口译码,形成选择各 I/O 芯片的片选信号,低位部分(A_3～A_0)用于各芯片内部端口的寻址。若 8253 的端口基地址为 40H，则通道 0、1、2 和控制字寄存器端口的地址分别为 40H、41H、42H 和 43H。

如果系统采用的是 8086 CPU，则数据总线为 16 位。CPU 在传送数据时，总是将低 8 位数据送往偶地址端口，将高 8 位数据送到奇地址端口。反之，偶地址端口的数据总是通过低 8 位数据总线送到 CPU，奇地址端口的数据总是通过高 8 位数据总线送到 CPU。当仅具有 8 位数据总线的存储器或 I/O 接口芯片与 8086 的 16 位数据总线相连时，既可以连到高 8 位数据总线，也可以接在低 8 位数据总线上。在实际设计系统时，为了方便起见，常将这些芯片的数据线 D_7～D_0 接到系统数据总线的低 8 位，这样，CPU 就要求芯片内部的各个端口都使用偶地址。

假设一片 8253 被用于 8086 系统中，为了保证各端口均为偶地址，CPU 访问这些端口时，必须将地址总线的 A_0 置为 0。因此，我们就不能象在 8088 系统中那样，用地址线 A_0 来选择 8253 中的各个端口。而改用地址总线中的 A_2A_1 实现端口选择，即将 A_2 连到 8253 的 A_1 引脚，而将 A_1 与 8253 的 A_0 引脚相连。若 8253 的基地址为 F0H(11110000B)，因 A_2A_1 ＝00，所以它也就是通道 0 的地址；A_2A_1 ＝01 选择通道 1，所以通道 1 的地址为 F2H(11110010B)；A_2A_1 ＝10，选择通道 2，即口地址为 F4H(11110100B)；A_2A_1 ＝11 选中控制字寄存器，即口地址为 F6H(11110110B)。

各输入信号经组合形成的控制功能如表 7－1 所示。

表 7－1　8253 输入信号组合的功能表

$\overline{CS}$	$\overline{RD}$	$\overline{WR}$	A_1　A_0	功　能
0	1	0	0　0	写入计数器 0
0	1	0	0　1	写入计数器 1
0	1	0	1　0	写入计数器 2
0	1	0	1　1	写入控制字寄存器
0	0	1	0　0	读计数器 0
0	0	1	0　1	读计数器 1
0	0	1	1　0	读计数器 2
0	0	1	1　1	无操作
1	×	×	×　×	禁止使用
0	1	1	×　×	无操作

3. 计数器 0～3

8253 内部包含 3 个完全相同的计数器/定时器通道，对 3 个通道的操作完全是独立的。每个通道都包含一个 8 位的控制字寄存器、一个 16 位的计数初值寄存器、一个计数器执行部件(实际的计数器)和一个输出锁存器。执行部件实际上是一个 16 位的减法计数器，它的起始值就是初值寄存器的值，该值可由程序设置。输出锁存器用来锁存计数器执行部件的值，必要时 CPU 可对它执行读操作，以了解某个时刻计数器的瞬时值。计数初值寄存器、计数器执行部件和输出锁存器都是 16 位寄存器，它们均可被分成高 8 位和低 8 位两个部分。因此也可作为 8 位寄存器来使用。

每个通道工作时，都是对输入到 CLK 引脚上的脉冲按 2 进制或 10 进制(BCD 码)格式进行计数,计数采用倒计数法,先对计数器预置一个初值,再把初值装入实际的计数器。然后,开始递减计数。即每输入一个时钟脉冲,计数器的值减1,当计数器的值减为0时,便从OUT引脚输出一个脉冲信号。输出信号的波形主要由工作方式决定,同时还受到从外部加到GATE引脚上的门控信号控制,它决定是否允许计数。

当用8253作外部事件计数器时,在CLK脚上所加的计数脉冲是由外部事件产生的,这些脉冲的间隔可以是不相等的。如果要用它做定时器,则CLK引脚上应输入精确的时钟脉冲。这时,8253所能实现的定时时间,决定于计数脉冲的频率和计数器的初值,即

$$定时时间=时钟脉冲周期\ t_c \times 预置的计数初值\ n$$

例如,在某系统中,8253所使用的计数脉冲频率为0.5MHz,即脉冲周期 $t_c=2\mu s$,如果给8253的计数器预置的初值 $n=500$,则当计数器计到数值为0时,定时时间 $T=2\mu s\times 500=1ms$。

对8253来讲,外部输入到CLK引脚上的时钟脉冲频率不能大于2MHz。如果大于2MHz,则必需经分频后才能送到CLK端,使用时要注意。

8253的3个计数器都各有3个引脚,它们是:

(1)CLK_0~CLK_2计数器0~2的输入时钟脉冲从这里输入。

(2)OUT_0~OUT_2计数器0~2的输出端。

(3)$GATE_0$~$GATE_2$计数器0~2的门控脉冲输入端。

4.控制字寄存器

控制字寄存器是一种只写寄存器,在对8253进行编程时,由CPU用输出指令向它写入控制字,来选定计数器通道,规定各计数器通道的工作方式,读写格式和数制。控制字的格式如图7-3所示。

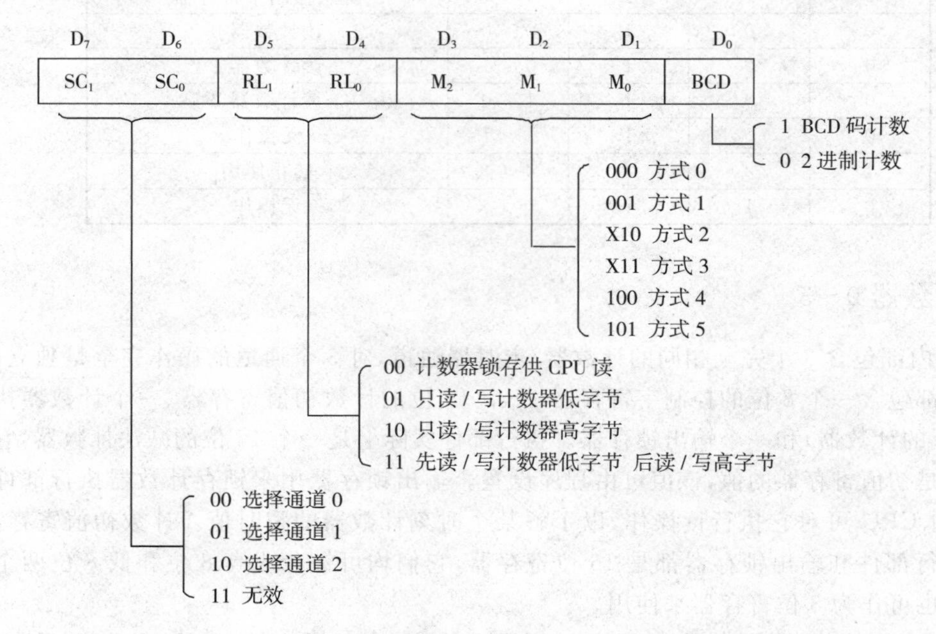

图7-3 8253控制字格式

SC_1SC_0——通道选择位。由于 8253 内部有 3 个计数通道，需要有 3 个控制字寄存器分别规定相应通道的工作方式，但这 3 个控制字寄存器只能使用同一个端口地址，在对 8253 进行初始化编程，设置控制字时，需由这两位来决定在向哪一个通道写入控制字。选择 SC_1SC_0＝00，01，10 分别表示向 8253 的计数器通道 0～2 写入控制字。SC_1SC_0＝11 时无效。

RL_1RL_0——读/写操作位，用来定义对选中通道中的计数器的读/写操作方式。当 CPU 向 8253 的某个 16 位计数器装入计数初值，或从 8253 的 16 位计数器读入数据时，可以只读写它的低 8 位字节或高 8 位字节。RL_1RL_0组成 4 种编码，表示 4 种不同的读/写操作方式，即：

RL_1RL_0＝01，表示只读/写低 8 位字节数据，只写入低 8 位时，高 8 位自动置为 0；

RL_1RL_0＝10，表示只读/写高 8 位字节数据，只写入高 8 位时，低 8 位自动置为 0；

RL_1RL_0＝11，允许读/写 16 位数据。由于 8253 的数据线只有 8 位（D_7～D_0），一次只能传送 8 位数据，故读/写 16 位数据时必须分两次进行，先读/写计数器的低 8 位字节，后读/写高 8 位字节；

RL_1RL_0＝00，把通道中当前数据寄存器的值送到 16 位锁存器中，供 CPU 读取该值。

BCD——计数方式选择位。当该位为 1 时，采用 BCD 码计数，写入计数器的初值用 BCD 码表示，初值范围为 0000～9999H，其中 0000 表示最大值 10000，即 10^4。例如，当我们预置的初值 n＝1200H 时，就表示预置了一个十进制数 1200。当 BCD 位为 0 时，则采用二进制格式计数，写入计数器中的初值用二进制数表示。在程序中，二进制数可以写成 16 进制数的形式，所以初值范围为 0000～FFFFH，其中 0000 表示最大值 65536，即 2^{16}。这时，如果我们仍预置了一个初值 n＝1200H，就表示置了一个十进制数 4608。

$M_2M_1M_0$——工作方式选择位。8253 的每个通道都有 6 种不同的工作方式，即方式 0～5，当前工作于哪种方式，由这 3 位来选择。每种工作方式的特点、计数器的输出与输入及门控信号之间的关系等问题，将在后面作进一步介绍。

7.2.3 8253 的初始化及门控信号的功能

1. 8253 的初始化编程步骤

刚接通电源时，诸如 8253 之类的可编程外围接口芯片通常都处于未定义状态，在使用之前，必须用程序把它们初始化为所需的特定模式，这个过程称为初始化编程。对 8253 芯片进行初始化编程时，需按下列步骤进行：

(1)写入控制字

用输出指令向控制字寄存器写入一个控制字，以选定计数器通道，规定该计数器的工作方式和计数格式。写入控制字还起到复位作用，使输出端 OUT 变为规定的初始状态，并使计数器清 0。

(2)写入计数初值

用输出指令向选中的计数器端口地址中写入一个计数初值，初值设置时要符合控制字中有关格式的规定。初值可以是 8 位数据，也可以是 16 位数据。若是 8 位数，只要用一条输出指令就可完成初值的设置。如果是 16 位数，则必须用两条输出指令来完成，而且规定先送低 8 位数据，后送高 8 位数据。注意，计数初值为 0 时，也要分成两次写入，因为在二进制计数时，它表示 65536，BCD 计数时，它表示 10000。

由于 3 个计数器分别具有独立的编程地址，而控制字寄存器本身的内容又确定了所控制的寄存器的序号，因此对 3 个计数器通道的编程没有先后顺序的规定，可任意选择某一个计数器通道进行初始化编程，只要符合先写入控制字，后写入计数初值的规定即可。

例如，在某微机系统中，8253 的 3 个计数器的端口地址分别为 3F0H、3F2H 和 3F4H，控制字寄存器的端口地址为 3F6H，要求 8253 的通道 0 工作于方式 3，并已知对它写入的计数初值 n=1234H，则初始化程序为：

```
MOV   AL,   00110111B ;控制制字，选择通道 0，先读/写低字节后高字节，方式 3，
                       BCD 计数
MOV   DX,   3F6H       ;指向控制口
OUT   DX,   AL         ;送控制字
MOV   AL,   34H        ;计数值低字节
MOV   DX,   3F0H       ;指向计数器 0 端口
OUT   DX,   AL         ;先写入低字节
MOV   AL,   12H        ;计数值高字节
OUT   DX,   AL         ;后写入高字节
```

在计数初值写入 8253 后，还要经过一个时钟脉冲的上升沿和下降沿，才能将计数初值装入实际的计数器，然后在门控信号 GATE 的控制下，对从 CLK 引脚输入的脉冲进行递减计数。

2. 门控信号控制功能

门控信号 GATE 在各种工作方式中的控制功能如表 7-2 所示，其中符号“—”表示无影响。

表 7-2　门控信号 GATE 的控制功能

工作方式	GATE 为低电平或下降沿	GATE 为上升沿	GATE 为高电平
方式 0	禁止计数	—	允许计数
方式 1	—	从初值开始计数，下一个时钟后输出变为低电平	—
方式 2	禁止计数，使输出变高	从初值开始计数	允许计数
方式 3	禁止计数，使输出变高	从初值开始计数	允许计数
方式 4	禁止计数	—	允许计数
方式 5	—	从初值开始计数	—

从表 7-2 可以看到，可以用门控信号的上升沿、低电平或下降沿来控制 8253 进行计数。对于方式 0 和方式 4，当 GATE 为高电平时，允许计数，GATE 为低电平或下降沿时，禁止计数。对于方式 1 和方式 5，只有当门控信号产生从低电平到高电平的正跳变时，才允许 8253 从初始值开始计数。但两者对输出电平的影响是有区别的，在方式 1 时，GATE 信

号触发 8253 开始计数后，就使输出端 OUT 变成低电平，而方式 5 的 GATE 触发信号不影响 OUT 端的电平。对方式 2 和方式 3，GATE 为高电平时允许计数，低电平或下降沿时禁止计数，若 GATE 变低后又产生从低到高的正跳变时，将会再次触发 8253 从初值开始计数。

7.2.4 8253 的工作方式

8253 的每个通道都有 6 种不同的工作方式，下面分别进行介绍。

1. 方式 0——计数结束中断方式(Interrupt on Terminal Count)

此方式的定时波形如图 7-4 所示，工作过程如下：

当对 8253 的任一个通道写入控制字，并选定工作于方式 0 时，该通道的输出端 OUT 立即变为低电平。要使 8253 能够进行计数，门控信号 GATE 必须为高电平。如图 7-4 所示，设 GATE 为高电平。若 CPU 利用输出指令向计数通道写入初值(n=4)时，$\overline{WR}$变成低电平。在$\overline{WR}$的上升沿时，n 被写入 8253 内部的计数器初值寄存器。在$\overline{WR}$上升沿后的下一个时钟脉冲的下降沿时，才把 n 装入通道内的实际计数器中，开始进行减 1 计数。也就是说、从写入计数器初值到开始减 1 计数之间，有一个时钟脉冲的延迟。此后，每从 CLK 引脚输入一个脉冲，计数器就减 1。总共经过 n+1 个脉冲后，计数器减为 0，表示计数计到终点，计数过程结束，这时 OUT 引脚由低电平变成高电平。这个由低到高的正跳变信号，可以接到 8259A 的中断请求输入端，利用它向 CPU 发中断请求信号。OUT 引脚上的高电平信号，一直保持到对该计数器装入新的计数值，或设置新的工作方式为止。

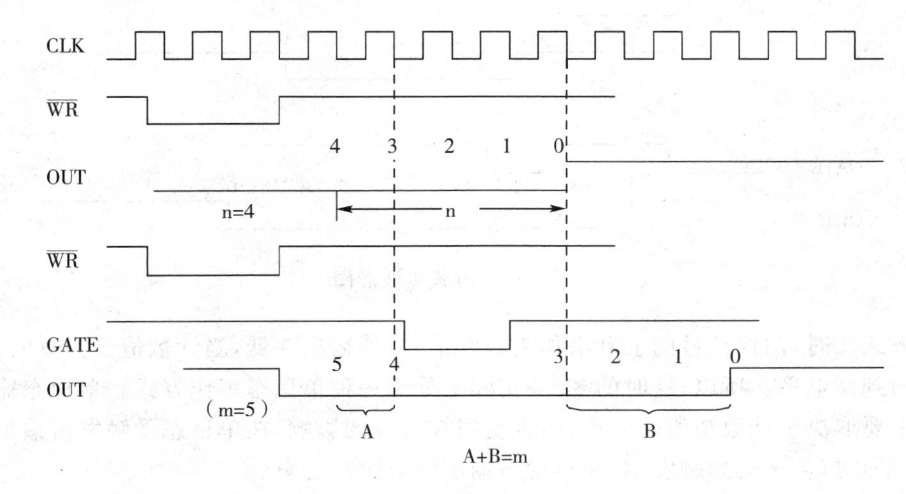

图 7-4 方式 0 波形图

在计数的过程中，如果 GATE 变为低电平，则暂停减 1 计数，计数器保持 GATE 有效时的值不变，OUT 为低电平。待 GATE 回到高电平后，又继续往下计数。我们用图 7-4 中下半部分的波形来说明这种情况，这时，计数初值取 m=5。

按方式 0 进行计数时，计数器只计一遍。当计数器计到 0 时. 不会再装入初值重新开始计数，其输出将保持高电平。若重新写入一个新的计数初值，OUT 立即变成低电平，计数器将按照新的计数值开始计数。

2. 方式 1——可编程单稳态输出方式(Programable One—short)

8253 工作于方式 1 时的波形如图 7-5 所示。当 CPU 用控制字设定某计数器工作于方式 1 时,该计数器的输出 OUT 立即变为高电平。在这种方式下,在 CPU 装入计数值 n 后,无论 GATE 是高电平还是低电平,都不进行减 1 计数,必须等到 GATE 由低电平向高电平跳变,形成一个上升沿后,才能在下一个时钟脉冲的下降沿,将 n 装入计数器的执行部件。同时,输出端 OUT 由高电平向低电平跳变。以后,每来一个时钟脉冲,计数器就开始减 1 操作。当计数器的值减为零时,输出端 OUT 产生由低到高的正跳变。这样,就可在 OUT 引脚上得到一个负的单脉冲,单脉冲的宽度可由程序来控制,它等于时钟脉冲的宽度乘以计数值 n。

在计数过程中,若 GATE 产生负跳变,不会影响计数过程的进行。但若在计数器回零前,GATE 又产生从低到高的正跳变,则 8253 又将初值 n 装入计数器执行部件,重新开始计数,其结果会使输出的单脉冲宽度加宽。因此,只要计数器没有回零,利用 GATE 的上升沿可以多次触发计数器从 n 开始重新计数,直到计数器减为 0 时,OUT 才回到高电平。

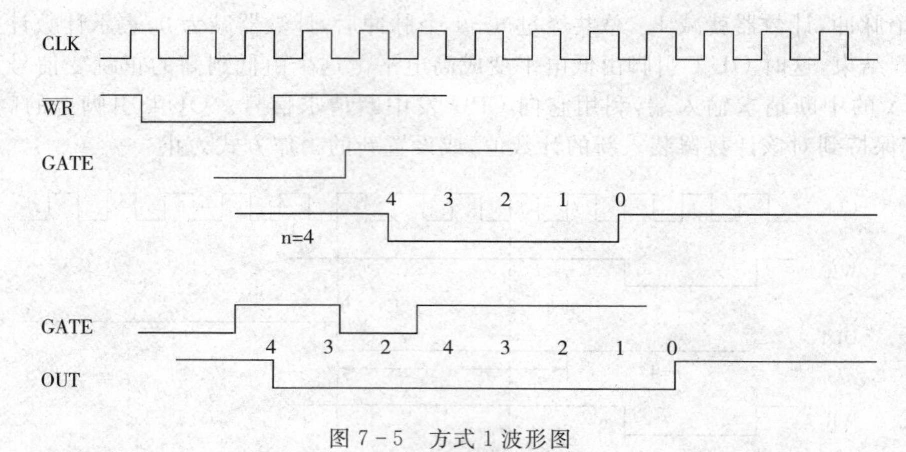

图 7-5 方式 1 波形图

在方式 1 时,门控信号的上升沿作为触发信号,使输出变低,当计数值变为 0 时,又使输出自动回到高电平。所以,这时的 8253 实际上处于一种单稳态工作方式。单稳态输出脉冲的宽度主要取决于计数初值的大小,但也受门控信号的影响,在单稳态受触发后输出未回稳态(高电平)时,若又受到触发,会使单稳态输出的负脉冲变宽。

3. 方式 2——比率发生器(Rate Generator)

方式 2 的定时波形如图 7-6 所示。

当对某一计数通道写入控制字,选定工作方式 2 时,OUT 端输出高电平。如果 GATE 为高电平,则在写入计数值后的下一个时钟脉冲时,将计数值装入执行部件。此后,计数器随着时钟脉冲的输入而递减计数。当计数值减为 1 时,OUT 端由高电平变为低电平,待计数器的值减为 0 时,OUT 引脚又回到高电平,即低电平的持续时间等于一个输入时钟周期。

与此同时，还将计数初值重新装入计数器，开始一个新的计数过程，并由此周而复始地循环计数。如果装入计数器的初值为 n，那么在 OUT 引脚上，每隔 n 个时钟脉冲就产生一个负脉冲，其宽度与时钟脉冲的周期相同，频率为输入时钟脉冲频率的 n 分之一。所以，这实际上是一种分频工作方式。

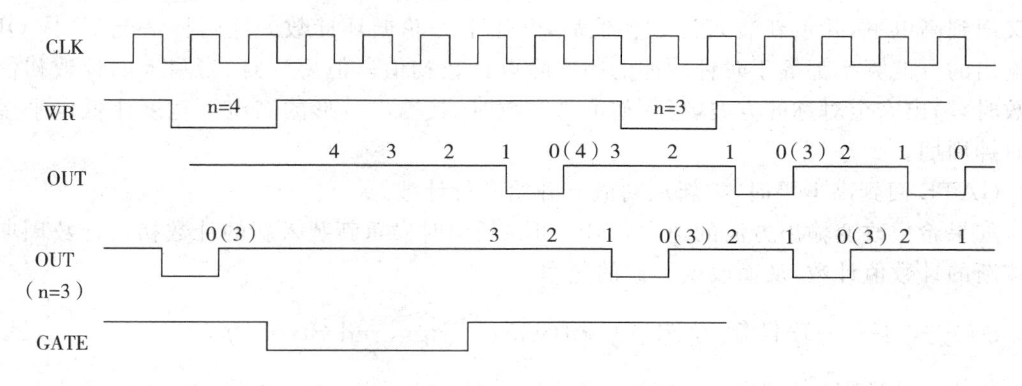

图 7-6　方式 2 波形图

在操作过程中，任何时候都可由 CPU 重新写入新的计数值，它不会影响当前计数过程的进行。如图 7-6 所示，原来的计数值 n=4，在计数过程中计数值回零前，又写入新的计数值 n=3，8253 仍按 n=4 进行计数。当计数值减为 0 时，一个计数周期结束，8253 将按新写入的计数值 n=3 进行计数。

在计数过程中，当 GATE 变为低电平时，将迫使 OUT 变为高电平并禁止计数，GATE 从低电平变为高电平，也就是 GATE 端产生上升沿时，则在下一个时钟脉冲时，把预置的计数初值装入计数器，从初值开始递减计数，并循环进行。

当需要产生连续的负脉冲序列信号时，可使 8253 工作于方式 2。

4. 方式 3——方波发生器(Square Wave Generator)

方式 3 和方式 2 的工作相类似，但从输出端得到的不是序列负脉冲，而是对称的方波或基本对称的矩形波。当 GATE 为高电平时的输出波形如图 7-7 所示，工作过程如下：

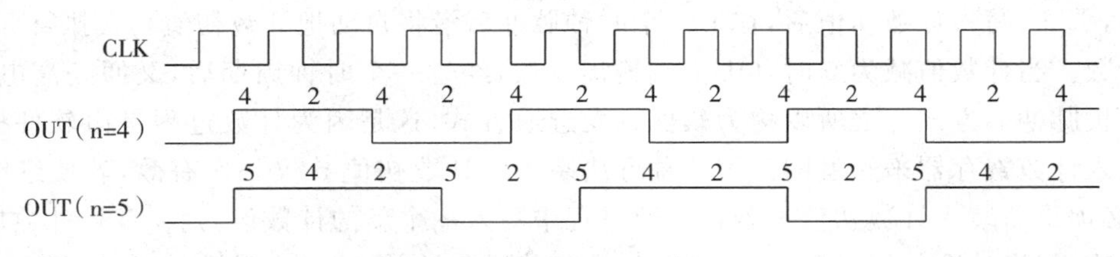

图 7-7　方式 3 波形图

当输入控制字后，OUT 端输出变为高电平。如果 GATE 为高电平，则在写入计数值后的下一个时钟脉冲时，将计数值装入执行部件，并开始计数。

如果写入计数器的初值为偶数，则当 8253 进行计数时，每输入一个时钟脉冲，均使计数值减 2。计数值减为 0 时，OUT 输出引脚由高电平变成低电平，同时自动重新装入计数初值，继续进行计数。当计数值减为 0 时，OUT 引脚又回到高电平，同时再一次将计数初值装入计数器，开始下一轮循环计数；如果写入计数器的初值为奇数，则当输出端 OUT 为高电平时，第一个时钟脉冲使计数器减 1，以后每来一个时钟脉冲都使计数器减 2，当计数值减为 0 时，输出端 OUT 由高电平变为低电平，同时自动更新装入计数初值继续进行计数。这时第一个时钟脉冲使计数器减 3，以后每个时钟脉冲都使计数器减 2，计数值减为 0 时，OUT 端又回到高电平，并重新装入计数初值后，开始下一轮循环计数。这两种情况下，从 OUT 端输出的方波频率都等于时钟脉冲的频率除以计数初值。但要注意，当写入的计数初值为偶数时，输出完全对称的方波，写入初值为奇数时，其输出波形的高电平宽度比低电平多一个时钟周期。

GATE 回到高电平时，重新从初值 n 开始进行计数。

如果希望改变输出方波的速率，CPU 可在任何时候重新装入新的计数初值计数周期就可按新的计数值计数，从而改变方波的速率。

5. 方式 4——软件触发选通(Software Triggered Strobe)

方式 4 的波形图如图 7-8 所示。

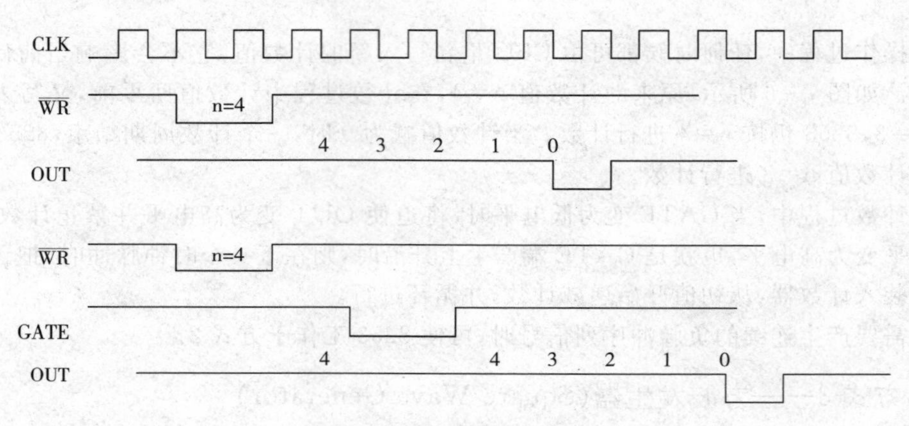

图 7-8 方式 4 波形图

当对 8253 写入控制字，进入工作方式 4 后，OUT 端输出变为高电平。如果 GATE 为高电平，那么，写入计数初值后，在下一个时钟脉冲后沿将自动把计数初值装入执行部件，并开始计数。当计数值减为 0 时，OUT 端输出变低，经过一个时钟周期后，又回到高电平、形成一个负脉冲。方式 4 之所以称为软件触发选通方式，这是因为计数过程是由软件把计数初值装入计数寄存器来触发的。用这种方法装入的计数初值 n 仅一次有效，若要继续进行计数，必须重新装入计数初值。若在计数过程中写入一个新的计数值，则在现行计数周期内不受影响，但当计数值回 0 后，将按新的计数初值进行计数，同样也只计一次。

如果在计数的过程中 GATE 变为低电平，则停止计数，当 GATE 变为高电平后，又重新将初值装入计数器，从初值开始计数，直至计数器的值成为 0 时，从 OUT 端输出一个负脉冲。

6. 方式 5——硬件触发选通(Hardware Triggered Strobe)

方式 5 也称为硬件触发选通方式，波形时序如图 7-9 所示。

编程进入工作方式 5 后,OUT 端输出高电平。当装入计数初值 n 后,不管 GATE 是高电平还是低电平,减 1 计数器都不会工作。一定要等到从 GATE 引脚上输入一个从低到高的正跳变信号时,才能在下一个时钟脉冲后沿把计数初值装入执行部件,并开始减 1 计数。当计数器的值减为 0 时,输出端 OUT 产生一个宽度为一个时钟周期的负脉冲,然后 OUT 又回到高电平。计数器回 0 后,8253 又自动将计数值 n 装入执行部件,但并不开始计数,要等到 GATE 端输入正跳变后,才又开始减 1 计数。由于从 OUT 端输出的负脉冲,是通过硬件电路产生的门控信号上升沿触发减 1 计数而形成的,所以这种工作方式称为硬件触发选通方式。

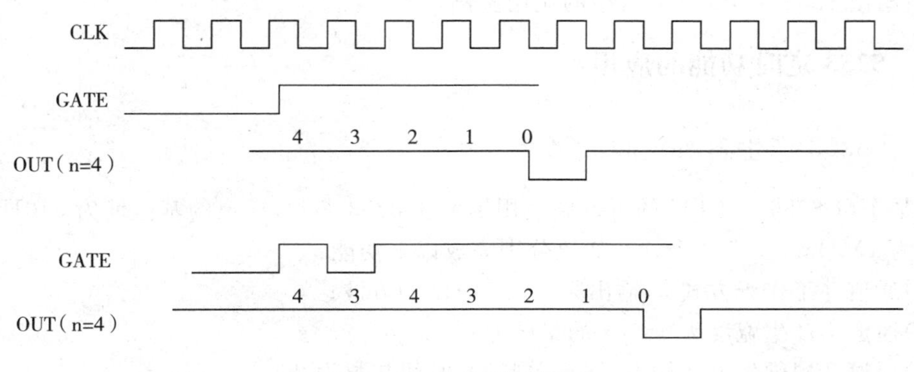

图 7 - 9　方式 5 波形图

计数器在计数过程中,不受门控信号 GATE 电平的影响,但只要计数器未回 0,GATE 的上升沿却能多次触发计数器,使它重新从计数初值 n 开始计数,直到计数值成为 0 时,才输出一个负脉冲。

如果在计数过程中写入新的计数值,但没有触发脉冲,则计数过程不受影响。当计数器的值减为 0 后,GATE 端又输入正跳变触发脉冲时,将按新写入的初值进行计数。

由上面的讨论可知,6 种工作方式各有特点,因而适用的场合也不一样。现将各种方式的主要特点概括如下:

对于方式 0,在写入控制字后,输出端即变低,计数结束后,输出端由低变高,常用该输出信号作为中断源。其余 5 种方式写入控制字后,输出均变高。方式 0 可用来实现定时或对外部事件进行计数。

方式 1 用来产生单脉冲。

方式 2 用来产生序列负脉冲,每个负脉冲的宽度与 CLK 脉冲的周期相同。

方式 3 用于产生连续的方波。方式 2 和方式 3 都实现对时钟脉冲进行 n 分频。

方式 4 和方式 5 的波形相同,都在计数器回 0 后,从 OUT 端输出一个负脉冲,其宽度等于一个时钟周期。但方式 4 由软件(设置计数值)触发计数,而方式 5 由硬件(门控信号 GATE)触发计数。

这 6 种工作方式中,方式 0、1 和 4,计数初值装进计数器后,仅一次有效。如果要通道再次按此方式工作,必须重新装入计数值。对于方式 2、3 和 5,在减 1 计数到 0 值后,8253 会自动将计数值重装进计数器。

7.3 8253的应用举例

8253可以用在微型机系统中，构成各种计数器、定时器电路或脉冲发生器等。使用8253时，先要根据实际需要设计硬件电路，然后用输出指令向有关通道写入相应的控制字和计数初值，对8253进行初始化编程，这样8253就可以工作了。由于8253的3个计数通道是完全独立的，因此可以分别对它们进行硬件设计和软件编程，使三个通道工作于相同或不同的工作方式。为了清楚起见，下面从定时功能和计数功能两个方面来介绍8253的应用，然后给出8253在PC/XT机中的应用实例。

7.3.1 8253定时功能的应用

1.用8253产生各种定时波形

在某个以8086为CPU的系统中使用了一块8253芯片，通道的基地址为310H时钟脉冲频率为1MHz。要求3个计数通道分别完成以下功能：

(1)通道0工作于方式3，输出频率为2kHz的方波；

(2)通道1产生宽度为480μs的单脉冲；

(3)通道2用硬件方式触发，输出单脉冲，时间常数为26。

据此设计的硬件电路如图7-10所示。由图可见，8253芯片的片选信号$\overline{CS}$由74LS138构成的地址译码电路产生，只有当执行I/O操作(即$M/\overline{IO}$为低)时以及$A_9A_8A_7A_6A_5=11000$时，译码器才能工作。当$A_4A_3A_0=100$时，$\overline{Y_4}=0$，使8253的片选信号面有效，选中偶地址端口，端口基地址值为310H。CPU的A_2A_1分别与8253的A_1A_0相连，用于8253芯片内部寻址，使8253的4个端口地址分别为310H、312H、314H和316H。8253的8根数据

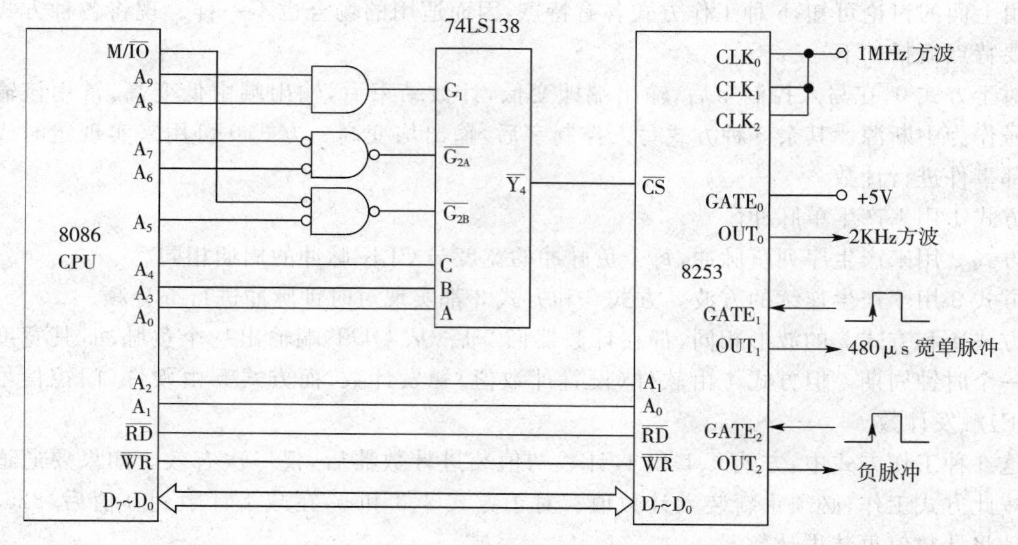

图7-10 8253定时波形产生电路

线 $D_7 \sim D_0$ 必须与 CPU 的低 8 位数据总线 $D_7 \sim D_0$ 相连。另外,8253 的 $\overline{RD}$、$\overline{WR}$ 脚分别与 CPU 的相应引脚相连。3 个通道的 CLK 引脚连在一起,均由频率为 1MHz(周期为 1μs)的时钟脉冲驱动。

通道 0 工作于方式 3,即构成一个方波发生器,它的控制端 $GATE_0$ 须接+5V,为了输出 2kHz 的连续方波,应使时间常数 N0=1MHz/2kHz=500。

通道 1 工作于方式 1,即构成一个单稳态电路,$GATE_2$ 的正跳变触发,输出一个宽度由时间常数决定的负脉冲。此功能一次有效,需要再形成一个脉冲时,不但 $GATE_2$ 脚上要有触发,通道也需重置新初始化。需输出宽度为 480μs 的单脉冲时,应取时间常数 N1=480μs/1μs=480。

通道 2 工作于方式 5,即由 $GATE_2$ 的正跳变触发减 1 计数,在计到 0 时形成一个宽度与时钟周期相同的负脉冲。此后,若 $GATE_2$ 脚上再次出现正跳变,又能产生一个负脉冲。这里假设预置的时间常数为 26。

对 3 个通道的初始化程序如下:

```
;通道 0 初始化程序
MOV   DX,  316H        ;控制口地址
MOV   AL,  00110111B   ;通道 0 控制字,先读写低字节,后高字节,方式 3,BCD
                       计数
OUT   DX,  AL          ;写入方式字
MOV   DX,  310H        ;通道 0 口地址
MOV   AL,  00H         ;低字节
OUT   DX,  AL          ;先写入低字节
MOV   AL,  05H         ;高字节
OUT   DX,  AL          ;后写入高字节
;通道 1 初始化程序
MOV   DX,  316H
MOV   AL,  01110011B   ;通道 1 控制字,先读写低字节,后高字节,方式 1,BCD
                       计数
OUT   DX,  AL
MOV   DX,  312H        ;通道 1 口地址
MOV   AL,  80H         ;低字节
OUT   DX,  AL
MOV   AL,  04H         ;高字节
OUT   DX,  AL
;通道 2 初始化程序
MOV   DX,  316H
MOV   AL,  10011011B   ;通道 2 控制字,读写低字节,方式 5,BCD 计数
OUT   DX,  AL
MOV   DX,  314H        ;通道 2 口地址
```

```
MOV    AL， 26H         ;低字节
OUT    DX， AL          ;只写入低字节
```

2. 控制 LED 的点亮或熄灭

8253 的计数和定时功能，可以应用到自动控制、智能仪器仪表、科学实验、交通管理等许多场合。例如，工业控制现场数据的巡回检阅，A/D 转换器采样率的控制，步进马达转动的控制，交通灯开启和关闭的定时，医疗监护仪器中参数越限报警器音调的控制等等。下面是一个用 8253 来控制一个 LED 发光二极管的点亮和熄灭的例子，要求点亮 10 秒钟后再让它熄灭 10 秒钟，并重复上述过程。加上适当的驱动电路后，便可以用在交通红绿灯控制和灯塔等场合。

假设这是一个 8086 系统，8253 的各端口地址为 81H、83H、85H 和 87H。图 7-11 是其硬件电路。8253 的 8 根数据线 $D_7 \sim D_0$ 与 CPU 的高 8 位数据线 $D_{15} \sim D_8$ 相连，这样才能选中奇地址端口。通道 1 的 OUT_1 与 LED 相连，当它为高电平时，LED 点亮，低电平时，LED 熄灭。只要对 8253 编程，使 OUT_1 输出周期为 20 秒，占空比为 1:1 的方波，就能使 LED 交替地点亮和熄灭 10 秒钟。若将频率为 2MHz(周期为 0.5μs)的时钟直接加到 CLK_1 端，则 OUT_1 输出的脉冲周期最大只有 0.5μs×65536＝32768μs＝32.768ms，达不到 20 秒的要求。为此，需用几个通道级连的方案来解决这个问题。

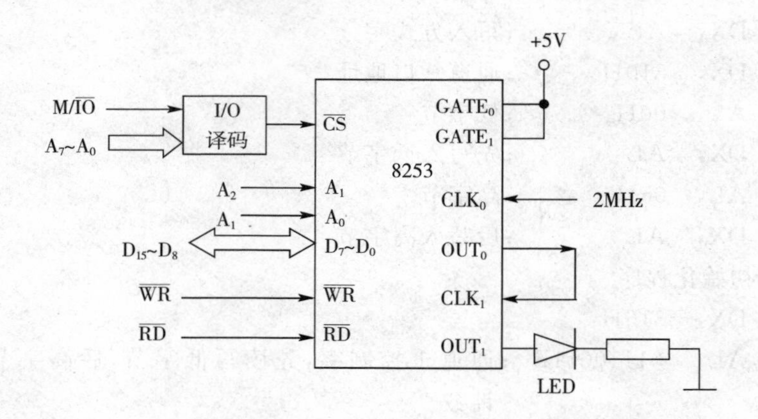

图 7-11　用 8253 控制 LED 点亮或熄灭

如图 7-11 所示，将频率为 2MHz 的时钟信号加在 CLK_0 输入端，并让通道 0 工作于方式 2。若选择计数初值 N0＝5000，则从 OUT_0 端可得到序列负脉冲，其频率为 2MHz/5000＝400Hz，周期为 2.5ms。再把该信号连到 CLK_1 输入端，并使通道 1 工作于方式 3。为了使 OUT_1 输出周期为 20 秒(频率为 1/20＝0.05Hz)的方波，应取时间常数 Nl＝400Hz/0.05Hz＝8000。

初始化程序如下：

```
MOV    AL， 00110101B     ;通道 0 控制字，先读写低字节，后高字节，方式 2，BCD
                          计数
OUT    87H， AL
```

```
MOV   AL， 00H          ;计数初值低字节
OUT   81H，AL
MOV   AL， 50H          ;计数初值高字节
OUT   81H，AL

MOV   AL， 01110111B    ;通道 1 控制字,先读写低字节,后高字节,方式 3,BCD
                        计数
OUT   87H，AL
MOV   AL， 00H          ;计数初值低字节
OUT   83H，AL
MOV   AL， 80H          ;计数初值高字节
OUT   83H，AL
```

7.3.2 8253 计数功能的应用

8253 可以用于各种需要进行计数的场合。下面,我们用一个具体的例子来说明它在这方面的应用。假设一个自动化工厂需要统计在流水线上所生产的某种产品的数量,可采用 8086 微处理器和 8253 等芯片来设计实现这种自动计数的系统。下面介绍这种自动计数系统的电路和控制软件的设计方法。

1. 硬件电路设计

这个自动计数系统由 8086CPU 控制,用 8253 作计数器。此外,还要用到一片 8259A 中断控制器芯片和若干其他电路。图 7-12 仅给出了计数器部分的电路图,8086 和 8259A 未画在图上。

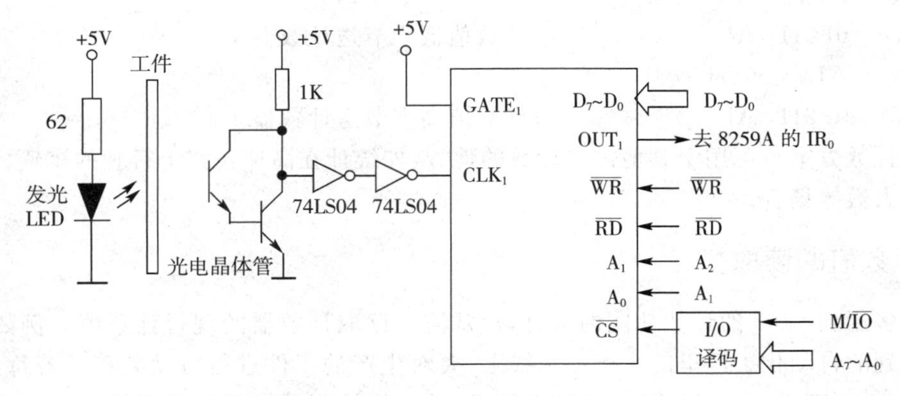

图 7-12 对工件进行计数的电路

电路由一个红外 LED 发光管、一个复合型光电晶体管、两个施密特触发器 74LS14 及一片 8253 芯片等构成。用 8253 的通道 1 来进行计数,工作过程如下:

当 LED 发光管与光电管之间无工件通过时,LED 发出的光能照到光电管上,使光电晶体管导通,集电极变为低电平。此信号经施密特触发器驱动整形后,送到 8253 的 CLK_1,使

8253 的 CLK_1 输入端也变成低电平。当 LED 与光电管之间有工件通过时，LED 发出的光被它挡住，照不到光电管上，使光电管截止，其集电极输出高电平，从而使 CLK_1 端也变成高电平。待工件通过后，CLK_1 端又回到低电平。这样，每通过一个工件，就从 CLK_1 端输入一个正脉冲，利用 8253 的计数功能对此脉冲计数，就可以统计出工件的个数来。两个施密特触发反相器 74LS04 的作用，是将光电晶体管集电极上的缓慢上升信号，变换成满足计数电路要求的 TTL 电平信号。

8253 的片选输入 $\overline{CS}$ 端接到 I/O 端口地址译码器的一个输出端，$\overline{RD}$ 和 $\overline{WR}$ 端分别与 CPU 的 $\overline{RD}$ 和 $\overline{WR}$ 信号相连。8253 的数据线 $D_7 \sim D_0$ 与 CPU 的低 8 位地址线相连，如前所述，这时 I/O 端口地址必须是偶地址，所以把 A_1 和 A_0 分别与 CPU 地址总线的 A_2 和 A_1 相连。8253 通道 1 的门控输入端 $GATE_1$ 接 +5V 高电平，即始终允许计数器工作。通道 1 的输出端 OUT_1 接到 8259A 的一个中断请求输入端 IR_0。

2. 初始化编程

硬件电路设计好后，还必须对 8253 进行初始化编程，计数电路才能工作。编程时，可选择计数器 1 工作于方式 0，按 BCD 码计数，先读/写低字节，后读/写高字节，根据图 7-3 可得到控制字为 01110001B。如选取计数初值 n=499，则经过 n+1 个脉冲，也就是 500 个脉冲，OUT_1 端输出 500 个正跳变。它作用于 8259A 的 IR_0 端，通过 8259A 的控制，向 CPU 发出一次中断请求，表示计满了 500 个数，在中断服务程序中使工件总数加上 500。中断服务程序执行完后，返回主程序，这时需要由程序把计数初值 499 再次装入计数器 1，才能继续进行计数。

设 8253 的 4 个端口地址分别为 F0H，F2H，F4H 和 F6H，则初始化程序为：

```
MOV   AL，  01110001B      ;控制字
OUT   0F6H，AL
MOV   AL，  99H
OUT   0F2H，AL             ;计数值低字节送计数器 1
MOV   AL，  04H
OUT   0F2H，AL             ;计数值高字节送计数器 1
```

这种计数方案也可用于其他需要计数的地方，如统计在高速公路上行驶的车辆、统计进入工厂的人数等场合。

3. 计数值的读取

在许多用到 8253 的计数功能的场合，常常需要读取计数器的现行计数值。例如，还是在上面提到的自动化工厂里的生产流水线上，要对生产的工件进行自动装箱。若每个包装箱能装 1000 个工件，在装满之后，就核定箱子，并通知控制系统开始对下一个包装箱装箱。这时，可用 8253 计数器对进入包装箱的工件进行计数。计数器从初值 n=999 开始计数. 每通过一个工件，计数器就减 1。当计数器减为 0 时，向 CPU 发中断请求，通知控制系统自动移走箱子。

上述系统只有在计数器计满 1000 后，才会转到中断服务程序中去累计工件数。如果在箱子尚未装满时，想了解箱子中已装了多少个工件，可通过读取计数器的现行值来实现。这

时，可先从计数器中读取现行的计数值. 再用 1000 减去现行值，就可求得当前装入箱中的工件数。

在读计数器现行值时，计数过程仍在进行，而且不受 CPU 的控制。因此，在 CPU 读取计数器的输出值时，可能计数器的输出正在发生改变，即数值不稳定，可能导致错误的读数。为防止这种情况发生，必须在读数前设法终止计数或将计数器输出端的现行值锁存。这可以使用下面两种方法。

一种方法是在读数前用外部硬件中断计数脉冲信号，或者使门控信号变为低电平，迫使 8253 停止计数。这种方法的缺点是需要硬件电路配合。此外，由于外部事件源被切断或正常的计数过程被禁止，干扰了实际的计数过程。因此，这不是一种好的方法，在我们这个例子里，就不宜采用这种读数方法。另一种方法是先用计数器锁存命令锁存现行计数值，然后将它读出。如前所述，每个计数通道中都有一个 16 位的输出锁存器，可以在任何时刻将计数器的现行值锁住。当需要读取计数器的现行值时，先向 8253 送一个控制字，并使控制字中的 $RL_1RL_0=00$，这表示向 8253 发了一个锁存命令，现行计数值立即被锁存起来。接下来，就可从相应的计数器通道中读取计数值。该控制字中的 SC_1SC_0 用来确定要锁存的是 3 个计数器中的哪一个。控制字的低 4 位对锁存命令无影响，可以将它们置为 0。读取计数值的方法由对 8253 进行初始化编程时所写入的控制字中的 RL_1RL_0 位来确定，当 $RL_1RL_0=01$ 时，只读取计数器的低字节，$RL_1RL_0=10$ 时，只读取计数器的高字节，$RL_1RL_0=11$ 时，先读写计数器低字节，后读写高字节。

比较起来，第二种方法完全由软件实现，并可随时读取计数值，而且不会干扰正常的计数过程和引起错误，是常用的方法。上例中，在要读取箱子中的现行工件数时，可执行下面的程序段：

```
MOV   AL,   01000000B     ;锁存计数器 1 命令
MOV   DX,   0F6H          ;控制口
OUT   DX,   AL            ;发锁存命令
MOV   DX,   0F2H          ;计数器 1
IN    AL,   DX            ;读取计数器 1 的低 8 位数
MOV   AH,   AL            ;保存低 8 位数
IN    AL,   DX            ;读取计数器 1 的高 8 位数
XCHG  AH,   AL            ;将计数值置于 AX 中
```

由于在上述程序执行前，对 8253 进行初始化编程时，已将计数器 1 置为先读/写低 8 位数，后读/写高 8 位数，所以，程序可以根据这样的次序连续读取 2 个字节的数据。如对计数器初始化为只读/写低 8 位或高 8 位数，则只允许读取一个字节。

在计数器的锁存命令发出后，锁存的计数值将保持不变，直至被读出为止。计数值从锁存器读出后，数值锁存状态即被自动解除，输出锁存器的值又将随计数器的值而变化。

利用这种方法读取 8253 的计数器值时，每执行一次锁存命令，只能锁存一个通道的计数值。如果想读取 8253 的 3 个计数器的值，就要向 8253 送 3 个锁存命令字。同样，用这种方法也可以读取 8254 的内部计数器的数值。但对于 8254 来说，还有另外一种读回功能，一次可以锁存多个计数器的值，从而可连续读取 1～3 个计数器的值。

4. 8254 的读回功能

当利用 8254 的读回(Read Back)命令功能，向 8254 的控制字寄存器写入一个读回命令字时，每次可锁存 1～3 个通道的计数值。此外，利用 8254 的读回功能，还可锁存 1～3 个计数通道的状态字，供 CPU 读取。通过读取状态字，可以核对向 8254 写入的控制字是否正确，还能了解当前输出引脚的电平状态，以及计数值是否已写入执行单元等。

8254 的读回命令的格式如图 7－13 所示。其个 D_7D_6 位为标志位，必须等于 11(8253 无此功能)，用来表明这是读回命令字。D_0 位为 0。D_5 位和 D_4 位分别用来决定是否要锁存计数器的数值及状态位的信息。D_3～D_0 位用来选择计数通道号。

当 D_5 位置 0 时.将锁存计数器的计数值。至于是锁存哪一个计数器的值，由 D_3～D_1 位来决定。D_3 位等于 1，表示锁存计数器 2 的值，D_2 或 D_1 等于 1，则表示锁存计数器 1 或计数器 0 的值。这样，通过 D_5～D_1 位的不同组合，可同时锁存一个、两个或三个计数器的值。计数器的值被锁存后，就能用前面介绍的读取 8253 计数值的类似方法来读取 8254 的计数值。该值被读出后，锁存器的输出又随计数的输出而变了。

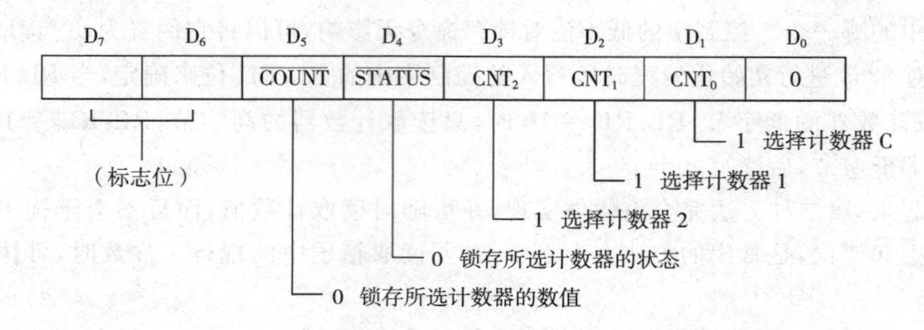

图 7－13　8254 的读回命令字格式

若 D_4 位置 0，将锁存计数器的状态信息。状态信息被锁存后。也可以由 CPU 用输入指令读回。用户通过读取状态信息，可核查所选中通道的计数值、工作方式、输出引脚 OUT 的现行状态及计数器是否已写入计数通道等信息。状态字的格式如图 7－14 所示。其中 D_5～D_0 位即为写入该通道的控制字的相应部分、RW_1RW_0 相当于 8253 的 RL_1RL_0 位。具体意义如下：

RW_1RW_0——读/写操作位，反映对该通道的计数器所设置的读/写操作方式。

BCD——反映通道所设置的计数方式。

$M_2M_1M_0$——反映通道所设置的工作方式。

D_7——通道输出状态位。当 $D_7=1$ 时，表示输出高电平，$D_7=0$ 时，输出为低电平。

D_6——无效计数值(NULL COUNT)，反映计数值是否已写入计数器执行单元。当向通道写入控制字和计数值后，$D_6=1$；当计数值写入计数器执行单元后，$D_6=0$。

D_7	D_6	D_5	D_4	D_3	D_2	D_1	D_0
OUTPUT	**NULL COUNT**	**RW_1**	**RW_0**	**M_2**	**M_1**	**M_0**	**BCD**

图 7－14　8254 的计数状态字

7.3.3 8253在PC/XT机中的应用

在PC/XT机中，使用8253－5作计数器/定时器电路，8253－5与8253的引脚和功能完全一致，仅在有些性能指标方面略高于8253。图7-15是8253－5在IBM PC/XT机中的连接图。从图7-15可以看到，8253－5的$\overline{RD}$、$\overline{WR}$信号与系统中相应的控制信号相连，A_1A_0与地址总线的对应端相连，$D_7\sim D_0$与系统的8位数据总线相连，片选信号$\overline{CS}$与I/O译码器的输出信号$\overline{T/C\ CS}$相连，地址在40H～5FH范围内均有效（$A_9\sim A_5=00010$）。ROM BIOS访问8253－5时，内部3个计数器的端口地址为40H、41H、42H，控制字寄存器的端口地址为43H。外部时钟信号PCLK由8284A时钟发生器产生，其频率为2.38636MHz，经U21二分频后，形成频率为f＝1.19318MHz的脉冲信号，作为3路计数器的输入时钟。8253－5的3个计数器部有专门的用途，下面分别介绍它们的使用情况。

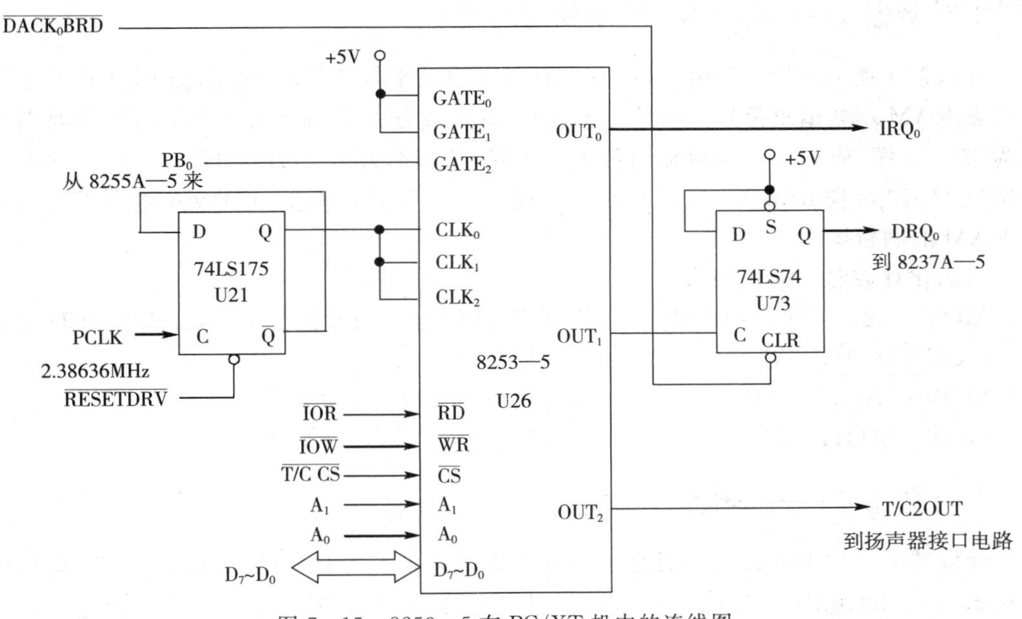

图7-15 8253－5在PC/XT机中的连线图

1. 计数器0——实时时钟

计数器0用作定时器，$GATE_0$接＋5V，使计数器0处于常开状态，开机初始化后，它就一直处于计数工作状态，为系统提供时间基准。在对计数器0进行初始化编程时，选用方式3（方波发生器），二进制计数。对计数器预置的初值n＝0，相当于$2^{16}=65536$，这样在输出端OUT_0，可以得到序列方波，其频率为f/n＝1.19318MHz/65536＝18.2Hz。它经PC总线的IRQ_0被直接送到8259A中断控制器的中断请求端IR_0，使计算机每秒钟产生18.2次中断，也就是每隔55毫秒请求一次中断。CPU可以此作为时间基准，在中断服务程序中对中断次数进行计数，就可形成实时时钟。例如中断100次，时间间隔即为5.5秒。这对于时间精度要求不是非常高的场合是很有用的。

如果用一个16位的计数器对中断次数进行计数，每中断一次，计数器加1。当16位的计数器计满后产生进位时，表示产生了65536次中断，所经过的时间为65536/18.2＝3600秒＝1小时。

对8253的计数器0进行初始化编程的程序为：

```
MOV   AL，  00110110B   ;控制字：通道0，先写低字节，后高字节，方式3，2进制
                         计数
OUT   43H， AL          ;写入控制字
MOV   AX，  0000H       ;预置计数值n＝65536
OUT   40H， AL          ;先写低字节
MOV   AL，  AH
OUT   40H， AL          ;后写高字节
```

2. 计数器1——动态RAM刷新定时器

计数器1的$GATE_1$也接＋5V，使计数器1也处于常开状态，它定时向DMA控制器提供动态RAM刷新请求信号。初始化编程时，设置成方式2(比率发生器)，计数器预置的初值为18。这样，从OUT_1端可输出负脉冲序列，其频率为1.19318MHz/18＝66.2878kHz，即每隔15.09μs向8237A—5DMA控制器提出一次DMA请求，由DMA控制器实施对动态RAM的刷新操作。

初始化计数器1的程序为：

```
MOV   AL，  01010101B   ;控制字：计数器1，只写低位字节，方式2，BCD计数
OUT   43H， AL          ;写入控制字
MOV   AL，  18H         ;预置初值BCD数18
OUT   41H， AL          ;送入低字节
```

3. 计数器2——扬声器音调控制

计数器2工作于方式3，对计数器预置的初值为n＝533H＝1331，故从OUT_2输出的方波频率为1.19318MHz/1331＝896Hz。但该计数器的$GATE_2$不是接＋5V，而是受并行接口芯片8253A－5的PB0端控制，因此它不是处于常开状态。当PB_0端送来高电平时，允许计数器2计数，使OUT_2端输出方波。该方波与8255A－5的PB_1信号相与后，送到扬声器驱动电路，驱动扬声器发声。发声的频率由预置的初值n决定，发声时间的长短受PB_1控制，当PB_1＝1时，允许发声，当PB_1＝0时，禁止发声。通过控制PB_1与PB_0的电平，就可以发出各种不同音调的声音。由于8255A－5还控制其他设备，所以在控制扬声器发声的程序中，还必须保护PB端口原来的状态，这样就不会影响其他设备的工作。

初始化计数器2的程序为：

```
MOV   AL，  10110110B   ;控制字：计数器2，先写低字节，后写高字节，方式3，2
                         进制计数
OUT   43H， AL          ;写入控制字
MOV   AX，  533H        ;预置初值n＝533H
OUT   42H， AL          ;先送出低字节
```

```
MOV   AL, AH
OUT   42H, AL           ;后送出高字节
IN    AL, PORT_B        ;取8255A B口的当前值(口地址为61H)
MOV   AH, AL            ;保存该端口的值
OR    AL, 03H           ;使PB1和PB0均置1
OUT   PORT_B,AL         ;接通扬声器
```

以上程序使扬声器发出单一频率(896Hz)的声音。

习　题

7-1　8253芯片有哪几个计数通道?每个计数通道可工作于哪几种工作方式?这些操作方式的主要特点是什么?

7-2　8253的最高工作频率是多少?8254与8253的主要区别是什么?

7-3　对8253进行初始化编程分哪几步进行?

7-4　设8253的通道0～2和控制端口的地址分别为300H、302H、304H和306H,定义通道0工作在方式2,CLK0=2MHz。试编写初始化程序,并画出硬件连线图。要求通道0输出1.5kHz的方波,通道1用通道0的输出作计数脉冲,输出频率为300Hz的序列负脉冲,通道2每秒钟向CPU发50次中断请求。

7-5　8253芯片用于某计数系统中,设计数初值为500,每当计数值减为0时,通过8259A向CPU发中断请求,中断类型号为0AH,当计数计到2650时停止计数。试编程求出总的计数值,并把它送到AX寄存器中。

7-6　某微机系统中,8253的端口地址为40H～43H,时钟频率为5MHz。要求通道0输出方波,使计算机每秒钟产生18.2次中断;通道1每隔15μs向8237A提出一次DMA请求;通道2输出频率为2000Hz的方波。试编写8253的初始化程序,并画出有关的硬件连线图。

7-7　设某系统中8254芯片的基地址为F0H,在对3个计数通道进行初始化编程时,都设为先读写低8位,后读写高8位,试编程完成下列工作;

(1)对通道0～2的计数值进行锁存并读出来。

(2)对通道2的状态值进行锁存并读出来。

第 8 章　微机的并行/串行接口技术

本章首先介绍连接微机系统总线和外部设备的硬件电路—I/O 接口的一般结构和组成以及 CPU 与外部设备之间数据传输的控制方式，其次介绍并行接口 8255A，最后介绍串行接口 8250。

8.1　微机的输入/输出接口

外部设备是构成微型计算机系统的重要组成部分。程序、数据和各种外部信息通过外部设备输入(Input)微型计算机。微型计算机把各种信息和处理的结果通过外部设备进行输出(Output)。微型计算机和外部设备的数据传输，在硬件电路与软件实现上都有其特定的要求和方法。

计算机系统为了便于实现 CPU 处理和控制各种复杂外设的 I/O 信息，一般是通过挂接在总线上的各种接口电路与外部设备相连的。所以，一个微机系统，除了微处理器、存储器以外，还必须有接口(Interface)电路。

接口电路按功能可分为两大类：一类是使微处理器工作所需要的辅助/控制电路，通过这些辅助/控制电路，使处理器得到所需要的时钟信号或者接收外部多个中断请求等；另一类是 I/O 接口电路，利用这些接口电路，微处理器可以接收外部设备送来的信息或将信息发送给外部设备。

8.1.1　微机的输入/输出接口概述

微型计算机的 I/O 接口电路是为了解决计算机和种类繁多的外设之间的信息交换问题而提出来的。I/O 接口电路是计算机和外设之间传输信息的部件，每个外设都要通过相应的接口和主机系统相连。接口技术是专门研究 CPU 和外设之间的数据传输方式、接口电路工作原理和使用方法的。

8.1.1.1　CPU 与外部设备之间传输的信息

计算机的输入/输出要由相应的设备来完成，这就是输入/输出设备，简称 I/O 设备或外设。常见的 I/O 设备有：键盘、鼠标、扫描仪、麦克风、显示器、打印机、绘图仪、调制解调器、软/硬盘驱动器、光盘驱动器、模/数转换器、数/模转换器等。

CPU 要能对 I/O 设备进行编程应用，就需要与 I/O 设备之间进行必要的信息传输。CPU 与 I/O 设备之间传输的信息可分为数据信息、状态信息、控制信息三类。

1. 数据信息

CPU 和外设交换的基本信息就是数据。数据信息大致可分为如下 3 种类型：

(1)数字量。数字量是用二进制形式表述的数据、图形、文字等信息，通常以并行的 8 位或16位进行传输。例如,由键盘、磁盘机、卡片机等读入的信息,主机送给打印机、显示器、绘图仪等以ASCII码表示的数据和字符信息等。

(2)模拟量。如果一个微型机系统是用于控制的,那么,多数情况下的输入信息就是现场的连续变化的物理量,如温度、湿度、位移、压力、流量等。这些物理量一般通过传感器先变成电压或电流信号,再经过放大。这样得到的电压和电流仍然是连续变化的模拟量。目前的数字计算机无法直接接收和处理模拟量,需要经过模/数(A/D)转换,把模拟量变换成数字量,才能送入计算机。反过来,计算机输出的数字量要经过数/模(D/A)转换,变换成模拟量,才能对现场部件驱动和控制。

(3)开关量。开关量可表示成两个状态,如开关的接通和断开、电机的运转和停止、阀门的打开和关闭等等。开关量只要用1位二进制数0或1来表示就可以了。

2.状态信息

状态信息反映了当前外设所处的工作状态,是外设发给CPU的,用来协调CPU和外设之间的操作。对于输入设备来说,通常用准备好(READY)信号来表示输入数据是否准备就绪,通知CPU接收;对于输出设备来说,通常用忙(BUSY)信号表示输出设备是否处于空闲状态,若不忙,则可接受CPU送来的信息,否则要求CPU等待。有的设备有指示出错状态的信号,如打印机的缺纸、故障等。不同的外设可以有不同的状态信号。

3.控制信息

控制信息是CPU发送给外设的,以控制外设的工作。例如,外设的启动信号和停止信号就是常见的控制信息。实际上,控制信息往往随着外设的工作原理不同,而含义有所不同。

8.1.1.2 I/O接口的功能

种类繁多的外部设备,从物理构成来看,有机械式的、电子式的、机电式的、磁电式的以及光电式的;从处理的信息来看,有数字信号、模拟信号,而模拟信号又有电压信号、电流信号等;从工作速度来看,不同外设的工作速度可以差别很大。另外,微机与不同的外设之间所传输信息的格式和电平的高低也多种多样。为了使微机能够通过程序控制各种不同的外设,接收外设传入的信息或向外设发送信息,需要有一个I/O接口电路,通过I/O接口电路实现计算机和外设之间的信息传输。微机系统的各个外设都要通过其相应的接口电路和主机系统相连。

对于一个具体外设来说,它所使用的信息可能是数字量的也可能是模拟量的。而非数字量信号必须经过转换,使其变换为对应的数字信号才能送到计算机总线,这种将模拟信号转变为数字信号,或者反之这种将数字信号转变为模拟信号的功能是由模/数、数/模转换接口完成的。

大多数外设所使用的信息是数字量的,不过,有些外设的信息是并行的,有些外设的信息是串行的。对于串行外设,因CPU送出的信息是并行的,必须通过接口将并行信息变换为串行信息,才能传送给串行外设。反之亦然。这种并行与串行信息之间的变换是由串行接口完成的。

外设的工作速度通常比 CPU 的速度低得多，而且各种外设的工作速度也互不相同。这要求接口电路对 I/O 过程能起一个缓冲和联络的作用。

对于输入设备来说，接口通常具有信息变换和缓冲功能。变换的含义包括模拟量到数字量变换、串行数据到并行数据的变换以及电平变换等。总之，目的是将输入设备送来的信息变换成 CPU 能接收的格式，并将其放在缓冲器中让 CPU 来接收。对于输出设备来说，接口将 CPU 送来的并行数据送到缓冲/锁存器中，并将它变换成外设所需要的信息形式，这种形式可能是串行数据，也可能是模拟量等。

综上所述，I/O 接口的基本功能是建立 CPU 或系统总线与 I/O 设备之间的传输连接，提供 CPU 对设备编程的基础以及 I/O 数据缓冲/锁存，并满足接口电路的时序要求等。

下面，从广义角度来概括 I/O 接口电路的功能。对于一个具体的 I/O 接口电路，一般具有其中若干个功能。

1. 寻址功能

I/O 接口要对 CPU 通过地址总线和译码电路送来的片选信号进行识别，以确定本接口是否被 CPU“选中”进行操作。若被“选中”，还要能够决定本接口中哪个寄存器(端口)受到访问。

2. 输入/输出功能

接口“选中”时，要根据 CPU 通过控制总线送来的读/写信号决定当前进行的是输入操作还是输出操作。若是输入操作，接口能从外设获得的数据或状态信息送到系统数据总线上，以供 CPU 读取。若是输出操作，接口能从数据总线上接收来自 CPU 的数据或控制信息，并根据情况送往外设。

3. 可编程功能

有些接口具有可编程特性，可以通过指令设定接口的工作方式、工作参数和信号的极性等，以满足不同外设的要求，达到利用软件设置接口控制的目的。可编程功能扩大了接口的适用范围。

4. 数据转换功能

当外设提供的数据形式不是 CPU 能直接接受的形式时，则通过接口转换成 CPU 可接受的形式，如 A/D 转换、串/并转换接口等。反之，CPU 提供的数据不是外设能够直接接受的形式，通过接口转换成外设可接受的形式，如 D/A 转换、并/串转换接口等。

5. 提供联络信号

当接口从数据总线上接收一个数据之后或者在把一个数据送到数据总线上时，可以发出一个给 CPU 或外设的联络信号，表明当前数据传输已经完成，从而可以准备下一次数据传输。外部设备的“就绪”、“忙”等情况，一般是通过状态寄存器中某个状态位的“0”或“1”形式提供给 CPU 的。

6. 数据缓冲功能

CPU 送给外设的数据或外设送给 CPU 的数据，通过接口得以缓冲或锁存，以协调数据处理速度上的差异，确保数据传输正确进行。

7. 复位功能

接口应能够接收微机系统的复位信号，以便使自身以及它所连接的外设进行重新启动。

8. 错误检测功能

一些接口具有对传输的数据信息进行错误检测功能。一般将错误检测的情况，通过状态寄存器中的状态位反映给 CPU。

9. 中断管理功能

具有中断功能的接口有向 CPU 申请中断、向 CPU 发中断类型号等功能。对于多个中断源的接口还能进行中断优先级管理。在微机系统中，这些功能大部分可以由专门的中断控制器实现。

10. 时序控制功能

有些接口电路具有自己的时钟发生器，以满足有关外设在时序方面的要求。

8.1.1.3 简单 I/O 接口的组成

从编程结构的角度来着，一个简单的 I/O 接口通常由端口、地址译码电路、数据缓冲/锁存器三部分组成。

1. 端口

I/O 接口通常设置有若干个寄存器，用来暂存 CPU 和外设之间传输的数据、状态和控制命令。一般有三类寄存器，分别是数据寄存器、状态寄存器、控制寄存器。接口内的寄存器通常被称为端口。根据寄存器内暂存信息的类型，分别称为数据端口、控制端口和状态端口。每个端口有一个独立的地址，CPU 可以用端口地址代码来区分各个不同的端口，并对它们分别进行读/写操作。

CPU 对数据端口进行一次读或写操作，也就是与该接口连接的外设进行一次数据传输；CPU 对状态端口进行一次读操作，就可以获得外设或接口自身的状态信息；CPU 把若干位控制代码写入控制端口，则意味着对该接口或外设发出一个控制命令，要求该接口或外设按规定的要求工作。

由此可见，CPU 与外设之间的数据输入/输出、联络、控制等操作，都是通过对相应端口的读/写操作来完成的。所谓外设的地址，即是该设备接口各端口的地址，一台外设可以拥有几个通常是相邻的端口地址。所以，CPU 对外设的编程就转为对接口有关寄存器/端口的编程。

2. 地址译码电路

在CPU与外设之间进行数据传输过程中，若CPU要往数据端口或控制端口输出信息，必须先把所选择的端口地址和写控制信号分别送到地址总线和控制总线上，再把数据信息送到数据总线上。与此相对应，若从数据端口或状态端口读取信息，CPU先把端口地址和读控制信号分别送到数据总线和控制总线上，然后接口把指定端口的内容送到数据总线，让CPU读取。

所以，端口地址译码选通端口是接口的基本功能之一。CPU在执行输入/输出指令时，向地址总线发送外设接口的端口地址。一般端口地址码分为两部分：高位地址码用作对接口的选择，译码产生片选信号；低位地址码用作对接口中端口的选择，译码产生端口选通信号。接口在接收到片选信号有效的前提下，端口地址译码电路应能产生相应的端口选通信号，对相关端口进行数据、命令或状态的传输，完成一次I/O操作。一个接口的若干个端口地址通常是连续地址。

例如，某接口的数据输入、数据输出、状态、命令端口地址分别为37A0H，37A1H，37A2H，37A3H。当14位高位地址码为00110111101000时，该接口的片选信号有效，表明接口被选中；最低2位地址码的四种组合00，01，10，11分别表示选中本接口的数据输入端口、数据输出端口、状态端口、控制端口。例如：

```
MOV    DX,37A2H
IN     AL,DX
```

AL中读取的是接口的状态信息。

需要进一步说明的是，不管是输入还是输出，所用到的地址总是对端口，而不是对接口部件而言的。如果一个接口有两个端口，那么，在设计接口部件时就已经考虑了它能接收两个连续的端口地址。一个双向工作的接口通常有4个端口，即数据输入端口、数据输出端口、状态端口、控制端口。由于数据输入端口和状态端口是“只读”的，数据输出端口和控制端口是“只写”的，系统为了节省地址空间，往往将数据输入端口和数据输出端口合用一个端口地址，CPU用此地址进行读操作时，实际上是从数据输入端口读取数据，而当CPU用此地址进行写操作时，实际上是往数据输出端口写入数据。同理，状态端口和控制端口也可以合用同一个端口地址。甚至有些接口，先后对同一端口地址写入的信息表示不同的含义，或者写入的信息进入接口内部不同的寄存器。这些都说明，端口地址与接口内部的寄存器可以不是一一对应的。

3. 数据缓冲器与锁存器

在微机系统的数据总线上，连接着许多能够向CPU发送数据的设备，如内存储器、外设的数据输入端口等。为了不使系统数据总线的信号传输发生“信息冲突”，要求所有的这些连接到系统数据总线的设备具有三态输出的功能。也就是说，在CPU选中该设备时，它能向系统数据总线发送数据信号，而在其他时刻，它的输出端必须呈高阻状态。为此，所有接口的输入端口必须通过三态缓冲器与系统数据总线相连。

CPU送往外设的数据或命令，一般应由接口进行锁存，以便使外设有充分的时间接收和处理，否则可能产生“数据覆盖”错误，丢失信息。

综上所述，把地址译码、数据锁存/缓冲、状态寄存器、命令寄存器等各个电路组合起来，就构成一个简单的输入/输出接口。它一方面与系统的地址总线、数据总线和控制总线相连接，另一方面又与外部设备相连。图 8-1 从编程结构角度给出了一个简单 I/O 接口的基本组成以及它与系统总线和外设的连接。

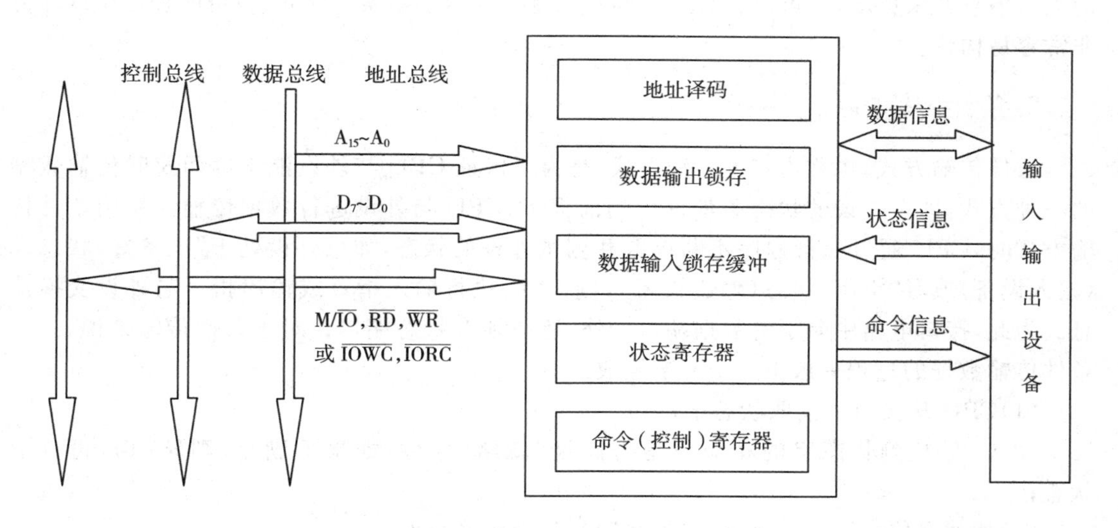

图 8-1　I/O 接口的组成及与系统的连接

8.1.2　CPU 与外设之间数据传输的控制方式

在微机控制外设工作期间，最基本的操作是数据传输。但是各种外设的工作速度相差很大。这样，CPU 与外设之间如何控制或者确保数据传输过程的高效进行，是个很重要的问题。通常微机系统与外设之间数据传输的控制方式有三种：程序控制方式、中断方式、DMA 方式。

8.1.2.1　程序控制方式

程序控制方式是指微机系统与外设之间的数据传输过程在程序的控制下进行。其特点是以 CPU 为中心，数据传输的控制来自 CPU，通过执行预先编制的输入/输出程序实现数据传输。程序控制方式可分为无条件传输和条件传输两种方式。

1. 无条件传输方式

无条件传输方式是指传输数据过程中，发送/接收数据一方不查询判断对方的状态，进行无条件的数据传输。这种传输方式程序设计较为简单，一般用于能够确信外设已经准备就绪的场合。在对一些简单的外设进行操作时，如 LED 显示、D/A 转换等，可用无条件传输方式。

举一个使用无条件传输的例子。微型计算机通过异步通信口接一大屏幕发光二极管显示器。大屏幕的点阵扫描由专门的扫描控制模块进行，大屏幕的控制电路中有专门的、以串行异步通信方式接收数据的接收模块。接收模块主要是查询微机串行口，只要有数据就接收，并进行一定的处理后存入相应的存储器，供扫描模块使用。假设它的处理时间小于微机发送两个数据的间隔时间，这样，对微机端来说，由于它发送的数据可以保证被接收，可以采用无条件数据发送。连接线也只需要两条，一条地线、一条发送线。由于微机端发送数据使用无条件发送，在具体的操作过程中，如果在微机发出的更新大屏幕的一组数据后，大屏幕的显示信息并未更新，这可以较容易地判断出哪里发生了错误。因此，微机的程序调试环境非常容易构建。

2.条件传输方式

条件传输方式，也称为查询传输方式，是为了保证CPU与外设能正确而及时传输数据的一种方式，即在外设的状态条件许可的前提下，CPU与外设进行数据传输。使用条件传输方式时，CPU通过执行程序不断读取并测试外设的状态，如果外设处于"准备好"状态（输入设备）或者"空闲"状态（输出设备），则CPU执行输入指令或输出指令与外设交换信息。为此，接口电路中除了有数据端口之外，还必须有状态端口。对于条件传输来说，一个条件传输数据的过程一般由三个环节组成：

(1)CPU从接口中读取状态字；

(2)CPU检测状态字的相应位是否满足"就绪"条件，如果不满足，则转(1)，再读取状态；

(3)如状态位表明外设已处于"就绪"状态，则传输数据。

读入的数据是8位，而读入的状态位往往是1位，如图8-2所示。所以不同的外设其状态信息可以使用同一个端口，但只要使用不同的位就行。

这种查询输入方式的程序流程图如图8-3所示。

查询输入部分的程序如下：

```
POLL:IN     AL,STATUS_PORT    ;读状态口的信息
     TEST   AL,80H            ;设"准备就绪"(READY)信息在D7位
     JE     POLL              ;如未"准备就绪"，则循环等待
     IN     AL,DATA_PORT      ;如已"准备就绪"，则读入数据
```

这种CPU与外设的状态信息的交换方式，称为应答式，状态信息称为"联络"（或握手）。

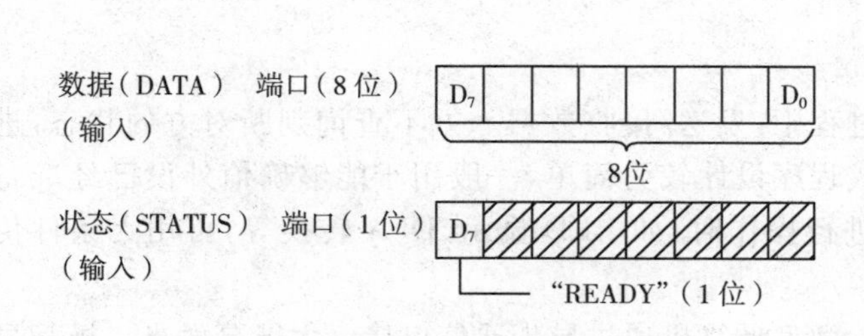

图8-2 查询输入时的数据和状态信息

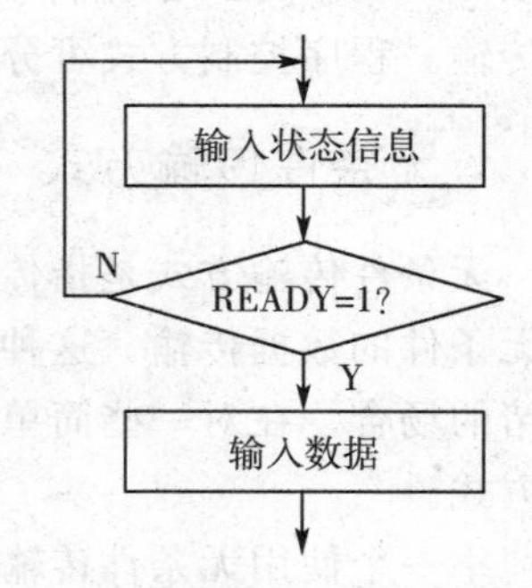

图8-3 查询输入程序流程图

同理，在输出时CPU也必须了解外设的状态，看外设是否有“空闲”（即外设的数据锁存器已空，或正处于输出状态），若有“空闲”，则CPU执行输出指令；否则就等待再查。因此，接口电路中也必须要有状态信息的端口，如图8－4所示。查询输出方式的程序流程图如图8－5所示。

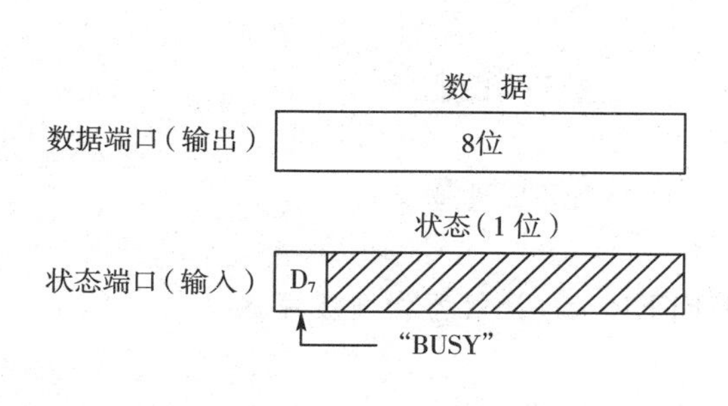

图8－4　状态信息的端口

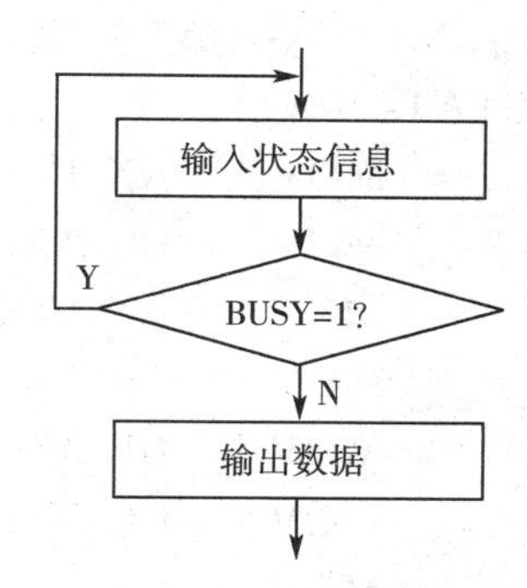

图8－5　查询输出方式的程序流程图

查询输出部分的程序如下：

```
POLL:IN      AL,STATUS_PORT    ;读状态口的信息
     TEST    AL,80H            ;设“空闲”信息在D7位
     JNE     POLL              ;如未“空闲”，则循环等待
     MOV     AL,STORE          ;如“空闲”，则由内存读取数据
     OUT     DATA_PORT,AL      ;如已“空闲”，则输出数据
```

例8－1　从终端往缓冲区输入一行字符，当遇到回车符（0DH）或超过81个字符时，输入便结束，并自动加上一个换行符（0AH）。如果在输入的81个字符中未见到回车符，则在终端上输出信息“缓冲区溢出！”。要求采用条件传输方式对终端进行输入/输出。

设定终端往CPU输入的是ASCII码字符，ASCII码采用7位二进制表示，用D_7位，即最高位作为终端往CPU输入字符的偶校验位。如果校验出错，转错误处理，如果没有校验错误，则先清除校验位，把字符接收到缓冲区。

终端接口的数据输入端口地址为0052H，数据输出端口地址为0054H，状态端口地址为0056H。设定状态寄存器的D_1位为1，表示输入缓冲器中已经有1 Byte准备好，可以进行输入；状态寄存器的D_0位为1，表示输出缓冲器已经腾空，CPU可以往终端输出数据。当然，这两个设定是有条件的；即在设计接口部件时，使得状态寄存器的D_1位在接口从设备输入1 Byte时，便自动置1，而当CPU从接口读取1 Byte时，便自动清0；类似地，当CPU往接口输出1 Byte时，状态寄存器的D_0位自动清0，而当1 Byte从接口输出到设备时，则自动置1。

程序清单如下：

```
DATA  SEGMENT
  MESS    DB   “缓冲区溢出!”,0DH,0AH
  ...
DATA  ENDS
COM   SEGMENT
```

```
    BUFFER    DB  82  DUP (?)  ;接收字符缓冲区
    COUNT   DW  ?              ;字符数计数器
COM   ENDS
CODE  SEGMENT
    ASSUME  DS:DATA,ES:COM,CS:CODE
    STAT:
        MOV     AX,DATA                 ;置 DS 段址
        MOV     DS,AX
        MOV     AX,COM                  ;置 ES 段址
        MOV     ES,AX
        MOV     DI,OFFSET  BUFFER       ;计数器指向缓冲区首址
        MOV     COUNT,DI
        MOV     CX,81                   ;取最大字符数
        CLD                             ;置增址方向标志
    NEXT_IN:
        IN      AL,56H                  ;读状态端口
        TEST    AL,02H                  ;测输入状态 D1 位
        JZ      NEXT_IN                 ;未"准备好",转再测
        IN      AL,52H                  ;"准备好",则接收输入字符
        OR      AL,0                    ;测校验位
        JNP     ERROR                   ;校验出错,转 ERROR
    NO ERROR:                           ;校验正确,接收字符
        AND     AL,7FH                  ;清除校验位
        STOSB                           ;将字符送缓冲区
        CMP     AL,0DH                  ;是否为回车符
        LOOPNE  NEXT_IN                 ;不是回车且未溢出,转再查询接收字符
        JNE     OVERFLOW                ;不是回车且溢出,转 OVERFLOW
        MOV     AL,0AH                  ;是回车,加一个换行符
        STOSB                           ;存入缓冲区
        SUB     DI,COUNT                ;计算输入字符数
        MOV     COUNT,DI                ;COUNT 中为输入字符数
        ……                              ;程序结束处理
    OVERFLOW:                           ;溢出处理
        MOV     SI,OFFSET  MESS         ;SI 中为输出字符串首址
        MOV     CX,13                   ;取输出字符数
    NEXT_OUT:
        IN      AL,56H                  ;读状态端口
        TEST    AL,01H                  ;测输出状态 D0 位
        JZ      NEXT_OUT                ;未"腾空",转再测
```

```
        LODSB                           ;将字符取到 AL 中
        OUT     54H,AL                  ;输出字符
        LOOP    NEXT_OUT                ;未输出完,转再查询输出字符
  ERROR:……                              ;校验出错处理
    CODE ENDS
              END STAT
```

对以上程序作几点说明：

(1)程序中用 ES 和 DI 作为段寄存器和变址寄存器指向输入缓冲区,CX 作为控制输入循环次数的计数器,开始设置为最大字符数 81。

(2)方向标志 DF 清 0 是为了使 STOSB 指令和 LODSB 指令在执行时,地址值自动加 1,否则,地址会按减量修改。

(3)EXT_IN 标号后面的 3 条指令是用来测试接口状态寄存器中输入状态位的,如果规定状态位为 0 表明端口未准备好,则用循环测试等待,直到状态位为 1 才退出循环。

(4)奇/偶校验是通过把输入字符和 0“或”后,对 PF 标志进行判断来实现的。校验完成以后,将输入字符和 7F 相“与”,以清除奇/偶校验位,再送到输入缓冲区。

(5)当用 CMP 指令判断输入字符为回车符 0DH 时,程序紧接着再附加 1 个换行符 0AH,并存入缓冲区,这样实现了程序的设计要求。

例 8-2 对某系统的 3 个外设接口采用循环查询方式进行输入/输出。

设定 3 个外设的状态端口地址分别为 STAT1,STAT2,STAT3,并且 3 个状态端口均使用 D5=1 作为输入/输出就绪标志。相关的循环查询程序段如下：

```
        ……
TREE:   MOV     FLAG,3              ;设置标志值
INPUT:  IN      AL,STAT1
        TEST    AL,20H              ;测试 STAT1 口
        JZ      DEV2
        CALL    PROC1               ;转处理程序 1
DEV2:   IN      AL,STAT2
        TEST    AL,20H              ;测试 STAT2 口
        JZ      DEV3
        CALL    PROC2               ;转处理程序 2
DEV3:   IN      AL,STAT3
        TEST    AL,20H              ;测试 STAT3 口
        JZ      NOIN
        CALL    PROC3               ;转处理程序 3
NOIN:   CMP     FLAG,0              ;标志为 0,则 3 个端口测试完
        JNE     INPUT
        ……
```

程序中 PROC1,PROC2,PROC3 分别是 3 个外设输入/输出数据处理的子程序。为了避免 3 个设备输入/输出完成后程序陷入死循环,设置了 1 个内存单元 FLAG 其值作为判别 3 个设备是否传输完成的标志,它的初值为 3。每当 1 个设备传输过程结束,就在各自的输入/输出处理子程序(PROC1 或 PROC2 或 PROC3)中将 FLAG 的值减 1。在标号 NOIN 处判断 FLAG 值是否为零,若 FLAG 值为零,说明 3 个设备均已完成传输过程,程序执行其他后续任务,否则转 INPUT 处继续查询处理 3 个设备的传输过程。

此例仅适用于 3 个设备工作速度都比较慢的情况。如果其中 1 个设备速度很快,而其他设备的输入处理程序运行时间又较长,则可能发生"覆盖错误"。在这种情况下,应优先执行速度较快外设的 I/O 过程,然后再执行其他设备的 I/O 过程。

8.1.2.2 中断控制方式

若 CPU 与外设之间采用程序控制的数据传输方式,在进行数据传输时,一直占用 CPU 资源。例如,在查询式传输方式下,CPU 不断地读取状态和检测状态,如果状态表明外设未准备好,则 CPU 再等待。这些过程占用了 CPU 的大量工作时间,而 CPU 真正用于传输数据的时间却很少。由于大多数外设的速度比 CPU 工作速度低得多,所以,查询式传输的实质,无疑是让 CPU 降低有效的工作速度去适应速度低得多的外设。另外,采用查询方式时,如果一个系统有多个外设,那么 CPU 只能轮流对每个外设进行查询,而这些外设的速度往往并不相同。这时,CPU 显然不能很好满足各个外设随机对 CPU 提出的输入/输出服务要求,所以,不具备实时性。可见,在实时系统以及多个外设的系统中,采用查询方式进行数据传输往往是不相宜的。

为了使 CPU 能有效地管理多个外设,提高 CPU 的工作效率,并使系统具有实时性,可以赋予系统中的外设某种主动申请、配合 CPU 工作的"权利"。赋予外设这样一种"主动权"之后,CPU 可以不必反复查询该设备状态,而是正常地处理系统任务,仅当外设有"请求"时才去"服务"一下。CPU 与外设处于这种"并行工作"状态,提高了 CPU 的工作效率。这就是中断方式的数据传输。

在中断传输方式下,当输入设备将数据准备好或者输出设备可以接收数据时,便可以向 CPU 发出中断请求,使 CPU 暂时停止执行当前程序,而去执行一个数据输入/输出的中断服务子程序,与外设进行数据传输操作,中断子程序执行完后,CPU 又转回继续执行原来的程序。中断方式的数据传输仍在程序的控制下执行,所以也称为程序中断方式,适应于中、慢速外部设备的数据传输。

为了适应中断方式传输的需要,外设的接口要有能向 CPU 发出中断请求信号的电路。如果这时 CPU 接受此中断请求,则向接口发中断响应信号。该外设接口的中断类型号(8 位)经数据总线 D7~D0 送给 CPU,CPU 可根据此中断类型号找到相应的中断向量(中断服务程序入口地址),转而执行相应的中断服务程序,同时将中断请求信号复位,以清除设备该次中断请求。

利用中断方式进行数据传输,CPU 不必花费大量时间在两个输入/输出过程之间对接口进行状态测试和等待,而可以去作别的处理。因为当外设数据传输准备就绪时,会主动向

CPU 发出中断请求信号。CPU 具有响应中断申请的功能，由此而进入一个相应的传输过程。传输过程完成后，CPU 又可以执行别的任务。在中断传输方式下，CPU 和外设处在并行工作状况，而不是处在等待状态，这样就大大提高了 CPU 的效率。例如，某一外设在 1s 内传输 100 Byte。如果用程序查询方式传输，则 CPU 为传输 100 Byte 所花费的时间等于外设传输 100Byte 所用的时间，也是 1s 时间。如果用中断控制方式传输，CPU 为执行 1 Byte 的传输需要进入 1 次中断服务程序。若 CPU 执行中断服务程序需要 100us，则传输 100 Byte CPU 所使用的时间为 100us×100＝10ms，只占 1s 时间的 1%，其余 99%的时间 CPU 可用于执行其他程序。

8.1.2.3　直接存储器存取(DMA)方式

微机系统在很多情况下，需要在内存与 I/O 设备之间进行大量的数据传输。按常规，外设数据传输过程不论是采用程序传输方式，还是中断传输方式，所传输的数据都必须经过 CPU 中转，才能与内存打交道。也就是通过 CPU 执行程序，分别实现与外设和与内存的数据传输。

通过 CPU 执行程序来分别进行与外设和与内存的数据传输。每传输一个数据，CPU 都要取出并执行一些指令，传输的数据要经过 CPU 的累加器(AX)中转，这样就限制了传输的速度。如果 I/O 设备的数据传输速率较高，那么 CPU 和这样的外设进行数据传输时，即使尽量压缩程序查询方式或中断方式中的非数据传输时间，也仍然不能满足要求。此外，外设的数据传输速率通常是由外设本身决定的，而不是由 CPU 决定的。计算机系统中某些外部设备工作速度很高。例如，硬磁盘驱动器工作时，数据传输的间隔时间一般不超过 5 us。对于这样高速的外部设备，程序中断方式、程序查询方式的数据传输速度有时会跟不上外设的速度。

例如，使用程序中断方式时，每传输 1 次数据，CPU 必须执行 1 次中断服务程序。由于外部中断是随机产生的，执行中断服务程序时必须将若干寄存器的内容压入堆栈，在返回时再把它们弹出堆栈。在中断服务程序中还要判别设备的工作状态，寻找缓冲区地址等等。虽然直接用于数据传输的只有二、三条指令，但进入一次中断服务程序，CPU 却要执行几十条指令。有时会出现这种情况：一个数据尚未从接口取走，新的数据又送入了，从而发生丢失数据的“覆盖错误”。程序查询方式的响应速度比中断方式要快一些，但完成一次数据传输也需要执行近十条指令。CPU 的工作速度不高时，有可能跟不上高速外设数据传输的需要。

例如，磁盘的数据传输速率由磁头的读/写速度来决定，而磁头的读/写速度经常超过 20kb/s。这样，磁盘和内存之间传输 1 Byte 的时间不能超过 5 us。在程序查询方式或中断方式下，执行输入/输出指令在系统总线上传输 1 Byte 需要 1～2 个总线周期，每个总线周期中又至少包含 4 个时钟周期。这样，外设和 CPU 传输数据的时间，加上每传输 1Byte 后修改地址指针和计数器的时间，再加上 CPU 和内存的传输时间，就很难保证使磁盘和内存之间传输 1 Byte 的时间控制在 5 us 内。

为此，提出了直接存储器存取(DMA，Direct Memory Access)传输方式。DMA 方式是指不经过 CPU 干预，直接在外设与内存储器之间进行数据传输的方式。1 次 DMA 传输只需要执行 1 个 DMA 周期(相当于 1 个总线读/写周期)。数据的传输速度基本上决定于外设和存储器的速度，因此能够满足高速外设数据传输的需要。

实现 DMA 方式，需要一个专门的接口器件来协调和控制外设接口和内存储器之间的数据传输，这个专门的接口器件称为 DMA 控制器(DMAC)。

在采用 DMA 方式进行数据传输时，当然也要利用系统的数据总线、地址总线和控制总线。系统总线原来是由 CPU 或者总线控制器管理。在用 DMA 方式进行数据传输时，DMAC 向 CPU 发出申请使用系统总线的请求，当 CPU 让出总线控制之后，DMAC 接管系统总线，实现外设与存储器之间的数据传输，传输完毕，将总线控制权交还给 CPU。

DMAC 是一个专用接口电路，在系统中的连接如图 8-6 所示。DMAC 与一般接口电路既有相似之处也有显著不同之处。

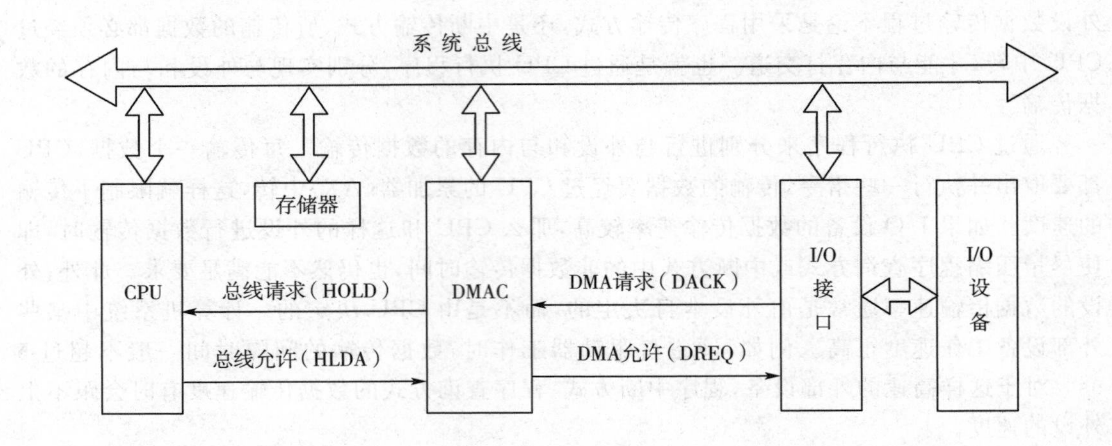

图 8-6　DMA 控制器与系统的连接

DMAC 的工作特点如下：

(1)从 DMA 工作原理的角度，把 DMAC 与其他接口电路进行比较。首先，DMAC 也是一个接口电路，有 I/O 端口地址。CPU 可以通过端口地址对 DMAC 进行预置读/写操作，也就是向 DMAC 写入内存传输区的首地址、传输字节数和控制字，以便对它进行初始化或读取状态。此时，DMAC 是系统总线的从控模块。其次，8237A 在得到总线控制权以后，进入 DMA 周期，它可以提供一系列控制信息，像 CPU 一样操纵外设和存储器之间的数据传输。此时，DMAC 又不同于一般的接口电路，是总线的主控模块。

(2)从数据传输方式的角度，把利用 DMAC 传输数据与不利用 DMAC 传输数据进行比较。在程序传输和中断方式传输时，都是由 CPU 执行输入/输出指令实现和外设的数据交换。具体说，要通过取指令、指令译码，并由此决定发读信号或者发写信号，CPU 才能完成一个数据传输过程。但利用 DMAC 进行数据传输时，不需要指令，而是通过硬件逻辑电路，用固定的时序发地址和读/写信号来实现外设和内存之间的高速数据传输。在进行数据传输的过程之中，CPU 不参与，数据也不经过 CPU，而是真接在外设和存储器之间传输。

8.2　并行接口技术

8.2.1　并行接口概述

并行通信就是把一个字符的各位用几条线同时进行传输。和串行通信相比，在同样的传输率下，并行通信的信息实际传输速度快，信息率高。当然，由于并行通信比串行通信所用的电缆要多，随着传输距离的增加，电缆的开销会成为突出的问题，所以，并行通信总是用在数据传输率要求较高，而传输距离较短的场合。

实现并行通信使用的接口称为并行接口。并行接口用于在 CPU 与外部设备之间同时进行多位数据信息传送。并行接口的特点如下：

1. 各数据位同时发送或接收，一次传输信息量大。
2. 数据线多，故常用于近距离数据传送。
3. 并行传送的信息不要求固定的格式，这与串行传送的信息有数据格式的要求不同。

8.2.1.1　并行接口的组成

并行接口能从 CPU 或 I/O 设备接收数据，然后再发送出去。因此，在信息传送过程中，并行接口起着锁存器或缓冲器的作用。通常，微机要求并行接口应具有以下功能和硬件支持：有两个或两个以上具有锁存器和缓冲器的数据交换端口；每个端口都需要有与 CPU 用应答方式(中断方式)交换数据所必须的控制和状态信号；具有与 I/O 设备交换数据所必须的控制和状态信号，以及片选信号和控制电路。典型的并行接口和外设连接如图 8-7 所示。

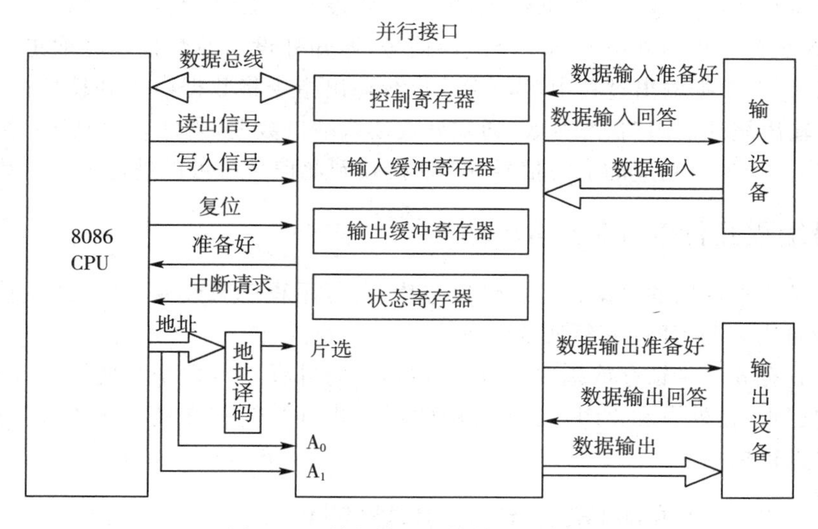

图 8-7　并行接口连接外设示意图

图 8-7 表示了一个并行接口电路连接示意图。并行接口处于系统总线和外部设备之间，一方面与系统总线相连，另一方面要与外设相接。接口电路在二者之间起到缓冲和匹配作用，来实现 CPU 与外设之间正常的数据传送。图中的并行端口用一个通道和输入设备

相连，用另一个通道和输出设备相连。每个通道都配有一定的控制线和状态线。从图 8－7 中可以看到，并行接口中应该有一个控制寄存器用来接收 CPU 对它的控制命令，有一个状态寄存器提供各种状态位供 CPU 查询。为了实现输入/输出，并行接口中还应该设有相应的输入缓冲寄存器和输出缓冲寄存器。

8.2.1.2 并行接口的握手联络信号

并行接口进行数据传输时，除了有数据通道以外，还应有握手联络信号，以实现接口和外设二者之间的联络，来保证数据传输的准确可靠。握手联络信号按照使用的线数来分类，可分为零线(zero－wire)握手联络，单线(one－wire)握手联络，双线(two－wire)握手联络，三线(three－wire)握手联络，它们之间的区别是实际上用于握手联络的线数不同。

零线握手联络是并行接口中最简单的，并行接口把来自 CPU 数据总线的信号送到输出设备输出或把来自输入设备的信息送 CPU 数据总线，CPU 无需考虑外设的状态，直接进行输入或输出即可。可编程并行接口 8255A 的方式 0 即为无握手联络信号的输入或输出。零线信号交换并行输出接口可用来驱动简单的外部设备，如发光二极管或继电器等。并行输入接口可用来读出某一个开关组合的状态。

单线握手联络线是外部设备提供给 CPU 查询的状态信号。在数据输入过程中，外设将数据传输给接口，同时给出"输入准备好"信号，当 CPU 检测到该信号有效后可使用 IN 指令进行数据输入；在数据输出过程中，当外设已准备好接收数据时，给出"空闲"信号，当 CPU 检测到该信号有效后可使用 OUT 指令进行数据输出；

双线握手联络是真正的握手联络控制，即在单线握手联络的基础上再增加一条状态控制线，数据传输的每一过程都有应答，彼此进行确认。新的传输过程必须在对方对上一次传输过程进行应答之后进行。在数据输入过程中，外设通知 CPU 数据准备好可以取走数据，当 CPU 读入数据后再向外设发回一个应答信号，通知外设当前数据已经取走，可以进行下一次数据输入；在数据输出过程中，当 CPU 执行输出指令将数据写入到接口的输出缓冲寄存器后，使"输出缓冲器满"状态有效，通知外设读取端口数据，当外设读取端口数据后，外设向 CPU 发出一个外部响应的应答信号，CPU 接收到此信号后可以进行下一次数据输出。

8.2.2 可编程并行接口芯片 8255A

8255A 是一种通用的可编程并行接口芯片，它可用程序来改变功能，通用性强，常常应用于 I/O 设备需要与 CPU 并行通信的场合。

8255A 具有 3 个带锁存或缓冲的数据端口，可与外设进行数据交换。A 口和 B 口内具有中断控制逻辑，在外设和 CPU 之间可用中断方式进行信息交换。在条件传送方式下可用"联络"线进行控制。

8.2.2.1 8255A 的内部结构和引脚特性

1. 8255A 内部结构

8255A 内部结构框图如图 8－8 所示。它包括四个部分：端口 A、B、C，A 组控制器和 B 组控制器，数据总线缓冲器，读写控制逻辑。

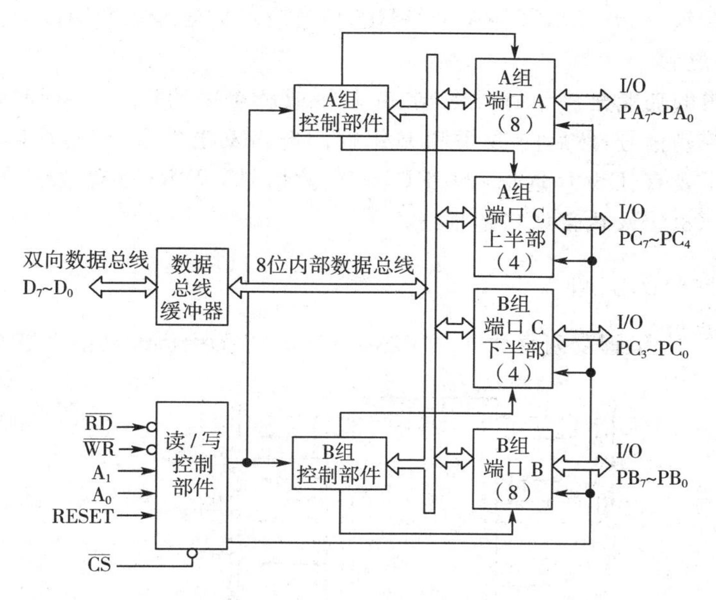

图 8-8 8255A 内部结构框图

(1)并行输入/输出端口 A、B、C

8255A 内部包含 3 个 8 位的输入/输出端口 A、B、C,这 3 个端口均可作为 CPU 与外设通信时的缓冲器或锁存器。端口 A、B 可以用作一个 8 位的输入口或 8 位的输出口,端口 C 既可作为一个 8 位的输入口或输出口使用,又可作为两个 4 位的输入/输出口(C 口高 4 位和低 4 位)使用,当 A 口、B 口作为应答式的输入/输出口使用时,C 口分别用来为 A 口、B 口提供应答控制信号。

各端口功能概括如下:

端口 A 有一个 8 位的数据输出锁存器/缓冲器和一个 8 位的数据输入锁存器,在方式 2 下输入输出均锁存。

端口 B 有一个 8 位的数据输出锁存器/缓冲器和一个 8 位的数据输入缓冲器。

端口 C 有一个 8 位的数据输出锁存器/缓冲器和一个 8 位的数据输入缓冲器。C 口除作为输入和输出口外,还可做控制口,C 口的高四位配合 A 口工作,C 口的低四位配合 B 口工作,它们分别用于输出控制信号和输入状态信号,具体情况在工作方式描述中介绍。

(2)A 组和 B 组控制部件

8255A 内部的 3 个端口分为两组。

A 组控制部件:控制 A 口及 C 口的高 4 位。

B 组控制部件:控制 B 口及 C 口的低四位。

这两组控制电路根据 CPU 发出的方式选择控制字来控制 8255A 的工作方式,每组控制部件接受读写控制逻辑来的命令,从数据总线接收控制字,向相应的端口发出命令,以控制其动作。

(3)数据总线缓冲器

这是一个双向三态 8 位的缓冲器,用作 8255A 和系统总线之间的接口,直接挂接在 PC 机 8 位数据总线 $D_7 \sim D_0$ 上。CPU 执行输出指令时,可将控制字或数据通过缓冲器传给

8255A。CPU 执行输入指令时，8255A 可将状态信息或数据通过缓冲器传给 CPU。

(4)读写控制逻辑

读写控制逻辑的功能是用于管理数据、控制字或状态字的传送。它接收来自 CPU 的地址信息和一些控制信号，然后向 A 组和 B 组控制电路发送命令，控制端口数据的传送方向。其控制信号主要有：$\overline{CS}$(片选信号)、$\overline{RD}$(读有效信号)、$\overline{WR}$(写有效信号)、RESET(复位信号)、A_1 和 A_0(8255A 内部端口地址线)。

2. 8255A 的外部引脚

8255A 是一个 40 引脚双列直插式封装芯片，图 8-9 为引脚和功能示意图。

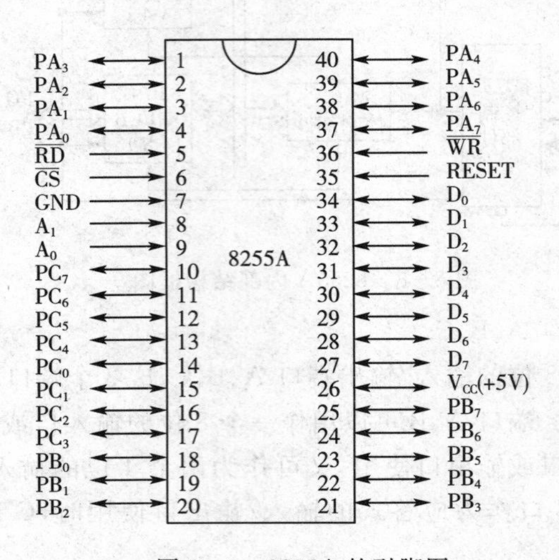

图 8-9 8255A 的引脚图

(1)与 CPU 相连的引脚

$D_7 \sim D_0$：数据线，双向、三态。

$\overline{RD}$：读信号，输入、低电平有效。为低电平时，允许 CPU 通过 8255A 输入数据。

$\overline{WR}$：写信号，输入、低电平有效。为低电平时，允许 CPU 通过 8255A 输出数据。

$\overline{CS}$：片选信号，输入、低电平有效。为低电平时，8255A 工作。

A_1、A_0：端口地址线，输出。用来选择 8255A 片内的四个端口。

当 A_1A_0=00 时，选中端口 A；

当 A_1A_0=01 时，选中端口 B；

当 A_1A_0=10 时，选中端口 C；

当 A_1A_0=11 时，选中控制端口。

(2)与外设相连的引脚

$PA_7 \sim PA_0$：A 端口数据信号引脚

$PB_7 \sim PB_0$：B 端口数据信号引脚。

$PC_7 \sim PC_0$：C 端口数据信号引脚。

(3)其他引脚

RESET：复位信号，输入、高电平有效。该信号有效时，将 8255A 控制寄存器内容清零，并将所有端口置成输入方式。

V_{CC}、GND：电源和接地引脚。

8.2.2.2 8255A的控制字

8255A是可编程接口芯片，有三种工作方式可供选择。在使用之前，用户需先对芯片进行初始化，决定芯片的端口是处于输入数据状态还是处于输出数据状态，以及每个端口的工作方式。工作方式和工作状态的建立是通过向8255A的控制口写入相应的控制字完成的。

8255A共有两个控制字，即工作方式控制字和对C口置位/复位控制字。这两个控制字使用同一个端口地址，由控制字的最高位 D_7 选择，若 $D_7=1$，则控制字为工作方式控制字，若 $D_7=0$，则控制字为C口置位/复位控制字。

1. 工作方式控制字

8255A的工作方式控制字格式和各位的含义如图8-10所示。工作方式控制字用来设定A口、B口和C口的数据传送方向和工作方式。A组有三种工作方式（方式0、1、2）可供选择，而B组只有两种（方式0、1）选择，C口只能工作在方式0。

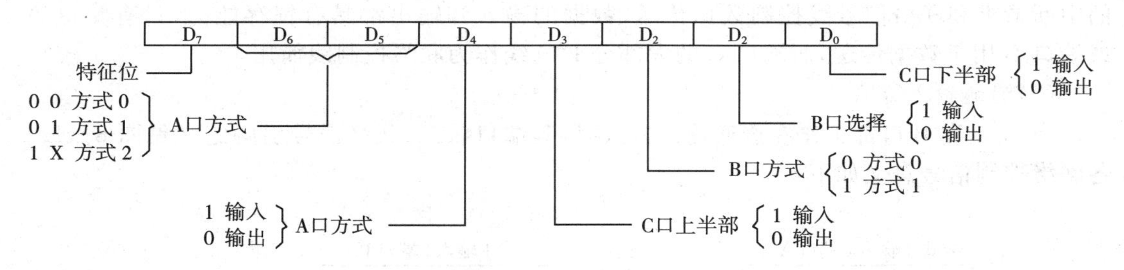

图8-10 工作方式控制字格式

其中，$D_7=1$，选择控制字为工作方式控制字；D_6D_5 位用于选择A口的工作方式；D_2 位用于选择B口的工作方式；D_4、D_3、D_1、D_0 位分别用于选择A口、B口、C口高4位和C口低4位的输入输出功能，置1时表示输入，置0时表示输出。

2. 端口C的置位/复位控制字

端口C的置位/复位控制字可实现对端口C的每一位进行控制。置位是使该位为1，复位是使该位为0。控制字的格式如图8-11所示。

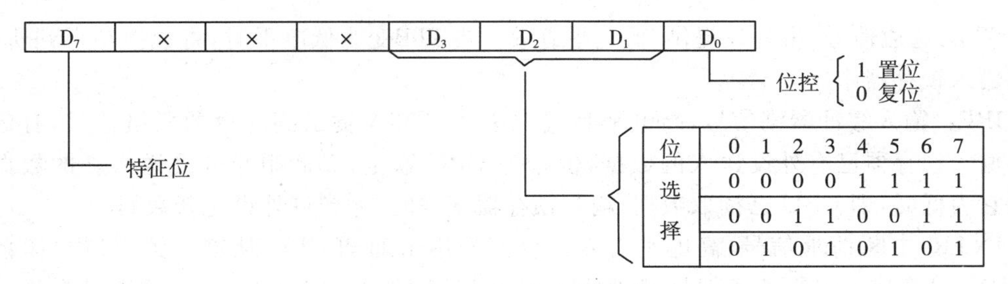

图8-11 C口置位/复位控制字格式

其中，$D_7=0$，选择控制字为 C 口置位/复位控制字；$D_3D_2D_1$ 的 8 种编码用来选择 C 口的 $PC_0 \sim PC_7$ 位 ；D_0 位用来选择对所选定的端口 C 的位是置位还是复位。$D_0=1$ 时，选中位置 1； $D_0=0$ 时，选中位清 0。$D_6D_5D_4$ 三位无意义，可为任意值。

8.2.2.3　8255A 的工作方式

1. 方式 0——基本输入/输出方式

方式 0 是一种不使用联络信号的输入/输出方式，常用于无条件传送或查询传送，如开关状态输入、LED 显示输出等。输出信息时，端口有锁存功能，输入则只有缓冲功能而无锁存能力。

如果 A 组和 B 组都工作在方式 0，则存在独立的两个 8 位并行口（端口 A、B）和两个 4 位并行口（端口 C 的高四位和低四位）。四个并行口中的任一个都可以选择输入或输出，由此得到 16 种工作方式组合。

2. 方式 1——选通输入/输出方式

在这种方式下，数据的输入/输出操作要在选通信号控制下完成。其特点为：利用专用的中断请求和联络信号线控制数据传送，数据的输入和输出都具有锁存能力，只有端口 A 或端口 B 用于数据传送，而端口 C 的大部分 I/O 线作为联络控制线使用。

（1）选通输入方式

当 A 口和 B 口都工作在选通输入方式时，其端口状态、联络信号引脚定义见图 8－12。各联络控制信号意义如下：

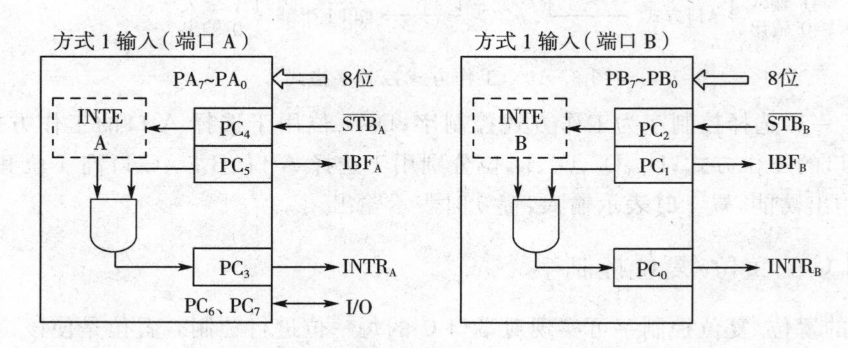

图 8－12　8255A 工作在选通输入方式

$\overline{STB}$：选通信号，由外设提供，低电平有效。当$\overline{STB}$变为低电平时，将数据锁存到所选端口的输入锁存器中。

IBF：输入缓冲器满信号，高电平有效。这是 8255A 输出到外设的联络信号，有效时，说明输入锁存器已有外设送入的数据，但未被 CPU 取走，以此阻止外设送入新的数据；只有当它为低时，即 CPU 已读取数据，输入锁存器变空时，才允许外设送新数据。

INTR：中断请求信号，高电平有效。该信号用来通知 CPU 从输入锁存器中读数据。INTR 信号变成高电平的条件是：数据已送入 8255A 内部（IBF＝1），端口中断被允许（即端口内的中断允许触发器 INTE=1)，$\overline{STB}$为高。在 A 组和 B 组控制电路中分别设置了一个 INTEA 和 INTEB 触发器，其状态由 C 口按位置位/复位命令控制。INTEA 由 PC$_4$控制置位，INTEB 由 PC$_2$控制置位。在对 PC$_4$、PC$_2$按位操作时不会对$\overline{STBA}$、$\overline{STBB}$产生任何影响。

8255A 方式 1 的输入操作时序如图 8-13 所示。从时序图可见，数据输入时，外设处于主动地位，当外设准备好数据时，用$\overline{STB}$信号将数据输入到 8255A，一旦数据被锁存，置 IBF=1，表示“输入缓冲器满”，阻止外设输入新的数据。在$\overline{STB}$信号结束并延迟一段时间后，如果 INTE=1，则使 INTR 信号变成高电平，向 CPU 请求中断。CPU 响应后转入相应的中断服务程序，在程序中执行 IN 指令，将锁存器中的数据读入 CPU。CPU 执行读操作时，$\overline{RD}$信号的下降沿使 INTR 信号复位，撤销中断请求，为下一次中断请求作好准备，$\overline{RD}$信号上升沿延迟一段时间后清除 IBF 使其变低，表示输入缓冲器已空，允许外设输入新的数据。

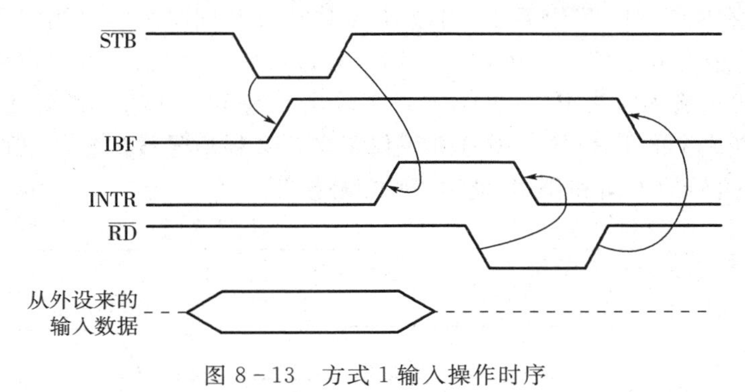

图 8-13　方式 1 输入操作时序

(2)选通输出方式

当 A 口和 B 口都工作在选通输出方式时，其端口状态、联络信号引脚定义见图 8-14。各联络控制信号意义如下：

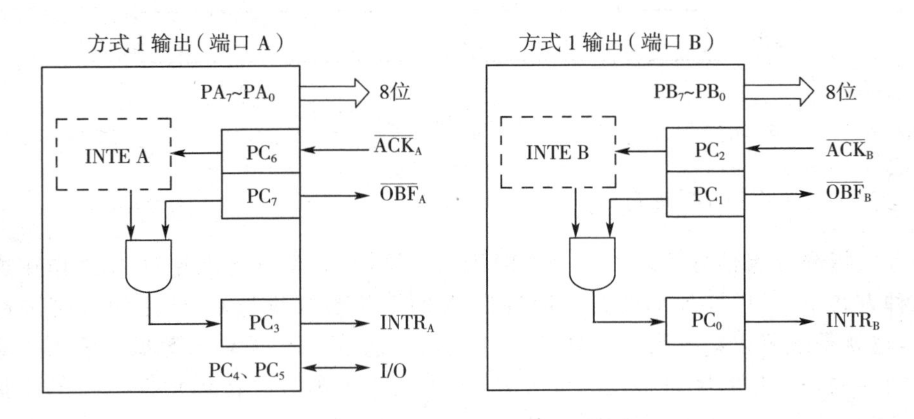

图 8-14　8255A 工作在选通输出方式

$\overline{OBF}$：输出缓冲器满信号，输出，低电平有效。当$\overline{OBF}$有效时，表示 CPU 已将数据写入 8255A 输出端口，通知外设可以取数据。

$\overline{ACK}$：应答信号。由外部输入，低电平有效。$\overline{ACK}$有效表示外设已从 8255A 端口收到数据，它实际上是对$\overline{OBF}$信号的回答信号。

INTR:中断请求信号,高电平有效。该信号用来向 CPU 请求中断。INTR 变高的条件是:输出缓冲器空($\overline{OBF}=1$),应答信号已结束($\overline{ACK}=1$),并且允许中断(INTE=1)。INTE 状态同样由 C 口按位置位/复位命令控制,但 A 组的 INTEA 改由 PC_6 控制置位,B 组的 INTEB 则仍由 PC_2 控制置位。

8255A 方式 1 的输出操作时序如图 8-15 所示。输出时 CPU 处于主动地位,当 CPU 向 8255A 写一个数据时,CPU 产生的$\overline{WR}$信号下降沿清除 INTR 信号,以便再次产生中断请求。$\overline{WR}$上升沿使$\overline{OBF}$变低,表示输出端口已有数据,通知外设从 8255A 输出缓冲器中取走数据。外设取完数据后用$\overline{ACK}$信号回答,$\overline{ACK}$下降沿将$\overline{OBF}$置为无效($\overline{OBF}=1$),以准备下一次输出操作。如果此时中断允许(INTE=1),则在$\overline{ACK}$信号结束的上升沿触发中断,CPU 进入中断服务程序后,执行输出指令向 8255A 写入下一个数据。

从图 8-12 和图 8-14 可以看出,当端口 A 和端口 B 同时被定义为方式 1 输入或方式 1 输出时,端口 C 中有 6 根信号线被用作控制信号,只剩下 2 根信号线可以完成数据输入或输出操作,在方式 1 输入时为 PC_6、PC_7,方式 1 输出时为 PC_4、PC_5。需要注意的是,初始化编程时,对工作方式字的 D_3 位置 1 或置 0 仅仅定义这 2 根信号线的输入/输出方向,并不影响已确定的控制信号的方向和作用,此时,D_0 位无意义。

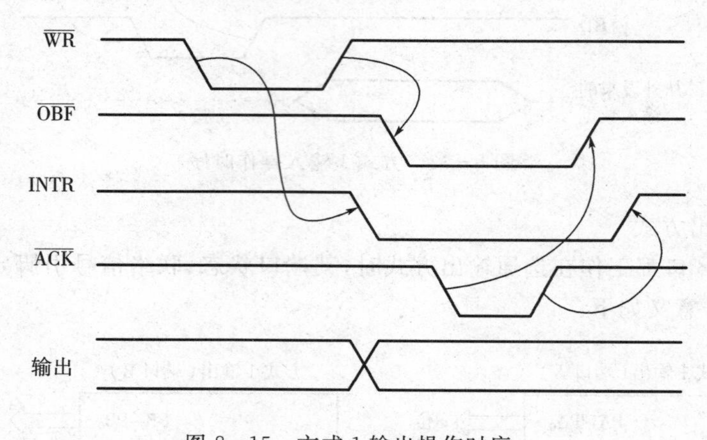

图 8-15　方式 1 输出操作时序

3. 方式 2——双向传送方式

双向方式指同一组信号线可以两个方向传送数据,8255A 只允许端口 A 工作在这种方式。在这种方式下,可以使外部设备利用端口 A 的 8 位数据线与 CPU 之间分时进行双向数据传送,也就是既可以输出数据给外部设备,也可以从外部设备输入数据。输入或输出的数据都是锁存的。工作时既可采用查询方式,也可采用中断方式传输数据。为了控制数据双向传送,使用了 C 口的 5 根线作为专用应答线。方式 2 的应答信号线实际上是方式 1 输入、方式 1 输出应答线的组合。PC_7 和 PC_6 提供 A 口在输出时的应答,PC_5 和 PC_4 提供 A 口在输入时的应答,所不同的是 INTRA 有双重定义。在输入时,INTRA 为输入缓冲器满,且中断允许触发器 INTE1 为 1 时 INTRA 有效,向 CPU 发出中断申请;在输出时,INTRA 为输出缓冲器空,且中断允许触发器 INTE2 为 1 时,INTRA 有效,向 CPU 发出中断申请。

当 A 口工作在双向传送方式时,其端口状态、联络信号引脚定义见图 8-16。各联络控制信号意义与方式1完全相同。INTE1和INTE2分别是端口A的输出中断允许和输入中断允许信号，其状态由端口C按位操作控制字设置。INTE1由PC_6控制，INTE2由PC_4控制，置1允许中断，置0禁止中断。方式2的时序如图8－17所示。

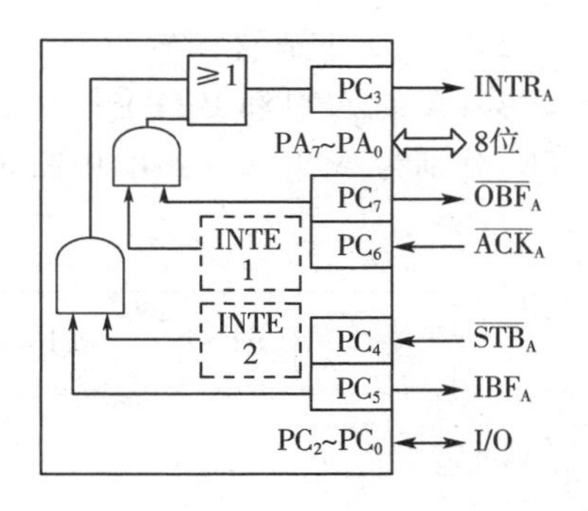

图8－16　8255A方式2工作状态

根据此时序图，我们对方式2的工作过程作些简单说明。图中画出一个数据输出和一个数据输入过程的时序，实际上，当端口A工作在方式2时，输入过程和输出过程的顺序是任意的，输入或输出数据的次数也是任意的。

对于输入过程，当外设把数据送往8255A时，选通信号$\overline{STB}_A$也一起到来，将外部的输入数据锁存到8255A的输入锁存器中，从而使输入缓冲器满信号IBF_A成为高电平。选通信号结束时，使中断请求信号变高。CPU响应中断执行IN指令时，$\overline{RD}$信号有效，将数据读入累加器，随后IBF_A变低，输入过程结束。

对于输出过程，CPU响应中断，用输出指令向8255A的端口A写入一个数据时，写信号$\overline{WR}$有效。它一方面使中断请求信号INTR变低，撤消中断请求。另一方面，$\overline{WR}$的后沿使输出缓冲器满信号$\overline{OBF}_A$变低，$\overline{OBF}_A$送往外设。外设收到这个信号后，发回应答信号$\overline{ACK}_A$，它开启8255A的输出锁存器，使输出数据出现在PA_7～PA_0线上。$\overline{ACK}_A$信号还使输出缓冲器满信号$\overline{OBF}_A$变为无效，从而可以开始下一个数据传送过程。

当端口A选择方式2，端口B只能选择方式0或方式1，选择方式0后可允许PC_2～PC_0作为I/O信号线使用，其输入/输出方向由控制字的D_0决定，而选择方式1后PC_2～PC_0被用作产生端口B的联络控制信号，此时，端口C无可供使用的I/O信号线。

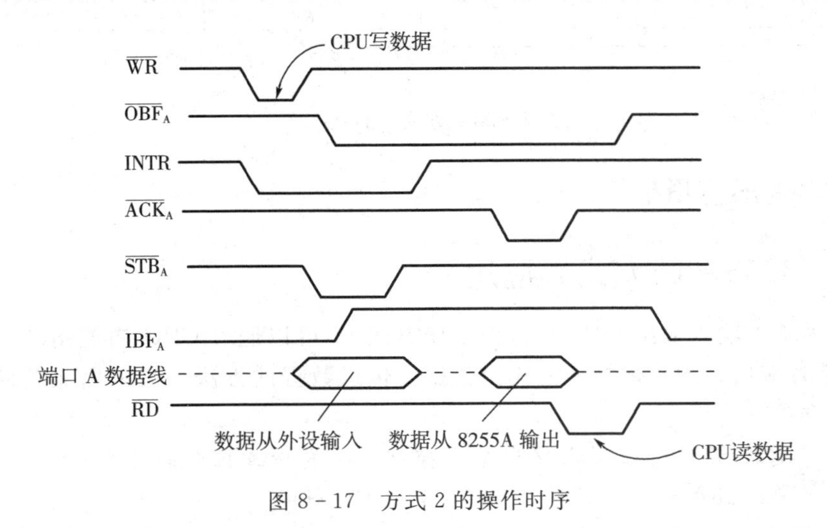

图8－17　方式2的操作时序

4. 8255A状态字

8255A设定为方式1和方式2时，读C口可得相应的状态字，以便了解8255A的工作状态。

(1)方式1下的状态字

8255A的A口和B口工作在方式1输入时的状态字如图8-18所示，其中$INTR_A$和$INTR_B$分别为A组和B组的中断允许触发器状态，其余各位为相应引脚上的电平信号。

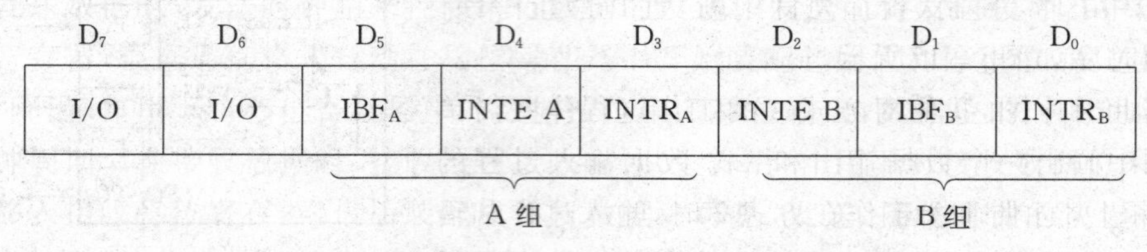

图8-18　方式1的输入状态字

方式1输出时的状态字如图8-19所示

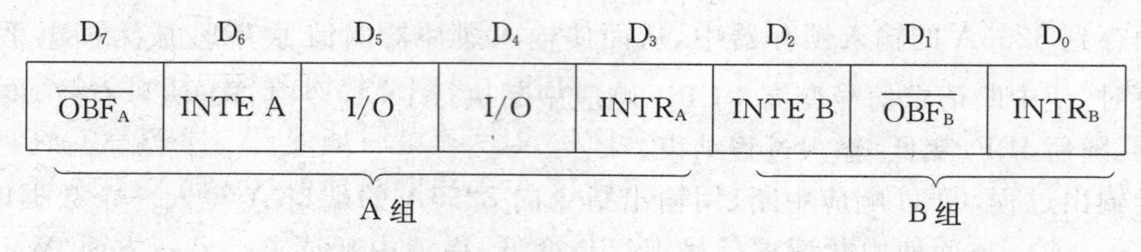

图8-19　方式1的输出状态字

(2)方式2下的状态字

方式2下的状态字如图8-20所示，其中INTR1和INTR2由C口的置位/复位控制字决定，其余各位为相应引脚上的电平信号。$D_2 \sim D_0$由B组工作方式决定。

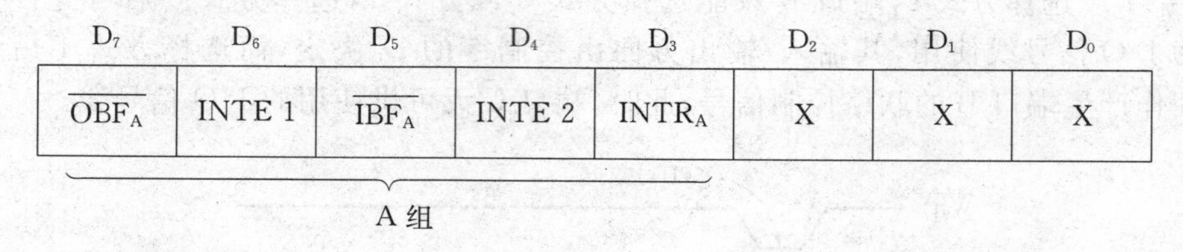

图8-20　方式2的状态字

8.2.3　8255A的应用举例

8.2.3.1　8255A的方式0应用

方式0为基本输入输出方式，在这种工作方式下，可以通过CPU向控制端口写入方式控制字，决定各端口是输入数据还是输出数据。传送数据的方法一般采用无条件传送方式或查询传送方式。

例8-3　通过8255A端口A输出数据控制8个发光二极管轮流点亮，电路连接如图8-21所示。(设8255A的端口地址为04A0H～04A6H)

解：图中8255A的端口A用作数据口，未使用状态口和中断逻辑，是一个工作在方式0采用无条件传送的输出端口。

完成该控制功能的程序如下：

```
MOV   DX,04A6H          ;控制口地址送DX
```

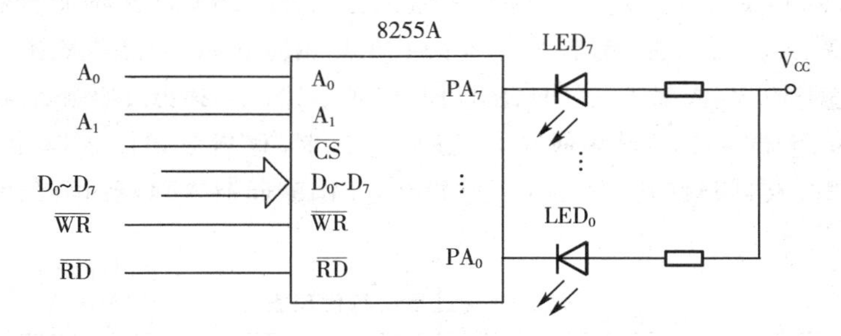

图 8-21　8255A 与 LED 的接口

```
        MOV    AL,80H          ;写工作方式控制字
        OUT    DX,AL
        MOV    DX,04A0H        ;A 端口地址送 DX
        MOV    AL,0FEH         ;低电平灯亮
LOP:    OUT    DX,AL           ;输出数据
        CALL   DELAY           ;延时
        ROL    AL,1            ;轮流点亮
        JMP    LOP
```

执行此段程序时要注意延时子程序的延时时间，若延时时间不够，指示灯会全亮或全灭。

例 8-4　ISA 总线通过 8255A 与开关及 LED 显示器的接口电路如图 8-22 所示。图中 8255A 端口 A 向七段 LED 显示器(共阳极)提供段码，端口 C 作为开关数据输入，端口 A 和 C 均工作于方式 0。接口的功能是：将 4 位开关设置的二进制信息转换成对应的 16 进制数，并在七段 LED 上显示。

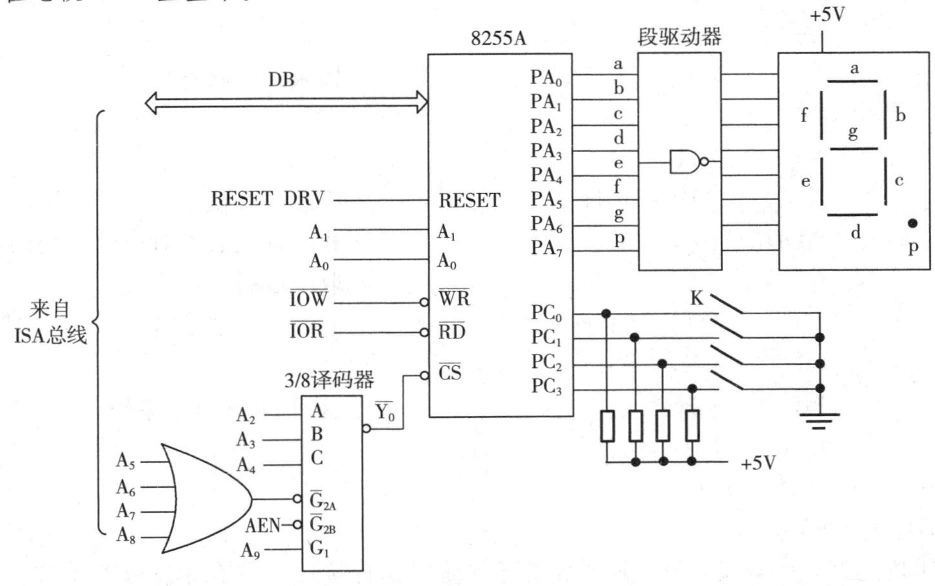

图 8-22　ISA 总线、8255A 与开关及 LED 显示器接口电路图

解：本例中8255A的端口地址由两部分组成：由来自ISA总线的地址线 $A_9 \sim A_2$ 通过74LS138译码器产生8255A的片选信号；地址线 $A_1 A_0$ 作为8255A的片内端口选择。8255A端口地址分配为：A口为200H，B口为201H，C口为202H，控制口为203H。

从图中可知，显示采用了共阳极七段LED显示器，但因使用了反相驱动，所以8255A输出的段码正好与共阳极所要求的电平状态相反，其显示16进制数字形的编码如表8-1所示。

表8-1 显示字符代码表

显示字符	0	1	2	3	4	5	6	7	8	9	A	B	C	D	E	F
七段代码(H)	3F	06	5B	4F	66	6D	7D	07	7F	6F	77	7C	39	5E	79	71

开关输入与显示程序如下：

```
DATA     SEGMENT
SEGTAB   DB  3FH,06H,5BH,4FH,66H,6DH,7DH,07H      ;定义7段码表
         DB  7FH,67H,77H,7CH,39H,5EH,79H,71H
DATA     ENDS
CODE     SEGMENT
ASSUME CS:CODE,DS:DATA
START:   MOV   AX,   DATA
         MOV   DS,   AX
         MOV   AL,   10000001B              ;8255A控制字
         MOV   DX,   203H
         OUT   DX,   AL
         MOV   BX,   OFFSET SEGTAB
         MOV   DX,   202H                   ;输入开关状态
         IN    AL,   DX
         MOV   AH,   0
         AND   AL,   0FH                    ;屏蔽高4位
         ADD   BX,   AX                     ;获取输入数字对应的7段码地址
         MOV   AL,   [BX]                   ;取7段码
         MOV   DX,   200H                   ;向端口A输出7段码
         OUT   DX,   AL
         MOV   AH,   4CH                    ;返回DOS操作系统
         INT   21H
CODE     ENDS
END      START
```

打印机是经常使用的外设，除少数情况都使用并行接口。它有8位数据线DATA1～DATA8，数据选通信号STROBE，应答信号 $\overline{ACK}$ 和忙信号BUSY，其工作时序见图8-23。

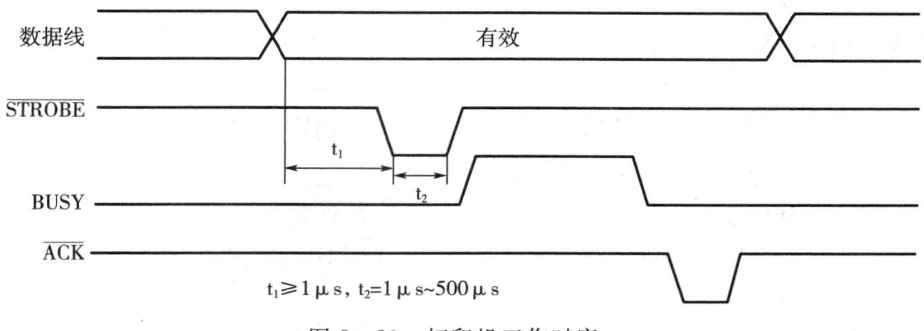

图 8-23 打印机工作时序

主机每送出一个数据，发出一个$\overline{STROBE}$信号，通知打印机锁存数据，打印机接收到数据后发出$\overline{ACK}$信号，作为对$\overline{STROBE}$信号的应答信号。除了发$\overline{ACK}$信号以外，打印机还发一个 BUSY 信号，表示打印机正在忙，当不忙时，即在 BUSY 的下降沿时才发$\overline{ACK}$。当打印机的打印头正在进行机械动作，如换行等，BUSY 信号就保持高电平，通知主机禁止送出数据，但此时$\overline{ACK}$暂不发送。当 BUSY 进入低电平时则可输入数据，接着发$\overline{ACK}$信号。所以 BUSY 和$\overline{ACK}$是起同样功能的联络信号。当设计打印机接口电路时，可以根据情况选用。

例 8-5 利用 8255A 实现打印机接口的电路如图 8-24 所示。使用 8255A 工作方式 0 实现将数据段中首地址为 2000H 的连续 100 字节单元数据送打印机打印输出。

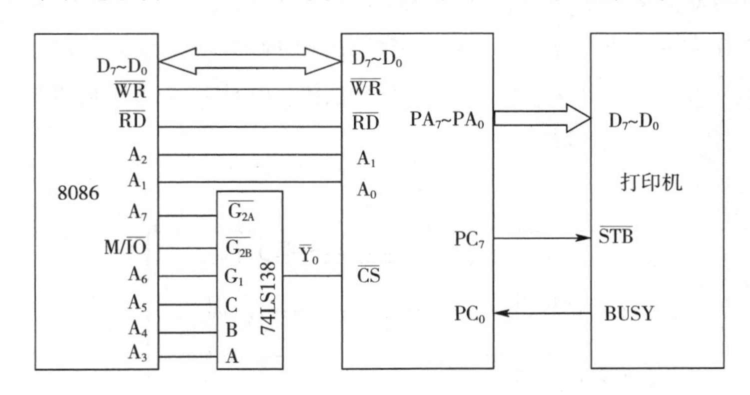

图 8-24 8255A 与打印机的接口电路

解:图 8-19 中，8255A 的地址线 A_1A_0 与 CPU 的 A_2A_1 连接，片选信号由 74LS138 译码产生，4 个端口地址依次为 40H、42H、44H、46H。PA 口作为向打印机输出的数据口，工作于方式 0，采用程序查询的控制方式。由 PC_7 控制信号$\overline{STB}$，PC_0 读取外设状态 BUSY。

程序设计如下：

```
MOV   SI, 2000H        ;打印数据所在内存单元首址送 SI
MOV   CX, 100
MOV   AL, 10000001B    ;8255A 初始化
OUT   46H,AL
MOV   AL, 00001111B    ;STB置高(PC7=1)
```

```
        OUT     46H,AL
WAIT:   IN      AL, 44H          ;读 BUSY
        TEST    AL, 01H
        JNZ     WAIT             ;BUSY=1 等待
        MOV     AL, [SI]
        OUT     40H,AL           ;数据输出
        MOV     AL, 00001110B    ;STB置低(PC7=0)
        OUT     46H,AL
        MOV     AL, 00001111B    ;STB置高(PC7=1)
        OUT     46H,AL
        INC     SI               ;修改地址指针
        LOOP    WAIT             ;未完,继续
        HLT
```

8.2.3.2 8255A 的方式 1 应用

例 8-6 8255A 采用中断方式与打印机的接口电路如图 8-25 所示。8255A 工作在方式 1,设中断向量为 2100H:4800H,对应的中断类型号为 0BH,试编写程序实现将缓冲区 BUF 中 1000 个字节的 ASCII 码字符送打印机打印。(8255A 端口地址:E0H～E6H)

解:图中 8255A 的 PB 口作为向打印机输出的数据口,工作于方式 1 采用程序中断的控制方式。8255A 工作在方式 1 输出时,规定 8255A 的 PB 口同外设之间的联络信号为 $\overline{OBF_B}$ 由 PC_1 输出,$\overline{ACK_B}$ 由 PC_2 输入,中断请求 INTR 由 PC_0 送 IR_3,本接口电路中未使用 $\overline{OBF_B}$ 而是选用 PC_5 打印机所要求的 $\overline{STB}$。

控制程序如下:

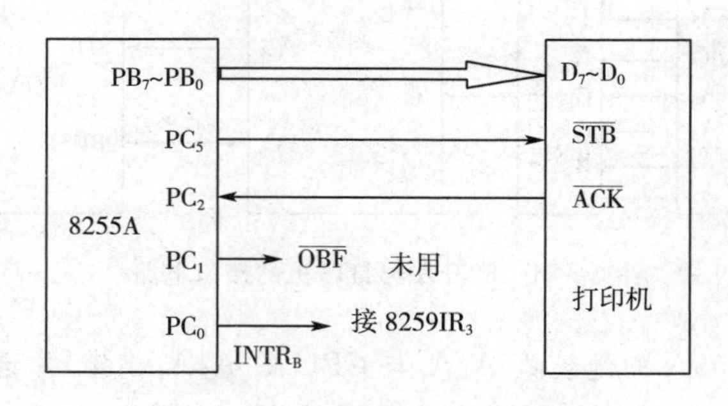

图 8-25 8255A 与打印机的接口电路

```
START:  MOV  AL,  84H        ;8255A 初始化
        MOV  0E6H,AL
        MOV  AL,  0BH
        OUT  0E6H,AL         ;STB置高(PC5=1)
        MOV  BX,  0BH
        SHL  BX,  1
```

```
          SHL   BX,  1          ;指向 0BH 号中断向量地址
          MOV   AX,  4800H      ;设置中断向量
          MOV   [BX],AX
          MOV   AX,  2100H
          MOV   [BX+2],AX
          LEA   SI,  BUF        ;打印数据所在内存单元首址送 SI
          MOV   CX,  1000
          MOV   AL,  05H
          OUT   0E6H,AL         ;INTE_B 置 1(PC2=1)
          STI                   ;开中断
LOP:      CMP   CX,  00H
          JNZ   LOP
          CLI                   ;关中断
          HALT
          ;中断服务程序
PRINTER:  MOV   AL,  [SI]
          OUT   0E2H,AL         ;数据输出
          MOV   AL,  0AH
          OUT   0E6H,AL         ;STB置低(PC5=0)
          MOV   AL,  0BH
          OUT   0E6H,AL         ;STB置高(PC5=1)
          INC   SI
          DEC   CX
          IRET
```

例 8-7 双机并行通信接口电路如图 8-26 所示设计。要求:在甲乙两台微机之间并行传送 1K 字节数据,甲机发送,乙机接收,甲机数据缓冲区首址为 1000H:0000H,乙机数据缓冲区首址为 2000H:0000H。甲机一侧的 8255A 和乙机一侧的 8255A 均采用方式 1 工作,两机的 CPU 与接口之间都采用查询方式交换数据。(8255A 端口地址:300H~303H)

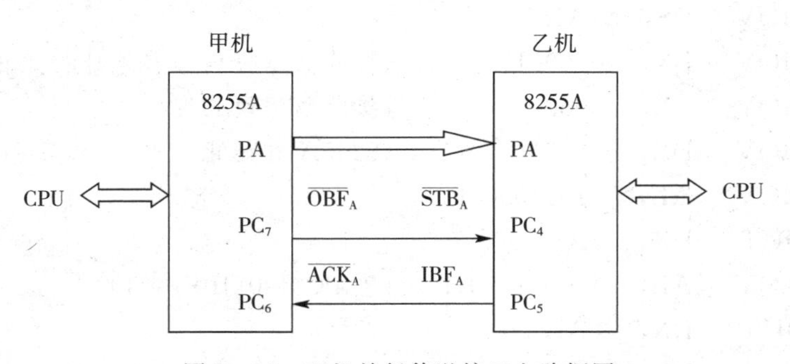

图 8-26 双机并行传送接口电路框图

解:根据题意,双机均采用可编程并行接口芯片 8255A 构成接口电路。图中甲机

8255A是方式1发送，乙机8255A是方式1接收，甲机的PC_7、PC_6与乙机的PC_5、PC_4甲机分别相连，构成闭环应答信号。当甲机CPU送一数据到端口A时，$\overline{OBF_A}$变低，给乙机一个选通信号，$\overline{STB_A}$变低将数据锁存。当乙机CPU从端口A取回数据后，IBF_A变低，给甲机一个应答信号，使甲机端口的响应信号$\overline{ACK_A}$变低，同时使$\overline{OBF_A}$变高。甲机CPU查询到$\overline{OBF_A}$变高后，即可开始下一数据的发送过程。

甲机发送程序：

```
        MOV   AX,   1000H       ;发送数据段地址初始化
        MOV   DS,   AX
        MOV   BX,   0000H       ;发送数据段内偏移地址初始化
        MOV   CX,   0800H       ;发送数据块长度
        MOV   DX,   303H        ;8255A初始化
        MOV   AL,   10100000B
        OUT   DX,   AL
        MOV   AL,   00001111H   ;置PC7=1(OBFA=1)
        OUT   DX,   AL
WAIT1:  MOV   DX,   302H
        IN    AL,   DX          ;读8255A状态口(PC口)
        AND   AL,   80H         ;测试OBFA
        JZ    WAIT1             ;外设未取走前一个数据，等待
        MOV   AL,   [BX]        ;从数据缓冲区取数
        MOV   DX,   300H        ;8255A端口A发送数据
        OUT   DX,   AL
        INC   BX                ;修改内存单元地址
        LOOP  WAIT1             ;数据未发送完，继续
        HLT
```

乙机接收程序：

```
        MOV   AX,   2000H       ;接收数据段地址初始化
        MOV   DS,   AX
        MOV   BX,   0000H       ;接收数据段内偏移地址初始化
        MOV   CX,   0800H       ;接收数据块长度
        MOV   DX,   303H        ;8255A初始化
        MOV   AL,   10110000B
        OUT   DX,   AL
        MOV   AL,   00001010H   ;置PC5=0(IBFA=1)
        OUT   DX,   AL
WAIT2:  MOV   DX,   302H
        IN    AL,   DX          ;读8255A状态口(PC口)
        AND   AL,   20H         ;测试IBFA
```

```
        JZ      WAIT                    ;未收到数据,等待
        MOV     DX,   300H
        IN      AL,   DX                ;从端口 A 读取数据
        MOV     [BX], AL                ;存数据缓冲区
        INC     BX                      ;修改内存单元地址
        LOOP    WAIT2                   ;接收完数据,继续
        HLT
```

8.2.3.3 8255A 的方式 2 应用

例 8-8 双机并行通信接口电路的连接如图 8-27 所示。要求:(1)主机 CPU 以中断方式输入/输出数据,主机侧 8255A 工作在方式 2;从机 CPU 采用查询方式输入输出数据,从机侧 8255A 工作在方式 0。(2)编写程序实现在主机和从机之间并行传送 100 个字节数据。(两侧 8255A 地址均为 04A0H~04A6H)。

解:分析:1)从机发送,主机接收。从机检测到主机侧的 IBF 信号无效时,执行输出指令将数据输出到从机侧 8255A 的端口 A,同时使 $\overline{STB}$ 信号有效,将数据锁存到主机侧的 8255A 端口 A 输入锁存器,当数据被锁存后,主机侧 8255A 输出信号 IBF 有效,主机转中断服务程序,执行输入指令接收数据,同时使主机侧的 IBF 信号无效。

2)主机发送,从机接收。从机检测到主机侧 $\overline{OBF}$ 信号有效时执行输入指令,由从机侧的 8255A 端口 B 接收数据,当接收数据后向主机侧 8255A 发回 $\overline{ACK}$ 信号,使 $\overline{OBF}$ 信号无效,同时主机转中断服务程序,执行输出指令将数据输出给主机侧 8255A 端口 A 输出锁存器,并发出 $\overline{OBF}$ 信号,通知从机。

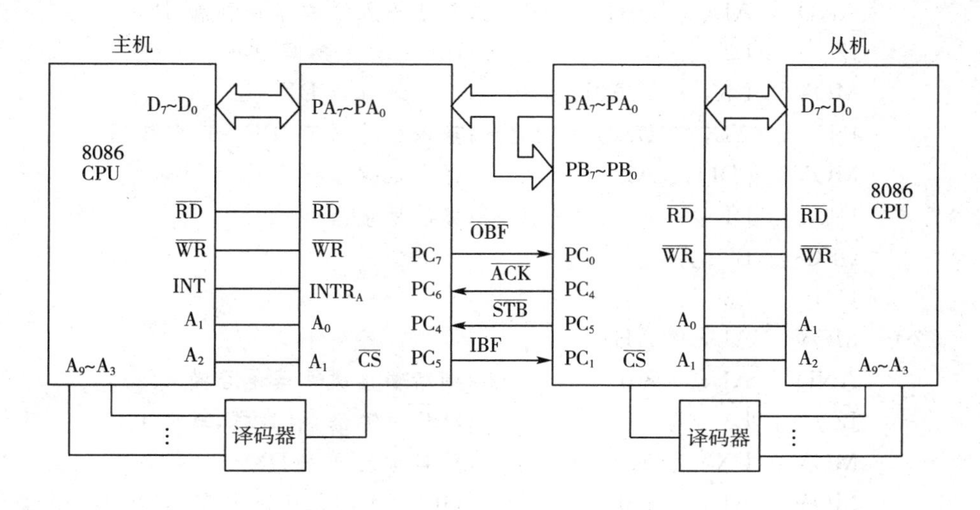

图 8-27 双机并行通信接口电路

主机程序如下:

```
        ;主程序
        MOV     BL,   64H               ;输入 100 个数计数器
        MOV     CL,   64H               ;输出 100 个数计数器
```

```
        MOV   SI,   0100H     ;输出数据所在内存单元首址送SI
        MOV   DI,   0200H     ;输入数据存放内存单元首址送DI
        MOV   DX,   04A6H     ;8255A控制口地址送DX
        MOV   AL,   0C0H      ;工作方式2控制字写入A口
        OUT   DX,   AL
        MOV   AL,   09H       ;PC4=1,允许输入中断
        OUT   DX,   AL
        MOV   AL,   0DH       ;PC6=1,允许输出中断
        OUT   DX,   AL
        STI                   ;开中断
L1:     CMP   BL,   00H
        JNZ   L1
        CMP   CL,   00H
        JNZ   L1
        CLI                   ;关中断
        HALT
        …
;中断服务程序
INT:    MOV   DX,   04A4H     ;8255A状态口地址(C口)送DX
        IN    AL,   DX        ;采集8255A状态口的状态值
        MOV   AH,   AL        ;保存状态
        AND   AL,   20H       ;判断输入缓冲器是否满(PC5)
        JZ    L2              ;IBF=0,无数据,转走
        MOV   DX,   04A0H     ;A口地址送DX
        IN    AL,   DX        ;输入缓冲器满IBF=1,取数据
        MOV   [DI], AL        ;保存数据
        INC   DI              ;修改地址指针
        DEC   BL
        JMP   L3
L2:     MOV   AL,   AH
        AND   AL,   80H       ;判断输出缓冲器是否满
        JZ    L3              ;OBF=0,满,有数据,转向L3
        MOV   DX,   04A0H     ;A口地址送入DX
        MOV   AL,   [SI]      ;OBF=1输入缓冲器空,取数据
        OUT   DX,   AL        ;输出数据
        INC   SI              ;修改地址指针
        DEC   CL
L3:     STI
        IRET
```

从机程序如下：

```
        MOV   SI,    0100H    ;源数所在的存储单元首地址送 SI
        MOV   DI,    0200H    ;目标数所在的存储单元首地址送 DI
        MOV   BL,    64H      ;设置输入数据个数计数器
        MOV   CL,    64H      ;设置输出数据个数计数器
        MOV   DX,    04A6H    ;8255A 控制口地址送 DX
        MOV   AL,    83H      ;写工作方式选择控制字(A 口输出,B 口输
                              入)
        OUT   DX,    AL
L4:     MOV   DX,    04A4H    ;C 口地址送 DX
        MOV   AL,    0F0H     ;初始化 C 口高 4 位(PC5=1)
        OUT   DX,    AL
        IN    AL,    DX       ;检测 C 口低 4 位状态
        MOV   AH,    AL
        AND   AL,    02H      ;检测主系统 IBF 状态(PC1)
        JNZ   L5              ;主侧 8255A 输入缓冲器满转移到 L5
        MOV   AL,    [SI]     ;主侧 8255A 输入缓冲器空,向主机传送数据
        MOV   DX,    04A0H    ;A 口地址送 DX
        OUT   DX,    AL       ;输出数据给主侧 8255
        MOV   DX,    04A4H    ;C 口地址送 DX
        MOV   AL,    0D0H     ;选通主侧 8255A(PC5=0)
        OUT   DX,    AL
        MOV   AL,    0F0H     ;关闭选通信号(PC5=1)
        OUT   DX,    AL
        INC   SI              ;修改数据区地址指针
        DEC   CL
        JNZ   L4
        CMP   BL,    00H
        JNZ   L4
        JMP   L6
L5:     MOV   AL,    AH
        AND   AL,    01H      ;检测主侧 8255A 的 OBF 状态(PC0)
        JNZ   L4              ;OBF=1,主侧 8255A 输出缓冲器无数据,转
                              向 L4
        MOV   DX,    04A2H    ;B 口地址选 DX
        IN    AL,    DX       ;从主侧 8255A 取数
        MOV   [DI],  AL       ;保存数据
        MOV   DX,    04A4H
        MOV   AL,    0E0H     ;从侧 8255A 发 ACK 信号(PC4=0)
```

```
        OUT   DX,   AL
        MOV   DX,   04A4H
        MOV   AL,   0E0H        ;从侧 8255A 的 ACK 信号无效(PC4=1)
        OUT   DX,   AL
        INC   DI                ;修改数据区地址指针
        DEC   BL
        JNZ   L4
        CMP   CL,   00H
        JNZ   L4
L6:     HLT
```

8.3 串行通信与接口技术

8.3.1 串行通信的基本概念

8.3.1.1 串行通信的特点

随着计算机的普及应用和计算机网络的发展,其通信功能越来越重要。所谓通信是指计算机与外界之间的信息交换。因此,通信既包括计算机与外部设备之间,也包括计算机和计算机之间的信息交换。通信的基本方式有并行通信和串行通信两种。由于串行通信是在一根传输线上一位一位地传送信息,所用的传输线少,并且可以借助现成的电话网、电缆、光缆等进行信息传送,因此,特别适合于远距离传送。有些外部设备比如显示器、打印机、逻辑分析仪、磁盘等,采用串行方式交换数据也很普遍。在实时控制和管理方面,采用多台微机组成的分布式(DCS)控制系统中,各台微机之间的通信一般采用串行方式。所以串行接口是微机应用系统常用的接口。

串行通信与并行通信相比较,并行通信中传输线数目没有限制,一般除了数据线外还设置通信联络线。例如,在发送前首先询问接收方是否准备就绪(READY)或是否正在工作即"忙"(BUSY);当接收方接收到数据之后,要向发送方回送数据已经收到的"应答"(ACK)信号。但是,在串行通信中,由于信息在一个方向上传输,只占用一根通信线,因此在这根传输线上既传送数据信息又传送联络控制信息,这就是串行通信的首要特点。那么,如何来识别在一根线上串行传送的信息流中,哪一部分是联络信号,哪一部分是数据信号?为解决这个问题,就引出了串行通信的一系列约定。因此,串行通信的第二个特点是它的信息格式有固定的要求(这一点与并行通信不同),通信方式有异步通信和同步通信两种,通信格式对应分为异步和同步两种信息格式。第三个特点是串行通信中对信息的逻辑定义与TTL不兼容,因此,需要进行逻辑电平转换。

8.3.1.2 数据传送方式

串行通信中,数据通常是在两个站(如终端和微机)之间进行传送,按照同一时刻数据流的方向可分成 3 种基本传送方式,这就是单工、半双工和全双工传送,如图 8-28 所示。

1. 单工传送(Simplex)

当数据的发送和接收方向固定,采用单工传送方式,即发送方只管发送,接收方只管接收。如图 8-28(a)所示,数据从发送器传送到接收器为单方向传送。

2. 半双工传送(Half Duplex)

当使用同一根传输线既作输入又作输出时,虽然数据可以在两个方向上传送,但通信双方不能同时收发数据,这样的传送方式就是半双工传送,如图 8-28(b)所示,采用半双工时,通信系统每一端的发送器和接收器通过收/发开关接到通信线上,进行方向的切换,因此会产生时间延迟。收/发开关实际上是由软件控制的电子开关。

目前多数终端和串行接口都为半双工方式提供了换向能力,也为全双工方式提供了两条独立的引脚,在实际使用时,一般并不需要通信双方同时既发送又接收,像打印机这类的单向传送设备,半双工就能胜任,也无需倒向。

3. 全双工传送(Full Duplex)

当数据的发送和接收分流,分别由两个信道传输时,通信双方都能同时进行发送和接收操作,此传送方式就是全双工方式,如图 8-28(c)所示。在全双工方式下,通信系统的每一端都设置了发送器和接收器,因此,能控制数据同时在两个方向上传送,即向对方发送数据的同时可以接收对方送来的数据。全双工方式无需进行方向的切换,因此,这对那些不能有时间延误的交互式应用(例如远程监测和控制系统)十分有利。

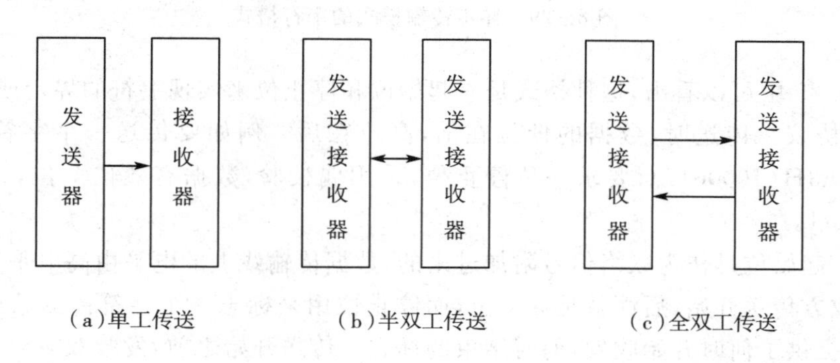

图 8-28　三种传送方式

8.3.1.3　串行通信方式

串行通信根据时钟控制方式可分为异步通信方式和同步通信方式。异步通信方式是指通信的发送设备与接收设备使用各自的时钟控制工作,要求双方的时钟尽量一致,但接收端的时钟完全独立于发送端,由自己内部的时钟发生器产生,即使设定在同一频率下工作,由于频率准确度和稳定度总有一定的限度,所以实际频率总是有差异的,但这种偏差是有一定范围的,同步串行通信是指通信的双方使用同一个时钟控制数据的发送和接收,发送端与接收端的时钟必须严格一致。

无论采用何种通信方式，通信双方必须遵守通信协议。通信协议是指通信双方的一种约定，约定中包括对数据格式、同步方式、传送速度、传送步骤、纠错方式以及控制字符定义等问题做出统一规定，通信双方必须共同遵守。因此，通信协议也叫做通信控制规程，或称传输控制规程，它属于 ISO′S OSI 七层参考模型中的数据链路层。

1. 起止式异步协议

起止式异步协议的特点是一个字符接一个字符的传输，而且每传送一个字符都是以起始位开始，以停止位结束，字符之间没有固定的时间间隔要求。起止式异步传输一帧数据的格式如图 8-29 所示。每一个字符的前面都有 1 位起始位（低电平，逻辑值 0）；字符本身由 5～8 位数据位组成；数据有效位后后面是 1 位校验位，也可以无校验位；最后是停止位，停止位宽度为 1 位，1.5 位或 2 位，停止位后面是不定长度的空闲位。停止位和空闲都规定为高电平（逻辑 1），这样就保证起始位开始处一定有一个下跳沿。

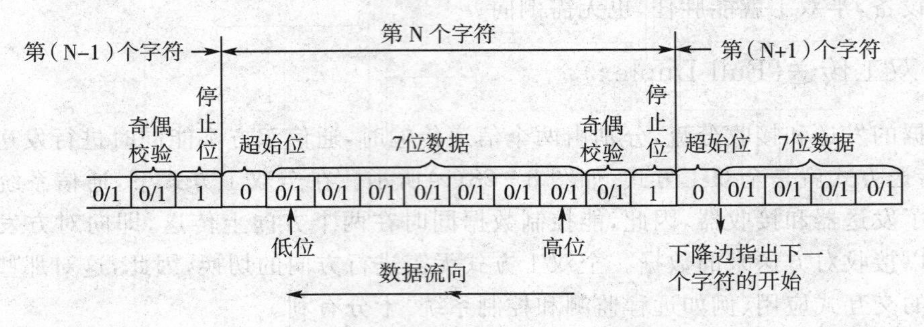

图 8-29　异步传输模式的字符格式

从图 8-29 中可以看出，这种格式是靠起始位和停止位来实现字符的界定或同步的，故称为起止式协议。传送时，数据的低位在前，高位在后。例如要传送一个字符“C”，C 的 ASCII 码为 43H（1000011），要求一位停止位，采用偶校验，数据有效位 7 位，则一帧信息为 0110000111。

实际上，起始位是作为联络信号附加进来的，数据传输线上的电平由高电平变为低电平时，通知接收方传送开始，后面就是数据位，而停止位用来标志一个字符传输结束。这样就为通信双方提供了何时开始收发，何时结束的标志。传送开始之前，发收双方要约定好采用的起止式格式，数据有效位长度，停止位位数，有无校验，若有，是奇校验还是偶校验，设定好数据传输速率，传送开始后，接收设备不断地检测传输线，看是否有起始位到来，当收到一系列的“1”（停止位或空闲）之后，检测到一个下跳沿，说明起始位出现，起始位经确认后，就开始接收所规定的数据位和奇偶校验位以及停止位。经过处理将停止位去掉，把数据位拼成一个并行字节，并且经校验无奇偶错才算正确的接收一个字符。一个字符接收完毕，接收设备又继续测试传输线，监视“0”电平的到来和下一字符的开始，直到全部数据传送完毕。

由上述工作过程可以看到，异步通信是按字符传输时，每传送一个字符是用起始位通知接收方，以此来重新核对收发双方同步。若接收设备和发送设备两者的时钟频率略有偏差，这也不会因偏差的累积而导致错位，加之字符之间的空闲位也为这种偏差提供一种缓冲，所以异步串行通信的可靠性高，但由于要在每个字符的前后加上起始位和停止位这样一些附加位，降低了传输效率，大约只有原来的80%。因此，起止式协议一般用在数据速率较慢的场合(小于19.2Kbit/s)，在高速传送时，一般要采用同步协议。

2.面向字符的同步协议

这种协议的典型代表是IBM公司的二进制同步通信协议(BSC)。它的特点是一次传送由若干个字符组成的数据块，而不是每次只传送一个字符，并规定了10个特殊字符作为这个数据块的开头与结束标志以及整个传输过程的控制信息，它们也叫做通信控制字。由于被传送的数据块是由字符组成，故被称作面向字符的协议，协议的一帧数据格式如图8-30所示。

SYN	SYN	SOH	标题	STX	数据块	ETB/ETX	块校验

图8-30　面向字符同步协议的帧格式

由图8-30可以看出，数据块的前、后都加了几个特定字符。SYN是同步字符(Synchronous Character)每一帧开始处都加有同步字符，加一个SYN同步字符的称单同步，加两个SYN同步字符的称双同步，设置同步字符的目的是起联络作用，传送数据时，接收端不断检测，一旦出现同步字符，就知道是一帧开始了，后接的SOH是序始字符(Start of Header)，它表示标题的开始，标题中包括源地址、目标地址和路由指示等信息。STX是文始字符(Start of Text)，它标志着传送的正文(数据块)开始。数据块就是被传送的正文内容，由多个字符组成。数据块后面是组终字符ETB(End of Transmission Block)或文终字符ETX，其中ETB用在正文很长，需要分成若干个数据块，分别在不同帧中发送的场合，这时在每个分数据块后面用组终字符ETB，而在最后一个分数据块后面用文终字符ETX。帧的最后是校验码，它对从SOH开始直到ETX(或ETB)字段进行校验，校验方式可以是纵横奇偶校验或CRC校验。

面向字符的同步协议不像异步起止协议那样需在每个字符前后附加起始和停止位，因此传输效率大大提高了。同时，由于采用了一些传输控制字，故增强了通信控制能力和校验功能。但也存一些问题，例如，如何区别数据字符代码和特定字符代码的问题，因为在数据块中完全有可能出现与特定字符代码相同的数据字符，这就会发生误解，比如正文中正好有个与文终字符ETX的代码相同的数据字符，接收端就不会把它作数据字符处理，而误认为是正文结束，因而产生差错。因此，协议应具有将特定字符作为普通数据处理的能力，这种能力叫做“数据透明”，为此，协议中设置了转义字符DLE(Data Link Escape)。当把一个特定字符看成数据时，在它前面要加一个DLE，这样接收器收到了一个DLE就可预知下一个字符是数据字符，而不会把它当作控制字符来处理了。DLE本身也是特定字符，当它出现在数据块中时，也要在它前面再加上另一个DLE，这种方法叫字符填充。字符填充实现起来相当麻烦，且依赖于字符的编码。正是由于以上的缺点，所以又产生了新的面向比特的同步协议。

3.面向比特的同步协议

面向比特的协议中最有代表性的是IBM的同步数据链路控制规程SDLC(Synchronous Data Control)，国际标准化组织ISO(Internationa1 Standards

Organization)的高级数据链路控制规程 HDLC(High Level Data Link Control),美国国家标准协会(American Control Institute)的先进数据通信规程 ADCCP(Advance Data Communications Control Procedure),这些协议的特点是所传输的一帧数据可以是任意位,而且它是靠约定的位组合模式而不是靠特定字符来标志帧的开始和结束,故称"面向比特"的协议。这种协议的一般帧格式如图 8-31 所示。

8位	8位	8位	≥0位	16位	8位
01111110	A	C	I	FC	01111110
开始标志	地址场	控制场	信息场	校验场	结束标志

图 8-31 面向比特同步协议的帧格式

由图可见,SDLC/HDLC 的一帧信息包括以下几个场(Field),所有场都是从最低有效位开始传送。

(1)SDLC/HDLC 标志字符

SDLC/HDLC 协议规定,所有信息传输必须以一个标志字符开始,且以同一个字符结束。这个标志字符是 01111110,称标志场(F)。从开始标志到结束标志之间构成一个完整的信息单位,称为一帧。所有信息是以帧的形式传输的,而标志字符提供了每一帧的边界。接收端可以通过搜索"01111110"来探知帧的开头和结束,以此建立帧同步。

(2)地址场和控制场

在标志场之后,可以有一个地址场 A(Address)和一个控制场 C(Control),地址场用来规定与之通信的次站的地址。控制场可规定若干个命令。SDLC 规定 A 场和 C 场的宽度为 8 位或 16 位。接收方必须检查每个地址字节的第一位,如果为"0",则后边跟着另一个地址字节,若为"1",则该字节就是最后一个地址字节。同样,如果控制场第一个字节的第一位为"0",则还有第二个控制场字节,否则就只有一个字节。

(3)息场

在控制场之后的是信息场(Information),它包含要传送的数据。并不是每一帧都必须有信息场,即数据场可以为 0,当它为 0 时,则这一帧主要是控制命令。

(4)验场

紧跟在信息场之后的是两字节的帧校验场,帧校验场称为 FC(Frame Check)场或称为帧校验序列 FCS(Frame Check Sequence),SDLC/HDLC 均采用 16 位循环冗余校验码 CRC(Cyclic Redundancy Code),其生成多项式为 CCITT 多项式调 $X_1 6+X12+X5+1$。除了标志场和自动插入的"0"位外,所有的信息都参加 CRC 计算。

如上所述,SDLC/HDLC 协议规定以 01111110 为标志字节,但在信息场中也完全可能有与标志字节相同的字符,为了把它与标志区分开来,就采用了"0"位插入和删除技术。具体做法是,发送端在发送所有信息(除标志字节外)时,只要遇到连续 5 个"1",就自动插入个"0";当接收端在接收数据时(除标志字节外),如果连续接收到 5 个"1",就自动将其后的一个"0"删除,以恢复信息的原有形式。这种"0"位的插入和删除过程是由硬件自动完成的。

若在发送过程中出现错误,则 SDLC/HDLC 协议是用异常结束(Abort)字符或称失效序列使本帧作废。在 HDLC 规程中,7 个连续的"1"被作为失效字符,而在 SDLC 中失效字符是 8 个连续的“1”。当然在失效序列中不使用“0”位插入/删除技术。

SDLC/HDLC 协议规定,在一帧之内不允许出现数据间隔。在两帧信息之间,发送器可以连续输出标志字符序列,也可以输出连续的高电平,它被称为空闲(Idle)信号。

8.3.1.4 信息的校验方式

串行通信无论采用何种传送方式,串行数据在传输过程中,都不可避免地由于干扰而造成误码,这直接影响通信系统的可靠性,所以,对通信中差错控制能力是衡量一个通信系统的重要内容。我们把如何发现传输中的错误叫检错。发现错误之后,如何消除错误叫纠错。

常用的校验方式有两种,分别是奇偶校验和循环冗余(CRC)校验。

1. 奇偶校验(Parity Check)

采用这种校验方式发送时,在每个字符的数据最高有效位之后都附加一个奇偶校验位,这个校验位可为“1”或为“0”,以便保证整个字符(包括校验位)中“1”的个数为偶数(偶校验)或为奇数(奇校验),接收时,接收方采用与发送方相同的通信格式,使用同样的奇偶校验,对接收到的每个字符进行校验,例如,发送按偶校验产生校验位,接收也必须按偶校验进行校验。当发现接收到的字符中“1”的个数不为偶数时,便认为出现了奇偶校验错,接收器可向 CPU 发出中断请求,或使状态寄存器相应位置位供 CPU 查询,以便进行出错处理。

2. 循环冗余码校验 CRC(Cyclic Redundancy check)

发送时,根据编码理论对发送的串行二进制序列按某种算法产生一些校验码,并将这些校验码放在数据信息后一同发出。在接收端将接收到的串行数据信息按同样算法计算校验码,当信息位接收完之后,接着接收 CRC 校验码,并与接收端计算得出的校验码进行比较,若相等则无错,否则说明接收数据有错。接收器可用中断或状态标志位的方法通知 CPU,以便进行出错处理。在通信控制规程中一般采用循环冗余码(CRC)检错,以自动纠错方法来纠错。

8.3.1.5 传输速率与传送距离

1. 波特率

并行通信中,传输速率是以每秒传送多少字节(B/s)来表示。而在串行通信中,是用每次传送的位数(b/s)即波特率来表示,1 波特=1b/s。

现在国际上对串行通信传输速率制定了一系列标准,它们是 110b/s、300b/s、1000b/s、1200b/s、2400b/s、4800b/s、9600b/s、和 19200b/s。通常把 300b/s 以下的称为低速传输,300~2400b/s 称为中速,2400b/s 以上者称为高速传输。CRT 终端能处理 9600b/s 的传输,打印机终端速度较慢,点阵打印一般也只能以 2400b/s 的速率来接收信号。

通信线上所传输的字符数据是按位传送的,一个字符由若干位组成,因此每秒钟所传输的字符数(即字符速率)和波特率是两个概念。在串行通信中,所说的传输速率是指波特率,而不是指字符速率,两者的关系是:假如在某异步串行通信中,通信格式为 1 个起始位、8 个数据位、1 个偶数位和 2 个停止位,若传输速率是 1200b/s,那么,每秒所能传送的字符数是

1200/(1＋8＋1＋2)＝100 个。

2. 发送时钟和接收时钟

在发送数据时，发送时钟用来控制串行数据的发送。发送前将发送缓冲器中的数据送入移位寄存器，根据通信格式自动在移位寄存器中开始装配起始位和停止位，发送器在发送时钟(下降沿)作用下将移位寄存器中的数据按位串1移位输出，数据位的时间间隔取决于发送时钟周期。在接收数据时，接收器在接收时钟(上升沿)作用下对接收数据位采样，并按位串行移入接收移位寄存器，最后装配成并行数据。可见，发送/接收时钟的快慢直接影响通信设备发送/接收字符数据的速度。

发送/接收时钟频率是根据所要求的传输波特率及所选择的倍数N来确定的，发送/接收时钟频率与波特率的关系为发/收时钟频率＝N＊发/收波特(其中N＝1、16或64)：

例如，要求传输速率为1200b/s，则：

当选择N＝1时，发/收时钟频率＝1.2kHz

当选择N＝16时，发/收时钟频率＝19.2kHz

当选择N＝64时，发/收时钟频率＝76.8kHz

8.3.1.6 信号的调制与解调

计算机的通信是要求传送数字信号，而在进行远程数据通信时，用于传输数据信号的信道种类很多，比如采用数据专用电缆，但费用较高，所以，通信线路往往是借用现成的公用电话网，但是，电话网是为300Hz～3400Hz间的音频模拟信号设计的，在这个频带之外，信号将受到较大的衰减，而且不适合传输数字信号。发送时，将二进制信号变换成适合电话网传输的模拟信号，这一过程称为“调制”，对应完成此过程的设备为调制器(Modulator)；接收时，将在电话网上传输的音频模拟信号还原成原来的数字信号，这一过程称为“解调”，对应完成此过程的设备为解调器(Demodulator)。

大多数情况下，串行通信是双向的，调制器和解调器一般合在一个装置中，这就是调制解调器MODEM，如图8-32所示。可见调制解调器是进行数据通信所需的设备，因此把它称为数据通信设备DCE。一般通信线路是指电话线或专用电缆。

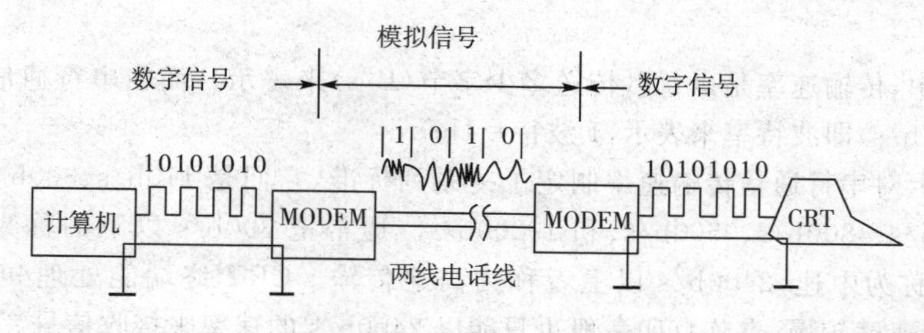

图8-32 调制与解调示意图

调制解调器的类型比较多，按照调制技术可分为振幅键控(ASK)、频移键控(FSK)和相移键控(PSK)。当波特率小于300时，一般采用频移键控调制方式。它的基本原理是把“0”和“1”两种数字信号分别调制成不同频率的两个音频信号，“1”对应的信号频率是“0”对应的两倍。其原理如图 8－33 所示。

两个不同频率的模拟信号，分别由电子开关 S1、S2 控制，在运算放大器的输入端相加，传输的数字信号控制电子开关。当信号为"1"时，电子开关 S1 导通，S2 关闭，频率较高的模拟信号 f1 送到运算器，当信号为"0"时，电子开关 S2 导通，S1 关闭，频率较低的模拟信号 f2 送到运算器。于是在运算放大器的输出端，就得到了调制后的两种频率的音频信号。

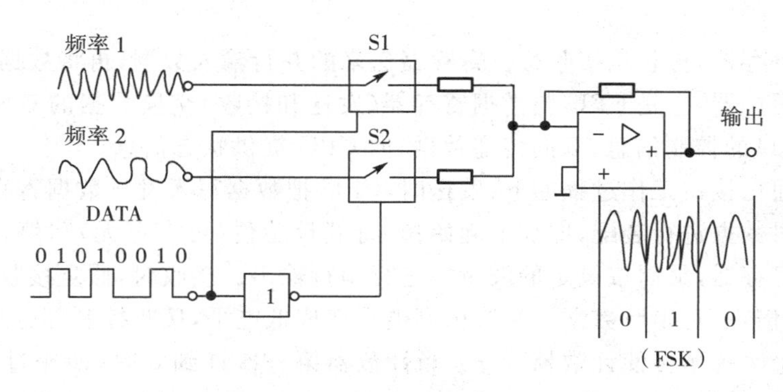

图 8－33　频移键控调制原理图

8.3.1.7　串行接口的基本结构和基本功能

计算机内部处理的数据是并行数据，而信号在传输线上是串行传输的，所以串行通信接口的基本功能之一是要实现串行与并行数据之间的相互变换。其二要根据串行通信协议完成串行数据的格式化，在异步通信方式发送时自动添加启/停位，接收时自动删除启/停位等。面向字符的同步方式数据格式化时，需要在数据块前加同步字符，数据块后加校验字符。其三，串行接口应具有出错检测电路。在发送时，接口电路自动生成奇偶校验位，在接收时，接口电路检查字符的奇偶校验位或其他校验码，用来指示接收的数据是否正确。

1. 异步串行通信接口

典型的异步通信接口基本结构如图 8－34 所示。

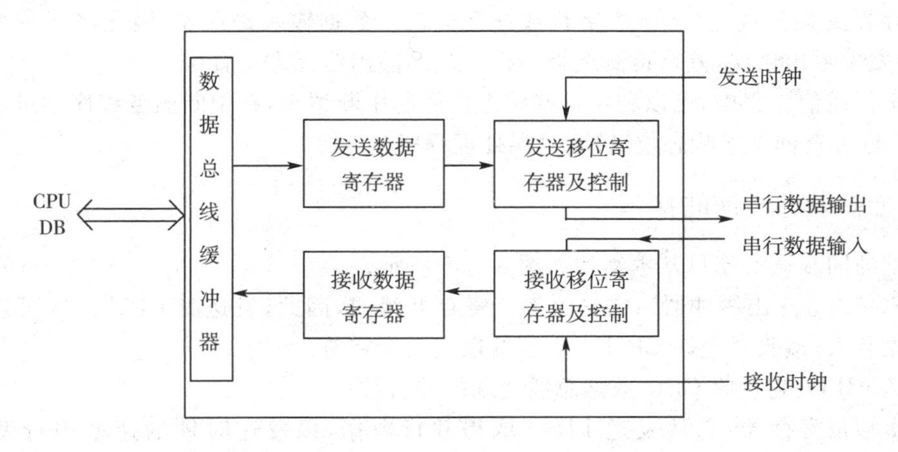

图 8－34　典型异步端口基本结构

发送数据寄存器：它从 CPU 数据总线接收并行数据。

发送移位寄存器及发送控制逻辑：发送数据寄存器的数据并行送入发送移位寄存器，然后在发送时钟控制下，将装配好的数据逐位发送出去。

接收移位寄存器及接收控制逻辑：在接收时钟控制下，将串行数据输入线上的串行数据逐位接收并移入接收移位寄存器，当移位寄存器接收到规定的数据位后，将数据并行送往接收数据寄存器。

接收数据寄存器：接收从接收移位寄存器送来的并行输入数据，再将数据送往 CPU。

数据总线缓冲器：它是 CPU 与数据寄存器(发送和接收)交换数据的双向缓冲器，用来传递 CPU 对端口的控制信息、双向传递数据、向 CPU 提供状态信息。

异步串行通信接口工作过程如下：发送时，CPU 把数据写入发送数据寄存器，然后由发送器控制逻辑对数据进行装配，即加上起始位、奇偶校验位(可有可无)和停止位，装配后的数据送到移位寄存器，最后按设定的波特率进行串行输出。接收时，假定接收时钟频率设定为波特率的 16 倍，一旦串行数据接收线由高电平变成低电平，接收控制部分计数器清零，16 倍频时钟的每个时钟信号使计数器加 1。当计数器第一次计到 8 时，即经过 8 个时钟周期对数据进行采样，采样是低电平，其位置正好在起始位的中间，并将计数器清零。以后计数器每计到 16 时，就采样数据线一次，并且自动将计数器清零，采样重复进行，直到采样到停止位为止。然后差错检测逻辑按事先约定对接收的数据进行校验，并根据校验的结果置状态寄存器，如果产生有关的错误，则置位奇偶错，帧错或溢出错等。

下面简单介绍常见的差错状态位：奇偶校验错、帧出错和溢出错。

奇偶校验错：接收器按照事先约定的方式(奇校验、偶校验或无校验)进行奇偶校验，如果有错误则将奇偶校验状态位置“1”。

帧出错：在异步串行通信中，一帧信息由起始位、数据位、奇偶校验位(可选)和停止位组成。这样一帧信息的位数是确定的，也就是说停止位出现时间是可以预料的。若接收端在任一字符的后面没有检测到规定的停止位，接收器便判为帧错误，差错检测逻辑将使帧错误状态位置位。

溢出错：在接收数据过程中，当接收移位寄存器接收到一个正确字符时，就会把移位寄存器的数据并行装入数据寄存器，CPU 要及时读取这个数据。如果 CPU 不能及时将接收数据寄存器的数据读走，下一个字符数据又被送入数据输入寄存器，因此将下一个数据覆盖，从而发生溢出错误，差错检测逻辑会把相应的溢出错标志位置位。

在串行通信过程中，可以利用这些状态位引起中断请求，在中断服务程序中进行错误处理，CPU 也可查询这些状态位，转到错误处理程序。

2. 同步串行通信的接口

典型的同步通信端口基本结构如图 8-35 所示。

FIFO(先进先出缓冲器)：它是由多个寄存器组成，因此，发送时 CPU 一次可以将几个字符预先装入，接收时允许 CPU 一次连续取出几个字符。

发送 FIFO：它接收 CPU 数据总线送来的并行数据。

输出移位寄存器：它从发送 FIFO 取得并行数据，以发送时钟的速率串行发送数据信息。

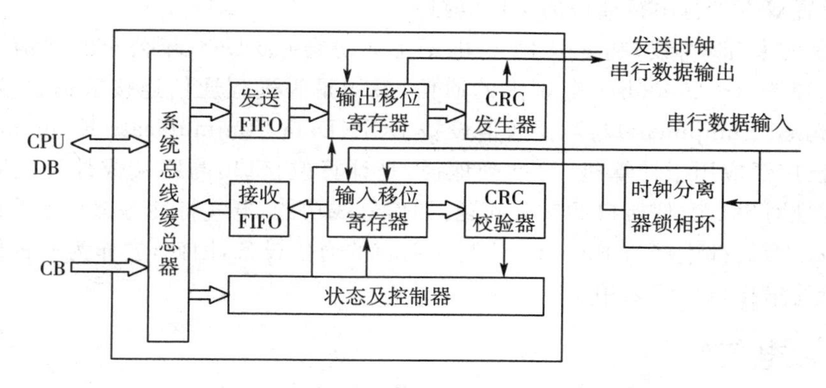

图 8-35 串行的同步通信端口基本结构

CRC 发生器:它从发送数据流信息中获得 CRC 校验码。

CRC 校验器:它从接收数据流信息中提取 CRC 校验码,并与接收到的校验码相比较。

输入移位寄存器:它以时钟分离器提取出来的时钟速率从串行输入线上接收串行数据流,每接收完一个字符数据将其送往接收 FIFO。

接收 FIFO:接收输入移位寄存器进来的并行输入数据,CPU 从它取走接收数据。

总线缓冲器:它是 CPU 与 FIFO(发送和接收)交换数据的双向缓冲器,用来传递 CPU 端口的控制信息。字符数据和向 CPU 提供状态信息。

时钟分离器锁相环:用来从串行输入数据中提取时钟信号,以保证接收时钟与发送时钟的同频同相。

同步串行通信接口工作过程如下:发送时,CPU 将数据信息经总线接口送到发送 FIFO,内部控制逻辑首先将其同步字符(1～2 个)送到输出移位寄存器,接着将发送 FIFO 内容分组并行送入输出移位寄存器,在发送时钟的作用下,将串行数据信息逐位移出,送至串行数据输出线上。与此同理,对所发送的数据信息进行 CRC 校验并产生两组校验码(CRC1 和 CRC2)。当数据信息发送完毕后,将得到的两组校验码依次发送出去。接收时,输入移位寄存器从串行数据输入线上串行接收数据,当接收到约定位数时,就与内部设置的同步字符比较,若相等,接收第二个同步字符(假定采用双同步字符)。同步字符接收完毕后向 CPU 提供状态信息开始接收数据流信息,每当接收到一定的位数就将它送入接收 FIFO,直到全部数据信息接收完毕。当输入移位寄存器将数据送到接收 FIFO 后,接收 FIFO 通知 CPU 可以取数据,重复上述过程,直到全部数据接收完毕,最后接收 CRC 校验码,并将接收到的校验码与从接收数据流中产生的校验码相比较,以确定接收时数据是否有错,从而置位相应的状态标志,以供它用。

8.3.2 EIA－RS－232C 串行接口标准

在一个通信系统中,DTE 和 DCE 都是不可缺少的组成设备,这两个设备之间除了要传送二进制数据外,还要传递一些用于协调双方工作的控制信息。串行连接时要解决两个问题,一是双方要共同遵循的某种约定,这种约定称为物理接口标准,包括连接电缆的机械、电气特性、信号功能及传送过程的定义,它属于 ISO′S OSI 七层参考模型中的物理层。二是按接口标准设置双方进行串行通信的接口电路。

RS－232C标准(协议)是美国EIA(电子工业协会)于1969年公布的通信协议。它适合数据传输速率0～20000b/s范围内的通信,最初是为远程通信连接数据终端设备DTE(Data Terminal Equipment)与数据通信设备DCE(Data Communicate Equipment)而制订的,但目前已广泛应用于计算机(更准确地说,是计算机接口)与终端或外设之间的近端连接。这个标准对串行通信接口的有关问题,如信号线功能,电气特性等都作了明确规定。由于通信设备厂商而都生产与RS－232C制式兼容的通信设备,因此,它作为一种标准已被目前微机串行通信接口广泛采用。

8.3.2.1 电气特性

RS－232C对电气特性,逻辑电平和各种信号线功能都作了规定。

1. 电平规定

对于数据发送TXD和数据接收RXD线上的信号电平规定如下。

逻辑1(MARK)为－3～－15V,典型值为－12V;逻辑0(SPACE)为＋3～＋15V,典型值为＋12V。

对于RTS、CTS、DTR和DCD等控制和状态信号电平规定如下。

信号有效(接通,ON状态)为＋3～＋15V,典型值为＋12V;信号无效(断开,OFF状态)为－3～－15V,典型值为－12V。

以上规定说明了RS－232C标准对逻辑电平的定义。对于传输数据,逻辑"1"的电平低于－3V,逻辑"0"的电平高于＋3V;对于控制信号,接通状态(ON)即信号有效的电平高于＋3V,断开状态(OFF)即信号无效的电平低于－3V,也就是当传输电平的绝对值大于3V时,电路可以有效地检查出来,介于－3V～＋3V之间和低于15V或高于＋15V的电压认为无意义。因此,实际工作时,应保证电平在＋5V～＋15V之间。

2. 电平转换

从上述逻辑电平规定可以看出,这些信号电平和TTL电平是不能直接连接的,为了实现与TTL电路的连接,必须进行信号转换,即必须在EIA－RS－232C与TTL电路之间进行电平和逻辑关系的转换。实现这种变换的方法可用分立元件,也可用集成电路芯片。

目前较广泛地使用集成电路转换器件,如MC1488、SN75150芯片可完成TTL电平到EIA电平的转换,而MC1489、SN75154 芯片可实现EIA电平到TTL电平的转换,MAX232芯片可完成TTL～EIA双向电平转换。图8－36所示为MC1488和MC1489的内部结构和引脚。

MC1488的引脚2、4、5、9、10和12、13接TTL电平输入,引脚3、6、8、11输出端接EIA－RS－232C,MC1489的1、4、10、13引脚接EIA电平输入,而3、6、8、11引脚接TTL输出。具体连接方法如图8－37所示。图中左边是串行接口电路中的主芯片UART,它处理的逻辑电平是TTL逻辑电平;右边是EIA－RS－232C连接器,处理的是EIA电平,因此,RS－232C所有的输出,输入信号线都要分别经过MC1488和MC1489转换器进行电平转换。

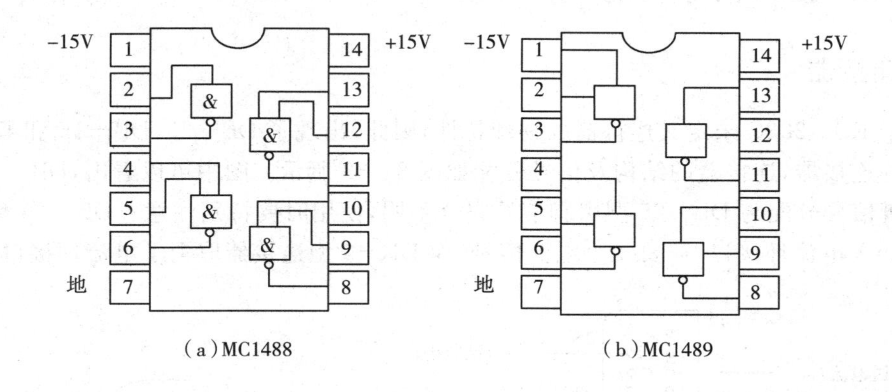

图 8-36　电平转换器 MC1488/1489 芯片

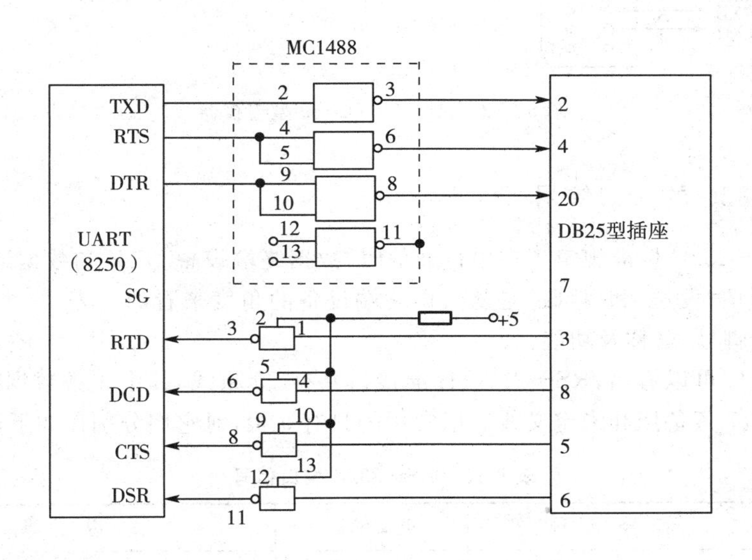

图 8-37　EIA-RS-232C 电平转换连接图

由于 MC1488/1489 要求使用+15V 高压电源，不大方便，现在有一种新型 RS-232C 转换芯片 MAX232，可以实现 TTL 电平与 RS-232 电平转换，它仅需+5V 电源便可工作，使用十分方便。

3. 传输距离及通信速率

RS-232C 接口标准的电气特性中规定，驱动器的负载电容应小于 2500pF，在不使用 MODEM 的情况下，DTE 和 DCE 之间最大传输距离为 15m。然而，在实际应用中，传输距离可大大超过 15m，这说明了 RS-232C 标准所规定的直接传送最大距离 15m 是偏于保守的。RS-232C 接 U 标准规定传输数据速率不能高于 20Kb/s。

8.3.2.2 接口信号功能

1. 连接器

由于 RS－232C 未定义连接器的物理特性，因此，出现了 DB－25，DB－15 和 DB－9 各种类型的连接器，连接器的结构及信号分配如图 8－38 所示。图中可以看出，DB－9 型连接器的引脚信号分配与 DB－25 型引脚信号完全不同，使用时要特别注意。DB－25 型连接器支持 20mA 电流环接口，需要 4 个电流信号，而 DB－9 型连接器取消了电流环接口。

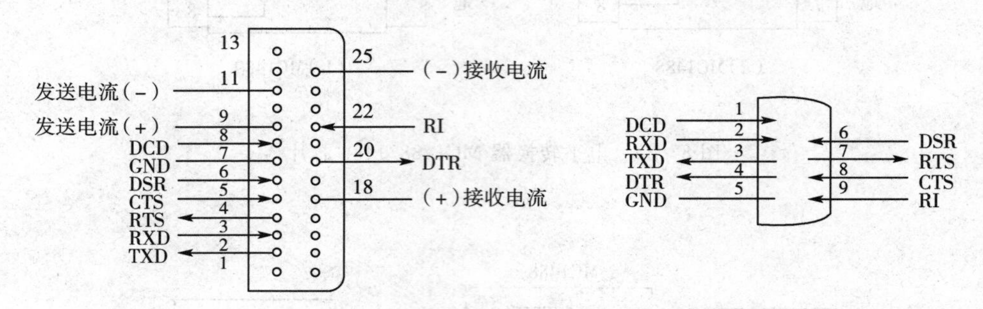

图 8－38 DB－25/DB－9 型连接器

2. RS－232C 的接口信号

EIA－RS－232C 标准规定了在串行通信时，数据终端设备 DTE 和数据通信设备 DCE 之间的信号，所谓"发送"和"接收"是从数据终端设备的角度来看的。表 8－2 所示为 RS－232C 信号的引脚号、名称及功能。

由表 8－2 中可以看出，RS－232C 标准接口共有 25 条线，其中 4 条数据线，11 条控制线，3 条定时线，7 条备用和未定义线。但常用的只有 9 根，对它们分别作如下说明。

表 8－2 RS－232C 接口信号

引脚号	信 号 名 称	英文缩写	说 明
1	保护地	PG	设备地
2	发送数据	TXD	终端发送串行数据
3	接收数据	RXD	终端接收串行数据
4	请求发送	RTS	终端请求通信设备切换到发送方式
5	允许发送	CTS	通信设备已切换到准备发送
6	数传机就绪	DSR	通信设备准备就绪可以接收
7	信号地	SG	信号地
8	数据载体检出(接收线信号检出)	DCD(RLSD)	通信设备已接收到远程载波
9	未定义		

（续表）

引脚号	信号名称	英文缩写	说明
10	未定义		
11	未定义		
12	辅信号接收线信号测定器		
13	辅信号的清除发送		
14	辅信号的发送数据		
15	发送器信号码元定时(DCE源)		
16	辅信道的接收数据		
17	接收器码元定时		
18	未定义		
19	辅信道的请求发送		
20	数据终端就绪	DTR	终端准备就绪，可以接收
21	信号质量测定器		
22	振铃指示器	RI	通信设备通知终端，通信线路已接通
23	数据信号速率选择器DTE源/DCE源		
24	发送器信号码元定时(DTE源)		
25	未定义		

(1)常用联络控制信号线

请求发送 RTS(Request to send)：此信号表了 DTE 请求 DCE 发送数据，即当终端准备发送数据时，使该信号有效(ON 状态)，请求 MODEM 进入发送态。

允许发送 CTS(Clear to send)：此信号表示 DCE 准备好接收 DTE 发来的数据，是对请求发送信号 RTS 的响应信号。当 MODEM 已准备好接收终端送来的数据时，使该信号有效，通知终端通过发送数据线 TXD 开始发送数据。

这对 RTS/CTS 请求应答联络信号适用于半双工方式，用于 MOEDM 系统中发送/接收方式之间的切换，在全双工系统中，因配置双向通道，故不需 RTS/CTS 联络信号，RTS/CTS 接高电平。

数据装置准备好 DSR(Data Set Ready)：此信号由 DCE 发至 DTE，有效(ON 状态)时表明 MODEM 处于可以使用的状态，即表示 DCE 已与通信信道相连接。

数据终端准备好 DTR(Data Terminal Ready)：此信号由 DTE 发至 DCE，有效(ON 状态)时表明数据终端可以使用，即数据终端已准备好接收数据或发送数据。

这对信号有效只表示设备已准备好，可以使用。所以，这两个信号可以直接连到电源上，一上电就立即变得有效。

接收线信号检出 RLSD(Received Line Signal Detection)：此信号用来表示 DCE 已接通通信信道，通知 DTE 准备接收数据。当本地的 MODEM 收到由通信信道另一端(远地)的 MODEM 送来的载波信号时，使 RLSD 信号有效，通知终端准备接收，并且由 MODEM 将接收下来的载波信号解调成数字量数据后，通过接收数据线 RXD 送到终端，此线也叫数据载波检出 DCD(Data Carrier Detection)线。

振铃指示 RI：当 MODEM 检测到线路上有振铃呼叫信号时，使该信号有效(ON 状态)，通知终端已被呼叫，每次振铃期间 RI 为接通状态，而在两次振铃期间，则为断开状态。

(2)数据发送与接收线

发送数据 TXD(Transmitted Data)：通过 TXD 线数据终端设备串行发送数据到 DCE。

接收数据 RXD(Received Data)：通过 RXD 线数据终端设备接收从 DCE 送来的串行数据。

(3)地线

保护地 PG：可接机器外壳，需要时可以直接接地，也可以不接。

信号地 SG：这是其他各信号电压的参考点。无论电缆如何连接，这条线必不可少。

下面以数据终端设备 DTE 发送数据为例，进一步理解上述控制信号线的含义。例如，只有当 DSR 和 DTR 都处于有效(ON)状态时，才能在 DTE 和 DCE 之间进行传送操作。若 DTE 要发送数据，则首先将 RTS 线置成有效(ON)状态，当接收到应答信号 CTS 有效(ON)状态后，才能在 TXD 线上发送串行数据，这种顺序的规定对半双工的通信线路特别有用，因为半双工的通信线路进行双向传送时有一个换向问题，只有当收到 DCE 的 CTS 线为有效(ON)状态后，才能确定 DCE 已由接收方改为发送方向了，这时线路才能开始发送。

8.3.2.3 信号线的连接

实现远距离与近距离通信时，所使用的信号线是不同的，所谓近距离通信是指传输距离小于 15m 的通信。

(1)在 15m 以上的远距离通信时，为保证可靠性，一般要加调制解调器 MODEM，故所使用的信号线较多，此时，若在通信双方的 MODEM 之间采用专用线进行通信，则只要使用 2～8 号信号线进行联络与控制。若在双方 MODEM 之间采用普通电话线进行通信，则还要增加 RI(22)和 DTR(20)两个信号线进行联络，如图 8－39 所示。

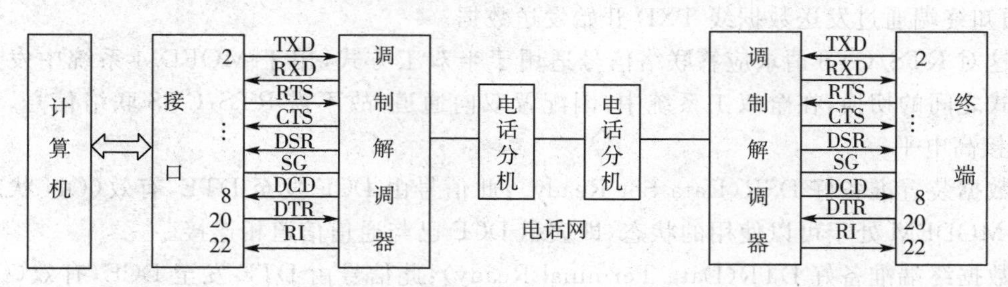

图 8－39 采用 MODEM 和电话网通信时信号线的连接

(2)近距离通信时，不采用调制解调器 MODEM，又称零 MODEM 方式。通信双方可直接连接，这种情况下，只需使用少数几根信号线。最简单的情况是，在通信中根本不要RS－232C的控制联络信号，只要使用 3 根线(发送线、接收线、信号地线)便可实现全双工异步通信，如图 8-40 所示。图中的 TXD(2)端与 RXD(3)、RTS(4)与 CTS(5)、DTR(20)与DSR(6)直接相连。在这种方式下，双方都可发也可收，通信双方的任何一方只要请求发送RTS 有效和数据终端准备好 DTR 有效就能开始发送和接收。

如果在直接连接时又需要考虑 RS－232C 的联络控制信号，则采用零 MODEM 方式的标准连接方法，其通信双方信号线的安排如图 8-41 所示。从图 8-41 可以看到，RS－232C 接口标准定义的所有信号线都用到了，并且是按照 DTE 和 DCE 之间信息交换协议的要求进行连接的，只不过是把 DTE 自己发出的信号线回送过来，当作对方 DCE 发出的信号，因此，又把这种连接称为双交叉环回接口。

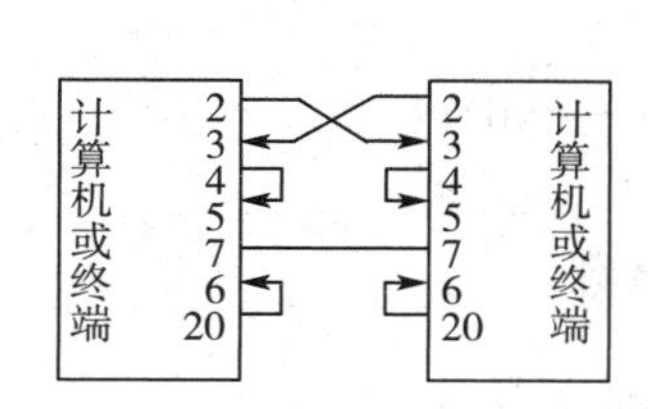

图 8-40　零 MODEM 方式的最简单连接

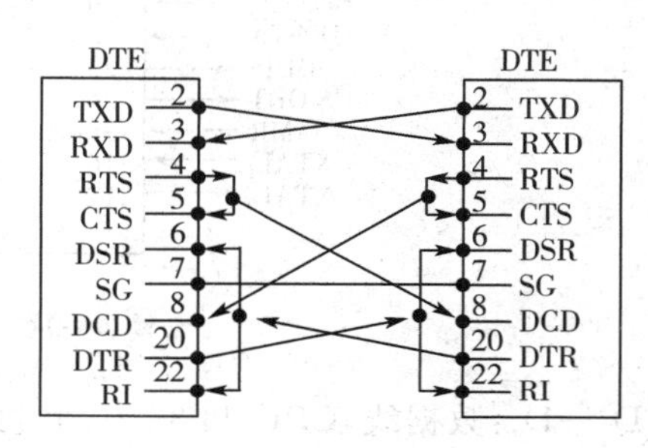

图 8-41　零 MODEM 方式的标准信号连接

通信双方握手信号关系如下：

① 一方的数据终端准备好(DTR)端和对方的数据设备准备好(DSR)及振铃信号(RI)两个信号互连。这时，若 DTR 有效，对方的 RI 就立即有效，产生呼叫并应答响应，同时又使对方的 DSR 有效。

② 一方的请求发送(RTS)端及允许发送(CTS)端自连，并与对方的数据载波检出(DCD)端互连，这时，若请求发送(RTS)有效，则立即得到允许发送(CTS)有效，同时使对方的(DCD)有效，即检测到载波信号，表明数据通信信道已接通。

③ 双方的发送数据(TXD)端和接收数据(RXD)端互连，这意味着双方都是数据终端(DTE)，只要上述双方握手关系一经建立，双方即可进行全双工或半双工传输。

8.3.3　8250 可编程串行异步通信接口芯片

8250 是一种可编程串行异步通信接口芯片。它支持异步通信规程；芯片内部设置时钟发生电路，并可以通过编程改变传送数据的波特率；它提供 MODEM 所需的控制信号和接收来自 MODEM 状态信息，极易通过 MODEM 实现远程通信；具有数据回送功能，为调试自检提供方便。

8.3.3.1　芯片引脚定义与功能

8250 是一个 40 脚封装的双列直插式芯片，图 8-42 是其引脚功能示意图。

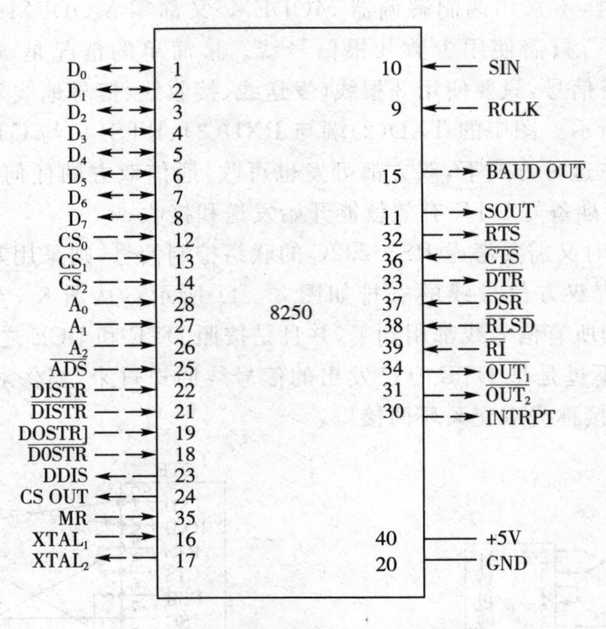

图 8-42 8250 引脚功能示意图

$D_7 \sim D_0$:数据线,CPU 和 8250 通过此数据线传送数据或命令。

$A_2 \sim A_0$:地址选择线,用来选择 8250 内部寄存器。它们通常接地址线 $A_2 \sim A_0$。

$\overline{ADS}$:地址锁存输入引脚,当$\overline{ADS}=0$ 时,选通地址 A_2、A_1、A_0和片选信号,当$\overline{ADS}=1$ 时,便锁存 A_2、A_1、A_0和片选信号。实用中,$\overline{ADS}$接地便可。

CS_0,CS_1,$\overline{CS_2}$:片选输入引脚。当 CS_0,CS_1为高电平,$\overline{CS_2}$为低电平时,则选中 8250。

DISTR,$\overline{DISTR}$:数据输入选通引脚。当 DISTR 为高电平或$\overline{DISTR}$低电平时,CPU 就能从 8250 中读出状态字或数据信息。

MR:复位信号,高电平有效。一般接系统复位信号 RESET。

DDIS:禁止驱动器输出引脚。当 CPU 读 8250 时,DDIS 输出低电平。在 PC/XT 异步适配器上,DDIS 悬空不用。

CS OUT:片选中输出信号,当 CS OUT 为高电平时,表示 CS_0,CS_1,$\overline{CS_2}$信号均有效,即 8250 被选中。

$XTAL_1$,XTA_2:时钟信号输入和输出引脚。如果外部时钟从 $XTAL_1$ 输入,则 $XTAL_2$ 可悬空不用;也可在 $XTAL_1$和 $XTAL_2$之间接晶体振荡器。

RCLK:接收时钟输入引脚。通常直接连到 BAUD OUT 输出引脚,保证接收与发送的波特率相同。

$\overline{BAUDOUT}$:波特率输出引脚。由 8250 内部时钟发生器分频后输出。

SIN:串行数据输入引脚。

SOUT:串行数据输出引脚。

INTRPT:中断请求输出引脚。当中断允许寄存器 IER 相应位置 1 时,若有下列中断事件出现,则 INTRPT 引脚会输出有效高电平:

(1)接收器数据错；

(2)接收器数据有效；

(3)发送缓冲器空；

(4)调制解调器(MODEM)状态寄存器的低2位中有置1位。

中断服务结束或系统复位后，INTRPT被置为低电平。

$\overline{RTS}$：请求发送输出引脚，当RTS为低电平时，通知MODEM或数据装置，8250已准备发送数据了。

$\overline{CTS}$：清除发送(即允许发送)的输入引脚。当$\overline{CTS}$为低电平时，表示本次发送结束，而允许发送新的数据。

$\overline{DTR}$：数据终端就绪输出引脚。当$\overline{DTR}$为低电平时，就通知MODEM或数据装置，8250已准备好可以通信了。

$\overline{DSR}$：数据装置准备好输入引脚。当$\overline{DSR}$为低电平时，表示MODEM或数据装置与8250已建立通信联系，传送数据已准备就绪。

$\overline{RLSD}$：载波检测输入引脚。当$\overline{RLSD}$为低电平时，表示MODEM或数据装置已检测到通信线路上送来的信息，指示应开始接收。

$\overline{RI}$：振铃指示输入引脚。当$\overline{RI}$为低电平时，表示MODEM或数据装置已接收到了电话线上的振铃信号。

$\overline{OUT_1}$：用户指定的输出引脚。可以通过对8250的编程使$\overline{OUT_1}$为低电平或高电平。

$\overline{OUT_2}$：用户指定的另一输出引脚。也可以通过对8250的编程使$\overline{OUT_2}$电平或高电平。

DOSTR，$\overline{DOSTR}$：数据输出选通的输入引脚。当DOSTR为高电平或$\overline{DOSTR}$为低电平时，CPU就能将数据或命令写入8250。

8.3.3.2 8250芯片的内部结构和寻址方式

图8-43是8250芯片内部结构框图。由图中可以看出，它是由10个内部寄存器，数据缓冲器和寄存器选择与I/O控制逻辑组成。通过微处理器的输入/输出指令可以对10个内部寄存器进行操作，以实现各种异步通信的要求。表8-3列出了各种寄存器的名称及相应的口地址。

表8-3 8250内部寄存器的口地址

DLAB	A_2	A_1	A_0	I/O口地址	对应寄存器	输入/输出
0	0	0	0	3F8H	发送器保持寄存器(写)	输出
0	0	0	0	3F8H	接收器数据寄存器(读)	输入
1	0	0	0	3F8H	低字节波特率因子(LSB)	输出
1	0	0	1	3F9H	高字节波特率因子(MSB)	输出
X	0	0	1	3F9H	中断允许寄存器	输出
X	0	1	0	3FAH	中断识别寄存器	输入
X	0	1	1	3FBH	线路控制寄存器	输出

（续表）

DLAB	A_2	A_1	A_0	I/O 口地址	对应寄存器	输入/输出
X	1	0	0	3FCH	MODEM 控制寄存器	输出
X	1	0	1	3FDH	线路状态寄存器	输入
X	1	1	0	3FEH	MODEM 状态寄存器	输入

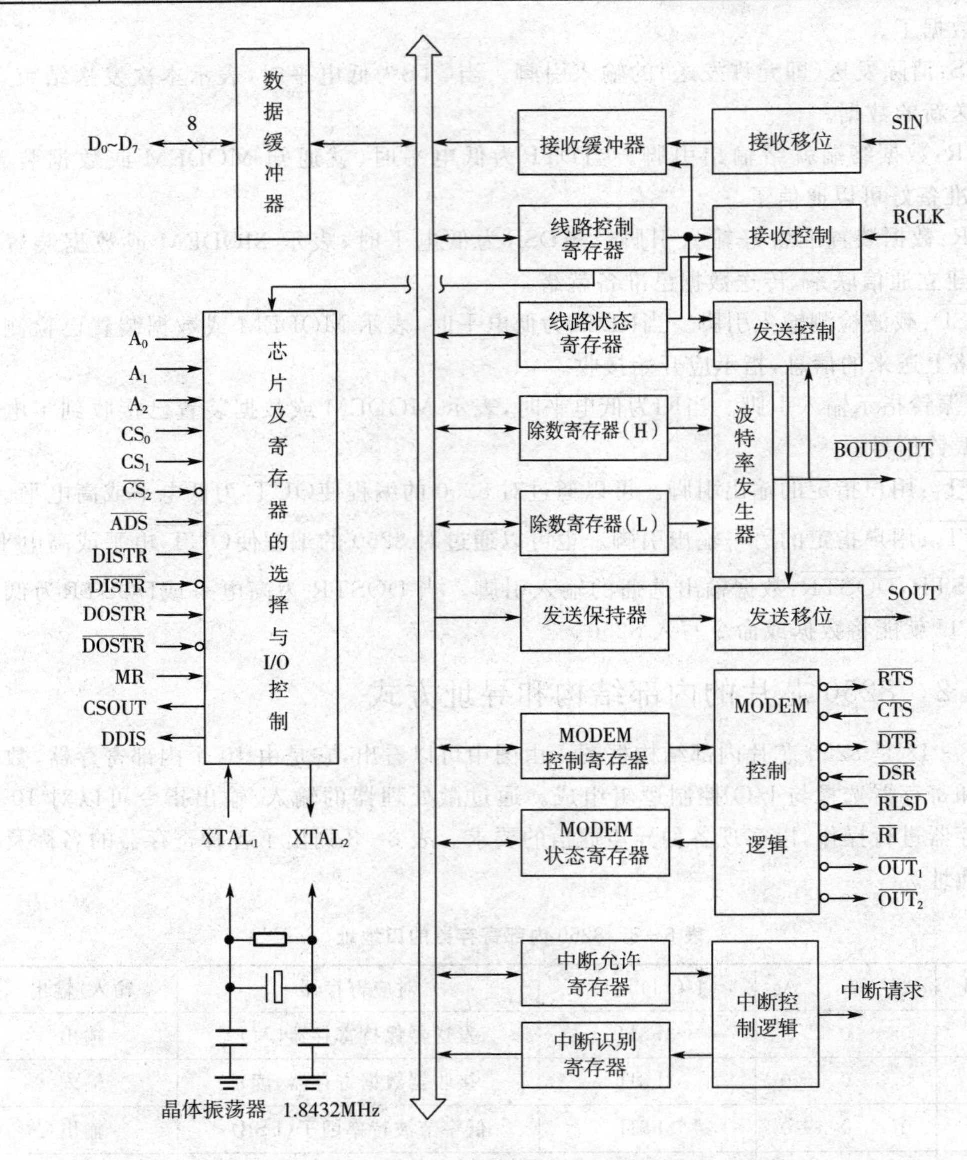

图 8－43　8250 异步通信接口芯片内部结构框图

需要说明的是前述中 I/O 口地址（3F8H～3FEH）是由 IBM PC/XT 机的地址译码器提供的（串行口 1）。当 8250 用于其他场合时，表中 I/O 的口地址应由 8250 所在电路的地址译码器决定。

8.3.3.3 8250内部控制状态寄存器的功能

1. 发送保持寄存器(3F8H)

发送时,CPU将待发送的字符写入发送保持寄存器中,其中第0位是串行发送的第1位数据。

2. 接收数据寄存器(3F8H)

该寄存器用于存放接收到的1个字符。

3. 线路控制寄存器(3FBH)

图8-44为线路控制寄存器的功能图。

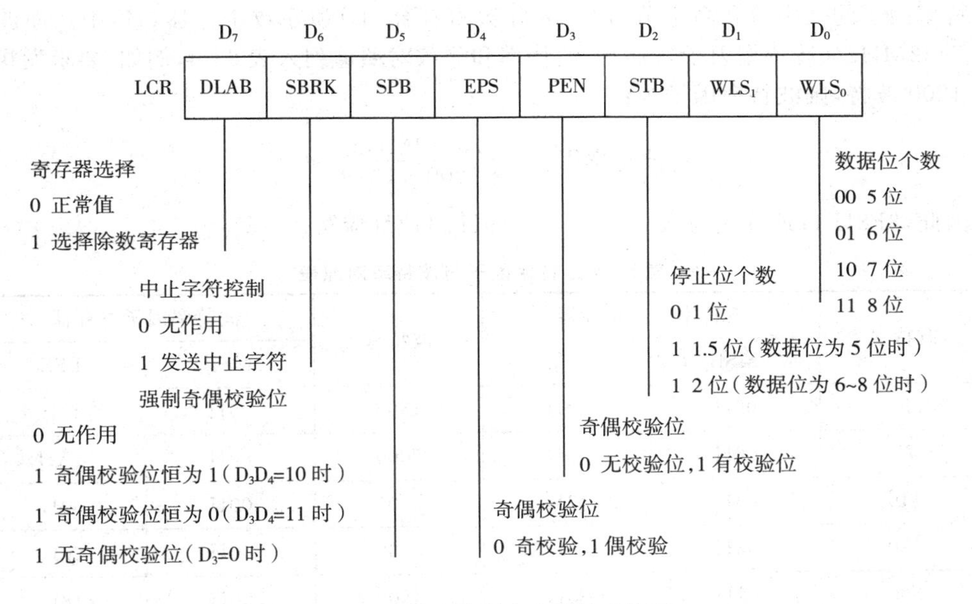

图8-44 线路控制寄存器的功能图

该寄存器规定了异步串行通信的数据格式,各位含义如下:

D_7	D_6	D_5	D_4	D_3	D_2	D_1	D_0
DLAB	SB	SP	EPS	PEN	STB	WLS_1	WLS_0

D_1D_0位:字长选择,用来设置数据有效位数。

WLS_1 WLS_0=00,为5位;WLS_1 WLS_0=01,为6位;WLS_1 WLS_0=10,为7位;WLS_1 WLS_0=11,为8位。

D_2位:停止位选择,用来设置停止位数。

STB=0,为1位;STB=1,为1.5位(字符长为5位);或STB=1,为2位(字符长为6、7、8位时)。

D_3位：奇偶校验允许位，用来设置是否要奇偶校验。

PEN=0，不要校验，PEN=1，要校验。

D_4位：偶校验选择，用来设置是否为偶校验。

EPS=0，要奇校验，EPS=1，要偶校验。

D_5位：附加奇偶标志位选择。

SP=0，不附加，SP=1，附加1位。

D_6位：中止设定。

SB=0，正常，SB=1，中止。

D_7位：波特率因子寄存器访问允许位。

DLAB=1，允许访问波特率因子寄存器，DLAB=0，访问其他寄存器。

4. 波特率因子寄存器(3F8H,3F9H)

8250芯片规定当线路控制寄存器写入$D_7=1$时，接着对口地址3F8H、3F9H可分别写入波特率因子的低字节和高字节，即写入除数寄存器(L)和除数寄存器(H)中。而波特率为1.8432MHz/(波特率因子×16)。波特率和除数对照值列入表8-4，例如，要求发送波特率为1200波特，则波特率因子为：

$$波特率因子=\frac{1.8432\text{MHz}}{1200\times16}=96$$

因此，3F8H口地址应写入96(60H)，3F9H口地址应写入0。

表8-4 波特率因子与波特率对照表

波特率	波特率因子寄存器		波特率	波特率因子寄存器	
	MSB	LSB		MSB	LSB
50	09H	00H	1800	00H	40H
75	06H	00H	2000	00H	3AH
110	04H	17H	2400	00H	30H
150	03H	00H	3600	00H	20H
300	01H	80H	4800	00H	18H
600	00H	C0H	7200	00H	10H
1200	00H	60H	9600	00H	0CH

5. 中断允许寄存器(3F9H)

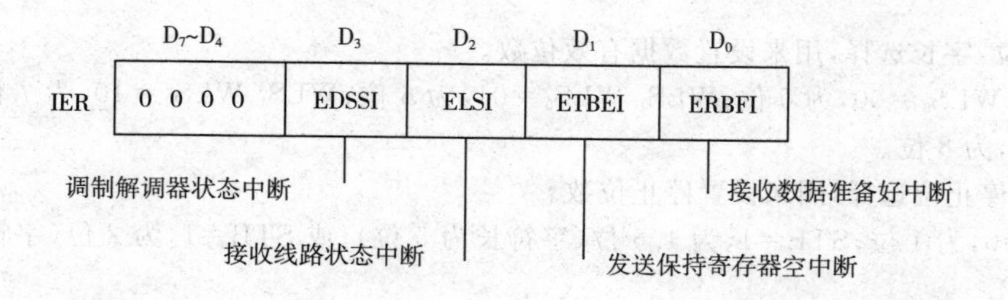

该寄存器允许 8250 的 4 种类型中断(相应位置 1),并通过 IRQ_4 向 CPU 发中断请求。各位含义如下:

D_7	D_6	D_5	D_4	D_3	D_2	D_1	D_0
0	0	0	0	EMSI	ELSI	ETBEI	ERBFI

D_0 位:ERBFI=1,允许接收缓冲器满中断;ERBFI=0,禁止接收缓冲器满中断。

D_1 位:ETBEI=1,允许发送保持寄存器空中断;ETBEI=0,禁止发送保持寄存器空中断。

D_2 位:ELSI=1,允许接收数据出错中断;ELSI=0,禁止接收数据出错中断。

D_3 位:EMSI=1,允许 MODEM 状态改变中断;EMSI=0,禁止 MODEM 状态改变中断。

$D_7 \sim D_4$ 位:标志位,$D_7 \sim D_4$=000。

6. 中断标识寄存器(3FAH)

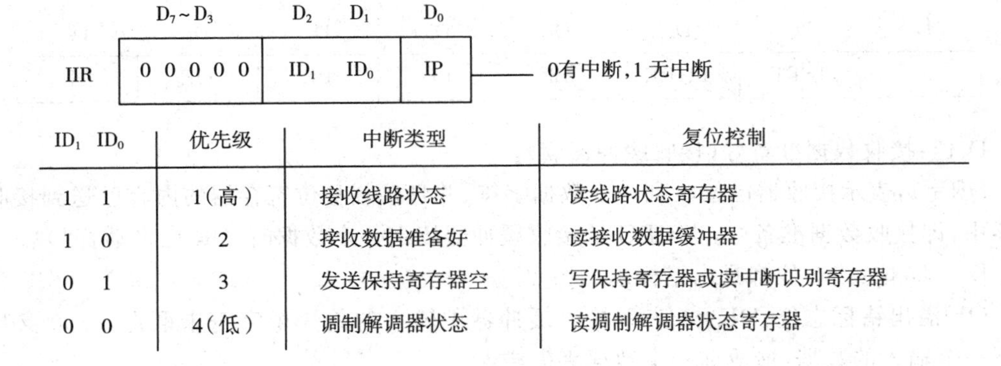

ID_1 ID_0	优先级	中断类型	复位控制
1 1	1(高)	接收线路状态	读线路状态寄存器
1 0	2	接收数据准备好	读接收数据缓冲器
0 1	3	发送保持寄存器空	写保持寄存器或读中断识别寄存器
0 0	4(低)	调制解调器状态	读调制解调器状态寄存器

可以用来判断有无中断与哪一类中断请求。各位含义如下:

D_7	D_6	D_5	D_4	D_3	D_2	D_1	D_0
0	0	0	0	0	ID_2	ID_1	IP

D_0 位:IP=0,表示还有其他中断等待处理;IP=1,表示没有其他中断等待处理。

D_2D_1 位:中断类型标识码 ID_2 ID_1,表示申请中断的中断源的中断类型码。

ID_2 ID_1=00 时,MODEM 状态改变引起的中断。

ID_2 ID_1=01 时,接收缓冲器满(RBFI=1)中断

ID_2 ID_1=10 时,发送保持寄存器空(THRE=1)中断。

ID_2 ID_1=11 时,接收数据出错(包括 OE=1,PE=1,BI=1)中断。

7. 线路状态寄存器(3FDH)

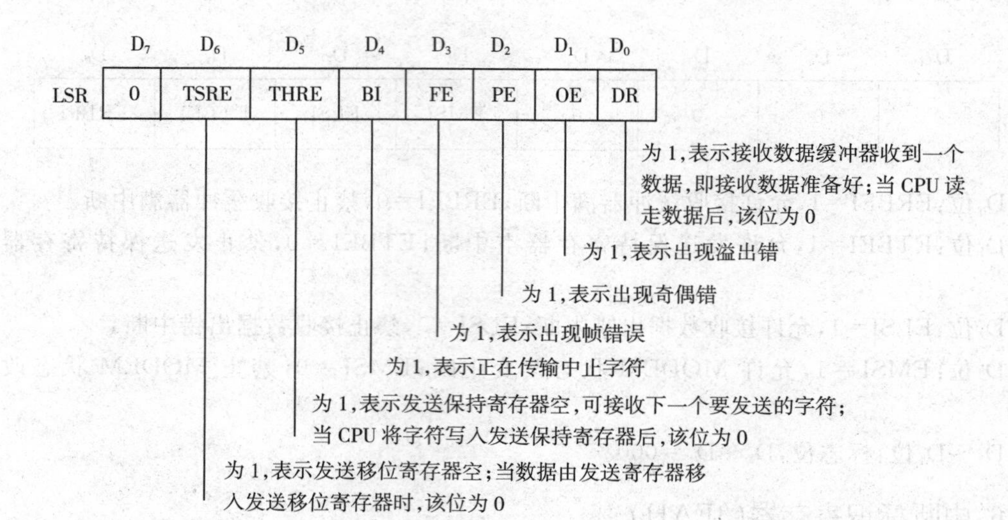

该寄存器向 CPU 提供有关数据传输的状态信息,各位含义如下:

D_7	D_6	D_5	D_4	D_3	D_2	D_1	D_0
0	TSRE	THRE	BI	FE	PE	OE	DR

D_0 位:接收数据准备好(接收缓冲器满)。

DR=1,表示接收器已接收到一个数据字符,并且接收移位寄存器的内容已送到接收缓冲器中,即接收数据准备好;当 CPU 从接收缓冲器读走一个数据时,DR 位自动置"0"。

D_3~D_1 位:该 3 位都是出错标志。

OE 溢出错标志位:OE=1 表示接收缓冲器中输入的前一个字符未取走,8250 又接收到下一个输入的数据,造成前一个数据丢失错误。

PE 奇偶校验出错标志位:PE=1,表示接收的数据有奇偶错。

FE 帧出错标志位:FE=1,表示没有在规定的时间内接收到停止位,又称为数据格式错。

D_4 位:中止识别标志。

BI=1,指示发送设备进入中止状态;发送端发送正常时 BI=0。

D_4~D_1 这 4 位均是错误状态,只要其中有一位置 1,在中断允许的情况下,就发出中断请求。当 CPU 读取它们的状态时,自动清零复位。

D_5 位:发送保持寄存器空。

THRE=1,一旦数据从发送保持寄存器送到发送移位寄存器,发送保持寄存器就变为空;当 CPU 将数据写入发送保持寄存器中,THRE 自动置"0"。

D_6 位:发送移位寄存器空(只读)。

TSRE=1,表示数据从发送移位寄存器送到发送数据上;当发送保持寄存器的内容被送到发送移位寄存器时,TSRE 自动置"0"。

接收数据准备好 DR 和发送保持寄存器空 THRE 这两位是通信线路状态最基本的标志位。CPU 在发送一个数据之前，先检查发送保持寄存器是否空，只有当 THRE＝1 时，CPU 才能执行一条输出数据指令；CPU 在读一个数据之前，先查询接收数据是否准备好，只有当 DR＝1 时，CPU 才能执行一条输入数据指令。

8. MODEM 控制寄存器(3FCH)

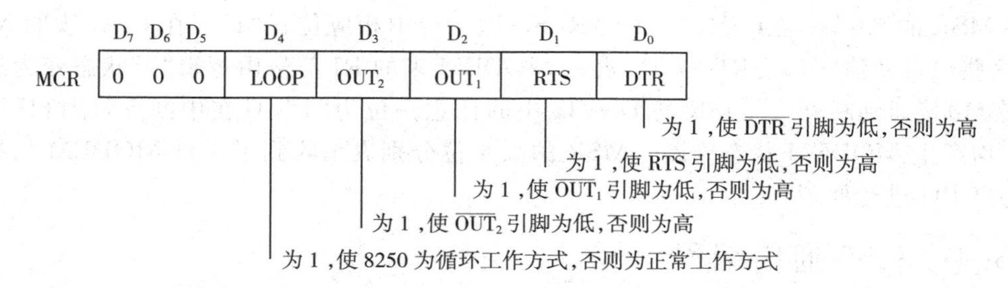

该寄存器控制与调制解调器或数传机的接口信号。各位含义如下：

D_7	D_6	D_5	D_4	D_3	D_2	D_1	D_0
0	0	0	LOOP	OUT_2	OUT_1	RTS	DTR

D_0 位：$D_0=1$，表示数据终端准备好(DTR＝1)有效。

D_1 位：$D_1=1$，表示请求发送(RTS＝1)有效.

D_2 位：$D_2=1$，使 OUT1 输出有效($OUT_1=1$)，未使用。

D_3 位：$D_3=1$，用于中断控制，为使 8250 能发出中断控制信号，此位必须置“1”($OUT_2=1$)。

D_4 位：$D_4=1$，LOOP 位是供 8250 本身自检诊断而设置的。当该位置“1”时，8250 处于诊断方式，在这种方式下，8250 芯片内部 SIN 引脚与芯片内部逻辑脱钩，发送的移位输出端 SOUT 自动和接收器的移位输入端 SIN 接通，形成“环路”进行自发自收的操作。在正常通信时，LOOP 位置“0”。

9. MODEM 状态寄存器(3FEH)

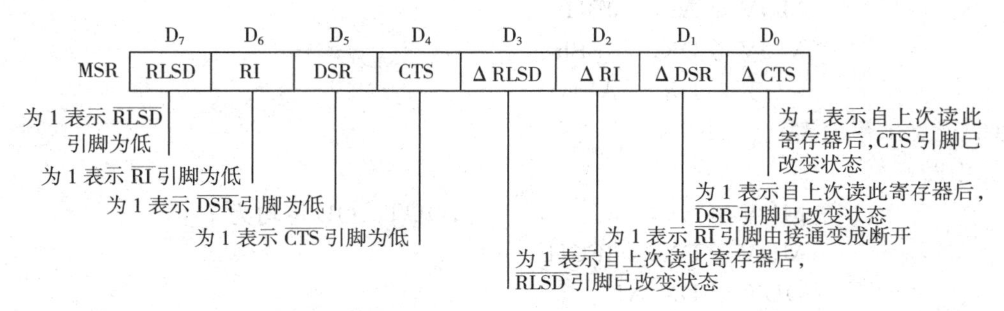

该寄存器反映了调制解调器控制线的当前状态，同时提供了 4 位控制输入的状态变化信息。各数据等于 1 为有效。各位含义如下：

D_7	D_6	D_5	D_4	D_3	D_2	D_1	D_0
RLSD	RI	DSR	CTS	△RLSD	△RI	△DSR	△CTS

MSR 的低 4 位表示来自 MODEM 联络控制信号状态情况。如果 CPU 在上次读取 MODEM 状态寄存器(MSR)之后,状态寄存器的相应位 RTS、DSR、RLSD、RI 发生了改变,也就是说来自 MODEM 的联络信号的逻辑状态发生了变化,信号由无效变为有效,或相反,那么将 MSR 的△CTS、△DSR、△RI、△RLSD 这 4 位中相应位置"1"。在 CPU 读取 MSR 后,将这些位自动清"0",△RI=1 时,表示 MODEM 来的 RI 信号由逻辑"1"状态变为逻辑"0"状态(由接通到断开)。MSR 的 $D_3 \sim D_0$ 中的任意一位为"1",且在中断允许时(IER 中 $D_3=1$)均产生 MODEM 状态中断。MSR 的高 4 位分别表示收到了来自 MODEM 的控制信号,供 CPU 进行处理。

8.3.3.4　8250 通信编程

对 8250 编制通信软件时,首先应对芯片初始化,然后按程序查询或中断方式实现通信。

1.8250 初始化 8250 的初始化

(1)设置波特率

例 8-9　设波特率为 9600,则波特率因子 N=12

```
        MOV   DX, 3FBH
        MOV   AL, 80H          ;设置波特率
        OUT   DX, AL
        MOV   DX, 3F8H
        MOV   AL, 12
        OUT   DX, AL
        INC   DX
        MOV   AL, 0
        OUT   DX, AL           ;3F9H 送 0
```

(2)设置串行通信数据格式

例 8-10　数据格式为 8 位,1 位停止位,奇校验。

```
        MOV   AL, 0BH
        MOV   DX, 3FBh
        OUT   DX, AL
```

(3)设置工作方式

无中断:

```
        MOV   AL, 3            ;OUT1、OUT2均为 1
        MOV   DX, 3FCH
        OUT   DX,AL
```

有中断:

```
        MOV   AL, 0BH          ;OUT2=0,允许 INTRT 去申请中断
```

```
        MOV   DX, 3FCH
        OUT   DX, AL
```

循环测试：

```
        MOV   AL, 13H
        MOV   DX, 3FCH
        OUT   DX, AL
```

2.程序查询方式的通信编程

采用程序查询方式工作时，CPU 可以通过读线路状态寄存器(3FDH)查相应状态位(D_0与D_5位)，来检查接收数据寄存器是否就绪($D_0=1$)与发送保持器是否空($D_5=1$)。

发送程序：

```
TR:     MOV   DX, 3FDH
        IN    AL, DX
        TEST  AL, 20H
        JZ    TR
        MOV   AL, [SI]          ;从[SI]中取出发送数据
        MOV   DX, 3F8H
        OUT   DX, AL
```

接收程序：

```
RE:     MOV   DX, 3FDH
        IN    AL, DX
        TEST  AL, 1
        JZ    RE
        MOV   DX, 3F8H
        IN    AL, DX
        MOV   [DI], AL          ;读入数据存入[DI]中
```

3.中断方式的通信编程

在 PC 机中使用 8250 中断方式进行通信编程要完成以下几个步骤：

(1)对 8259A 中断控制器进行初始化，允许中断优先级 4。

```
    MOV   AL, 13H          ;单片使用，需要 ICW4
    MOV   DX, 20H
    OUT   DX, AL           ;ICW1
    MOV   AL, 8            ;中断类型号为 08H～0FH
    IN    DX
    OUT   DX, AL           ;ICW2
    INC   AL               ;缓冲方式，8086/8088
    OUT   DX, AL           ;ICW4
    MOV   AL, 8CH          ;允许 0,1,4,5,6 级中断
```

```
        OUT     DX, AL              ;送中断屏蔽字 OCW1
```

(2)设置中断向量 IRQ4

对 IRQ4,中断类型号为 0CH,0CHX4=30H。因此,应在 30H,31H 存放 IP 值,32H,33H 存放 CS 值。

设中断服务程序入口地址为 2000:0100

```
        XOR     AX, AX
        MOV     DS, AX
        MOV     AX, 0100H
        MOV     WORD PTR [0030H],AX;送 100H 到 30H 和 31H 内存单元中
        MOV     AX, 2000H
        MOV     WORD PTR [0032H],AX;送 2000H 到 32H 和 33H 内存单元中
```

(3)对 8250 送中断允许寄存器(3F9H)设置允许/屏蔽位。例如,允许发送与接收中断请求。

```
        MOV     AL, 3
        MOV     DX, 3F9H
        OUT     DX, AL
```

(4)在中断结束返回时,需要对 8259A 发 EOI 命令,保证 8250 可以重新响应中断请求。

```
        MOV     AL, 20H
        MOV     DX, 20H
        OUT     DX, AL              ;发 EOI 命令,OCW2
        IRET                        ;开中断允许,并从中断返回
```

8.3.3.5 8250 应用举例

程序设计要求:在 PC 机上用汇编语言按查询方式编制一个发送与接收程序,它能把键入的每一个 ASCII 字符发送出去,并显示在 CRT 上,同时能把接收到的每一个字符也以 ASCII 码形式显示在 CRT 屏幕上。

例 8-11 数据传送速率为 9600 波特,通信格式为 8 位/每字符,1 位停止位,奇校验。

```
KEY:    MOV     DX, 3FBH
        MOV     AL, 80H
        OUT     DX, AL
        MOV     DX, 3F8H
        MOV     AL, 12
        OUT     DX. AL          ;写入对应波特率为 9600 的波特因子的低 8 位
        INC     DX
        MOV     AL, 0
        OUT     DX, AL          ;写入波特因子的高 8 位
        MOV     AL, 0BH
        MOV     DX, 3FBH
        OUT     DX, AL          ;8 位字符,1 位停止位,奇校验
        MOV     AL, 13H
```

```
        MOV   DX, 3FCH
        OUT   DX, AL          ;循环测试
CHECK:  MOV   DX, 3FDH
        IN    AL, DX          ;读线路状态寄存器
        TEST  AL, IH          ;查接收缓冲器是否满,若满则转接收子程序
        JNZ   REV
        TEST  AL, 20H         ;查发送缓冲器是否空,不空转 CHECK
        JZ    CHECK
   TR:  MOV   AH,1            ;读键盘缓冲器内容,若有键按下,则 ZF 标志
                              为 0,
                              ;且 AL=字符码
        INT   16H
        JZ    CHECK           ;如 ZF=1,转 CHECK
        MOV   DX, 3F8H
        OUT   DX, AL          ;将键入代码发送出去
        JMP   CHECK
  REV:  MOV   DX, 3F8H
        IN    AL, DX          ;读入接收字符
        AND   AL, 7FH         ;屏蔽掉 D7
        MOV   BX, 0041H       ;BH=00H,选 0 页;BL=41H,显示属性(红底
                              蓝字)
        MOV   AH,14           ;用中断调用显示接收到的字符
        INT   10H
        JMP   CHECK
```

上述程序是采用通过 8250 内部循环测试工作方式进行自发自收的。如果要在 2 台 IBM PC 机之间进行上述方式串行异步通信,两台 PC 机连线如图 8-45 所示。

则在初始化程序段中要作如下修改:

```
        MOV   AL, 03H         ;把 13H 改为 03H
        MOV   DX, 3FCH
        OUT   DX, AL
```

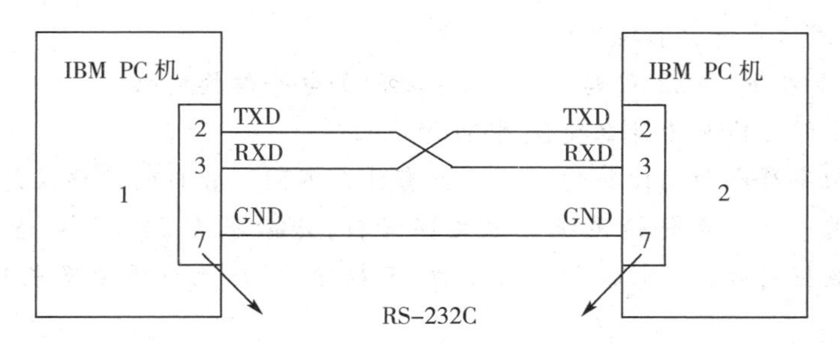

图 8-45 两台 IBM PC 机通信连接

习　题

8-1　并行接口芯片8255A有哪些主要特征？8255A内部的A组和B组控制部件各管理哪些端口？

8-2　可编程并行接口芯片8255A有哪几个控制字？每个控制字的各位含义是什么？如果8255A的控制寄存器的内容为9BH，那么它的配置情况如何？

8-3　可编程并行接口芯片8255A有哪几种工作方式？每种工作方式有何特点？

8-4　用8255A作为接口芯片，编写满足下述要求的三段初始化程序。设8255A端口地址为60H～63H。

(1)将A组和B组置成方式0，A口和C口作为输入口，B口作为输出口。

(2)将A组置成方式2，B组置成方式1，B口作为输出口。

(3)将A组置成方式1且A口作为输入，PC_6和PC_7作为输出，B组置成方式1且B口作为输入口。

8-5　编写一段程序，要求8255A的PC5端输出一方波信号？

8-6　有一8255A与打印机的接口电路，端口A与打印机数据线相连，打印机的BUSY信号作为PC_0的输入，PC_4输出作为打印机的STROBE信号，8255A地址为80H～83H。编写一程序(含初始化)，用查询方式将缓冲区256个字符输出到打印机。

8-7　8255A芯片同开关K和8个LED(发光二极管)的连接如图8-46所示。要求在开关K断开时，8个LED全部熄灭；在开关K闭合时，则8个LED以1秒的间隔反复点亮和熄灭(即先全部点亮1秒，再全部熄灭1秒，周而复始)。设8255的端口地址为1C0H～1C3H，编写满足上述要求的控制程序。

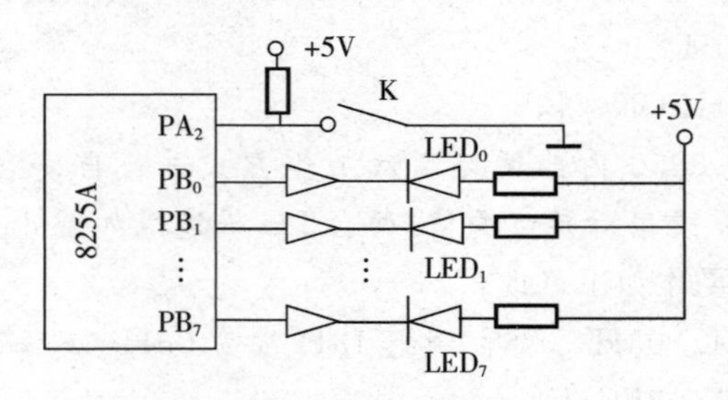

图8-46　8255A控制LED电路

8-8　串行通信有什么特点？

8-9　为何要在RS—232C与TTL电平之间加电平转换电路？

8-10　在远程传输时为什么要使用MODEM？

8-11　面向字符和面向比特的通信协议有什么不同？各自的帧格式是怎样的？

8-12　利用一个异步传输系统传送文字资料，传输率为2400B/s，资料约1000个汉字，传输时采用数据有效位8位。停止位1位，无校验位，问至少需要多长时间才能把全部资料传完？

8-13　说明串行通信时错误标志位OE、PE、FE各位的含义。

8-14 简述INS8250内部包括哪些寄存器及各个寄存器的功能是什么。

8-15 试指出异步串行通信时引起中断的中断源有哪些，8250芯片的OUT_2脚起什么作用？

8-16 编写PC间通信程序。要求：发送端以中断方式发送数据；接收端以查询方式接收数据。

8-17 用8255A控制一组红、绿、黄LED，如图8-47所示，要求根据K_1K_0的通断来控制红、绿、黄LED的点亮。具体：当K_1闭合K_0闭合时，黄色LED点亮；当K_1闭合K_0断开时，红色LED点亮；当K_1断开K_0闭合时，绿色LED点亮；当K_1断开K_0断开时，黄色LED点亮。已知8255A的端口地址为40H～43H，试编写初始化程序及控制程序。

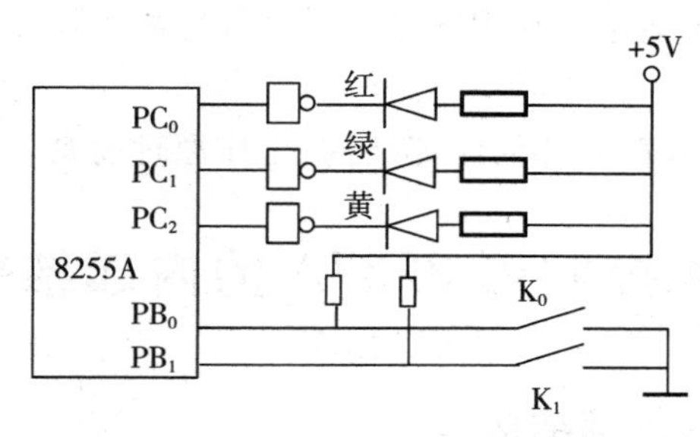

图8-47 8255A控制三色LED电路

第9章　DMA控制器

DMA(Direct Memory Access)是指一种外设与存储器之间直接传输数据的方法，适用于需要数据高速大量传送的场合，它不需要CPU直接参与。实现这种数据传输方法的专门硬件电路称为DMA控制器(DMAC)，此时传输速度主要取决于存储器存取速度，从而达到高速I/O传送数据的目的。在IBM PC/XT计算机中用了一片DMAC芯片Intel 8237A，它提供了四个DMA通道。在IBM PC/AT计算机中用了两片Intel 8237A，提供了七个DMA通道。

本章主要介绍Intel 8237A芯片的内部结构、工作原理及其应用。

9.1　DMA控制器8237A的内部结构及引脚

9.1.1　DMAC 8237A的内部结构

Intel 8237A在5MHz时钟频率下，其传送速率可达每秒1.6MB。每个8237A有4个独立的DMA通道，即有4个DMA控制器(DMAC)，每个DMA通道具有不同的优先权，都可以分别允许和禁止。每个DMA通道有4种工作方式，一次传送的最大长度可达64KB。多个8237A芯片可以级连，任意扩展通道数。

8237A的内部结构主要有两类寄存器组成：

一类是通道寄存器，即每个通道内都有的一组寄存器，如：地址初值寄存器(基地址寄存器)，(现行)地址计数器，字节初值计数器(基字节数计数器)和(现行)字节数计数器。它们都是16位寄存器。

另一类是控制和状态寄存器。它们是方式寄存器(4个通道内都有一个，6位寄存器)、命令寄存器(8位)、状态寄存器(8位)、屏蔽寄存器(4位)、请求寄存器(4位)、暂存(临时)寄存器(8位)。

9.1.2　DMAC 8237A的引脚

图9-1是8237A的内部结构框图、I/O引脚和部分辅助逻辑。先介绍一下芯片的I/O引脚：

1.地址线、数据线及有关控制线

DMA控制器受指令控制时，CPU地址线的高位，即IBM PC中CPU地址线的A_9～A_4位译码产生8237A需要的片选信号$\overline{CS}$。地址线的低4位直接加到芯片的A_3～A_0端，选择芯片内寄存器。DB_7～DB_0是8位数据线，传送写入或读出芯片内寄存器的信息。当DMA控制器从CPU那里获得了总线控制权进行DMA传送期间，要向存储器发出16位地址信息(它只能发16位，在IBM PC系统中20位的高4位由一个辅助寄存器发出，后面说明)。

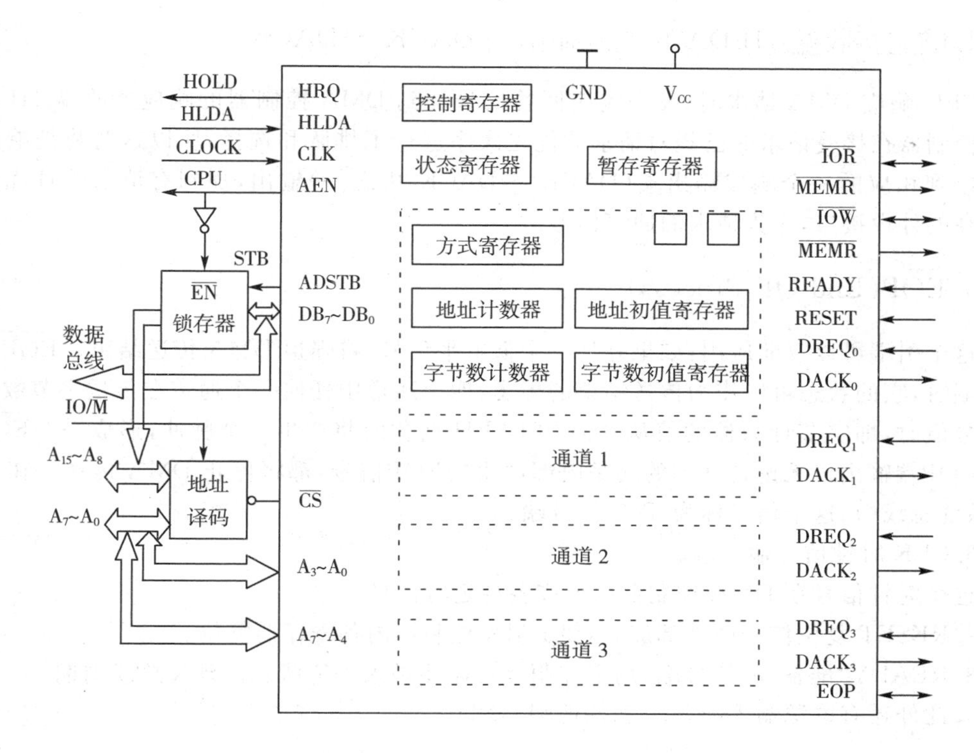

图 9-1　DMA 控制器 8237A 内部结构及辅助逻辑框图

这 16 位地址信息分先后两次发出。先发高 8 位，经数据线 DB_7～DB_0 送到一个外部锁存器锁存(在地址选通信号 ADSTB 控制下)；然后经 A_7～A_0 发出地址信息的低 8 位组成 16 位地址信息一起发向存储器存储地址系统。控制信号 AEN 一方面控制把锁存器锁存的地址信息发向地址线，另一方面去关闭 CPU 内部的地址锁存器。

2. 读、写操作控制端 $\overline{MEMR}$、$\overline{MEMW}$、$\overline{IOR}$ 和 $\overline{IOW}$

可以看出，$\overline{IOR}$ 和 $\overline{IOW}$ 是双向的。在 DMA 控制器受指令控制时，它们是输入端，接收 CPU 发来的控制信号。但在 DMA 传送期间，它们是控制器的输出端，控制器借助这两端向进行 DMA 传送的 I/O 设备接口发 $\overline{IOR}$ 或 $\overline{IOW}$ 信号。$\overline{MEMR}$ 和 $\overline{MEMW}$ 对于控制器来说是外向输出的。在 DMA 传送时，控制器通过它们向存储器接口发控制信号。

3. 请求输入端 $DREQ_{0\sim3}$ 和请求输出端 HRQ

4 个输入端为四个互相独立的通道接收 I/O 接口来的传送请求。在 DMA 控制器内有 4 个输入请求的优先次序排队逻辑。输出端 HRQ 形成的 DMA 请求信号不仅反映了 $DREQ_0$～$DREQ_3$ 端有无请求信号，还反映了控制器内对各通道是否进行了屏蔽管理。HRQ 端接至 CPU 的 HOLD 端。在 IBM PC 系统中，其中三个请求输入端 $DREQ_1$～$DREQ_3$ 出现在 I/O 扩展插槽中，分别标以 DRQ_1、DRQ_2、DRQ_3 作为通道 1、通道 2 和通道 3 的请求输入端。

4. 响应接收端 HLDA 和响应输出端 $DACK_0 \sim DACK_3$

CPU 响应 DMA 请求时，发来响应回答信号加到 DMA 控制器的响应接收端 HLDA。由于控制器在接受请求时已经对请求的优先次序进行了排队和选择，所以这时将把响应信号转接到相应的一个响应输出端（$DACK_0 \sim DACK_3$ 中之一）输出，加到有请求的且优先次序最高的外设接口，作为请求的回答信号。

5. $\overline{EOP}$(End OF Process)

这个引端可以双向应用：如果外加一个低电平信号，将强迫 DMA 传送结束。$\overline{EOP}$作为输出端时，它的状态可以作为传送结束的标志：四个通道中任何一个通道在传送字节数达到预置数值时，即字节计数器的值从 0 向 0FFFFH 变化时将产生一个脉冲，形成一个$\overline{EOP}$信号在$\overline{EOP}$端输出。无论是外加的还是内部产生的$\overline{EOP}$信号，都将停止 DMA 传送。在 IBM PC 系统总线中，这个信号标为 T/C 信号端。

6. CLK 时钟信号输入端。

这个时钟信号在 DMA 控制器内形成各种定时信号。

7. RESET 复位信号由外部加入，使 DMA 控制器内各寄存器复位。

8. READY“准备好”信号端，用来控制是否需要进入等待状态以延长总线周期。

9. 此外还有电源输入端 Vcc 和接地端 GND。

9.2　8237A 的工作原理

本节将从 8237A 的工作时序、工作方式及其内部寄存器的功能和作用说明 8237A 的工作原理。

9.2.1　8237A 的工作时序

8237A 的工作时序分成两种工作周期：即空闲周期和有效周期。

1. 空闲周期

当 8237A 的任一通道都没有 DMA 请求时就处于空闲周期(Idle Cycle)。在空闲周期，8237A 始终执行 S_i 状态。

2. 有效周期

当 8237A 在 S_i 状态采样到外设有 DMA 请求时，就脱离空闲周期进入有效周期(Active Cycle)：

(1)当检测到在 S_i 的脉冲下降沿，任一通道有 DREQ 请求时，在下一周期就进入 S_0 状态；而且在当前 S_i 脉冲的上升沿，向 CPU 发总线请求 HRQ 信号。8237A 只要未收到有效的 HLDA 信号，就始终处于 S_0 状态，否则下一状态就进入 DMA 传送的 S_1 状态。

(2)典型的 DMA 传送由 S_1，S_2，S_3，S_4 四个状态组成。在 S_1 状态使地址允许信号 AEN 有效。并利用有效的地址选通信号 ADSTB，共形成 16 位的存储器地址，在整个 DMA 传送周期保持住。

(3)S_2状态，8237A 向外设输出 DMA 响应信号 DACK。$\overline{MEMR}$、$\overline{MEMW}$、$\overline{IOR}$和$\overline{IOW}$

如果将数据从存储器传送到外设，则 8237A 输出$\overline{MEMR}$和$\overline{IOW}$有效信号。

如果将数据从外设传送到存储器，则 8237A 输出$\overline{IOR}$和$\overline{MEMW}$有效信号。

(4)在 8237A 输出信号的控制下，利用 S_3 和 S_4 状态完成数据传送。若不能在 S_4 状态前完成数据的传送，就可以利用 READY 信号，在 S_3 和 S_4 状态之间插入 S_w 等待状态。

(5)在数据块传送方式下，S_4 后面应接着传送下一个字节。由于存储器区域是连续的，通常地址的高 8 位不变，只是低 8 位增量或减量。所以，输出和锁存高 8 位地址的 S_1 状态不需要，直接进入 S_2 状态，由输出地址的低 8 位开始，继续完成数据传送。

9.2.2 8237A 的工作方式

8237A 有 4 种 DMA 传送方式，3 种 DMA 传送类型，可以实现存储器到存储器的传送。

1. DMA 传送方式

(1)单字节传送方式

是指每次 DMA 传送时仅传送一个字节。

(2)数据块传送方式

8237A 连续传送数据，直到字节数寄存器从 0 减到 FFFFH 终止计数，或外部输入有效的$\overline{EOP}$信号终结 DMA 传送。

(3)请求传送方式

DREQ 信号有效，8237A 连续传送数据，当 DREQ 信号无效时，DMA 传送被暂时终止，8237A 释放总线，CPU 可继续操作。如果外设又准备好进行传送，可使 DREQ 信号再次有效，DMA 传送就会继续进行下去。

(4)级连方式

用于多个 8237A 级连以扩展通道。若需要还可由第二级扩展到第三级等。

2. DMA 传送类型

(1)DMA 读

把将数据从存储器传送到外设，则 8237A 输出$\overline{MEMR}$和$\overline{IOW}$有效信号。

(2)DMA 写

如果将数据从外设传送到存储器，则 8237A 输出$\overline{IOR}$和$\overline{MEMW}$有效信号。

(3)DMA 检验

对于 8237A 是一种空操作，不进行任何检验，只是产生一种空时序，而外设可以利用这样的时序进行 DMA 校验。

3. 存储器到存储器的传送

8237A 固定使用通道 0 和通道 1。通道 0 的地址寄存器存源区地址，通道 1 的地址寄存器存目的区地址，通道 1 的字节数寄存器存传送的字节数。传送由设置通道 0 的软件请求启动。

4. DMA 通道的优先权方式

8237A 中的任一通道获得服务后，其他通道无论优先权高低，均被禁止，DMA 传送不存在嵌套。

(1)固定优先权方式：4 个通道的优先权是固定的，即通道 0 优先权最高，通道 3 最低。

(2)循环优先权方式：即最近一次服务的通道在下次循环中变成最低优先权。

5. 自动初始化方式

若 DMA 通道设置为自动初始化方式，即每当 DMA 过程结束$\overline{EOP}$信号产生时，都用基地址寄存器和基字节数寄存器的内容，使相应的现行寄存器恢复为初始值，包括恢复屏蔽位、允许 DMA 请求。

9.2.3 8237A 的寄存器

DMA 控制器 8237A 内的寄存器有三种情况：一种情况是有些寄存器是四个通道公用的，如控制(或命令)寄存器，状态寄存器和暂存寄存器. 另一种情况是每一个通道内有一组寄存器，如方式寄存器，地址初值寄存器，地址计数器，字节初值计数器和字节数计数器。再一种情况每一个通道有一位，四个通道的四位组成一个寄存器，为其分配一个 I/O 端口地址以便 CPU 访问。属于这种情况的有 DMA 请求寄存器和屏蔽寄存器，对四个通道都有控制作用的公用控制(即命令)寄存器和每个通道内都有的方式寄存器决定着 DMA 控制器的工作方式和每个通道的具体工作方式，将在后面具体说明。下面先介绍其他寄存器的功能。

1. 地址初值寄存器和地址计数器

每一个通道有一对这类寄存器，都是 16 位. 两个寄存器占用同一个 I/O 地址在 DMA 传送的准备阶段，用输出指令向其中置入地址初值，对同一地址连续两次执行输出指令，第一次写入地址的低 8 位，第二次写入地址的高 8 位. 写入时两个寄存器同时写入. 在 DMA 传送时，由地址计数器提供存储地址，并且每传送一个字节，地址计数器加 1 或减 1(由设置方式寄存器的方式决定)，使其指向下一个存储单元的地址. 但地址初值寄存器的内容不变. 如果设置的是初始化方式. 当$\overline{EOP}$端出现有效值(低电平)时，地址初值寄存器的内容自动传入地址计数器，使其恢复为初值。如果对这个 I/O 端地址执行 IN 指令，地址计数的内容将读入 8086 的 AL 寄存器。当然也要执行两条 IN 指令才能读入地址计数器的 16 位值。

2. 字节数初值寄存器和字节数计数器

它们的情况与地址初值寄存器和地址计数器很相似，也是每个通道有一对，都是 16 位。他们也占用同一个 I/O 端口地址。在 DMA 传送的准备阶段，用 OUT 指令向其中置入初值。这个初值等于要传送的字节数减 1。连续两次，第一次是低八位，第二次是高八位。两次寄存器初值相同。在 DMA 传送时，每传送一个字节，字节计数器减 1，字节数初值寄存器的内容不变。如果是自动初始化方式，当字节数计数器从 0000 转移到 FFFFH，即$\overline{EOP}$有效时，字节数初始值寄存器的内容自动传入字节计数器，恢复到初值。如果对这个 I/O

端口地址执行两次输入(IN)指令，将把字节计数器的内容读入 CPU。

3. 请求寄存器

用于在软件控制下产生一个 DMA 请求，就如同外部 DREQ 请求一样。图 9－2 所示，为请求字的格式，D_0D_1 的不同编码用来表示向不同通道发出 DMA 请求。在软件编程时，这些请求是不可屏蔽的，利用命令字即可实现使 8237A 按照命令字的 D_0D_1 所指的通道，完成 D_2 所规定的操作，这种软件请求只用于通道工作在数据块传送方式之下。

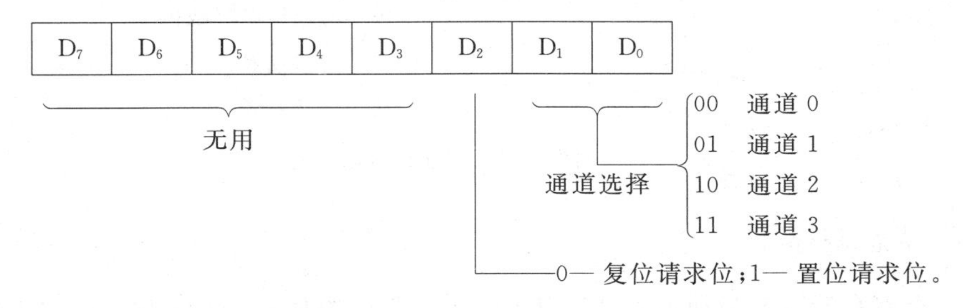

图 9－2　请求寄存器

4. 屏蔽寄存器

8237A 的屏蔽字有两种形式：

① 单个通道屏蔽字。这种屏蔽字的格式如图 9－3 所示。利用这个屏蔽字，每次只能选择一个通道。其中 D_0D_1 的编码指示所选的通道，$D_2=1$ 表示禁止该通道接收 DREQ 请求，当 $D_2=0$ 时允许 DREQ 请求。

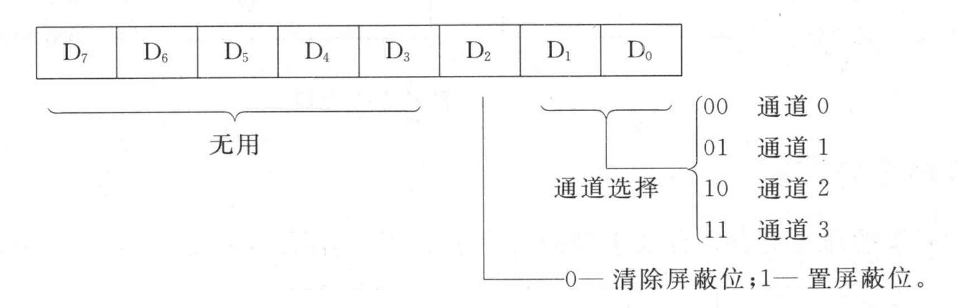

图 9－3　单通道屏蔽寄存器

② 四通道屏蔽字。可以利用这个屏蔽字同时对 8237A 的 4 个通道的屏蔽字进行操作，故又称为主屏蔽字。该屏蔽字的格式如图 9－4 所示。它与单通道屏蔽字占用不同的 I/O 接口地址，以此加以区分。

5. 暂存寄存器

这个寄存器是 8 位的，不属于哪个通道。在 DMA 控制器实现一种传送方式，即存储器内一个区域的内容传送到另一个区域(IBM PC 系统的 DMA 控制器不能工作于这种方式)时，这个寄存器用于中间暂存。一个字节传送结束时，它保存的是刚刚传输的字节。所以，当传输时，对这个寄存器执行输入指令，输入 CPU 的是数据块的最后一个字节。

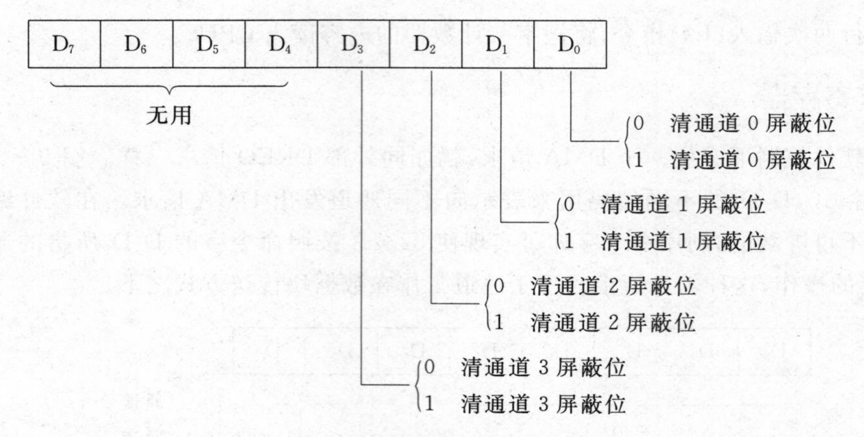

图 9-4 四通道屏蔽寄存器

6. 状态寄存器

状态寄存器存放各通道的状态，CPU 读出其内容后，可得知 8237A 的工作状况。主要有：哪个通道计数已达到计数终点——对应位为 1；哪个通道的 DMA 请求尚未处理——对应位为 1。状态寄存器的格式如图 9-5 所示。

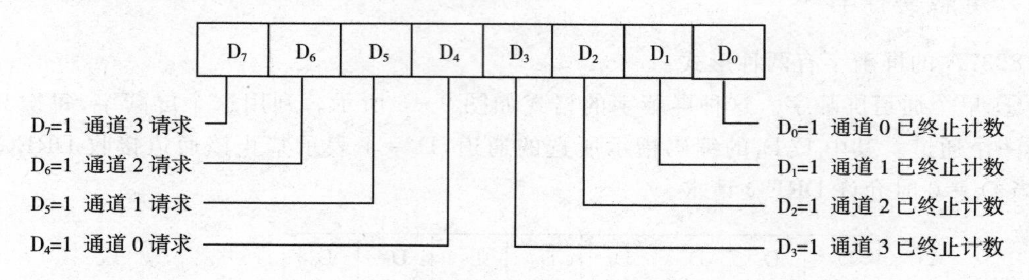

图 9-5 的状态寄存器

7. 命令寄存器

8237A 的命令寄存器存放编程的命令字，命令字各位的功能如图 9-6 所示。

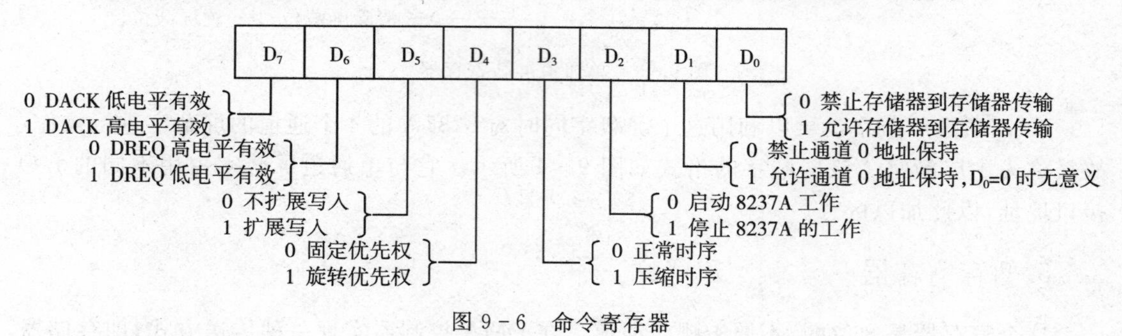

图 9-6 命令寄存器

其中：

D_0 位用以规定是否允许采用存储器到存储器的传送方式。若允许这样做，则利用通道 0 和通道 1 来实现。

D_1位用以规定通道 0 的地址是否保持不变。如前所述，在存储器到存储器传送中，源地址由通道 0 提供，读出数据到暂存寄存器，而后，由通道 1 送出目的地址，将数据写入目的区域；若命令字中 $D_1=0$，则在整个数据块传送中（块长由通道 1 决定）保持内存源区域地址不变，因此，就会把同一个数据写入到整个目的存储器区域中。

D_2位是允许或禁止 8237A 芯片工作的控制位。

D_3位用于选择总线周期中写信号的定时。例如，PC 机中动态存储器写是由写信号的上升沿启动的。若在 DMA 周期中写信号来得太早，可能造成错误，所以 PC 机选择 $D_3=0$。命令字的其他位容易理解，不再说明。

D_5位用于选择是否扩展写信号。在 $D_3=0$（正常时序）时，如果外设速度较慢，有些外设是用 8237A 送出的$\overline{IOW}$和$\overline{MEMW}$信号的下降沿来产生的 READY 信号的。为提高传送速度，能够使 READY 信号早些到来，须将$\overline{IOW}$和$\overline{MEMW}$信号加宽，以使它们提前到来。因此，可以通过令 $D_5=1$ 使$\overline{IOW}$和$\overline{MEMW}$信号扩展 2 个时钟周期提前到来。

D_6位规定请求信号 DREQ 的有效极性；$D_6=0$ 规定高电平有效；$D_6=1$ 指明低电平有效。

D_7位规定输出的 DACK 信号的有效极性，$D_7=0$ 指明 DACK 以输出低电平为有效；$D_7=1$则指明 DACK 输出高电平有效。

8. 方式寄存器

每个通道有一个方式寄存器，控制着本通道的工作方式，各位的作用如图 9-7 所示。四个通道的方式寄存器被分配同一个 I/O 端口地址；方式字本身的 D_1 和 D_0 位起着通道指向的作用。其值为 00、01、10 和 11 时，将分别被置入通道 0、通道 1、通道 2 或通道 3 的方式寄存器。方式字的 D_2～D_7 位起方式控制作用。

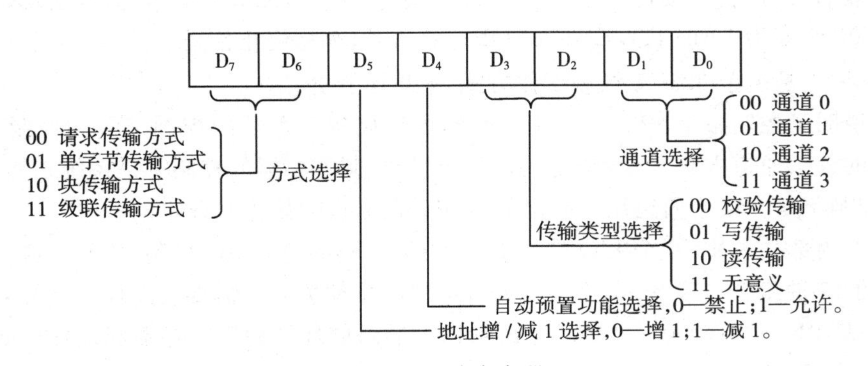

图 9-7　方式寄存器

D_5规定存储器地址的发展方向。$D_5=0$，每传送一个字节后地址计数器加 1；$D_5=1$，每传送一个字节后地址计数器加 1。

D_4规定是否是自动初始化操作方式，所谓自动初始化操作方式是每次 DMA 操作后，字节数计数器自动加 1，当计数器值从 0000 向 FFFFH 转移时，将自动执行地址初值寄存器内容传入地址计数器、字节初值计数器内容传入字节计数器的操作，而且该通道的屏蔽位保持 0 状态不变。非自动初始化方式时，字节数计数器值从 0000 向 FFFFH 转移不仅不传送地址初值寄存器和字节初值寄存器的内容，而且还将该通道的屏蔽位置1，使其变为屏蔽状态。$D_4=1$为初始化方式，$D_4=0$为非自动初始化方式。

D_3D_2两位控制传送控制方式：01为写方式，即从外部设备向存储器传送；10为读方式，即从存储器向外部设备方向传送；00为校检方式，这种方式不传送任何数据，但和前两种方式一样修改地址计数器的内容，形成存储器地址，并使字节数计数器减1，至计数器值从0000变为FFFFH时，也要执行$\overline{EOP}$信号有效时应执行的操作；$D_3D_2=11$是不合法的。

最后说明D_7D_6两位。这两位规定下列四种工作方式：

$D_7D_6=01$是单字节方式。这种工作方式时，响应一次传送请求只传送一个字节数据，地址计数器依D_5的规定加1或减1，字节计数器减1。当响应多次传送请求，而使TC信号有效时，执行有关操作。在这种方式下，每传送完一个字节。8237A都把总线控制权交给CPU。CPU响应下次传送请求时再把总线控制权交给8237A。两次传送之间间隔至少有一个总线周期时间。对请求信号DREQ的宽度要求是保证请求位可靠的位置。从而形成对CPU的请求信号；如果一次DREQ的传送的时间比一次DMA传送的时间还长，一旦传送完成，从8237A加到CPU的请求信号HRQ即变为无效。这样就保证了无论DREQ有效信号持续多长时间，只进行一次DMA传送；只有DRMQ无效后再次有效才可能进行下次传送；

$D_7D_6=10$，数据块传送方式。这种传送方式时，每响应一次请求，将完成设定的字节数的全部传送。当字节数计数器的值从0000变为FFFFH时，TC信号有效，执行有关操作。如果在传送期间外加低电平的$\overline{EOP}$信号，将立即结束传送。

$D_7D_6=00$，依请求信号DREQ的持续时间进行的传送方式。这就是说，只要DREQ的信号是有效的，传送就连续传送下去。当DREQ信号变为无效，或TC信号出现(字节数计数器值从0000变为FFFFH)，或外加$\overline{EOP}$有效信号，都将停止传送。

$D_7D_6=11$是多个8237A级联工作方式，这里不作介绍。

前面说明了控制整个8237A工作方式的置于控制寄存器的控制字节和控制每个通道工作方式的置于通道方式寄存器的控制字。置于控制寄存器的控制字是系统初始化时设置的，方式控制字是在某个通道用于确定的目的后在通道初始化时设定的。

8237A内部共占用16个I/O端口地址，由地址码的$A_3\sim A_0$控制，恰好对应从0000到FFFFH的16种组合。表9-1给出了端口地址的分配关系。需要说明以下两点：

(1)地址0H～7H(0000～0111)分配给四个通道的地址初值寄存器和地址计数器、字节数初值寄存器和字节数计数器。每个寄存器都是16位，无论是写入还是读出都需要两次。内部逻辑中有两个字节指向触发器F，按计数方式工作。F触发器为0，读、写时指向低位字节；F为1，读、写时指向高位字节。每次读写后F改变状态。表中还指出，对地址0CH(1100)执行输出指令(AL寄存器可为任意值)，将使触发器初始化为0。

(2)16个I/O端口地址中，除分配给内部编址寄存器外，还有几个地址分配用于形成软件命令。这些命令是：对8237A总清等效于外接RESET命令，占用地址1101；对请求寄存器清0，占用地址1110；还有已经提到的对字节指向触发器的清0。这三种命令都是用输出指令实施的。指令中AL寄存器的内容不起作用，可为任意值。

表 9-1　8237A 寄存器和软件命令的寻址

端口	通道	$A_3A_2A_1A_0$	读操作($\overline{IOR}$)	写操作($\overline{IOW}$)
DMA+0	0	0000	通道 0 的当前地址寄存器	通道 0 的基地址与当前地址寄存器
DMA+1	0	0001	通道 0 的当前字节计数寄存器	通道 0 的基字节计数与当前字节计数寄存器
DMA+2	1	0010	通道 1 的当前地址寄存器	通道 1 的基地址与当前地址寄存器
DMA+3	1	0011	通道 1 的当前字节计数寄存器	通道 1 的基字节计数与当前字节计数寄存器
DMA+4	2	0100	通道 2 的当前地址寄存器	通道 2 的基地址与当前地址寄存器
DMA+5	2	0101	通道 2 的当前字节计数寄存器	通道 2 的基字节计数与当前字节计数寄存器
DMA+6	3	0110	通道 3 的当前地址寄存器	通道 3 的基地址与当前地址寄存器
DMA+7	3	0111	通道 3 的当前字节计数寄存器	通道 3 的基字节计数与当前字节计数寄存器
DMA+8	公用	1000	状态寄存器	命令寄存器
DMA+9		1001	—	请求寄存器
DMA+0A		1010	—	单个通道屏蔽寄存器
DMA+0B		1011	—	工作方式寄存器
DMA+0C		1100	—	清除先/后触发器命令
DMA+0D		1101	暂存寄存器	总清命令
DMA+0E		1110	—	清 4 个通道屏蔽寄存器命令
DMA+0F		1111	—	置 4 个通道屏蔽寄存器命令

9.3　8237A 的编程及应用

9.3.1　8237A 的编程

对 8237A 的编程分两种：

1. 8237A 芯片的初始化编程：只要写入命令寄存器。必要时，可先输出主清除命令，对 8237A 进行软件复位，然后写入命令字。

2. DMA 通道的 DMA 传送编程，需要多个写入操作：

(1)将存储器起始地址写入地址寄存器(如果采用地址减量工作，则是结尾地址)。

(2)将本次 DMA 传送的数据个数写入字节数寄存器(个数要减 1)

(3)确定通道的工作方式，写入方式寄存器。

(4)写入屏蔽寄存器让通道屏蔽位复位，允许 DMA 请求。

9.3.2　8237A 在系统中的典型连接

我们知道 8237A 只能输出 $A_0 \sim A_{15}$ 16 位地址信号，这对于一般 8 位 CPU 构成的系统来说是比较方便的，因为大多数 8 位机的寻址范围就是 64KB。而在 8086/88 系统中，系统的寻址范围是 1MB，地址线有 20 条，即 $A_0 \sim A_{19}$。为了能够在 8086/8088 系统中使用 8237 来实现 DMA，需要用硬件提供一组 4 位的页寄存器。

通道 0、1、2、3 各有一个 4 位的页寄存器。在进行 DMA 传送之前，这些页寄存器可利用 I/O 地址来装入和读出。当进行 DMA 传送时，DMAC 将 $A_0 \sim A_{15}$ 放在系统总线上，同时页寄存器把 $A_{16} \sim A_{19}$ 也放在系统总线上，形成 $A_0 \sim A_{19}$ 这 20 位地址信号实现 DMA 传送。其地址产生如图 9-8 所示。

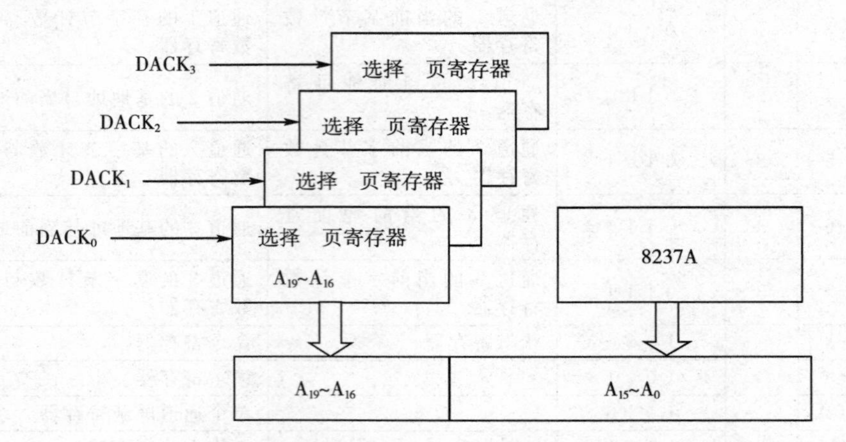

图 9-8　利用页寄存器产生存储器地址

图 9-9 是 8237A 在 PC 机中的连接简图。利用 74LS138 译码器产生 8237A 的 $\overline{CS}$，8237A 的接口地址可定为 000H～00FH　（注：在 $\overline{CS}$ 译码时 XA_4 未用)。

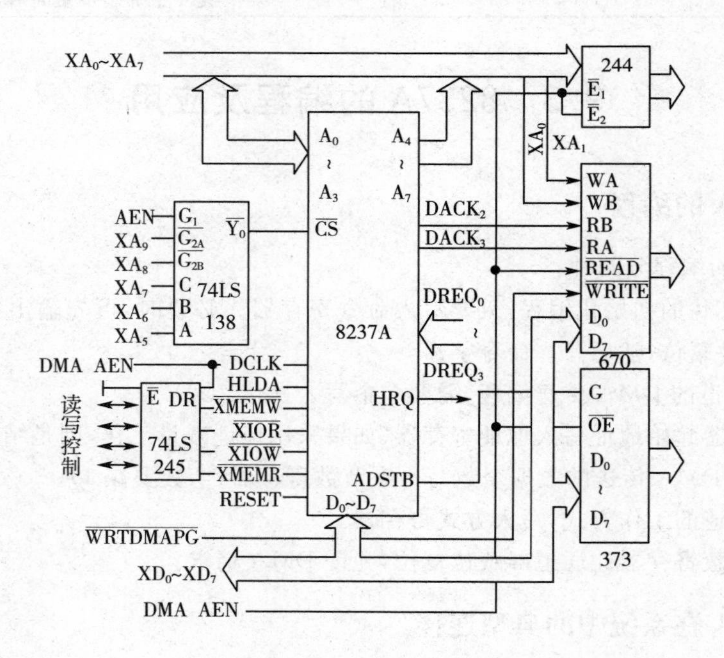

图 9-9　PC 机中 8237A 的连接电路

8237A 利用页寄存器 74LS670、三态锁存器 74LS373 和三态门 74LS244 形成系统总线的地址信号 $A_0 \sim A_{19}$。8237A 的 $\overline{IOR}$、$\overline{IOW}$、$\overline{MEMR}$、$\overline{MEMW}$ 接到 74LS245 上，当芯片 8237A 空闲时，CPU 可对其编程，加控制信号到 8237A。而在 DMA 工作周期，8237A 的控制信号又会形成系统总线的控制信号。同样，数据线 $XD_0 \sim XD_7$ 也是通过双向三态门 74LS245 与系统数据总线相连接。

从前面的叙述中我们已经看到，当 8237A 不工作时，即处于空闲状态时，它是以接口的形式出现的。此时，CPU 经系统总线对它初始化，读出它的状态等并对它进行控制。这时，8237A 并不对系统总线进行控制。当 8237A 进行 DMA 传送时，系统总线是由 8237A 来控制的。这时，8237A 应送出各种系统总线所需要的信号。上述情况会大大增加 8237A 连接上的复杂程度。最重要的问题是，不管在 8237A 的空闲周期还是在其工作周期，连接上一定要保证各总线信号不会发生竞争。

9.3.3 8237A 的应用

为了进一步理解 DMAC 的工作，我们以 8237A 从存储器把数据传送到接口为例，说明其初始化及工作过程。

DMAC 8237A 的硬件连接可参见图 9-9。接口地址及连接简图如图 9-10 所示。图中接口请求传送数据的信号经触发器 74LS74 的 Q 端形成，由三态门输出作为 DMA 请求信号。当 DMAC 响应接口请求时，送出存储器地址和 $\overline{MEMR}$ 信号，使选中存储单元的数据出现在系统数据总线 $D_0 \sim D_7$ 上。

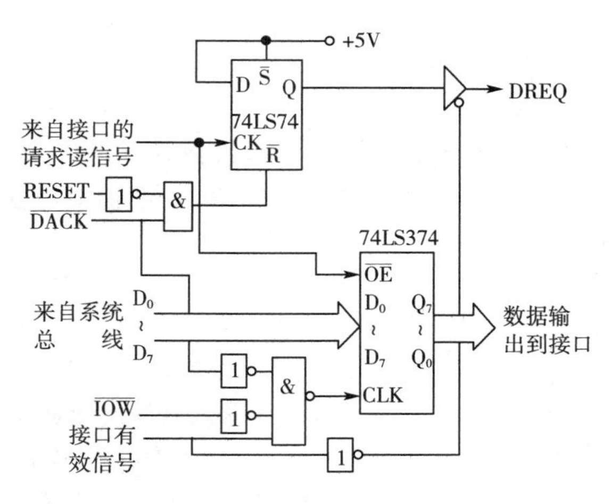

图 9-10 DMAC8237A 传送数据到接口的电路图

同时，DMAC 送出 $\overline{IOW}$ 控制信号，将存储单元的数据锁存在三态锁存器 74LS374 中。在开始传送前，应当送出接口有效信号。当然，该信号在系统工作中也可以一直有效。在接口请求 DMA 传送时，由图 9-10 的逻辑电路产生控制信号，使 CPU 暂停执行指令，同时将总线形成电路的输出置高阻。

DMA 初始化程序如下：

```
INITDMA:OUT   DMA+13,AL       ;总清
        MOV   AL,20H
```

```
OUT  DMA+2,AL        ;送地址低字节到通道1
MOV  AL,76H
OUT  DMA+2,AL        ;送地址高字节到通道1,7620H 为通道基地址
MOV  AL,80H
OUT  PAG,AL          ;送页地址 1000B
MOV  AL,64H
OUT  DMA+3,AL        ;送传送字节数低字节到通道1
MOV  AL,0            ;0064H 表示 100 个字节
OUT  DMA+3,AL        ;送传送字节数高字节到通道1
MOV  AL,59H          ;通道1方式字:读操作,单字节传送
OUT  DMA+11,AL       ;地址递增,自动预置
MOV  AL,0;           命令字:允许工作,固定优先级
OUT  DMA+8,AL        ;DACK 有效
OUT  DMA+15,AL       ;写入四通道屏蔽寄存器,规定允许 4 个通道均
                      可请求 DMA 传送。
```

程序中,将取数的存储单元的首地址 87620H 分别写到页寄存器(外加的三态输出寄存器)和 DMAC 通道 1 的高低字节寄存器中。这里每次传送一个字节,每传送 100 个字节循环。

为避免影响其他通道,开始也可以不用总清命令,可以换成只清字节指针触发器的命令,即:

```
MOV  AL,0
OUT  DMA+12,AL
```

应当指出,DMA 方式传送数据具有最高的传送速度,但连接 DMAC 是比较复杂的。在实际工程应用中,除非必须使用 DMAC,否则就不使用它,而采用查询或中断方式进行数据传送。

习　题

9-1　什么叫 DMA 传送方式?试说明 DMA 方式传送数据的主要步骤。

9-2　试比较 DMA 传输、查询式传输及中断方式传输之间的优缺点和适用场合?

9-3　DMA 控制器芯片 Intel8237A 有哪几种工作方式?各有什么特点?

9-4　Intel8237A 支持哪几种 DMA 传输类型?

9-5　Intel8237A 占几个端口地址?这些端口在读/写时操作过程中的作用是什么?

9-6　PC 机为什么设置 DMA 传送的页面寄存器?

9-7　试说明由 Intel8237A 控制,把内存中的一个数据块向接口传送的过程。

9-8　PC 机 8237A 通道 2 传送的内存地址为 D5080H,请给出其地址寄存器编程。

9-9　某 8086 系统中使用 8237A 完成从存储器到存储器的数据传送,已知源数据块首地址的偏移地址值为 6000H,目标数据块首地址的偏移地址值为 6050H,数据块长度为 100 字节。试编写初始化程序,并画出硬件连接图。

第10章 数/模和模/数转换

A/D和D/A转换器是微机测控系统中的重要组成部件，在工程实践中有广泛的应用。本章主要介绍A/D和D/A转换器的技术性能指标以及与微处理器的接口技术及编程方法。

10.1 数/模(D/A)转换

D/A转换器是指将数字量转换成模拟量的电路。数字量输入的位数有8位、12位和16位，输出的模拟量有电流和电压。

10.1.1 D/A转换器的工作原理

1. T型电阻网络D/A转换器原理

D/A转换器是指将数字量转换成模拟量的集成电路，它的模拟量输出(电流或电压)与参考量(电流或电压)以及二进制数成比例。一般来说，可用下面的关系式来表示：

$$X=K\times V_R\times D$$

其中X为模拟量输出，K为比例系数，V_R为参考电压，D为待转换的二进制数。

图10-1是一个3位二进制数的数模转换电路，它由模拟开关、电阻网络、参考电压源和运算放大器组成。各位开关由该位的二进制代码控制，代码为1则开关接通左边，代码为0则开关接通右边。$\sum$点为运算放大器的求和点，根据运算放大器输入阻抗接近无穷大的原理，$\sum$点的电位接近于零电位，或称为虚地。电阻网络仅由R和$2R$两种电阻组成。该电阻网络的特点是，从电阻网络各节点(如A、B、C)向下看和向右看的等效电阻都是$2R$，经节点向右和向下流的电流强度一样，而且向右每经过一个节点就对半分流。

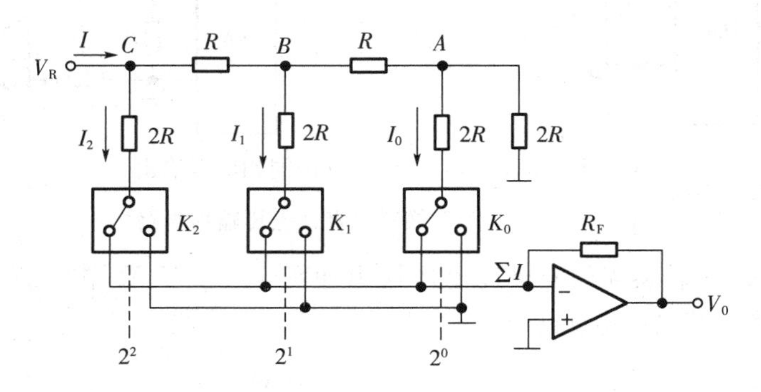

图10-1 T型电阻网络D/A转换器的结构原理

下面计算输入二进制代码为111时所对应的模拟量电流$\sum I$。输入代码为111时，

$K_0 \sim K_2$全部接向左边，各条支路的电流都流向 $\sum$ 点，因此，V_R供出的总电流为：$I = V_R / R_N$，R_N为整个网络的等效输入电阻，经 $2R$ 电阻流向 $\sum$ 点的各分电流为：$I_2 = I/2^1 = V_R / 2^1 R$；$I_1 = I/2^2 = V_R/2^2 R$；$I_0 = I/2^3 = V_R/2^3 R$。流向虚地点 $\sum$ 的总电流为：

$$\sum I = I_2 + I_1 + I_0 = (V_R/R) \times (1/2 + 1/4 + 1/8) = (V_R/R) \times (4 + 2 + 1)/2^3$$

上式括号内各项分别是二进制数权的系数，它们分别对应着数字量 2^2，2^1，2^0。将上式推广到 n 位二进制数的转换，可得到一般表达式：

$$\sum I = (V_R/R) \times (1/2^n) \times (A_{n-1} 2^{n-1} + A_{n-2} 2^{n-2} + \cdots + A_i 2^i + \cdots + A_0 2^0)$$

式中，A_i 是“1”或“0”。由此得到相应的输出电压表达式为：

$$V_O = -R_F \sum I = -(V_R/2^n) \times (R_F/R) \times (A_{n-1} 2^{n-1} + A_{n-2} 2^{n-2} + \cdots + A_i 2^i + \cdots + A_0 2^0)$$

式中，R_F为反馈电阻。由上式可知，D/A 的输出电压不仅与二进制数码有关，而且与运算放大器的反馈电阻 R_F和参考电压 V_R有关。式中的负号表示输出电压与电流方向相反。

上式还可以写成以下的形式：$V_O = KV_R D$

其中 K 是常数，V_R是参考电压，D 是数字量，且：

$$D = A_{n-1} 2^{n-1} + A_{n-2} 2^{n-2} + \cdots + A_i 2^i + \cdots + A_0 2^0$$

2. D/A 转换器的基本输出电路

单极性输出：通常 D/A 转换器为电流型输出，而实际应用中往往需要模拟电压，因此，要外接运算放大器把 D/A 芯片的电流形式输出转换为电压形式输出。图 10-2 为 D/A 转换器单极性电压输出电路，其中图 10-2(a)是反相电压输出，输出电压 $V_{OUT} = -iR$；图 10-2(b)是同相电压输出，输出电压 $V_{OUT} = iR(1 + R_2/R_1)$，增益可调。

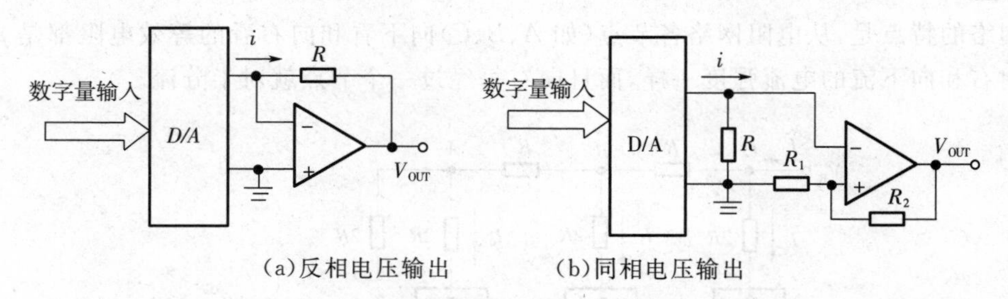

图 10-2　D/A 转换器单极性电压输出电路

双极性输出：D/A 转换器的双极性电压输出如图 10-3 所示，在单极性电压输出后再加一级运算放大器。其输出电压为：

$$V_{OUT} = -(2^{n-1} - \mathrm{D}) \frac{V_R}{2^{n-1}}$$

式中，D 为输入数字值，范围 $0 \sim 2^n - 1$；V_R为参考电压。

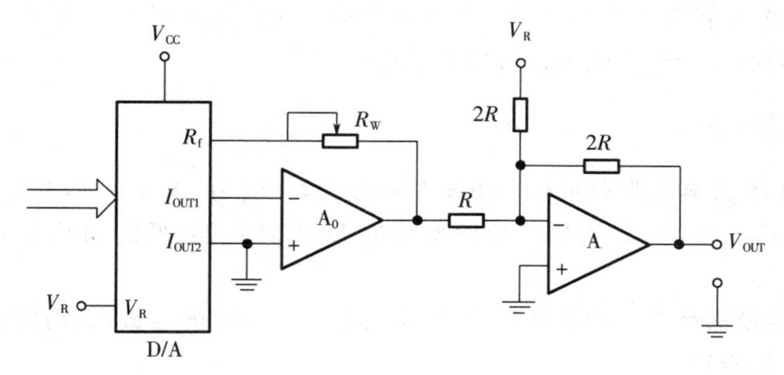

图 10-3　D/A 转换器双极性电压输出电路

10.1.2　D/A 转换器的性能参数

1. 分辨率

分辨率是指 D/A 转换器所能分辨的最小电压，也就是最小输出电压（对应的输入数字量只有 D_0 位为 1）与最大输出电压（对应的输入数字量所有位全为 1）之比。这个参数反映了 D/A 转换器对微小输入数字量变化的敏感性。分辨率的高低通常用二进制输入量的位数来表示，例如分辨率是 8 位、10 位、12 位等。有时也用最小输出电压与最大输出电压之比的百分数表示。

例如：分辨率是 8 位 D/A 转换器，其分辨率为：$1/(2^8-1)=1/255\approx0.392\%$

分辨率是 10 位 D/A 转换器，其分辨率为：$1/(2^{10}-1)=1/1023\approx0.098\%$

当满量程输出电压为 5V 时，一个 10 位 D/A 转换器能分辨的电压为 $5\times0.98\%\approx4.90\text{mV}$，8 位 D/A 转换器能分辨的电压为 $5\times0.392\%\approx19.60\text{mV}$。显然，分辨率越高，转换时，对应数字输入信号最低位的模拟输入信号电压的数值越小，也就越灵敏。

2. 转换精度

D/A 转换器的转换精度是以最大的静态转换误差的形式给出的，这个转换误差包括非线性误差、比例系数误差以及漂移误差等综合误差。它表明了模拟输出实际值与理想值之间的偏差。精度可分为绝对精度和相对精度。绝对精度是指在输入端给定数字量时，在输出端实测的模拟量与理论值之间的偏差。相对精度是指当满量程值校准后，任何数字输入的模拟输出值与理论值的误差。转换精度通常用最低有效位（LSB）的二分之一或全标输出电压的百分数来表示。

3. 温度灵敏度

这个参数表明 D/A 转换器受温度变化影响的特性。它是指数字输入不变的情况下，模拟输出信号随温度的变化。一般 D/A 转换器的温度灵敏度为±50PPM/℃。PPM 为百万分之一。

4. 建立时间

建立时间是指从数字输入端发生变化开始，到输出模拟值稳定在额定值的±1/2LSB

所需的时间，是 D/A 转换速率快慢的一个重要参数。在实际应用中，要正确选择 D/A 转换器，使它的转换时间小于数字输入信号发生变化的周期。

5. 输出电平

不同型号的 D/A 转换器件的输出电平相差较大，一般为 5V～10V，有的高压输出型的输出电平高达 24V～30V。还有些电流输出型的 D/A 转换器，低的为几毫安到几十毫安，高的可达 3A。

描述 D/A 转换器性能的参数还很多，以上参数是最重要的参数，必须理解，在接口设计中作为选择芯片的指导。

10.1.3　8 位 D/A 转换器 DAC0832 及其接口技术

DAC0832 是 8 位数/模转换芯片，采用 T 形电阻网络，数字输入设有输入寄存器和 DAC 寄存器两级缓冲，数据的输入方式有双缓冲、单缓冲和直接输入，可以方便地与处理机接口。

DAC0832 主要特点如下：

- 与 TTL 电平兼容；
- 分辨率为 8 位；
- 建立时间为 1μs；
- 满刻度误差为 $\pm(\frac{1}{2})$LSB
- 功耗为 20mW；
- 电流输出型 D/A 转换器。

10.1.3.1　8 位 D/A 转换器 DAC0832 的结构原理及引脚

1. DAC0832 内部结构

DAC0832 的内部结构图如图 10－4 所示，由图 10－4 可知，DAC0832 有两个数据缓冲寄存器：8 位输入寄存器和 8 位 DAC 寄存器。其转换结果以一组差动电流 I_{OUT1} 和 I_{OUT2} 输出。DAC0832 的 8 位输入寄存器 D_7～D_0 输入端可直接与 CPU 的数据线相连接。两个数据缓冲寄存器的工作状态分别受 $\overline{LE_1}$ 和 $\overline{LE_2}$ 控制。当 $\overline{LE_1}=0$(低电平)时，8 位输入数据寄存器的输出跟随输入而变化。当由低电平变为高电平时，即 $\overline{LE_1}=1$ 时，输入数据立即被锁存。同理，8 位 DAC 寄存器的工作状态受 $\overline{LE_2}$ 的控制。这样，DAC0832 实际上有两级锁存器，8 位输入寄存器为第一级锁存器，8 位 DAC 寄存器为第二级锁存器。

2. DAC0832 的外部引脚

DAC 0832 是一个 20 引脚双列直插式封装芯片，图 10－5 为引脚和功能示意图。

(1)与 CPU 相连的引脚

D_0～D_7：8 位数据输入端。

ILE：输入锁存允许信号，输入、高电平有效。是第一级 8 位输入寄存器的锁存的控制信号之一。

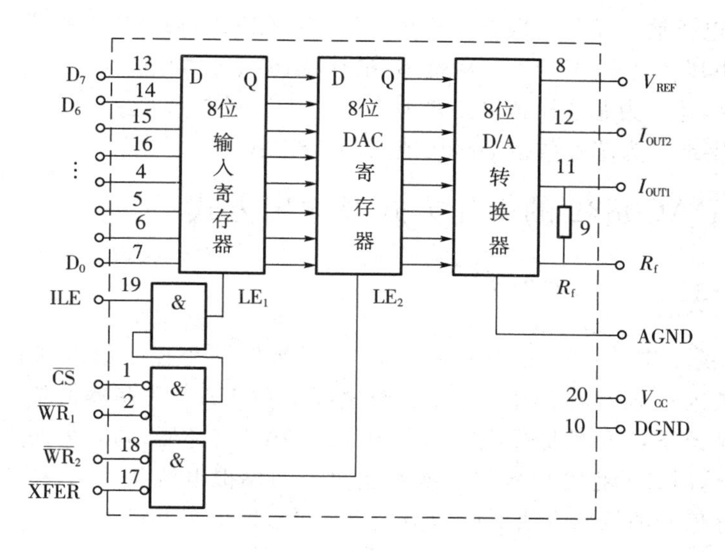

图 10－4 DAC0832 的内部结构图

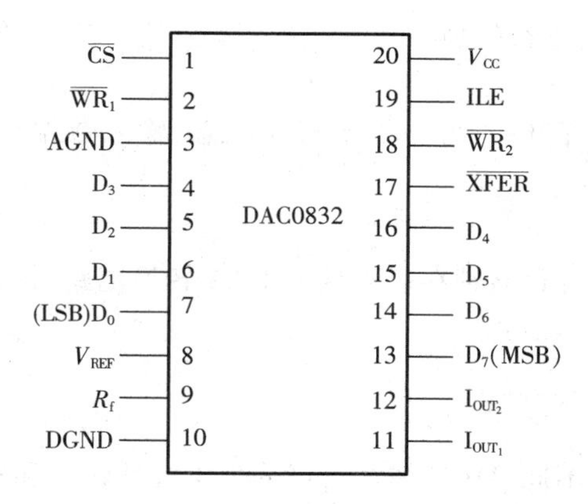

图 10－5 DAC 0832 的引脚图

$\overline{CS}$:片选信号,输入、低电平有效。它与 ILE 信号结合起来用以控制$\overline{WR_1}$是否起作用。

$\overline{WR_1}$:写信号 1,输入、低电平有效。在 ILE 和$\overline{CS}$有效时,用它将数据锁存于输入寄存器中。

$\overline{WR_2}$:写信号 2,输入、低电平有效。在有效的条件下,用它将输入寄存器中的数据传送到 8 位 DAC 寄存器中。

$\overline{XFER}$:传送控制信号,输入、低电平有效。由$\overline{XFER}$控制$\overline{WR_2}$是否起作用。可用于控制多个 DAC0832 同步输出,一般接译码器输出。

(2)与外设相连的引脚

I_{OUT1}:DAC 电流输出 1。它是逻辑电平为 1 的各位输出电流之和。

I_{OUT2}:DAC 电流输出 2。它是逻辑电平为 0 的各位输出电流之和。

R_f:反馈电阻。该电阻被制作在芯片内,用作运算放大器的反馈电阻。

(3)其他

V_{REF}:参考电压输入端。一般在－10V～＋10V 范围内,由外电路提供。

V_{CC}:电源电压。在＋5V～＋15V 范围,最佳＋15V。

AGND:模拟地。为芯片模拟电路接地点。

DGND:数字地。为芯片数字电路接地点。

10.1.3.2　DAC0832 的工作方式及输出方式

1. DAC 0832 的三种工作方式

DAC 0832 的工作过程如下:首先在 ILE、$\overline{CS}$及$\overline{WR_1}$三个控制信号都有效时,把数据线上的 8 位数据锁入输入寄存器中,同时数据送到 8 位 DAC 寄存器的输入端。在$\overline{XFER}$、$\overline{WR_2}$都有效的情况下,8 位数据再次被锁存到 8 位 DAC 寄存器,同时数据送到 8 位 D/A 转换器的输入端,这时开始把 8 位数据转换为相对应的模拟电流从 I_{OUT1} 和 I_{OUT2} 输出。针对两个寄存器锁存信号的控制方法形成 DAC 0832 的三种工作方式。

(1)直通方式

即$\overline{CS}$、$\overline{WR_1}$、$\overline{XFER}$、$\overline{WR_2}$接地,ILE 接高电平,此时两个寄存器都处于直通状态,输入数据直接送到 D/A 转换电路进行转换。

(2)单缓冲方式

此时两级锁存器只锁存其一,另一处于直通状态,输入数据只经过一级缓冲送入 D/A 转换电路进行转换。

(3)双缓冲方式

即数据依次通过两个寄存器锁存后再送入 D/A 转换电路,执行两次写操作才能完成一次 D/A 转换。

2. DAC 0832 的输出方式

根据输出电压的极性不同,DAC0832 又可分为单极性输出和双极性输出两种方式。

(1)单极性输出:DAC0832 的单极性电压输出如图 10－6 所示。其输出电压为:

$$V_{OUT}=-\frac{V_R\times D}{256}$$

式中 D 为输入数字值,范围 0～255;V_R为参考电压,可以接±5V 或±10V,当接＋5V(或－5V)时,输出电压范围是－5V～0V(或 0V～＋5V);当接＋10V(或－10V)时,输出电压范围是－10V～0V(或 0V～＋10V)。

(2)双极性输出:DAC0832 的双极性电压输出如图 10－7 所示,在单极性电压输出后再加一级运算放大器。其输出电压为:

$$V_{OUT}=-(128-D)\frac{V_R}{128}$$

式中,D 为输入数字值,范围 0～255;V_R为参考电压,可以接＋5V 或＋10V,当接＋5V 时,输出电压范围是－5V～＋5V;当接＋10V 时,输出电压范围是:10V～＋10V。

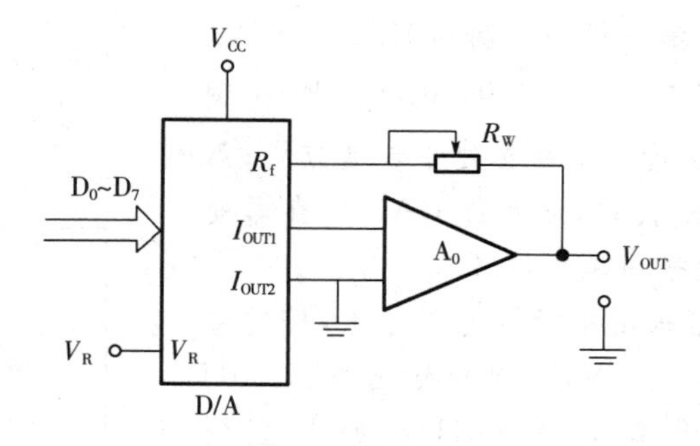

图 10-6　DAC0832 的单极性电压输出

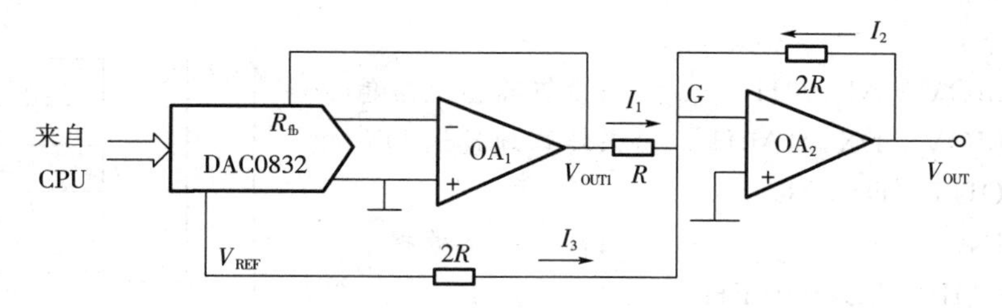

图 10-7　DAC0832 的双极性电压输出

10.1.3.3　DAC0832 的应用举例

1. 单缓冲方式应用

DAC0832 工作在单缓冲方式下有两种选择：一种方式为 8 位输入寄存器直通，8 位 DAC 寄存器选通；另一种方式为 8 位 DAC 寄存器直通，8 位输入寄存器选通。此时，CPU 只要执行一条输出指令，有效地址译码使选中的寄存器有效，输入寄存器和 DAC 寄存器均处于直通状态，8 位 D/A 转换器就开始进行转换。

例 10-1　通过 DAC0832 输出产生三角波，三角波最高电压为 5V，最低电压为 0V。电路连接如图 10-8 所示。

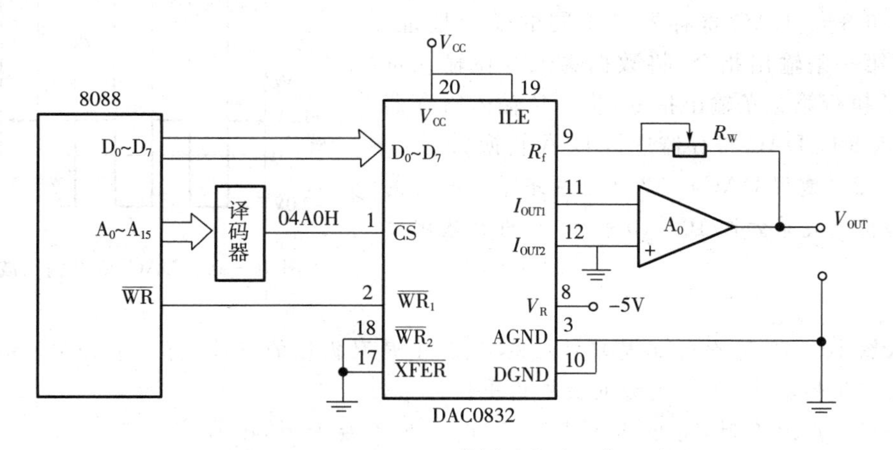

图 10-8　DAC 0832 单缓冲方式工作电路图

解：图中DAC0832的第一级的控制端ILE接+5V，$\overline{CS}$接译码器的输出（端口地址为04A0H），$\overline{WR_1}$接8088CPU的$\overline{WR}$端，即8位输入寄存器处于选通方式；第二级的控制端$\overline{XFER}$和$\overline{WR_2}$接地，即8位DAC寄存器处于直通状态，故DAC0832采用单缓冲方式工作。

DAC0832的输出电路采用单极性电压输出，按题意产生三角波电压范围为0V～5V，所对应输出数据00H～FFH。所以三角波上升部分，从00H起加1，直到FFH。三角波下降部分从FFH起减1，直到00H，流程图如图10-9所示。

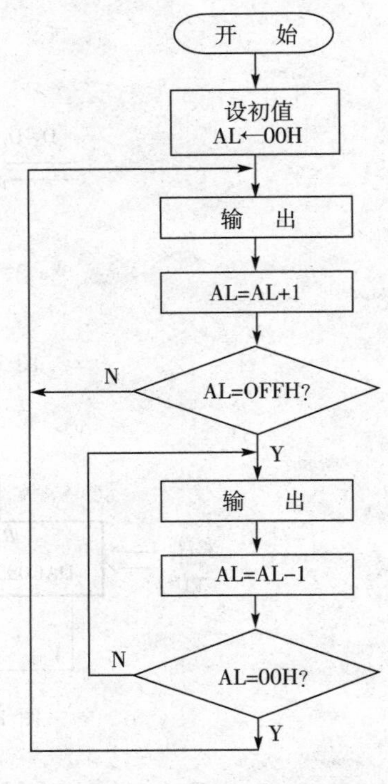

图10-9 输出三角波程序流程图

程序如下：

```
        MOV   AL,00H        ;设置输出电压值
        MOV   DX,04A0H      ;端口地址送DX
AA1：   OUT   DX,AL
        INC   AL            ;修改输出数据
        CMP   AL, 0FFH
        JNZ   AA1
AA2：   OUT   DX, AL
        DEC   AL            ;修改输出数据
        CMP   AL,00H
        JNZ   AA2
        JMP   AA1
```

2. 双缓冲方式应用

DAC0832工作在双缓冲方式下，DAC0832的$\overline{WR_1}$和$\overline{WR_2}$一起连接到CPU的$\overline{WR}$端，而$\overline{CS}$和$\overline{XFER}$分别接地址译码器的两个输出端，这样8位输入寄存器和8位DAC寄存器有不同的端口地址。CPU执行第一条输出指令，将数据送入8位输入寄存器，CPU执行第二条输出指令，将8位输入寄存器的数据送入8位DAC寄存器进行D/A转换。

例10-2 使用DAC 0832产生两路不同极性的方波信号，相位关系如图10-10所示，试进行软硬件设计。

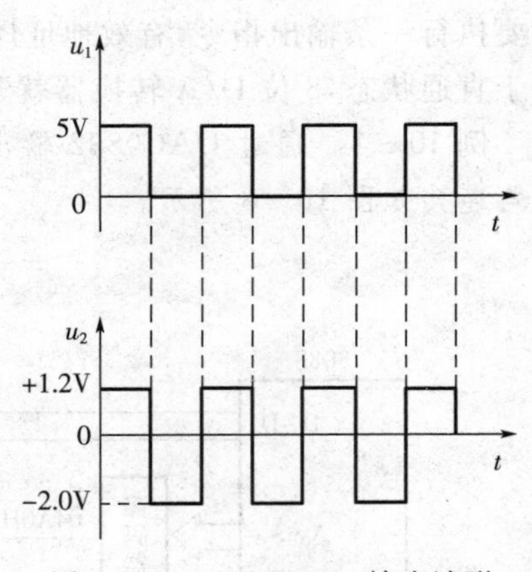

图10-10 DAC 0832输出波形

解：

(1)从图10-10可看出u_1是单极性的方波，u_2是双极性的方波，需二个DAC0832转换器，一个为单极性输出，另一个为双极性输出。

(2)u_1产生正跳变时，u_2也产生正跳变，u_1产生负跳变时，u_2也产生负跳变，要求二个

DAC0832 的输出波形同步，因而 DAC0832 的工作方式需采用双缓冲方式。

(3)需要三个地址值，第一个地址(04A0H)作为第一片 0832 的片选信号，第二个地址(04A2H)作为第二片 0832 的片选信号，第三个地址(04A4H)作为同时打开两个 DAC0832 的 8 位 DAC 寄存器的控制信号，该信号连接到两片 0832 的$\overline{\text{XFER}}$端。

(4)第二片 0832 选用参考电压输出电压 $V_R=+2.5V$，则输出电压范围为 $-2.5V\sim+2.5V$，题目要求产生方波的电压范围为 $-2.0V\sim+1.2V$，模拟电压所对应的数字量计算方法如下：

$D=128+\dfrac{128V_{OUT}}{V_R}$，将上下限电压代入公式计算，1.2V 对应的数字量等于 BDH，$-2.0V$ 对应的数字量等于 1AH。

根据以上分析后设计的硬件电路如图 10－11 所示。

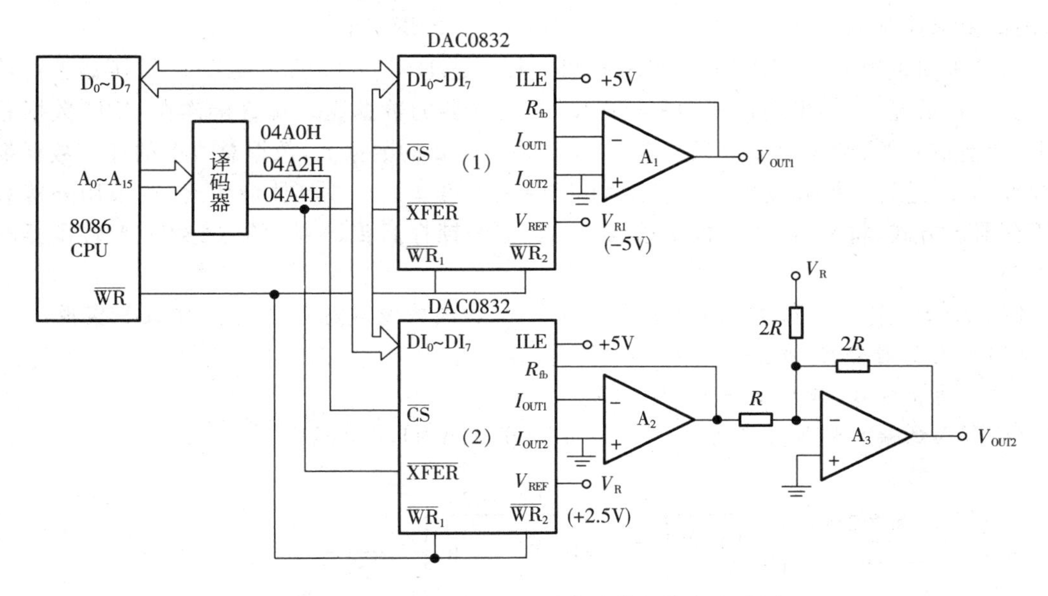

图 10－11 DAC0832 双路方波信号输出电路图

程序如下：

```
AA1:MOV   AL,00H        ;设定输出电压值
    MOV   DX,04A0H      ;设置第一片 DAC0832 地址
    OUT   DX,AL         ;数据被锁存在 8 位输入寄存器
    MOV   AL,1AH        ;输出电压－2.0V 对应数字值
    MOV   DX,04A2H      ;设置第二片 DAC0832 地址
    OUT   DX,AL         ;数据被锁存在 8 位输入寄存器
    MOV   DX,04A4H      ;设置二片 0832 共用地址
    OUT   DX,AL         ;启动两片 DAC0832 同时转换
    CALL  DELAY         ;调延时子程序
    MOV   AL,0FFH       ;输出电压 5V 对应数字值
    MOV   DX,04A0H      ;设置第一片 DAC0832 地址
```

```
OUT   DX,AL
MOV   AL,0BDH        ;输出电压 1.2V 对应数字值
MOV   DX,04A2H       ;设置第二片 DAC0832 地址
OUT   DX,AL
MOV   DX,04A4H       ;设置二片 DAC0832 共用地址
OUT   DX,AL          ;启动两片 DAC0832 同时转换
CALL  DELAY          ;调延时子程序
JMP   AA1
```

3. 直通方式应用

在直通方式工作时，DAC0832 的 8 位输入寄存器、8 位 DAC 寄存器一直处于直通状态，因此要求控制端 ILE 接高电平，$\overline{WR_1}$、$\overline{WR_2}$、$\overline{CS}$、$\overline{XFER}$接地。

由于采用直通方式，CPU 输出的数据可直接到达 DAC0832 的 8 位 D/A 转换器进行转换。在这种情况下，如果还是把 DAC0832D/A 转换器的数据输入端直接连在 CPU 数据总线上，会造成 CPU 数据总线上只能有 D/A 转换所需要的数据流，数据总线上的任何数据都会导致 D/A 进行变换和输出，这在实际工程中是不可能的。故具体应用时，可采用外接数据锁存器的方式，将来自 CPU 数据总线上的数据经锁存后传送到 DAC0832D/A 转换器的输入端。

例 10－3 图 10－12 电路，为使用 DAC0832 构成的波形发生器电路，试编程实现：

(1)产生正锯齿波，波形范围为 1V～4V。

(2)产生正弦波，波形范围为 0V～5V。

(8255A 的端口地址分别为：04A0H，04A2H，04A4H，04A6H)。

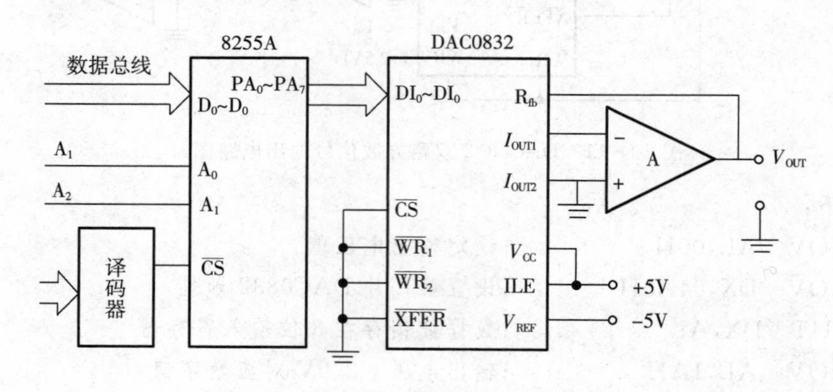

图 10－12 DAC 0832 构造波形发生器信号

解：

本题中 DAC0832 的$\overline{WR_1}$、$\overline{WR_2}$、$\overline{CS}$、$\overline{XFER}$端均接地，ILE 端接＋5V，即 DAC0832 采用直通方式工作，DAC0832 数据输入端连接到 8255A 的 A 口，A 口作为 DAC0832 的外部数据锁存器。

(1)电路输出采用单极性输出，波形范围为 1V～4V，代入公式 $D=-\frac{256\times V_{OUT}}{V_R}$计算，

1V 对应的数字量等于 33H，4V 对应的数字量等于 0CCH。

程序如下：

```
        MOV   DX,  04A6H        ;设置8255A的控制口地址
        MOV   AL,  80H          ;设置8255A工作方式控制字
        OUT    DX,AL
        MOV   DX,  04A0H        ;设置8255A的A口地址
AA1:    MOV   AL,  33H          ;输出电压1V对应数值
AA2:    OUT    DX,  AL
        INC    AL               ;数值加1
        CMP   AL,  0CDH
        JNE    AA2              ;输出电压小于4V,继续
        JMP    AA1
```

(2)正弦波采用一个周期输出 20 个点的方式，将 20 个点的电压值对应的数字量存放在数据缓冲区，程序运行时，连续从数据缓冲区取数据送 8255A 的 A 口，即可产生正弦波。

```
DSEG  SEGMENT
BUF   DB  128,88,53,24,6,0,6,24,53,88,128,168,203,232
      DB  250,255,250,232,203,168
DSEG  ENDS
```

程序如下：

```
        MOV   DX,  04A6H             ;设置8255A的控制口地址
        MOV   AL,  80H               ;设置8255A工作方式控制字
        OUT    DX,AL
        MOV   DX,  04A0H             ;设置8255A的A口地址
AA1:    MOV   SI,  OFFSET  BUF       ;SI指向数据缓冲区
        MOV   CX,  20                ;一周期20个点
AA2:    MOV   AL,  [SI]
        OUT   DX,  AL                ;输出一个点
        INC    SI
        LOOP  AA2                    ;一周期未完继续输出
        JMP    AA1
```

10.1.4 12 位 D/A 转换器 DAC1210 芯片及其接口技术

DAC1210 是 12 位高分辨率电流输出型 D/A 转换芯片，具有双缓冲输入寄存器，一个由 8 位和 4 位两个寄存器构成的 12 位数据输入寄存器和一个 12 位 DAC 寄存器，数据的输入方式有单缓冲和双缓冲，可以方便地与处理机接口。

DAC0832 主要特点如下：

- 分辨率 12 位；
- 具有双寄存器结构，可对输入数据进行双重缓冲；
- 输出电流稳定时间 1μs；

- 工作电源＋5V～＋15V，参考电压 V_{REF} 为－10V～＋10V；
- 功耗低，约 20mW；
- 电流输出型 D/A 转换器。

10.1.4.1 12 位 D/A 转换器 DAC1210 的结构原理及引脚

1. DAC1210 内部结构

DAC1210 的内部结构图如图 10－13 所示，包括两级数据锁存器和 12 位相乘型 D/A 转换器。第一级数据锁存器分成高 8 位和低 4 位两个锁存器，可以高 8 位和低 4 位一次输入锁存，也可以仅输入低 4 位。第二级是一个 12 位的 DAC 寄存器，数据输入后立即送 D/A 转换器，转换结束输出模拟电流信号。

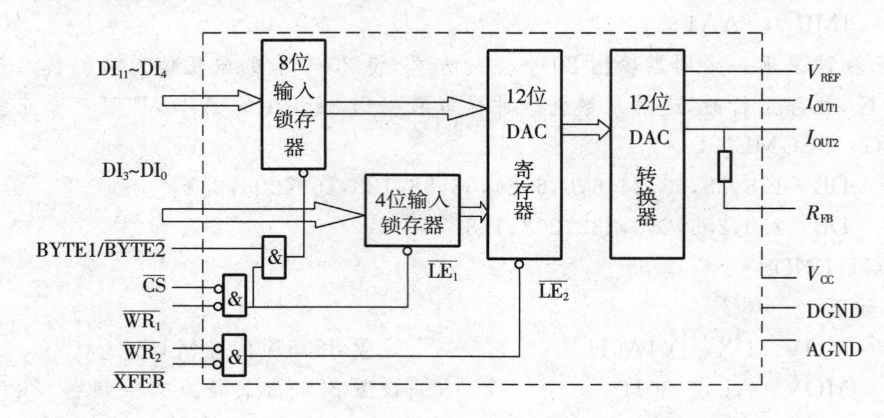

图 10－13 DAC1210 的内部结构图

2. DAC1210 的外部引脚

DAC 1210 是一个 24 引脚双列直插式封装芯片，图 10－14 为引脚和功能示意图。

(1) 与 CPU 相连的引脚

DI_0～DI_{11}：12 位数据输入端。DI_{11} 为最高位，DI_0 为最低位。

$\overline{CS}$：片选信号，输入，低电平有效。用以控制 $\overline{WR_1}$ 是否起作用，$\overline{CS}$ 一般接译码器输出。

$BYTE_1/\overline{BYTE_2}$：12 位/4 位输入选择，输入高电平时，高 8 位和低 4 位输入锁存；输入低电平时，低 4 位输入锁存。

$\overline{WR_1}$：写信号 1，输入，低电平有效。在 $\overline{CS}$ 有效和 $BYTE_1/\overline{BYTE_2}$ 为高时，由 $\overline{WR_1}$ 控制将 12 位数据锁存于输入寄存器中；在 $\overline{CS}$ 有效和 $BYTE_1/\overline{BYTE_2}$ 为低时，由 $\overline{WR_1}$ 控制将低 4

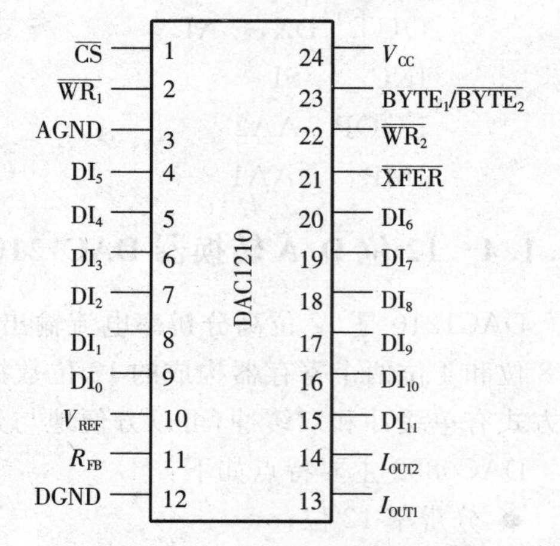

图 10－14 DAC 1210 的引脚

位数据锁存于 4 位输入寄存器中。

$\overline{WR_2}$:写信号 2,输入,低电平有效。由$\overline{XFER}$控制$\overline{WR_2}$是否起作用。可用于控制多个 DAC 1210 同步输出,或者控制当以 8 位数据线分两次向 12 位 DAC 送 12 位数据时,第一级 12 位输入寄存器向第二级 DAC 寄存器送数据的同步。

$\overline{XFER}$:传送控制信号,输入,低电平有效。它和$\overline{WR_2}$一起控制 12 位 DAC 寄存器的锁存。

(2)与外设相连的引脚

I_{OUT1}:DAC 电流输出 1。它是逻辑电平为 1 的各位输出电流之和。当 DAC 寄存器为全 1 时输出电流最大,当 DAC 寄存器为全 0 时输出电流为 0。与 I_{OUT1}配合使用。

I_{OUT2}:DAC 电流输出 2。它是逻辑电平为 0 的各位输出电流之和。

R_{FB}:反馈电阻。该电阻被制作在芯片内,用作运算放大器的反馈电阻。

(3)其他

V_{REF}:参考电压输入端。一般在$-10V \sim +10V$ 范围内,由外电路提供。

V_{CC}:电源电压。在$+5V \sim +15V$ 范围,最佳$+15V$。

AGND:模拟地。为芯片模拟电路接地点。

DGND:数字地。为芯片数字电路接地点。

10.1.4.2 DAC1210 的工作方式及输出方式

DAC1210 有两种工作方式,一种是单缓冲方式,另一种是双缓冲方式。

(1)单缓冲工作方式

DAC1210 单缓冲工作与 16 位 CPU 的连接图如图 10-15(a)所示,DAC1210 的$\overline{WR_1}$和$\overline{WR_2}$直接与 CPU 的$\overline{WR}$连接,$BYTE_1/\overline{BYTE_2}$ 接$+5V$,地址译码器的输出接至$\overline{CS}$和$\overline{XFER}$,当地址有效时可同时选通输入锁存器和 DAC 寄存器,将数据总线上输入的 12 位数据直接送入 DAC 寄存器进行 D/A 转换。

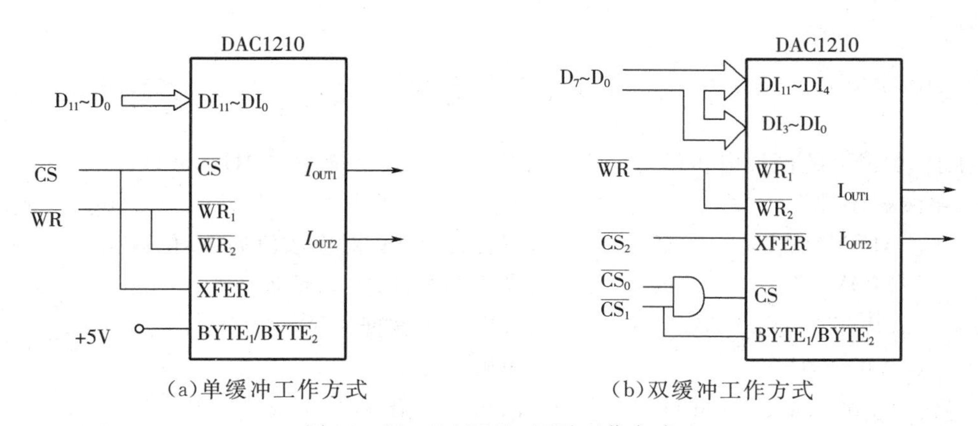

(a)单缓冲工作方式　　(b)双缓冲工作方式

图 10-15　DAC1210 两种工作方式

(2)双缓冲工作方式

双缓冲工作方式是将输入数据经两级锁存器传送给 D/A 转换器,也就是将输入锁存器和 DAC 寄存器看作两个端口分别予以控制。DAC1210 双缓冲工作与 8 位 CPU 的连接图如图 10－15(b)所示，12 位数据分两步送入高 8 位锁存器和低 4 位锁存器。DAC1210 的 $\overline{WR_1}$和$\overline{WR_2}$直接与 CPU 的$\overline{WR}$连接，$\overline{CS_0}$作为高 8 位锁存器的片选控制，$\overline{CS_1}$作为低 4 位锁存器的片选控制，$\overline{CS_2}$连至$\overline{XFER}$作为 12 位 DAC 寄存器的片选控制。

高 8 位写入条件：$BYTE_1/\overline{BYTE_2}=\overline{CS_1}=1$，且$\overline{CS_0}=\overline{WR}=0$；低 4 位写入条件：$BYTE_1/\overline{BYTE_2}=\overline{CS_1}=0$，$\overline{CS_1}=\overline{WR}=0$；打开第 2 级缓冲：$\overline{CS_2}=\overline{XFER}=0$。必须先写高 8 位后写低 4 位。

10.1.4.3 DAC1210 的应用举例

例 10－4 DAC1210 单缓冲工作与 16 位 CPU 的接口电路如图 10－16 所示，要求通过 DAC1210 产生 1V～4V 范围的三角波信号输出。DAC1210 的端口地址为 210H。

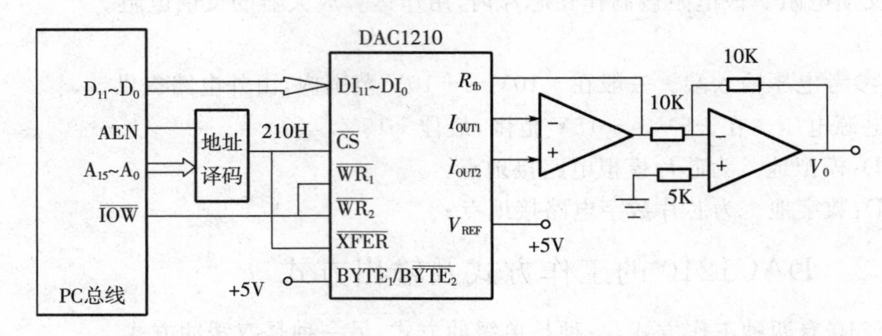

图 10－16　DAC1210 与 16 位数据总线的接口电路应用

分析：图示电路 DAC1210 采用单缓冲方式工作。DAC1210 的 $DI_{11}\sim DI_0$直接连到数据线 $D_{11}\sim D_0$端。$BYTE_1/\overline{BYTE_2}=1$，当地址有效时，$\overline{CS}=\overline{XFER}=0$，可同时选通输入锁存器和 DAC 寄存器。在$\overline{IOW}$写脉冲作用下，将数据总线上输入的 12 位数据直接送入 DAC 寄存器进行 D/A 转换。输出端用反相放大器把差动电流转换为电压，经倒相后变为正极性电压输出

$$V_{OUT}=\frac{V_{REF}\times D}{2^{12}}$$

对于 1V，4V 的模拟电压值可分别计算出对应的数字量为 199H，666H。

三角波程序如下：

```
        MOV   AL,   199H          ;设置输出 1V 对应数值的 12 位数据
        MOV   DX,   210H          ;设置 DAC1210 口地址
L1：    OUT   DX,   AL            ;输出一个数据
        INC   AL                  ;输出值加 1
        CMP   AL,   666H          ;输出上升沿
        JNZ   L1
L2：    OUT   DX,   AL            ;输出一个数据
        DEC   AL                  ;输出值减 1
        CMP   AL,   199H          ;输出下升沿
```

```
        JNZ     L2
        JMP     L1                  ;继续输出三角波
```

例 10-5 DAC1210 双缓冲工作与 8 位 CPU 的接口电路如图 10-17 所示，要求通过 DAC1210 产生 0V～+5V 范围的方波信号输出。DAC1210 的端口地址 Y_0、Y_1、Y_2 分别为 340H、341H、342H。

分析：图示电路 DAC1210 采用双缓冲方式工作。DAC1210 高 8 位 DI_{11}～DI_4 连到数据线 D_7～D_0，低 4 位 DI_3～DI_0 连到数据线的 D_7～D_4，实现左对齐。

高低字节锁存过程：高低字节控制端口地址分别为 340H($Y_0=0$)、341H($Y_1=0$)，第二级锁存地址为 342H($Y_2=0$)。

当 $Y_0=0$ 时，$BYTE_1/\overline{BYTE_2}=1$，此时若 $\overline{IOW}$ 有效($\overline{WR_1}=0$)，其上升沿锁存高 8 位数据。

当 $Y_1=0$ 时，$BYTE_1/\overline{BYTE_2}=0$，此时若 $\overline{IOW}$ 有效($\overline{WR_1}=0$)，其上升沿锁存低 4 位数据。

当 $Y_2=0$ 时，此时若 $\overline{IOW}$ 有效($\overline{WR_1}=0$)，其上升沿将 12 位数据锁存到 12 位 DAC 寄存器，开始 D/A 转换。

输出端用反相放大器把差动电流转换为电压，经倒相后变为正极性电压输出。

$$V_{OUT}=\frac{V_{REF}\times D}{2^{12}}$$

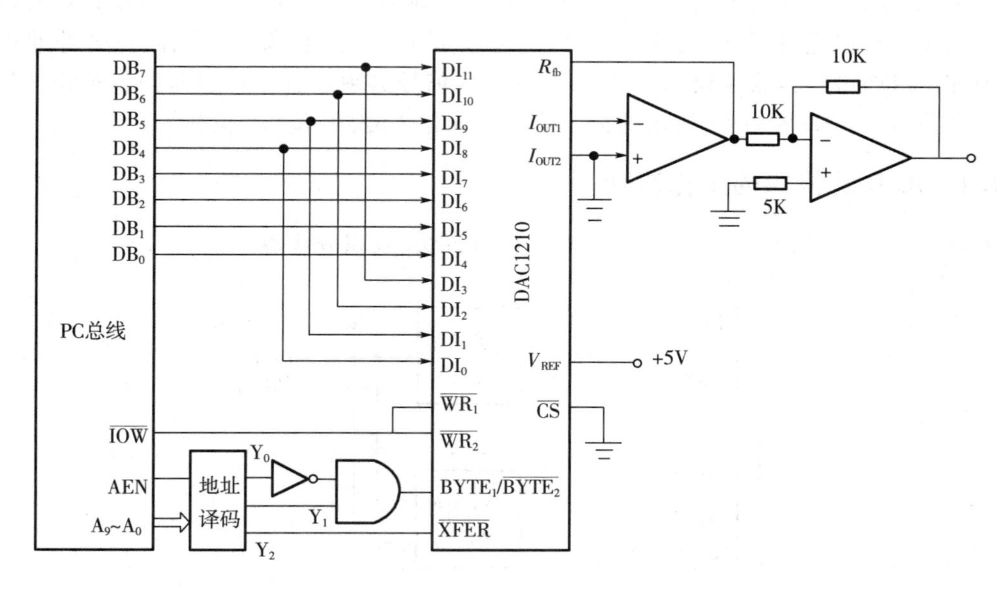

图 10-17 DAC1210 与 PC 总线的接口电路应用

方波程序如下：

```
COUNT：MOV   AL，  00H       ;设置输出 0V 对应数值的高 8 位数据
       MOV   DX，  340H      ;设置 DAC1210 高 8 位输入寄存器口地址
       OUT   DX，  AL        ;输出高 8 位数据
       MOV   AL，  00H       ;设置输出 0V 对应数值的低 4 位数据
```

```
MOV   DX,  341H          ;DAC1210 低 4 位输入寄存器口地址送 DX
OUT     DX,  AL          ;输出低 4 位数据
MOV   DX,  342H          ;DAC1210 第二级锁存地址送 DX
OUT     DX,  AL          ;启动 D/A 转换
CALL   DELAY             ;调用延时程序
MOV   AL,  0FFH          ;设置输出+5V 对应数值的高 8 位数据
MOV   DX,  340H          ;设置 DAC12108 位输入寄存器口地址
OUT   DX,  AL            ;输出高 8 位数据
MOV   AL,  0F0H          ;设置输出+5V 对应数值的低 4 位数据
MOV   DX,  341H          ;DAC12104 位输入寄存器口地址送 DX
OUT     DX,  AL          ;输出低 4 位数据
MOV   DX,  342H          ;DAC1210 第二级锁存地址送 DX
OUT     DX,  AL          ;启动 D/A 转换
CALL  DELAY              ;调用延时程序
JMP     COUNT
```

10.2 模/数(A/D)转换

A/D 转换器的任务是将连续变化的模拟信号转换为离散的数字信号,以便计算机进行处理。模拟量可以是电压、电流等电信号,也可以是压力、温度、湿度、位移、声音等非电信号。但在 A/D 转换前,输入到 A/D 转换器的输入信号必须经各种传感器把各种物理量转换成电压信号。A/D 转换后,输出的数字信号可以有 8 位、10 位、12 位和 16 位等。

10.2.1 A/D 转换器的工作原理

实现 A/D 转换的方法很多,常用的有逐次逼近法、双积分法等。

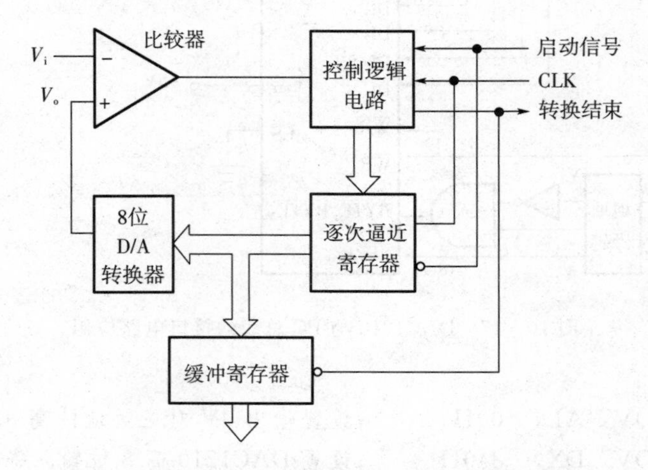

图 10-18 逐次逼近法的 A/D 转换器

1. 逐次逼近法

采用逐次逼近法的 A/D 转换器是由一个比较器、D/A 转换器、缓冲寄存器及控制逻辑电路组成，如图 10－18 所示。

逐次逼近法转换过程是：初始化时将逐次逼近寄存器各位清零；转换开始时，先将逐次逼近寄存器最高位置 1，送入 D/A 转换器，经 D/A 转换后生成的模拟量送入比较器，称为 V_O，与送入比较器的待转换的模拟量 V_i 进行比较，若 $V_O < V_i$，该位 1 被保留，否则被清除。然后再置逐次逼近寄存器次高位为 1，将寄存器中新的数字量送 D/A 转换器，输出的 V_O 再与 V_i 比较，若 $V_O < V_i$，该位 1 被保留，否则被清除。重复此过程，直至逼近寄存器最低位。转换结束后，将逐次逼近寄存器中的数字量送入缓冲寄存器，得到数字量的输出。逐次逼近的操作过程是在一个控制电路的控制下进行的。

2. 双积分法

采用双积分法的 A/D 转换器由电子开关、积分器、比较器和控制逻辑等部件组成。如图 10－19 所示。它的基本原理是将输入电压变换成与其平均值成正比的时间间隔，再把此时间间隔转换成数字量，属于间接转换。

双积分法 A/D 转换的过程是：先将开关接通待转换的模拟量 V_i，V_i 采样输入到积分器，积分器从零开始进行固定时间 T 的正向积分，时间 T 到后，开关再接通与 V_i 极性相反的基准电压 V_{REF}，将 V_{REF} 输入到积分器，进行固定斜率的反向积分，直到输出为 0V 时停止积分。从图 10－15(b)可以看出，反向积分时的积分斜率固定，反向积分时间与输入模拟电压成正比，即输入模拟电压越大，反向积分时间越长。只要用标准的时钟脉冲来测量这个时间，就可得到相应于输入模拟电压的数字量，即实现了 A/D 转换。

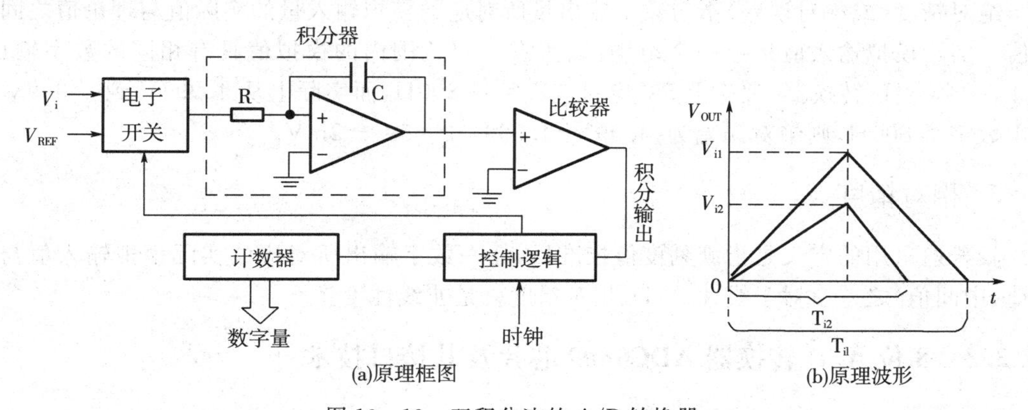

(a)原理框图 (b)原理波形

图 10－19 双积分法的 A/D 转换器

双积分 A/D 转换的特点是精度高，抗干扰能力强，但由于要经历正、反两次积分，故转换速度较慢。

10.2.2 A/D 转换器的性能参数

1. 分辨率

分辨率是指 A/D 转换器能分辨的最小模拟输入量。它是数字输出的最低位(LSB)所对应的模拟输入电平值，或是相邻的两个量化电平的间隔。例如，8 位 A/D 转换器的分辨率为满刻度的 1/256，若 $V_{FS}=5V$，则分辨率为：5V/256≈19.5mV，模拟输入电压低于此值，A/D 转换器不予响应。

由于分辨率与 A/D 转换器的位数有直接关系，所以也常用能转换成的数字量的位数来表示，如 8 位、10 位、12 位、16 位等，位数越高，分辨率越高。

2. 转换时间

转换时间是指 A/D 转换器完成一次转换所需要的时间，即从开始转换到转换结束给出有效数据所需的时间。转换时间的倒数称为转换速率。例如转换时间是 100ns，转换速率为 10MHZ。

ADC 芯片按速度分档可分为 4 类：转换时间大于 1ms 的为低速；1ms～1us 的为中速；小于 1us 的为高速；小于 1ns 的为超高速。

转换时间是编程时必须考虑的参数。若 CPU 采用无条件传送方式输入 A/D 转换后的数据，从启动 A/D 芯片转换开始，到 A/D 芯片转换结束，需要一定的时间，此时间为延时等待时间，实现延时等待的一段延时程序，要放在启动转换程序之后，此延时等待时间必须大于或等于 A/D 转换时间。

3. 量程

量程指所能转换的输入模拟电压的最大范围。

4. 绝对精度

绝对精度（或绝对误差）指与数字输出量所对应的模拟输入量的实际值与理论值之间的差值。实际模拟输入值是指一个范围，因为在一定范围内的模拟值具有相同的数字输出。例如，一个 A/D 转换器，理论上 5V 应对应数字量 800H，而实际上从 4.997V 到 4.999V 都产生数字量 800H，则绝对误差为(4.997＋4.999)/2－5＝－2mV。

5. 相对精度

较普遍采用的定义是指满刻度值校准后，任一数字输出所对应的实际模拟输入值与理论值（中间值）之差。对于线性 A/D，相对精度就是非线性度。

10.2.3　8 位 A/D 转换器 ADC0809 芯片及其接口技术

10.2.3.1　8 位 A/D 转换器 ADC0809 的结构原理及引脚

ADC0809 是 National 公司生产的、具有三态输出缓冲器的 8 位逐次逼近型的 A/D 转换芯片，芯片内部提供一个 8 路模拟开关以及地址锁存和译码逻辑电路，可在程序控制下分时对 8 个通道的模拟输入量进行 A/D 转换，可方便地与微处理器接口。

ADC0809 主要特性如下：

- 分辨率为 8 位；
- 转换时间为 100μs；

- 工作温度范围：－40℃～＋85℃；
- 功耗为 15mW；
- 8 路模拟输入通道，通道地址锁存并译码；
- 单一 5V 电源供电，模拟输入电压范围为 0V～＋5V，不需零点和满刻度校准；
- 与 TTL 兼容三态数据输出，易与微处理器相连；
- 时钟频率为 10KHz～1280KHz。

1. ADC0809 内部结构

ADC0809 的内部结构图如图 10－20 所示，分为四部分：

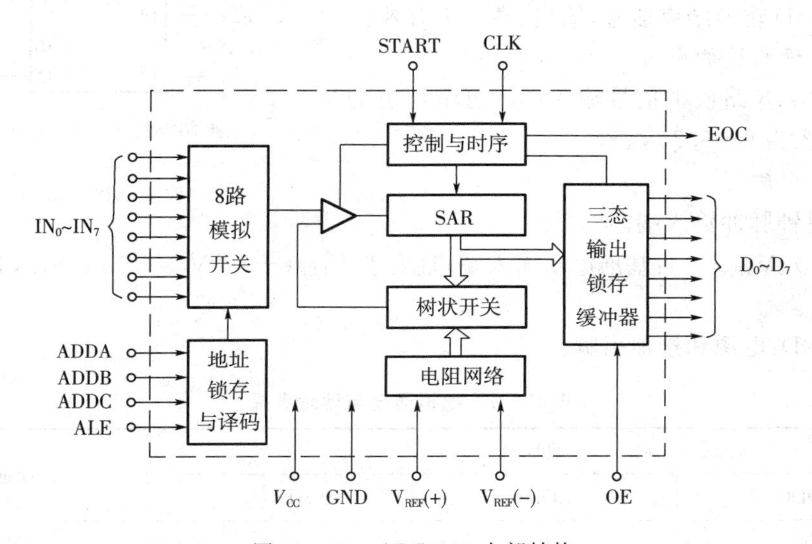

图 10－20　ADC0809 内部结构

(1)通道选择开关

可采集 8 路模拟信号，通过多路转换开关，实现分时采集 8 路模拟信号。

(2)通道地址锁存和译码

用来控制通道选择开关。通过对 ADDA、ADDB、ADDC 三个地址选择端的译码，控制通道选择开关，接通某一路的模拟信号，采集并保持该路模拟信号，输入到 DAC0809 比较器的输入端。

(3)逐次逼近 A/D 转换器

逐次逼近 A/D 转换器包括比较器、8 位树型开关 D/A 转换器、逐次逼近寄存器。

(4)8 位锁存器和三态门

经 A/D 转换后的数字量保存在 8 位锁存寄存器中，当输出允许信号 OE 有效时，打开三态门，转换后的数据通过数据总线传送到 CPU。由于 ADC0809 具有三态门输出功能，因而 ADC0809 数据线可直接挂在 CPU 数据总线上。

2. ADC0809 的外部引脚

ADC0809 是一个 28 引脚双列直插式封装芯片，图 10－21 为引脚和功能示意图。

(1)与 CPU 相连的引脚

$D_0 \sim D_7$:8 位数字量输出端。

START:A/D 转换启动信号,输入,高电平有效。

ADDA、ADDB、ADDC:地址输入线,用于选通 8 路模拟输入中的一路。它们与模拟信号的关系如表 10-1 所示。

ALE:地址锁存允许信号,输入、高电平有效。

OE:输出允许信号,输入、高电平有效。

EOC:A/D 转换结束信号,输出、高电平有效。

(2)与外设相连的引脚

$IN_0 \sim IN_7$:8 路模拟信号输入端。每个通道的最大模拟输入为 0~5.25V。

(3)其他引脚

CLK:时钟脉冲输入端。

$V_{REF}(+)$、$V_{REF}(-)$:基准电压输入端,且要求 $V_{REF}(+)+V_{REF}(-)=V_{CC}$,其偏差值≤±0.1V。

V_{CC}、GND:电源和接地引脚。

信号	引脚	引脚	信号
IN_3	1	28	IN_2
IN_4	2	27	IN_1
IN_5	3	26	IN_0
IN_6	4	25	ADDA
IN_7	5	24	ADDB
START	6	23	ADDC
EOC	7	22	ALE
D_8	8	21	D_7
OE	9	20	D_6
CLK	10	19	D_5
V_{CC}	11	18	D_4
$V_{REF}(+)$	12	17	D_0
GND	13	16	$V_{REF}(-)$
D_1	14	15	D_2

ADC 0809

图 10-21 ADC0809 引脚

表 10-1 模拟通道与地址选择

地址			选择通道
ADDC	ADDB	ADDA	
0	0	0	IN_0
0	0	1	IN_1
0	1	0	IN_2
0	1	1	IN_3
1	0	0	IN_4
1	0	1	IN_5
1	1	0	IN_6
1	1	1	IN_7

3. ADC0809 的工作时序

ADC 0809 的工作过程如下:首先确定 ADDC、ADDB、ADDA 三位地址选择哪一路模拟信号,同时 ALE 信号有效,将通道地址锁存,使选择的模拟信号经选择开关到达比较器的输入端。启动 START,START 的上升沿将逐次逼近寄存器复位,下降沿启功 A/D 转换。这时 EOC 输出信号变低,指示转换正在进行。

A/D 转换结束,EOC 变为高电平,指示 A/D 转换结束。此时,数据已保存到 8 位锁存器。EOC信号可作为中断申请信号,通知CPU转换结束,可以读入数据。中断服务程序所要做的事情是使OE信号变为高电平,打开三态输出,由ADC 0809输出的数字量传送到CPU。也可以采用查询方式,CPU执行输入指令,查询EOC端是否变为高电平状态。若为低电平,则等待;若为高电平,则给OE端输入一个高电平信号,打开三态门读入数据。

ADC 0809的工作时序如图10-22所示。

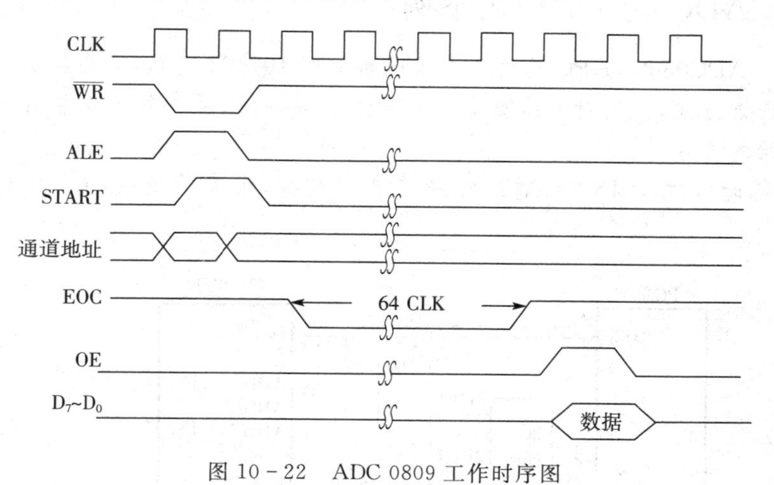

图10-22 ADC 0809工作时序图

4. ADC0809与PC总线的接口

ADC0809常用于在精度和速度不是很高的场合,尤其是多路模数转换时更能体现其优势。ADC0809与CPU的接口可采用查询方式或中断方式读取数据,也可以采用延时(>64CLK)的方式读取数据。查询或延时的方法较为简单,容易实现,但效率低,中断的方法则提高了效率,用户在进行接口设计时可根据实际情况进行适当选择。

ADC0809与PC总线的连接,主要要正确处理数据线$D_0 \sim D_7$、启动信号START和转换结束信号EOC与PC总线连接的问题。

(1)数据线的连接

ADC0809芯片具有三态输出,它的数据线可以直接和CPU的数据总线相连,当CPU不读取数据时,ADC0809的数据线呈高阻态。

(2)启动信号START的连接

ADC0809的启动信号START要求一个正脉冲信号,通常由CPU控制输出。

(3)转换结束信号EOC的处理

A/D转换结束时,ADC0809发出转换结束信号EOC,以通知CPU读取转换数据,但在A/D转换过程中,从开始转换到转换结束需要一段时间(大约64CLK)。为了正确无误地读取转换结果,常采用以下三种方式:

- 延时方式:不需接EOC脚。CPU在输出启动信号START后延时一段时间(>64CLK),直接读取A/D转换结果。
- 查询方式:可将EOC信号经三态缓冲器送到CPU的数据总线的某一位。当CPU启动A/D转换后,通过不断查询EOC信号的状态来确定转换是否已经结束。
- 中断方式:可以利用EOC信号向CPU申请中断。当中断响应后,在中断服务程序中读取 A/D 转换结果。

这里需要说明的是，当输入的模拟信号变化较慢时，模拟信号可直接加到 A/D 转换器的模拟量输入端。当输入的模拟信号变化较快时，为提高 A/D 转换的精度，模拟量输入信号一般应该经采样保持器接到 A/D 转换器的模拟量输入端。

10.2.3.2 ADC0809 的应用举例

例 10-6 ADC0809 与 PC 总线的连接电路如图 10-23 所示，编程实现：

(1)采用查询方式，依次对 8 路模拟信号轮流采样一次，并将转换结果存放到数据存储区的 Data 开始的内存中。

(2)采用延时方式对 IN_5 通道连续采集 8 次数据，求平均值(取整)后将其存入变量 AVR 单元中。

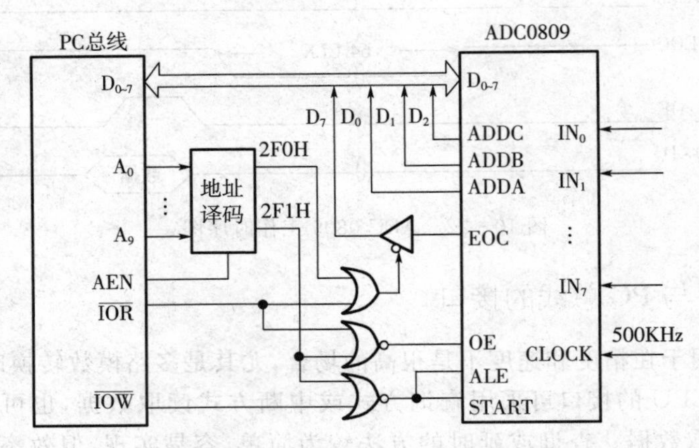

图 10-23 ADC0809 与 PC 总线连接图

解：

(1)图示电路中 ADC0809 的通道地址线 ADDA、ADDB、ADDC 分别接到数据总线 D_0、D_1、D_2。以 $\overline{CS}$ 和 $\overline{IOW}$ 的组合信号控制 START 和 ALE，用一条 OUT 指令使 ALE 产生一正脉冲，将出现在数据总线上的通道地址锁存到片内的地址锁存器中，同时 START 也产生一正脉冲，启动 A/D 开始转换。以 $\overline{CS}$ 和 $\overline{IOR}$ 的组合信号控制 OE，当 CPU 执行一条 IN 指令时，使 OE=1 打开三态输出锁存器，将已转换好的数据送数据总线，供 CPU 读取。转换结束信号 EOC 经三态输出锁存器连到数据总线的 D_7 位，供 CPU 进行状查询。

程序设计如下：

```
        MOV   AX,SEG  Data      ;初始化数据区
        MOV   DS,  AX
        LEA    DI,  Data
        MOV   CX,  08H          ;置采集通道数
        MOV   AH,  00H          ;置初始通道号
        MOV   DX   2F1H
LOP1:   MOV   AL,  AH           ;启动 A/D 转换
        OUT   DX,  AL
```

```
        MOV   DX, 2F0H
LOP2:   IN    AL, DX
        TEST  AL, 80H           ;查询 EOC 信号
        JZ    LOP2
        MOV   DX, 2F1H
        IN    AL, DX            ;读取转换结果
        MOV   [DI], AL          ;存入内存
        INC   AH                ;指向下一通道
        INC   DI                ;修改数据区指针
        LOOP  LOP1              ;8 通道未采集完继续
        HLT
```

(2)ADC0809 的时钟频率为 500KHz，时钟周期为 2us，在 CPU 发出 START 启动信号后，经过 64 个时钟周期(128us)，A/D 转换结束，此时 CPU 可通过数据总线读取 A/D 转换结果。下面程序是采用软件延时方式(延时时间应大于 128us)，对 IN_5 通道模拟信号进行采样 8 次，求平均值后将其存入变量 AVR 单元中。

程序设计如下：

```
        MOV   AX,SEG Data       ;初始化数据区
        MOV   DS, AX
        MOV   CX, 08H           ;置采集次数
        MOV   BX, 00H           ;累加和寄存器清 0
        MOV   AH, 05H           ;置通道号
        MOV   DX  2F1H
LOP1:   MOV   AL, AH            ;启动 A/D 转换
        OUT   DX, AL
        CALL  Delay             ;调用延时程序
        IN    AL, DX            ;读取转换结果
        ADD   BL, AL            ;求累加和
        ADC   BH, 00H
        LOOP  LOP1              ;8 次未采集完？继续
        MOV   CL, 3             ;求平均值
        SHR   BX, CL
        MOV   AVR, BL           ;平均值存变量 AVR 单元
```

例 10-7 ADC0809 与 CPU 采用中断响应的连接如图 10-24 所示，采用中断方式对单通道 IN0 模拟信号采集 200 个 8 位数据，存入以 BUF 为首地址的内存中。已知 8259A 的端口地址为 20H、22H，IR3 的中断类型号为 0BH。

解：主程序主要完成：8259A 初始化；中断向量装入、启动 ADC0809、开中断、等待中断等；

中断服务程序完成：ADC0809 读数、将数据写入数据缓冲区、中断返回等。

采用中断方式的 A/D 转换程序如下：

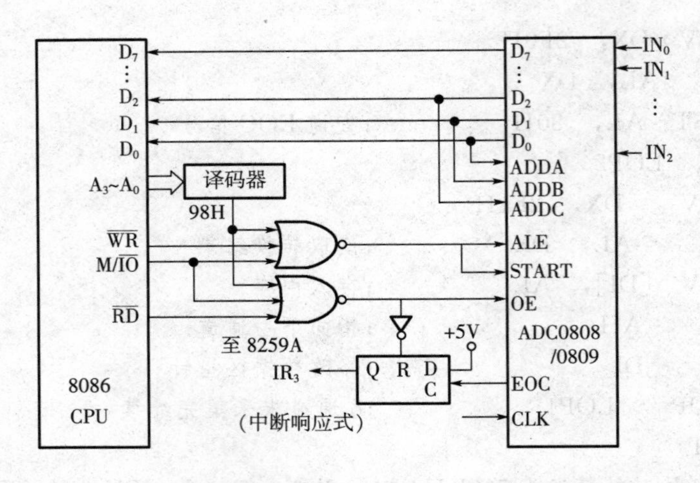

图 10-24　ADC0809 与 CPU 采用中断响应的连接图

;主程序

```
         DATA   SEGMENT
           BUF   DB   200DUP(0)
         DATA     ENDS
         CODE   SEGMENT
           ASSUME   CS:CODE,DS:DATA
START:MOV    AX,DATA                    ;数据区初始化
         MOV    DS,AX
         CLI                            ;关中断
         MOV    DX,20H
         MOV    AL,13H                  ;8259A 的 ICW1
         OUT    DX,AL
         MOV    DX,22H
         MOV    AL,0BH                  ;8259A 的 ICW2
         OUT    DX,AL
         MOV    AL,01H                  ;259A 的 ICW4
         OUT    DX,AL
         MOV    AX,0                    ;装入中断向量
         MOV    ES,AX
         MOV    BX,4 * 0BH
         MOV    ES:[BX],OFFSET  A_D
         MOV    ES:[BX+2],SEG   A_D
         LEA    DI,BUF                  ;数据区首地址送指针寄存其 DI
         MOV    CX,200                  ;采集次数送 CX
         MOV    DX,22H                  ;读 OCW1
         IN     AL,DX
```

```
        AND     AL,0F7H                 ;允许 IR3 中断
        OUT     DX,AL
NEXT:   MOV     DX,98H
        MOV     AL,00H
        OUT     DX,AL                   ;启动 A/D 转换
        STI                             ;开中断
        HLT                             ;等待中断
        CLI                             ;关中断
        LOOP    NEXT
        MOV     AH,4CH
        INT     21H
;中断服务程序
A_D  PROC
;保护现场
        MOV     DX,98H
        IN      AL,DX                   ;读取 A/D 转换结果
        MOV     [DI],AL                 ;存数据缓冲区储存
        INC     DI                      ;调整指针
;恢复现场
        MOV     AL,20H                  ;EOI 命令
        MOV     DX,20H
        OUT     DX,AL
        IRET                            ;中断返回
A_D  ENDP
CODE  ENDS
  END  START
```

习 题

10-1　A/D 和 D/A 转换器在微型计算机应用中起什么作用？

10-2　D/A 转换器的主要参数有哪几种？反映了 D/A 转换器什么性能？

10-3　A/D 转换器的主要参数有哪几种？反映了 A/D 转换器什么性能？

10-4　设被控温度的变化范围为 100℃～400℃，为使被控温度达到 0.1℃ 的精度，应选几位的 D/A 及 A/D 转换器？

10-5　利用图 10-8 提供的接口，编写程序分别产生图 10-25 中的两种波形。

10-6　利用图 10-17 提供的接口，编写程序产生正弦波。

10-7　采用 DAC0832 作音乐发声器的电路如图 10-26 所示，运算放大器 LF351 的输出接至有源音箱，当按动键盘上的数字键 1～7 时音箱能发出音阶 1～7。要求根据接口电路编程（设端口地址为 228H）。

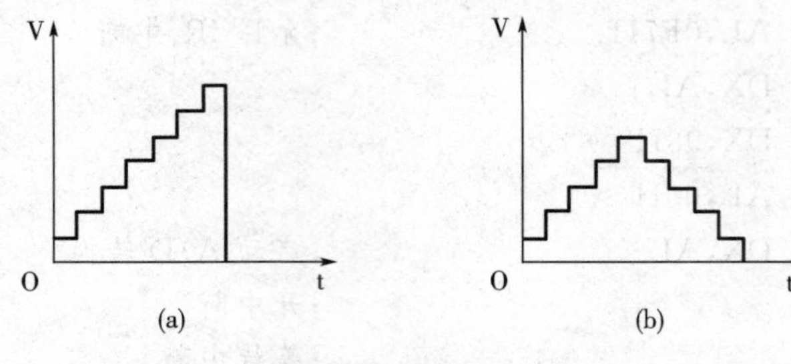

图 10－25　波形示意图

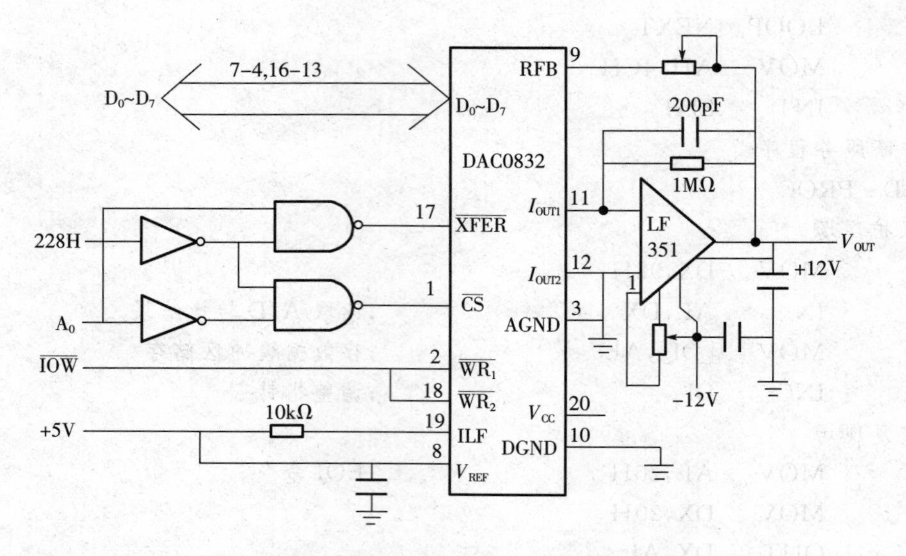

图 10－26　采用 DAC0832 作音乐发声器的电路

10－8　有一 ADC0809 通过 8255A 与 CPU 连接。假定 8255A 工作在方式 0，端口地址为 240H～243H，8255A 与 ADC0809 按如下信号连接：

PA_7～PA_0 连接数据线；

PB_2～PB_0 连接 ADDC～ADDA；

PC_4 连接 OE，PC_5 连接 ALE 和 START，PC_0 连接 EOC。

要求编写用查询方式轮流采样 8 个通道模拟量并输入内存缓冲区的转换程序。（提示：ALE、START、OE 正脉冲信号可通过对 8255A 编程产生）。

10－9　利用 ADC0809 和 8255A 接口芯片编制一段采集和显示程序，并画出硬件接线图。要求通过 ADC0809 采集 2 通道转换后的数据，再把采集的数据转换成对应的电压量，通过 8255A 输出到 4 个 LED 显示器显示，（ADC0809 占用地址 04A0H～04A6H，8255A 占用地址 04B0H～04B6H，设输入电压范围为 0V～＋5V。）

10－10　利用 Intel8255、Intel8253、ADC0809 和 DAC 0832 设计一个系统。要求：

(1)每 10ms 采集 ADC0809 一次数据；

(2)每 100ms 将采集的 10 组数据进行平均，将平均值从 DAC 0832 输出。

第 11 章　高档微机及其相关技术

80X86 系列从 8086 开始到 Pentium 4 均属于由 16 位进化为 32 位的处理器(安腾是 64 位处理器),从 Intel80386 开始就具备了多任务、多用户的真正 32 位机的性能,此后一代比一代在性能上有所提高,Pentium 处理器,与 Intel80386 相比在性能上又有了很大的提高,但它的工作模式、内存管理的思想等方面与 Intel80386 是类似的,只是扩充了一些功能。

本章主要介绍了 32 位微处理器如 80386 的基本工作原理,Pentium 系列微处理器的体系结构及目前最为流行的 64 位微处理 IA64、EM64T、AMD64 的相关技术。

11.1　32 位微处理器的结构与工作模式

11.1.1　32 位微处理器简介

在 8086/8088 的基础上,Intel 公司推出了 80186/188。80186 在性能上比 8086 要高,速度比 8086 高两倍,但没有实质性的改变。它仍然是一种单任务的、功能简单的 CPU。从 80286 开始,86 系列微处理器开始发生实质性的变化,80286CPU 在硬件设计上支持多用户、多任务的处理,支持虚拟存储器的管理及硬件保护机构的设置,而且在指令系统设置上也增加了许多新的指令,由于它的内部寄存器和外部数据总线仍是 16 位,故只能进行 16 位的操作,还是属于 16 位微处理器的范畴。但继 80286 之后,真正的 32 位的高性能微处理器被开发出来了,下面简单介绍其基本结构和特点。

1. 80386 微处理器

80386 是第一个高性能全 32 位的微处理器芯片,它代表了计算机体系结构的重要进步,即从 16 位体系结构过渡到 32 位体系结构。80386 有 32 条数据总线和内部数据通道,包括它的寄存器、ALU 和内部数据总线也都是 32 位的,能灵活处理 8、16、32 位三种数据类型。外部地址总线 32 位能直接寻址 4GB 的物理存储空间,而在保护模式下利用虚拟存储器能寻址 64TB 的虚拟存储空间,其运算速度比 80286 快 3 倍以上。

80386 在软件上向上兼容 80286,80186 及 8086,更加适合于在多种不同的操作系统下,实现多用户、多任务的操作,能构成高性能的微型机。

80386 的内部结构框图如图 11-1 所示,主要由总线接口部件、中央处理部件和存储管理部件三大部分组成,其中中央处理部件又由指令预取部件、指令译码部件、执行部件三大部分组成,存储管理部件由段管理部件和页管理部件组成,故可将其细分为 6 个部件:

(1)总线接口部件 BIU(Bus Interface Unit)

总线接口部件是 80386 和外界之间的高速接口,通过数据总线、地址总线和控制总线负责与外部联系,包括访问存储器和访问 I/O 端口以及完成其他的功能。另外,总线接口部件还可以实现 80386 和 80387 协处理器之间的协调控制。

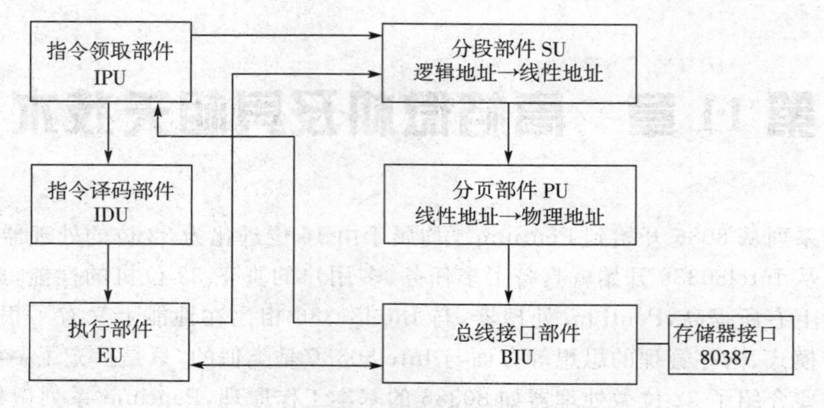

图 11-1　80386 的内部结构框图

(2)指令预取部件 IPU(Instruction Prefetch Unit)

预取部件是一个 16 字节的指令预取队列寄存器，当总线空闲时，从存储器中读取的待执行的指令代码暂时存放到指令预取队列。80386 的指令平均长度为 3.5 字节，所以，指令预取队列大约可以存放 5 条指令。

(3)指令译码部件 IDU(Instruction Decode Unit)

指令译码器对预取的指令代码译码后，送入已译码指令队列中等待部件执行。只要指令队列向指令译码器部件发出总线请求，从而使指令队列有部分空字节，指令预取部件就会向总线接口部件发出总线请求，如果总线接口部件此时处于空闲状态，则会响应请求，立即从存储器的代码段中取出新的指令填充到预取指令队列中去。如果指令译码器在译码某一条指令时发现它是转移指令，则译码器将提前通知总线接口部件去读取转移之后新的指令代码序列，以取代原指令预取队列中的顺序指令代码。指令译码部件除了指令译码器之外，还有译码指令队列，此队列能容纳 3 条已经译码的指令。只要译码指令队列中还有剩余的字节空闲译码部件就会从预取队列中取下一条指令译码。

(4)执行部件 EU(Execution Unit)

执行部件主要包括 32 位算术逻辑运算单元 ALU，8 个既可用于数据操作又可用于计算地址的 32 位通用寄存器。为了加速移位、循环以及乘、除法操作，还设置了一个 64 位多位移位加法器，执行数据处理和运算操作。此外还包括控制部件与保护测试部件，前者用于实现有效地址的计算、乘除法的加速功能，后者用于检验指令在执行中是否符合相关的存储器分段规则。

(5)段管理部件 SU(Segment Unit)

分段部件通过提供一个额外的寻址器件对程序员编程时所涉及的逻辑地址空间进行管理，并且把由指令指定的逻辑地址变换成线性地址。分段的作用是可以对容量可变的代码存储块提供模块性和保护性。80386 在运行时，可以同时执行多任务操作。对每个任务来说，可以拥有多达 16K 段，因为每一段的最大空间可达 4KMB，所以 80386 可为每个任务提供 64TB 虚拟存储空间。

(6)页管理部件 PU(Paging Unit)

分页部件提供了对物理地址空间的管理，它的功能是把由分段部件或者由指令译码部件所产生的线性地址再转换成物理地址，并实现程序的重定位。有了物理地址后，总线部件就可以据此进行存储器访问和输入输出操作了。

2. 80486 微处理器

80486 是将 80386 微处理器及与其配套芯片集成在一块芯片上。具体地说，80486 芯片中集成了 80386 处理器、80387 数字协处理器、8KB 的高速缓存以及支持构成多处理器的硬件。我们可以将 80486 看成是一片将 80386 及其多种外围芯片集成在一起的高性能 80386CPU。

正因为有了上述结构，80486 具有 80386 的所有性能，而且比 80386 更高。

(1)80486 是第一个采用精简指令集计算机 RISC(Reduced Instruction Set Computer)技术的芯片。它通过减少不规则的控制部分，缩短了指令的执行周期，而且将有关基本指令的微代码控制改为硬件逻辑直接控制，缩短了指令的译码时间，使得微处理器的处理速度达到 12 条指令/时钟，从而有效地解决了 CPU 和存储器之间的 I/O 瓶颈问题。

(2)内含 8KB 的高速缓存，用于对频繁访问的指令和数据实现快速的混合存放，使高速缓存系统能截取 80486 对内存的访问。

(3)80486 芯片内包含有与片外 80387 功能完全兼容且功能又有扩充的片内 80387 协处理器，称作浮点运算部件(FPU)。协处理器 80387 被设计用来协同处理器并行工作，专门用作浮点运算。由于 80486 和 FPU 之间的数据通道是 64 位，80486 内部数据总线宽度也为 64 位(80386 只有 32 位)，而且 CPU 和 Cache 之间以及 Cache 与 Cache 之间的数据通道均为 128 位，因此 80486 较 80386 处理数据的速度大大提高。

(4)80486 采用猝发式总线(Burst Bus)的总线技术，当系统取得一个地址后，与该地址相关的一组数据都可以进行输入/输出，有效地提高了 CPU 与存储器之间的数据交换速度。

80486 的开发目标是实现高速化并支持多处理器系统，因此可以使用 N 个 80486 构成多处理器的结构。

3. Pentium 处理器

Pentium 是继 80486 之后 80X86 系列的又一代新产品，也称为 80586。Pentium 处理器外部有 64 位的数据总线以及 36 位的地址总线，同时，该结构也支持 64 位的物理地址空间，Pentium 新型体系结构的特点可以归纳如下：

(1)超标量流水线

超标量流水线(Superscalar)设计是 Pentium 处理器技术的核心。它由两条指令流水线构成，可以一次执行两条指令，每条流水线中执行一条。每一条流水线分为 5 个步骤：指令预取、指令译码、地址生成、指令执行和回写。当一条指令完成预取步骤，流水线就可以开始对另一条指令的操作。

(2)独立的指令 Cache 和数据 Cache

Pentium 片内有两个 8KB 的 Cache，一个作为指令 Cache，另一个作为数据 Cache，即双路 Cache 结构。指令和数据分别使用不同的 Cache，使 Pentium 的性能大大超过 80486 微处理器。

(3)重新设计的浮点单元

Pentium 的浮点单元是在 80486 的基础上进行了彻底的改进，其执行过程分为 8 级流水，使每个时钟周期能完成一个浮点操作。

浮点单元流水线的前 4 个步骤与整数流水线相同，后 4 个步骤的前两步为二级浮点操作，后两步为四舍五入及写结果、出错报告。Pentium 对一些常用指令如 ADD，MUL 和 LOAD 等采用了新的算法，同时，用电路进行了固化并用硬件来实现，其速度得到了很大的提高。

(4)分支预测

循环操作在软件设计中使用十分普遍，而在每次循环中对循环条件的判断占用了 CPU 大量的时间。为此，Pentium 提供了一个称为分支目标缓冲器 BTB(Branch Target Buffer)的小 Cache 来动态地预测程序分支，当一条指令导致程序分支时，BTB 记忆下这条指令和分支目标的地址，并用这些信息预测这条指令再次产生分支时的路径，预先从此处预取，保证流水线的指令预取步骤不会空置。

4. Pentium Pro 处理器

通常称为高能奔腾。其内部采用三路超标量及 14 级流水线，提高了并行处理的能力。采用 RISC 技术，可乱序执行和推测执行。内部有两个 8KB Cache，分别用于程序和数据。同时，增加了一个 256KB 的二级 Cache，其速度可以达到 300MIPS(百万条指令每秒)。

5. Pentium MMX 处理器

该处理器又称为多能奔腾。此处理器针对多媒体信息处理，新增 57 条多媒体处理指令，大大增强了处理器的处理能力。

6. PentiumⅡ处理器

PentiumⅡ处理器可以认为是 Pentium Pro+MMX，采用双独立总线结构，性能有很大提高，它把多媒体扩展 MMX(Multi Media Extension)技术融合到高能奔腾处理器中，使它既保留了 Pentium Pro 原有的强大处理能力，又增强了 PC 机在三维图形、图像和多媒体方面的可视化计算功能和交互功能。主要特点如下：

(1)超标量流水线结构

PentiumⅡ采用了 3 路超标量体系结构，12 级流水线。超标量流水线并行执行指令，使得一个时钟周期可以执行两条以上的指令。

(2)微操作指令

为了将 80X86 指令分解成最基本的、类似于 RISC 指令的微操作，PentiumⅡ中有 3 个并行工作的译码单元。其中 2 个专门处理简单的 80X86 指令，另一个是处理复杂 80X86 指令的高级译码器。简单译码器每个时钟周期各产生 1 条微操作，复杂译码器每个时钟周期产生 4 条微操作，即 3 个译码器共产生 6 条微操作。

(3)二级高速缓存

PentiumⅡ CPU 采用四路级联片外同步突发式二级高速缓存，容量为 256～512KB，它采用 Intel 公司专门设计的静态存储器(SRAM)。这些二级高速缓存的运行速度相当于CPU核心运行速度的一半，例如，一个400MHZ的CPU，二级缓存运行频率为200MHZ。

7. Pentium III 处理器

Pentium III处理器设置了8个新的单精度浮点寄存器xmm0～xmm7，新增加了70多条数据流单指令多数据扩展SSE(Streaming SIMD Extensions)指令，能同时处理4个单精度浮点数，每秒达到20亿次的浮点运算速度，增强了Pentium III处理器在三维图像处理、语音识别、实时视频压缩及视频编解码等方面的多媒体处理和运算能力。

8. Pentium IV 处理器

Pentium IV处理器是当前PC的主流处理器，是新一代IA－32结构处理器。具有很高的性能指标，其时钟频率高达3.2GHZ。具有如下新特点：

(1)采用流水线技术HPT(Hyper Pipelined Technology)

具有20条流水线，指令流水线深度达到了20。

(2)先进的动态执行技术和增强型预测分支能力。

(3)流SIMD扩展2 SSE2(Streaming SIMD Extension 2)技术

即在不增加寄存器的情况下增加了2个压缩浮点数操作；数据类型可以是4个单精度浮点数(SSE)，2个双精度浮点数(SSE2)，16字节，8字，4个双字，2个4字，可并行操作，大大提高了处理速度。增加了各种寄存器数据交叉操作及数据高速缓存操作。

11.1.2 32位微处理器的工作模式

第一代32位80386微处理器具有3种工作模式：实地址模式(Real Address Mode)，简称为实模式；保护虚拟地址模式(Protected Virtual Address Mode)，也叫保护模式；虚拟8086模式(Virtual Address 8086 Mode)，简称虚拟86模式。随着32位微处理器的发展，又形成了一种新的工作模式，即系统管理模式(System Mangement Mode)。

现将这四种工作模式分别简要说明如下：

1. 实地址模式

当32位机在加电启动或复位时，由操作系统自动控制进入实模式。实模式主要是为32位处理器进行初始化用的。通常是在实模式环境下，为32位微处理器保护模式所需要的数据结构做好各种配置和准备。因此，实模式是一种为建立保护模式作准备的模式。在实模式下，32位微处理器类似于8086的体系结构。其主要特点是：

(1)寻址机构、存储器管理、中断处理机构均和8086相同。

(2)操作数默认长度为16位，但允许访问32位处理器的寄存器组，在使用32位寄存器组时，指令中要加上前缀以表示越权存取。

(3)不用虚拟地址的概念，存储器容量最大为1MB；采用分段管理，每段大小固定为64KB，存储段可以彼此覆盖，由于在实模式下禁止分页，所以这时线性地址就是物理地址，均为段寄存器内容左移4位再加上有效地址而得到的值。

(4)在实模式下，存储器中保留着两个固定的存储区域，一个为初始化程序区，另一个为中断向量区。前者为 FFFFFFF0H～FFFFFFFFH，后者为 00000～003FFH.

(5)32 位微处理器具有 4 个特权级，在实模式下，程序在最高级（0 级）上执行，例如对于 80386 指令系统来说除了少数几条指令外，绝大多数指令在实模式下都有效。

设置实模式一方面是为了保持 32 位机与 8086 兼容，另一方面可以方便地从实模式转换到保护模式。

2．保护虚拟地址模式

保护虚拟模式是 32 位微处理器最常用的、也是最具特色的工作模式。通常在开机或复位后，机器先进入实模式完成初始化，然后就立即转换到保护模式。保护模式提供了多任务环境中的各种复杂功能以及对复杂存储器组织的管理机制。只有在保护模式下，32 微处理器才能充分发挥其强大的功能和本性，所谓保护，主要是指对存储器程序和数据结构的保护。保护模式有如下特点：

(1)存储器将使用虚拟地址空间、线性地址空间和物理地址空间 3 种方法来描述。虚拟地址就是面向程序员的逻辑地址。在保护模式下，寻址机构不同于 8086，它需要通过一种称为描述符的数据结构来实现对内存单元的访问。

(2)程序员可以使用的存储空间称为逻辑地址空间，在保护模式下，操作系统借助于存储器管理部件的功能将磁盘等外部存储设备的虚拟空间有效地映射到内存空间，使逻辑地址空间大大超过实际的物理地址空间，这样，在程序员看来似乎内存的容量非常大。80386 的逻辑存储空间（即虚拟存储空间）最大为 64TB，这样海量的存储空间对于实际的系统程序和应用程序来说，几乎都是无限大。

(3)32 微处理器可以使用 4 级保护功能来实现程序与程序之间、用户程序与操作系统之间的隔离和保护，为多任务操作系统提供优化支持。

3．虚拟 8086 模式

在保护模式下，还可以通过软件切换到虚拟 8086 模式。这种模式的特点是：

(1)使 32 位微处理器如 80386 可以快速地执行多个 8086 的应用程序。

(2)段寄存器的用法和实模式时相同，也是由段寄存器的内容左移 4 位加上偏移地址来形成线性地址。

(3)存储器寻址空间为 1MB，但可以使用分页机制，将这 1MB 的存储空间分为 256 个页面，每页为 4KB 大小。在多任务系统中，32 位微处理器如 80386 可以使其中的一个或几个任务使用虚拟 8086 模式。此时，可以使一个任务所用的全部页面定位于某个物理地址空间，而另一个任务所用的页面定位于其他物理地址空间，这样，就把存储器虚拟化了，虚拟 8086 模式的名称即由此而来。

(4)在虚拟 8086 模式中，程序是在最低特权级（3 级）上运行的，因此，80386 指令系统中的一些特权指令是不能使用的。

4．系统管理模式

系统管理模式是一种存储管理模式，它从 Intel 80386 SL 处理器开始产生，成为标准的 IA－32 结构特点。该模式可以实现对系统的供电管理或系统功能管理。

当微处理器上外部系统管理中断 SMI#引脚被触发，或者从可编程中断控制器接收到一个系统管理中断时，处理器便进入系统管理模式。处理器首先保存当前运行的程序和任务的状态，然后切换到一段独立的地址空间去执行系统管理模式指定的代码。当从系统管理模式返回时，处理器将回到响应系统管理中断之前的状态。

由上述可知，这一过程类似于一次外部中断，但比外部中断具有更高的优先级。管理程序通常固化在 ROM 中，以便实现对系统的管理与控制。例如，对供电电源、环境温度等进行监测，并控制微处理器的工作。

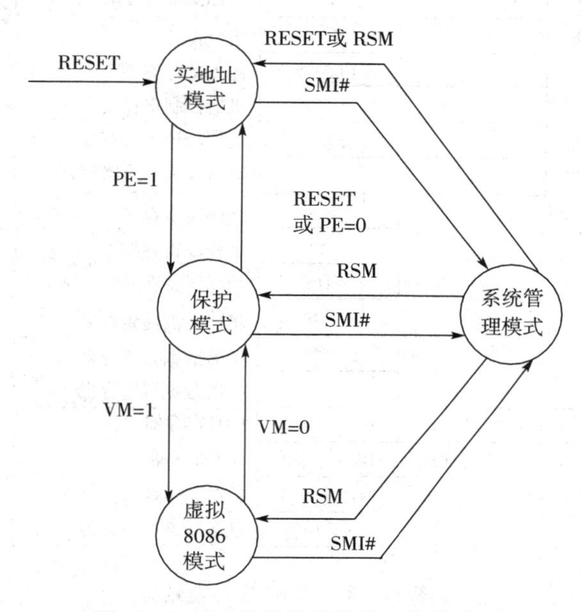

图 11-2　32 位微处理器的工作模式

以上几种工作模式之间的转换如图 11-2 所示。32 位微处理器刚加电或系统复位后，便进入实模式方式，当控制寄存器 CR0 中的保护模式允许位 PE=1 时，CPU 从实模式转换到保护模式；当 PE=0 时，则从保护模式回到实模式。EFLAGS 寄存器中的 VM=1 时，CPU 从保护模式转换到虚拟 8086 模式；VM=0 时，CPU 从虚拟 8086 模式返回到保护模式。不管 CPU 工作于实模式、保护模式或者虚拟 8086 模式中的任何一种时，只要接受到系统管理中断 SMI#信号，它就会切换到系统管理模式。

11.2　32 位微机的存储系统

11.2.1　32 位微机寄存器

以下主要以 80386 为例进行介绍，80386CPU 的内部寄存器可分为 7 类：通用寄存器、段寄存器、指令指针寄存器、系统地址和系统段寄存器、调试寄存器以及测试寄存器．其中通用寄存器、段寄存器、指令指针和标志寄存器包括了 8086 的寄存器组，只是位数扩充为 32 位。新增加的 4 类寄存器主要用于简化设计和对操作系统进行调试。如图 11-3 所示。

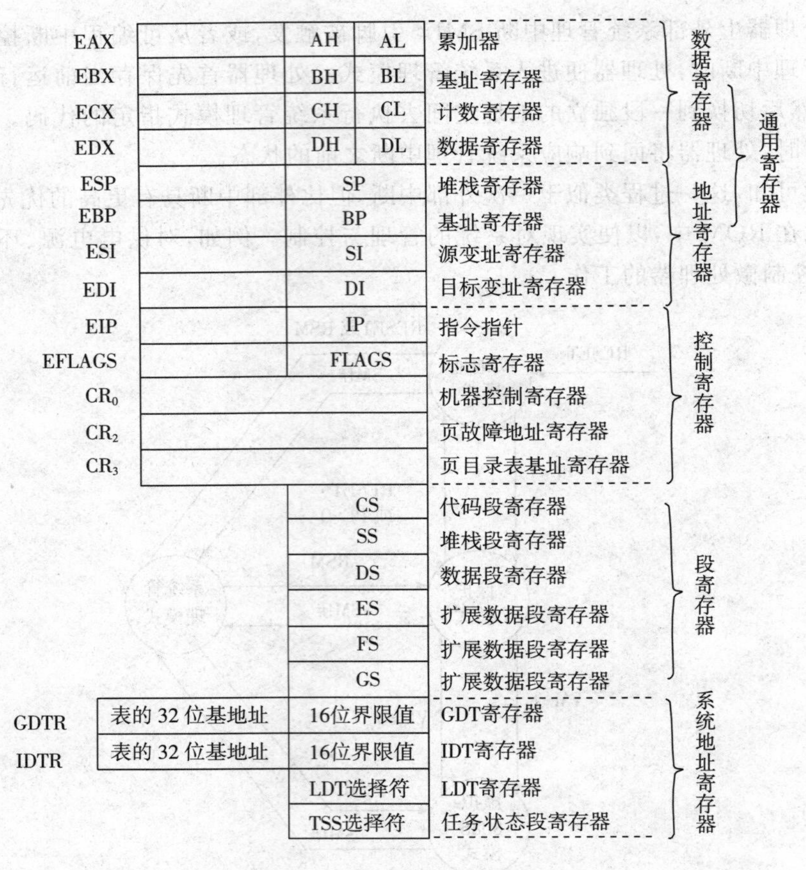

图 11-3　80386 寄存器结构

1. 通用寄存器

如图 11-4 所示，8 个 32 位的通用寄存器是 8086 和 80286 寄存器的超集，它们分别在原有寄存器名字的前面附加大写字母 E。这些寄存器可以像 8086/8088 的 8 位或 16 位寄存器一样使用，以保持在寄存器一级向上的兼容性。例如，AX 是 EAX 的低 16 位，AH 是 AX 的高 8 位；SI 是 ESI 的低 16 位。每个寄存器可用于存放数据或地址值，它们支持 8、16 和 32 位的数据操作数，也支持 16 位和 32 位的地址操作数。

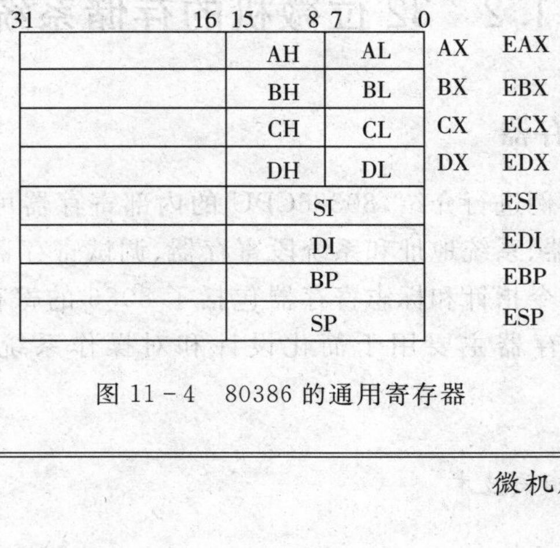

31　16	15　8	7　0	16 位	32 位
	AH	AL	AX	EAX
	BH	BL	BX	EBX
	CH	CL	CX	ECX
	DH	DL	DX	EDX
	SI			ESI
	DI			EDI
	BP			EBP
	SP			ESP

图 11-4　80386 的通用寄存器

2. 指令指针寄存器

指令指针，又称指令计数器，用来保存将要取出的下一条相对于段地址的偏移量。如图 11-5 所示。当 80386 工作在 32 位操作方式时，采用 32 位的指令计数器 EIP；工作在 16 位操作方式时，采用 16 位的指令计数器 IP(即 EIP 的低 16 位)。

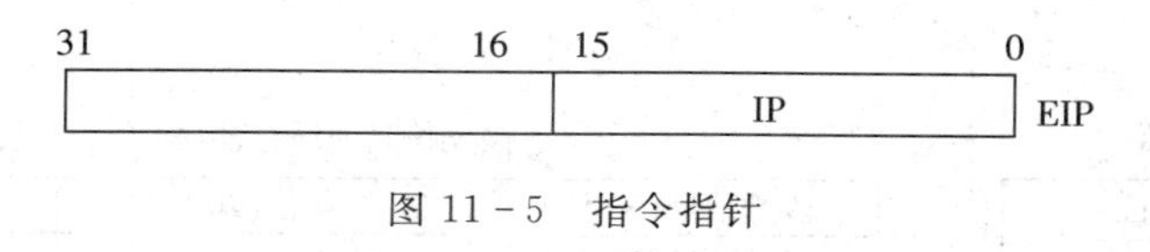

图 11-5　指令指针

3. 标志寄存器

标志寄存器共 32 位，是由 80286 的标志位扩展而来。它包含 3 类标志：状态标志、控制标志和系统标志。其格式如图 11-6 所示。

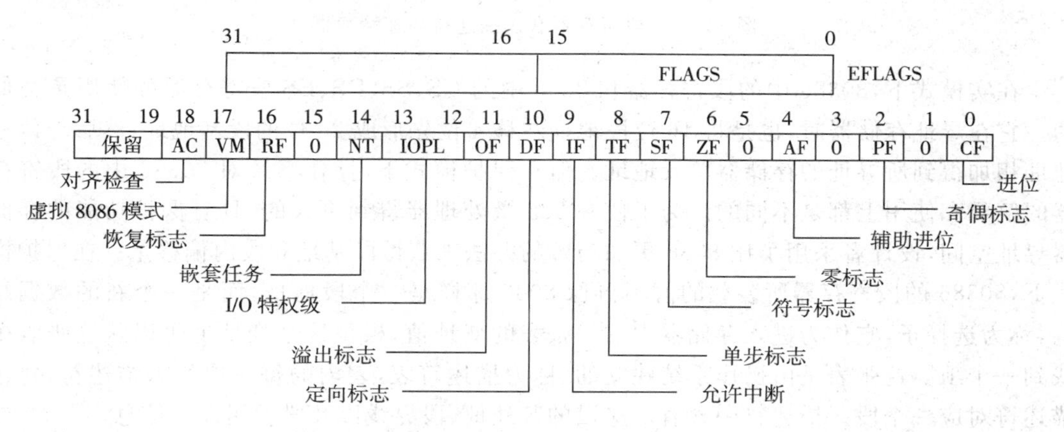

图 11-6　80386 的标志寄存器

由上图可见，它的低 12 位为 8086 的标志寄存器(位 0～位 11)。80386 扩充的标志位是 RF(恢复标志位)、VM(虚拟 8086 模式)等位。以下主要介绍其基本意义。

RF——恢复标志位。该标志位与调试寄存器的断点或单步结合使用，保证不重复处理断点。当 RF=1 时，下一条指令引起的任何调试异常均被忽略，在成功地执行一条无异常的指令后，RF 自动复位变为 0，这样可保证断点只执行一次。

VM——虚拟 8086 模式位。标志寄存器的 VM 位可以通过两种方式设置：在保护模式下，由最高特权级(0 级)代码段的 RET 指令来设置；或在任何特权级下由任务转换来设置。在保护模式下，当 VM=1 时，80386 工作在虚拟 8086 模式。

NT——嵌套任务位。NT=1 表示 80386 的中断或 Call 引起任务切换而进入嵌套，即表示当前执行的任务嵌套于另一任务中，执行完该任务后要返回到原来的任务中去。

IOPL——I/O 特权级位。用于保护模式，有 0、1、2 三级 I/O 特权(0 级最高)。只有当前任务级高于或等于 I/O 优先级时，才执行 IN、OUT 指令。

AC——对齐检查位。该位有效，即该位为 1，且控制寄存器 CR0 的 AM 位也为 1，则进行字、双字或 4 字的对齐检查，最低字节应对应偶地址，否则不检查。

4. 段寄存器

80386有6个段寄存器，如图11－7所示，即CS、SS、DS、ES、FS、GS，仍为16位。其中CS表示代码段，SS表示堆栈段，DS、ES和80386扩充的FS、GS都可以用来表示数据段，以减轻对DS和ES两个数据段的压力。以上这6个16位寄存器是面向程序员的可见寄存器。

	段寄存器
CS	选择子(16位)
SS	选择子(16位)
DS	选择子(16位)
ES	选择子(16位)
FS	选择子(16位)
GS	选择子(16位)

描述符高速缓存器(64位,自动装入)		
段基地址(32位)	段限值(20位)	属性(12位)
段基地址(32位)	段限值(20位)	属性(12位)
段基地址(32位)	段限值(20位)	属性(12位)
段基地址(32位)	段限值(20位)	属性(12位)
段基地址(32位)	段限值(20位)	属性(12位)
段基地址(32位)	段限值(20位)	属性(12位)

图11－7　段寄存器和段描述符高速缓存器

在实模式下，80386中的段寄存器和8086中的CS、SS、DS、ES段寄存器的使用是类似的。它在寻址存储器时，也是将16位段地址左移4位先形成20位的段基地址，然后与偏移地址相加得到所寻址的存储器单元地址。但在保护模式下，操作系统对80386中的段寄存器的解释和使用上都是不同的。为了使80386微处理器得到更大的、具有保护功能的存储器寻址空间，设计者采用了比8086更加巧妙的办法来获得段基址和段内偏移量。在保护模式下，80386的段寄存器所装载的值不再像8086那样是一个段地址，而是一个新的数据结构，称为选择子，它作为进入存储器中的一张表的变址值，根据这个变址值可以从这张表中找到一个项。这张表是由操作系统建立的，称为描述符表，表内的每一项称为描述符，每个描述符对应一个段。描述符中含有对应段的基地址、段界线以及段的属性等信息。

可见，除了和8086的工作类似的实模式之外，在其他情况下，80386的段寄存器并不是真正存放的段地址，而是存放的选择子，只不过在段寄存器的名称上沿用了原来8086中的习惯叫法。同时，80386的6个段寄存器又各自分别对应6个程序不可见的64位的段描述符高速缓存器(也叫做段描述符寄存器)，并且，这些段描述符高速缓存器的值是由段寄存器中的值在存储器中的描述符表中来选定的，与选择子相对应的描述符从描述符表中取出后自动装载到与段相应的描述符高速缓冲器中。

总之，80386的6个段寄存器及其对应的6个描述符高速缓存器可用于实现存储器的分段。在80386中，所谓分段就是把64TB的虚拟存储空间分成各自独立的逻辑地址空间。这样，每个程序同时可有6个逻辑地址空间供交换之用；其中包含4个独立的数据空间。6个段寄存器选择各自的存储区域，其中，CS为代码段寄存器，DS为数据段，SS为堆栈段，这3个段寄存器被分别用来对当前的代码段、数据段和堆栈段的存储区域寻址。其他3个段寄存器ES、FS和GS均为附加数据段寄存器，它们可用来给用户定义的数据区域寻址。

80386分段空间的大小因其寻址的不同机制而异。在实方式下80386分段的空间与8086一样，段的大小是从1B～64KB；而在保护模式下，80386可允许的段大小是从1B～4GB。

5. 系统地址和系统段寄存器

在80386中设置了两个系统地址寄存器和两个系统段寄存器，如图11-8所示。前者即GDTR(Global Descriptor Table Register)全局描述符表寄存器和IDTR(Interrupt Descriptor Table Register)中断描述符表寄存器，由于它们不需要选择段，而只是用于确定系统中惟一的一张全局描述符表或唯一的一张中断描述符表中的描述符项，最后寻址存储器系统地址，故它们称为系统地址寄存器；后者即LDTR(Local Descriptor Table Registor)局部描述符表寄存器与TR(Task Register)任务寄存器，由于它们需要通过段选择子来选择存储器系统中的段，再由段选择描述符，最后寻址存储器系统地址，故它们称为系统段寄存器，有时也将这4个寄存器统称为系统地址寄存器。

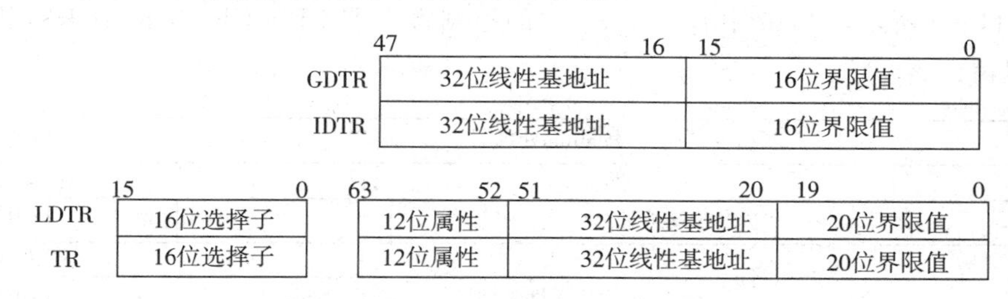

图11-8 系统地址寄存器和系统段寄存器

GDTR是48位的全局描述符表寄存器，用于存放全局描述符表GDT的32位线性基地址和16位的GDT界限值。因为存储器系统中只有一个全局描述符表，无需通过选择子来选择描述符表，所以它只有其高速缓冲作用的全局描述符表寄存器，而没有装载选择子的段寄存器。80386系统中的每个描述符由8个字节组成，而一个全局描述符表的大小为64KB，所以全局描述符表最多包含8K个全局描述符。

IDTR是48位的中断描述符表寄存器，用于存放中断描述符表IDT的32位线性基地址和16位的IDT界限值。同样地，因为存储器系统中只有一个中断描述符表，无需通过选择子来选择中断描述符表，所以它只有中断描述符高速缓存器，而没有装载选择子的段寄存器。由于80386的系统中最多只有256个中断，故IDT中最多只有256个中断。

LDTR是16位的局部描述符表寄存器，用于存放选择局部描述符表LDT的16位段选择子。该寄存器对应一个局部描述符高速缓存器，后者含有32位线性基地址、20位的LDT界限值和12位属性共64位信息。在保护模式下，由于每一个任务都有一个属于自己的局部描述符表LDT，所以在多任务系统中，就有多个局部描述符表。每张局部描述符表LDT都作为存储器系统中的一个特殊的系统段，由一个描述符来描述，而该描述符就存放在GDT中。LDTR的作用类似于段寄存器，在任务初始化和任务切换时，把对应任务的选择子装入LDTR，CPU根据LDTR去检索GDT，从中得到一个对应于该任务的LDT描述符，将描述对应任务的LDT段的有关信息保存到与LDTR相对应的描述符高速缓存器中。今后对当前LDT的访问就可以根据高速缓存器保存的信息快速进行。可用一个空选择子装入LDTR，这表示当前任务没有LDT。此时当前任务所涉及的段均由GDT中的描述符来描述，所有装入段寄存器中的选择子都必须指示GDT中的描述符，即选择子中的T1位恒为0。

TR是一个16位的任务寄存器，用于存放选择当前任务所对应的任务状态段TSS的16位选择子。在多任务机制中，为了完成任务间的快速切换，系统为每个任务设置了一个任务状态段TSS。任务寄存器对应一个任务状态段TSS的描述符高速缓存器，它含有32位线性基地址、20位的界限值和12位属性共64位信息。寻址内存中当前任务状态段TSS的描述符存放在全局描述符表GDT中，当进行任务初始化和任务切换时，系统就把用来选择当前任务所对应的任务状态段TSS的选择子装入TR，微处理器根据TR的值去检索GDT，得到当前任务状态段TSS的描述符，将对应任务的LDT段的有关信息保存到相应的高速缓存器中，从而快速完成任务切换。

6. 控制寄存器

如图11-9所示，80386中有4个32位的控制寄存器CR0、CR1、CR2、CR3，其中CR1为Intel保留。

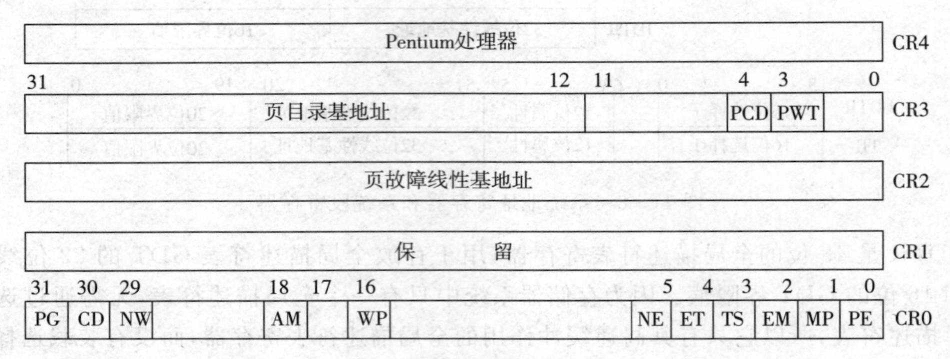

图11-9　控制寄存器

(1)机器控制寄存器CR0的各位意义如下：

PE——保护允许位。PE=1，为保护模式；若PE=0为实地址模式

MP——监控协处理器。

EM——仿真协处理器位。EM=1表示仿真；EM=0则协处理器的操作码在实际的80387中运行。

TS——任务切换位。TS=1，完成任务切换；TS=0，无任务切换。

ET——处理器扩展类型位。若ET=1，系统使用的是80387协处理器；若ET=0，使用的是80287协处理器。

PG——允许分页位。PG=1允许分页，PG=0禁止分页。

以下扩充的几位仅对80486有效

NE——数据错误位。NE=1时，接收报告数字异常的报告，产生异常16；若NE=0，处理器将停止工作，等待中断发生。

WP——写保护位。WP=1时表示用户级页面对核心级的访问进行写保护；WP=0时允许核心级对用户级只读页面进行改写。

AM——对齐标志位。AM=1时允许对齐检查；为0时则不允许。

NW——不通写位。NW=1时表示不通写，即允许旧的数据保留在Cache中；NW=0时能通写，这是Cache正常工作时所必需的。

CD——Cache 不使能位。CD=0 内部的 Cache 使能；CD=1，若访问 Cache 不命中，则不填充 Cache，但若访问成功，Cache 仍能正常工作。

(2)CR1 为 Intel 以后扩充而保留。

(3)CR2 称为页面故障线性地址寄存器，存放引起页故障的线性地址。仅当 CR0 中的 PG 位为 1 时，CR2 才有效。当发生页异常时，CPU 就把引起页异常的一个 32 位的线性地址保存于 CR2 中。操作系统中的页异常处理程序可以通过检查 CR2 的内容，得知线性地址空间中的哪一页引起页故障。

(4)CR3 称为页组目录基址寄存器，用于存放页目录表的物理基地址。为处理器提供当前任务的页目录基地址。

7. 调试寄存器组

80386 为程序员提供了 8 个 32 位的调试寄存器 DR0～DR7，如图 11-10 所示，用于使程序员在调试过程中一次设置 4 个断点。其中，DR0～DR3 用来容纳 4 个 32 位的断点线性地址；DR6 是断点状态寄存器，内部保存了几个调试标志，用来协助断点调试；DR7 为断点控制寄存器，可以通过对应位的设置来有选择地允许和禁止断点调试，比如仅在写数据时作为断点，或者仅在读写数据时作为断点等。DR4、DR5 保留。

	31　　　　0	31　　　　0	
DR_1	线性地址断点 1	线性地址断点 0	DR_0
DR_3	线性地址断点 3	线性地址断点 2	DR_2
DR_5	备用	备用	DR_4
DR_7	断点控制	断点状态	DR_6

图 11-10　调试寄存器

8. 测试寄存器

80386 中设置了两个 32 位的测试寄存器 TR6 和 TR7，如图 11-11 所示。其中，TR6 作为测试命令寄存器，内部存放测试控制命令，用于对 RAM 和相关寄存器进行测试；TR7 为数据寄存器，用于保留测试后所得的结果。

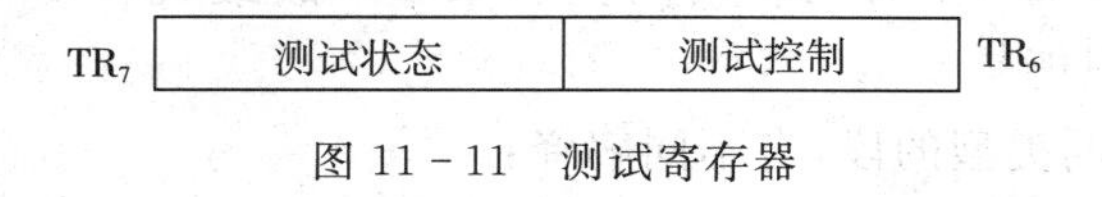

图 11-11　测试寄存器

11.2.2　描述符

在此之前已多次提到描述符，它是有关 CPU 保护模式下工作所必不可少的。描述符有两大类：一类是段描述符，另一类是系统描述符。下面对它们做简要的介绍。

1. 选择子

当 32 位微处理工作在保护模式时，6 个 16 位的段寄存器中存放着选择子。

选择子实际上可以看作是一种索引或偏移值，由它来获得相应的描述符。无论是全局的或局部的描述符，它们集中在一起，在内存中形成一个表，这就是全局描述符表(GDT)和局部描述符(LDT)，如图 11－12 所示，全局描述表的地址及限制存放于 GDTR 中。图中 RPL 占两位，其编码代表的特权级 0～3。T1 位用来表示选择符对应的是全局描述符还是局部描述符。当 T1＝0 时为全局描述符，而 T1＝1 时为局部描述符。

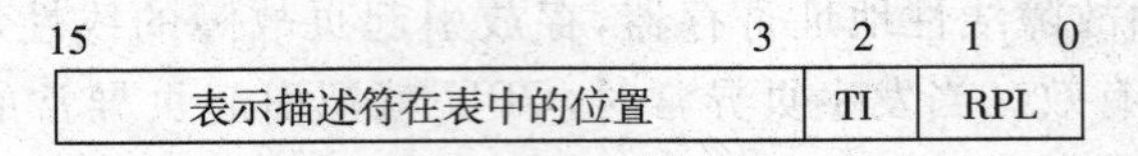

图 11－12　段选择子格式

剩余的 13 位用来决定描述符在描述符表中的位置，或者说表示描述符在描述符表中的序号。由于位置或序号用 13 位表示，则选择符最大可选择 8K 个全局描述符和 8K 个局部描述符。若将两种描述符合在一起，则一共可决定 16K 个描述符。

2．段描述符

段描述符是用来描述内存段的。它定义的各部分用来描述代码段、数据段或堆栈段的特征。从 80386 开始，段描述符由 64 位组成，具体格式如图 11－13 所示。

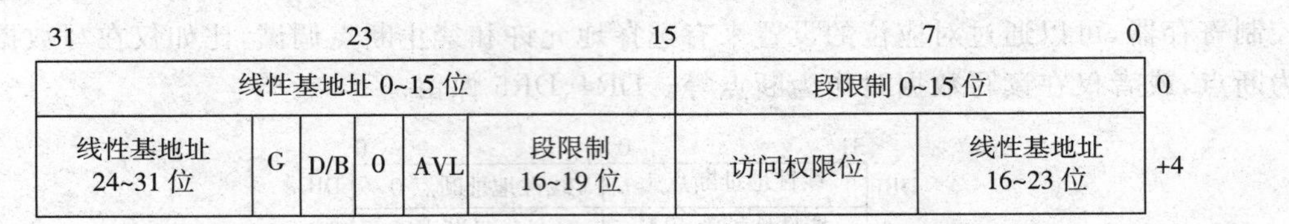

图 11－13　段描述符格式

由上图可看出描述符的构成：

(1)线性基地址共 32 位，用来指示某段的起始地址。在 8088 中，段起始地址是由段寄存器的内容乘 16(左移 4 位)得到的，在 80386 之后的处理器中，保护模式下该地址是由描述符给出的。

(2)段限制共 20 位，用来限制一段的最大长度。可见，一段的长度是可以用描述符来设定的，长度可大可小。

(3)G 位用于定义段限制所使用的单位。当 G＝0 时，段限制的长度单位为字节，故此时最大长度为 1MB；当 G＝1 时，其单位为页(4KB)，故最大长度为 1M 页，即 4GB。在 8086/8088 中，段长度只能是 64KB。

(4)D/B 位对于不同类型的段，有不同解释：

对于代码段，D＝1 为 32 位操作；D＝0 为 16 位操作。

对于堆栈段，B＝1 为 32 位操作；B＝0 为 16 位操作。

对于数据段，B＝1 为 32 位操作；B＝0 为兼容 80286。

(5)AVL 位为系统软件所利用。

(6)访问权限位共有 8 位组成，如图 11－14 所示，访问权限规定了段描述符所定义段的属性：

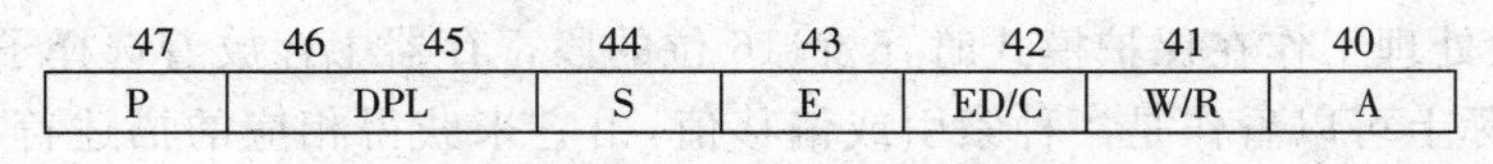

图 11－14　访问权限各位定义

P 位规定该段是否存在；

DPL 两位编码用来规定特权级；

S=1 表示代码段或属于数据类段，S=0 则表示该描述符为系统描述符；

E=1 表示代码段，E=0 表示数据类段。

ED/C 和 W/R 对数据类段和代码段具有不同含义；

① 对于代码段：C=1 为一致性代码段；C=0 为非一致性代码段。R=1 表示可读代码段；R=0 表示只能执行不可读的代码段。

② 对数据类段：ED=0 表示偏移值必须小于或等于段限制；ED=1 表示偏移值大于段限制。W=0 表示该段不可写；W=1 表示该段可写。

A=1 表示该段已被访问过；A=0 表示该段未曾访问过。

可以看出，段描述符用来定义内存中的段，但要比 8086 内存中段的定义复杂得多。

3. 系统描述符

系统描述符用于描述系统中的每个任务的任务状态段 TSS 的属性或局部描述符表的属性。由系统描述符中 TYPE 字段的编码来表征该系统描述符是属于什么描述符的。

(1)系统描述符的格式

系统描述符的格式如图 11-15 所示，系统描述符中，有许多项与前面的段描述符的定义是一样的。

31				23	15				7	0	
线性基地址 0~15 位					段限制 0~15 位						0
线性基地址 24~31 位	G	0	0	0	段限制 16~19 位	P	DPL	0	TYPE	线性基地址 16~23 位	+4

图 11-15　系统描述符格式

图中系统描述符的 P 位指示系统描述符是否有效：P=1 为有效；P=0 为无效。

DPL 利用两位编码表示系统描述符的访问特权级 0～3。

TYPE 的编码用来表示不同的系统描述符，其中：

0 0 0 1　　表示可用的 80286TSS 描述符

0 0 1 0　　表示为局部描述符表 LDT 的描述符

0 0 1 1　　表示为处于忙状态的 80286 TSS 描述符

1 0 0 1　　表示为可用 TSS 描述符

1 0 1 1　　表示处于忙状态的 TSS 描述符

0 0 0 0　　无效

1 0 0 0

1 0 1 0　　保留

剩余的 TYPE 类型编码是留给中断与异常情况的。

(2)中断描述符

中断既包含前面 8086 中所提到的中断还包括 CPU 在运行中出现的种种异常。中断、异常乃至子程序调用、任务的切换均可用中断描述符来描述，有时也称这种描述符为门。门很形象地表示了系统的属性。只有通过门,才能进入中断服务程序,才能调用某一子程序或由这一任务转换到另一任务。若门不允许通过,则上述情况就无法实现。中断描述符的格式如图 11-16 所示。

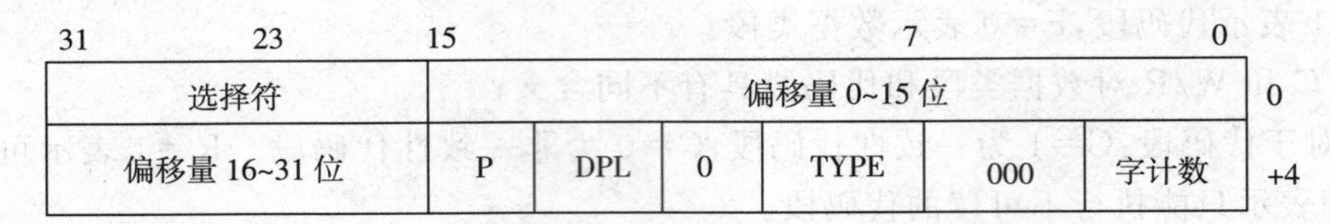

图 11-16　中断描述符格式

图中选择符是指中断响应过程中利用选择符可以得到中断服务程序的描述符。由其线性基地址再加上中断描述符的偏移量,便可获得中断服务程序的入口地址。偏移量为 32 位,与线性基地址一起决定中断服务程序的入口地址,偏移量对任务门是无效的。

TYPE 的编码在中断描述符中的定义如下:

0 1 0 0　　表示为 80286 调用门
0 1 0 1　　表示为任务门
0 1 1 0　　表示为 80286 中断门
0 1 1 1　　表示为 80286 陷阱门
1 1 0 0　　表示为 80386 以上调用门
1 1 1 0　　表示为 80386 以上中断门
1 1 1 1　　表示为 80386 以上陷阱门

字计数只在调用门中有效,表示在调用子程序时需从调用程序级堆栈复制到子程序级堆栈去的字(双字)的个数。16 位堆栈用单字,32 位堆栈用双字。

11.2.3　寄存器和描述符表的关系

全局描述符表寄存器 GDTR 指向 GDT 表,如图 11-17 所示,48 位的 GDTR 定义了 GDT 表的线性基地址和限长,基地址说明 GDT 表中字节为 0 的表项的线性基地址值,它指向表头;限长说明 GDT 表的长度,实际指向表的最后一个偏移地址。如限长=0FFH,表的长度=0FF+1=0100H。

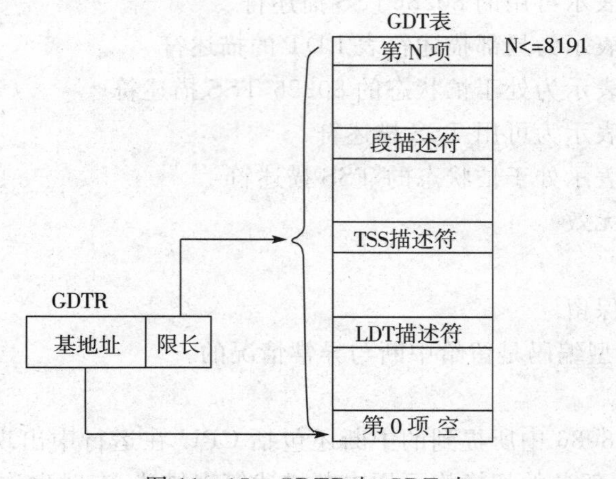

图11-17　GDTR 与 GDT 表

中断描述符表寄存器 IDTR 指向 IDT 表，如图 11－18 所示，也由基地址和限长两部分组成。IDT 表中存放中断或异常的描述符，每个中断或异常处理程序有一个对应的描述符，最多可以有 256 项。

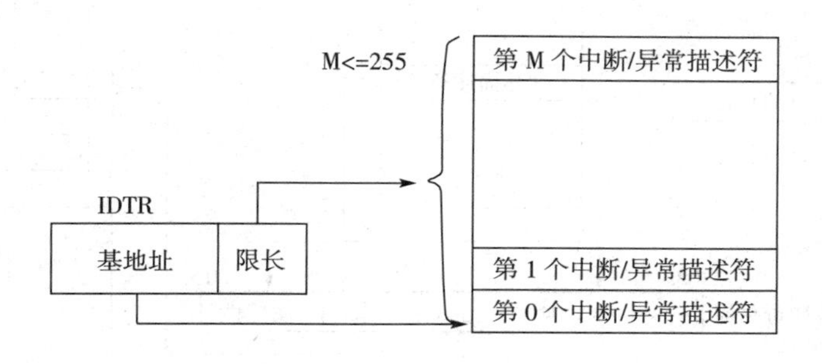

图 11－18　IDTR 与 IDT 表

局部描述符表寄存器 LDTR 由 16 位选择子和 64 位的高速缓冲寄存器组成，只要 16 位的段选择子就可以从 GDT 表中找到相应的 64 位 LDT 描述符了，如图 11－19 所示，如果在每次访问存储器时都通过 LDTR 寄存器的 16 位选择子，就必须先访问 GDT 表中的 LDT 描述符，再读出描述符的内容，并译码得到描述符的各种信息，这样效率太低。为此在系统中设有一个与 LDTR 相关联的 64 位寄存器，当加载 64 位 LDT 系统段描述符信息时，同时把描述符信息加载到高速缓冲寄存器中，这样，以后只要从高速缓存中找到 LDT 描述符信息，而不用每次去访问 GDT 表了，除非重新装载新的 LDT 描述符。

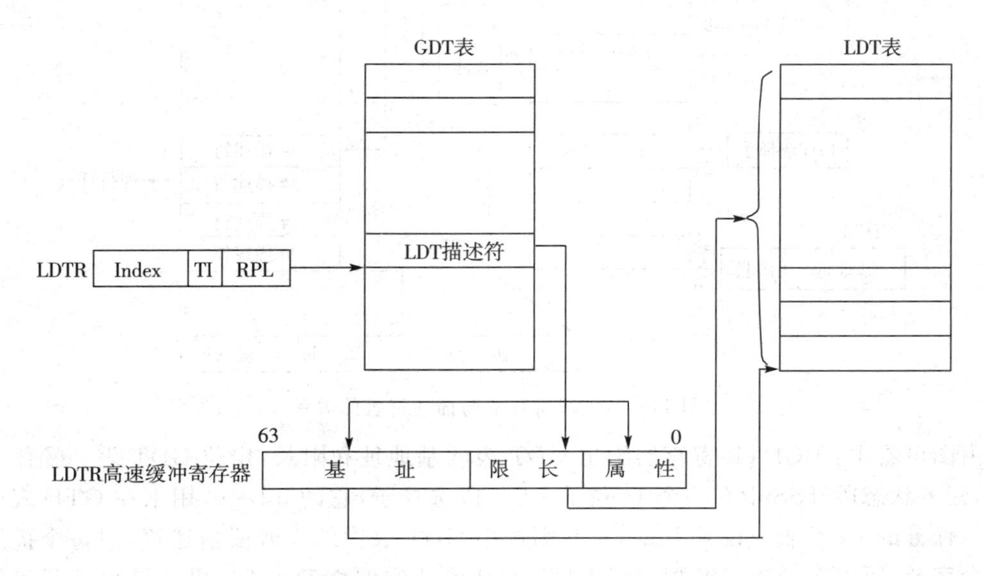

图 11－19　LDTR 与 GDT 表及 LDT 表的关系

任务状态段寄存器指向 GDT 表，如图 11－20 所示，先由 TR 的 16 位选择子在 GDT 表中找到当前任务的 TSS 描述符，根据描述符可读出 TSS 段的基地址、限长及属性，在读出描述符信息的同时，也把它们加载到了 64 位缓冲寄存器中，避免 TR 的 16 位选择子访问存储器时，每次都要从 GDT 中访问 TSS 描述符，提高任务的执行效率。

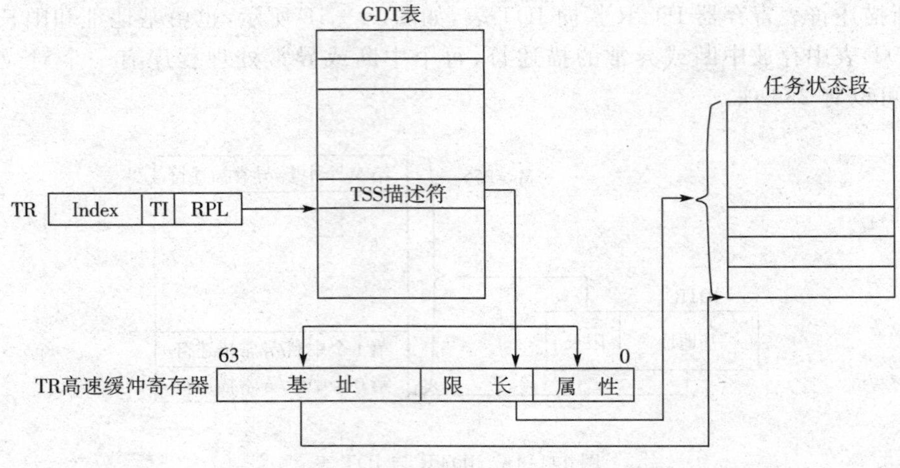

图 11－20 TR 的工作过程

我们进一步举例加以介绍段寄存器与描述符表的关系，如图 11－21 所示。

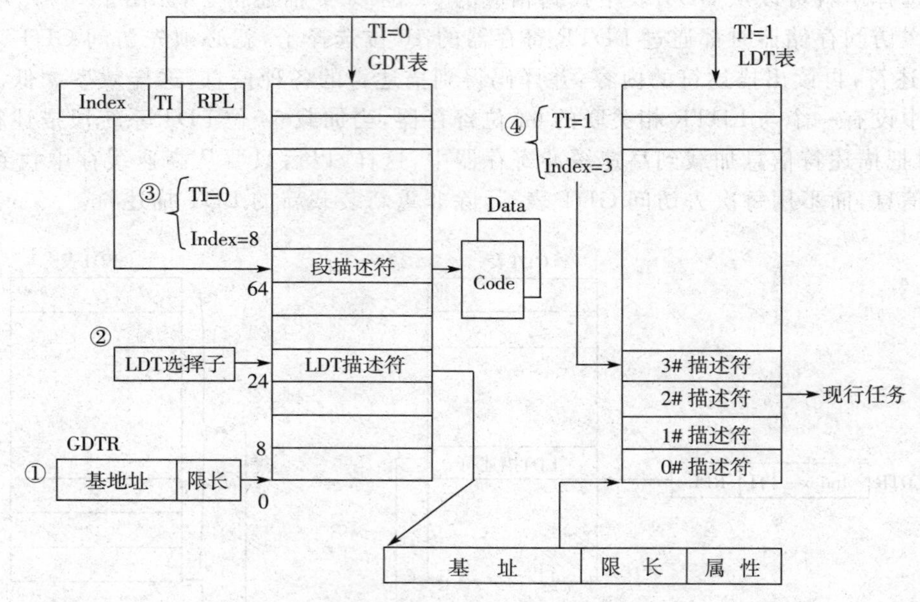

图 11－21 段寄存器与描述符表的关系

由图可看出：①GDTR 寄存器给出 GDT 表的基地址和限长，定位 GDT 表。②任务切换时，任务状态段 TSS 中有一个 16 位的 LDT 段选择子，它的 T1＝0，用来在 GTD 表中定位某一任务的 LDT 表。设其 Index＝3，则选中 GDT 表中的 3 号段描述符，因每个描述符占 8 个字节，所以 3 号描述符相对于 GDT 的基地址的偏移量为 24，再从该单元开始取出 LDT 描述符，得到基地址、限长和属性信息，由基地址和限长的值就可以定位 LDT 表了。③如某一个段寄存器转(如 DS)装入的段选择子，它的 T1＝0，Index＝8，则指向 GDT 表中的 8 号描述符，由该描述符指向 GDT 表中的 8 号描述符，由该描述符指向一个代码段或数据段。④如某一个段寄存器的 T1＝1，Index＝3，则访问 LDT 表中的 3 号描述符，由此描述符指向现行任务段。

11.2.4　32位微机存储管理技术

80386存储器仍是按字节编址，即基本存储单元为字节。一个字(16位)占连续2个单元，双字(32位)占连续4个单元。而且在内存中总是低字节在低地址，高字节在高地址。字和双字的地址是由它们的最低字节的地址确定，以下简要介绍80386实地址和虚拟地址方式下的存储器组织。

1. 实地址方式

80386设置实地址方式是为了与80286、8086兼容。在实地址方式下，80386最大的段长度为64KB，而且段可以重叠。32位地址值必须小于000FFFFFH。所有的段都可以读、写或执行，有固定的存取特性。在实地址方式下不需要段描述符说明，物理地址的形成与8086时相同的，如图11－22所示。

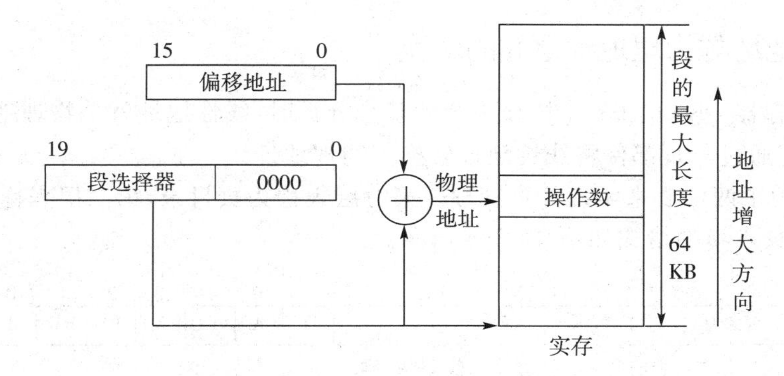

图11－22　实地址方式下物理地址的形成

2. 虚拟地址方式

在虚拟地址方式下，80386有3种地址空间：逻辑地址、线性地址和物理地址。

逻辑地址也叫虚拟地址，是对段内存空间进行寻址的地址，是应用程序设计人员进行编程时要用到得地址。由一个段选择子和一个偏移量组成。段选择子将提供描述符的索引、类型(是GDT，还是LDT)、请求优先级(RPL)，而偏移地址由寻址方式提供。

物理地址是指内存芯片阵列中每个阵列所对应的唯一的地址，32位地址线可直接寻址4GB内存单元。

线性地址是沟通逻辑地址与物理地址的桥梁，32位微处理器芯片内的分段部件将逻辑地址空间替换成32位的线性地址。在保护模式下，每个段选择器中的Index指向GDT或者LDT中的一个描述符，从段描述符表中可以读出相应的线性基地址值，再将它与32位偏移地址相加就可以形成线性地址。

80386支持分段不分页的虚拟管理，也支持分段分页的管理和不分段不分页的管理，分段部件能将逻辑地址空间转换为32位线性地址空间，如图11－23所示。若只进行分段管理无分页管理，则这一32位线性地址就是物理地址。若还有分页管理，还须将上述分段管理产生的32位线性地址经分页部件转换为物理地址。因此，虚拟管理下的地址表达式为：

线性地址=段基址+偏移地址

物理地址=f(线性地址)

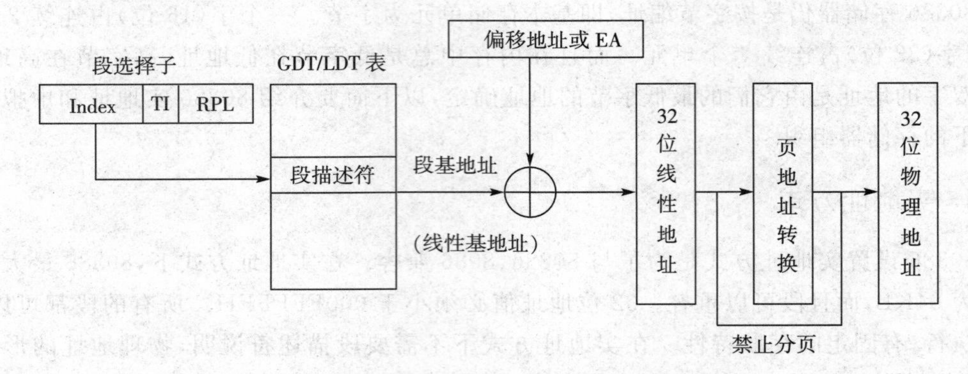

图 11-23 逻辑地址、线性地址和物理地址转换框图

3. 线性地址与物理地址之间的转换

当控制寄存器 CR0 的 PE 字段设为 0 而禁止分页时,线性地址就是物理地址;当 PE=1 允许分页时,需通过分页部件将线性地址转换为物理地址。

80386 采用了两层表来实现分页管理。第一层表称为页目录,第二层表称为页表。

页目录和页表项的格式如图 11-24 所示。

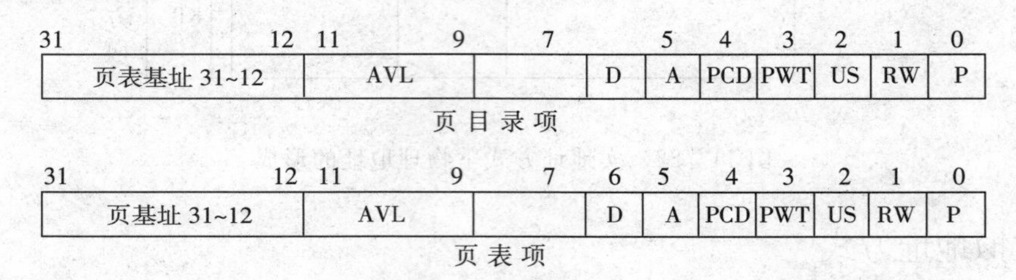

图 11-24 页目录和页表项的格式

其中,页目录项和页表项格式是很相似的,区别在于高 20 位是页表的基地址还是页的基地址,其他对应特征位定义如下:

P 位——存在位。P=1 表示该页/页表存在;P=0 表示不存在。

RW 位——写允许位。RW=1 表示该页/页表可以写;RW=0 表示该页/页表不可以写。

US 位——用户位。US=1 表示用户使用;US=0 表示监控系统使用。

PWT——页透明写位。PWT=1 表示当前页采用通写策略;PWT=0 允许回写。

PCD——页 Cache 禁止位。PCD=1 允许在片内超高速缓存器中进行超高速缓存操作。PCD=0 禁止超高速缓存操作。

A 位——访问位。A=1 表示该页/页表已访问过;A=0 表示未访问过。

D 位——出错位。D=1 表示出错;D=0 表示未出错。

AVL 位——可使用位。

页变换采用两次变换的方式来获得物理地址,其变换的原理如图 11-25 所示,变换过程如下：

① 由 CR3 确定页目录表的物理基地址和线性地址中的高 10 位确定页目录项。

② 由页目录项找到页表的物理基地址，再由线性地址的 12～21 位确定对应页表项。

③ 由页表项找到对应物理页的基地址。

④ 将页变换过程所获得的物理地址加上线性地址中的页内偏移值得到了实际的物理地址。

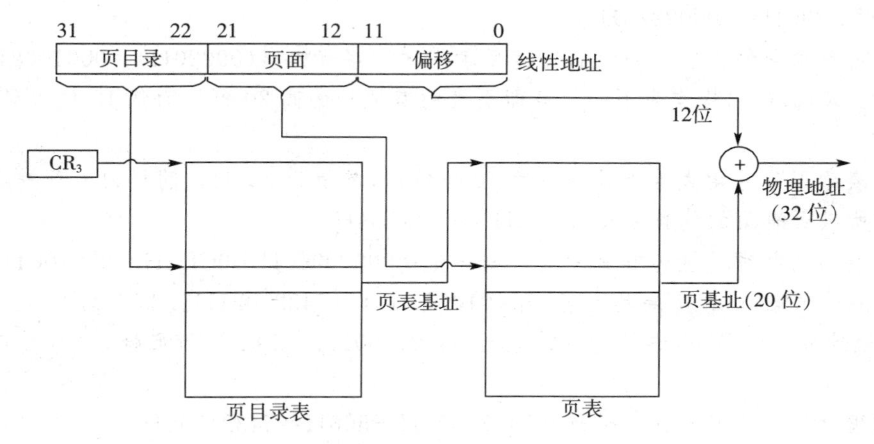

图 11－25　页变换方式获得物理地址

页变换实际上只是对线性地址的高 20 位进行变换。即将线性页号变换成物理页号，页内偏移值则对两者是相同的。

例 11－1　设系统的线性地址为 22335566H，CR3＝00009000H，求对应的物理地址，并说明转换过程。

将 32 位线性地址分成 3 部分：最高 10 位为 0010001000B＝088H，将其作为页目录索引；中间 10 位为 1100110101＝335H，作为页表索引；后 12 位为 566H，不用转换，直接作为 12 位物理地址。转换过程如图 11－26 所示。

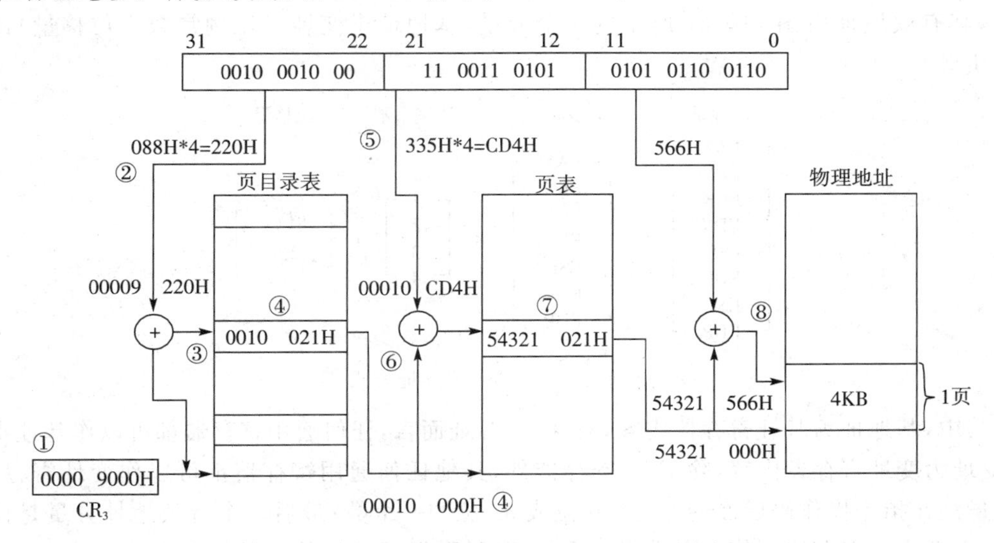

图 11－26　线性地址转换成物理地址的实例

由上图可看出，转换分以下几步：

① 先查询 CR3，得知 CR3＝00009000H，将其作为页目录表的物理基地址。

② 取线性地址的高 10 位 0010001000B＝088H，作为页目录索引号。由于每个目录项占 4 个字节，所以要将索引号乘以 4 即左移 2 位，才能得到页目录项的首字节地址，也就是页目录项的偏移地址。本例中偏移地址为 088H＊4＝220H。

③ 求页目录项始址的物理地址。其值＝CR3 中的基地址＋页目录项的偏移地址＝00009000H＋220H＝00009220H

④ 查页目录项的内容。假设查得该目录中的 4 字节内容(09220H)＝00010021H，其中高 20 位为 00010H，它将作为下一级表即页表的基地址的高 20 位。而低 12 位为属性，它等于 021H。

⑤ 页表索引序号由线性地址的中间 10 位给出，其值为 335H。同样因为页表项每项占 4 个字节，所以页表项的偏移地址为 335H＊4＝0CD4H。

⑥ 页表项的物理地址为其基地址＋偏移量＝00010000H＋0CD4H＝00010CD4H。

⑦ 从指定页表项中查得其内容，即(010CD4H)＝54321021H。其中高 20 位 54321H 即为物理地址的页帧值，即该页的基地址为 54321000H。后 12 位为属性，它与页目录的属性相同。

⑧ 物理地址＝页帧＋线性地址＝54321000H＋566H＝54321566H

到此为止，我们将一个线性地址 22335566H 转换成了物理地址 54321566H。

11.3 32 位微机指令系统

32 位微处理器 80386 微处理器内部扩充了 8 个 32 位的通用寄存器，即 EAX、EBX、ECX、EDX、ESI、EDI、EBP、ESP，相应地加强了处理数据的能力；而且，由于 80386 增加了段寄存器 FS 和 GS，不仅兼容了 8086，80286 原有 16 位寻址方式，还新增了 32 位存储器寻址方式。在存储器寻址方式下，32 位 CPU 所要计算的线性地址包括段基地址与有效地址，其有效地址由图 11－27 所示的 4 个分量(基地址＋变址×比例常数＋位移量)计算而产生。

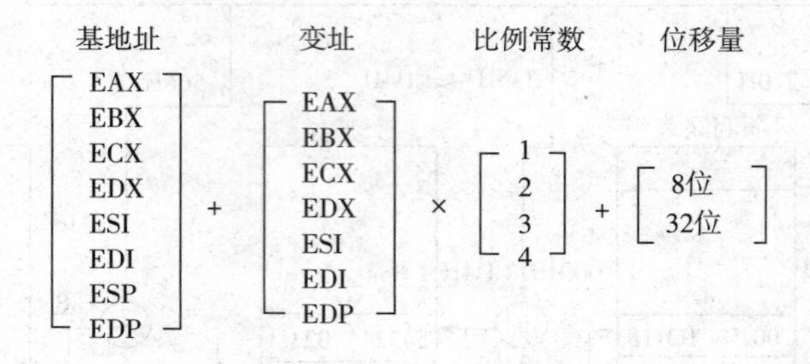

图 11－27 80386 的寻址方式

其中，基地址为基址寄存器内容，对 32 位寻址而言，任何通用寄存器都可以作基址寄存器；变址为变址寄存器内容，除 ESP 寄存器外，其他任何通用寄存器都可以作变址寄存器；位移量是在指令操作码后面的 8 位、16 位或 32 位的一个数；最后一个有效地址分量是比例因子，由于变址寄存器的值可以乘以一个比例因子，根据操作数的长度可为 1 字节、2 字节、

4字节或8字节,所以,比例因子的取值相应地可为1,2,4,8。

按照4个分量组合有效地址的不同,80386可构成9种存储器寻址方式。它比80286除增加了几种寻址方式以及扩充了部分原有指令的操作范围外,还新增了一些指令。

1.80386新增的寻址方式

(1)直接寻址

指令中给出的位移量就是有效地址,可为8位、16位或32位。

例11-2 INC WORD PTR[12345678H] ;字的有效地址为12345678H

(2)基址寻址

以8个32位的通用寄存器中的任意一个寄存器保存一个操作数的偏移地址。其中,以EAX、EBX、ECX、EDX、ESI、EDI作为基地址寄存器时,默认的段寄存器为DS,以EBP和ESP作为基地址寄存器时,默认的段寄存器为SS。

例11-3
```
MOV   ECX,[EBX]              ;使用DS段,由EBX指出有效地址
DEC   WORD PTR [EBP]         ;使用SS段,由EBP指出有效地址
```

(3)基址加位移寻址

以8个通用寄存器中任意一个寄存器作为基地址寄存器,再加上8位或32位位移量,修改基地址寄存器的值使之成为一个操作数的偏移地址。默认段寄存器为DS或SS的规定相同于基址寻址。

例11-4
```
MOV   EBX,[ECX+35H]            ;使用DS段
DEC   BYTE  PTR[ESP+3456H]     ;使用SS段
```

(4)比例变址加位移寻址

选取通用寄存器除ESP外的7个寄存器中任意一个均可作为变址寄存器,将变址寄存器中的值乘以一个比例常数(1,2,4,8),其换算结果再加上带符号的8位或32位整数位移量,形成操作数的偏移地址。使用变址寻址的指令特别有利于访问数组或数据结构。

例11-5 LEA EAX,[EBP*4+56H] ;使用DS段

(5)基址加比例变址寻址

以8个通用寄存器中任意一个寄存器作为基地址寄存器,选取8个32位通用寄存器(除ESP外)的7个寄存器中任意一个作为变址寄存器,将变址寄存器乘以比例常数1、2、4、8,基址加变址构成操作数的偏移地址,由基址寄存器确定使用DS段或是SS段,其规定相同于基址寻址。

例11-6 MOV EAX,[EBX+EBP*2] ;使用DS段

(6)基址加比例变址加位移寻址

本寻址方式相当于上面已介绍的几种寻址方式的综合应用,寻址方式可写成:基地址+(变址×比例常数)+位移量。

例11-7 INC WORD PTR[EAX+EDI*8-1056H] ;使用DS段

以上6种寻址方式所选择的基地址寄存器的一般规定如下:直接寻址的指令所默认的段寄存器为DS;如果指令中有基地址存在,除基地址寄存器为ESP和EBP是访问堆栈段寄存器SS外,其余的则默认数据段寄存器DS;对于无基地址寄存器的寻址指令,DS仍然是

默认的段寄存器。

2.80386 新扩充指令

(1)基本传送指令

格式:MOV 目标,源

扩展功能:MOV 为基本传送指令,它的两个操作数必须等长,如将 32 位的源操作数传送到 32 位的目标中,目标与源均可为通用寄存器或存储器,但不能同时为存储器,源还可以为 32 位的立即数。

例 11-8 MOV EAX,ECX ;将 ECX 中的 32 位操作数传送到 EAX

MOV DWORD PTR [EBX],12345678H ;将立即数 12345678 H 传送到由 EBX 寻址的双字长度的存储单元中

(2)堆栈操作指令

格式:PUSH 源

POP 目标

PUSH FS

PUSH GS

POP GS

POP FS

扩展功能:PUSH 指令是将 32 位的通用寄存器、存储器或立即数压入堆栈;POP 指令则是将堆栈指针指示的两个存储字弹出给 32 位的通用寄存器或 32 位的存储器。以上指令中用到的 FS 和 GS 是 32 微处理器所增加的两个附加数据段寄存器。

例 11-9 PUSH EBX

PUSH 3456H

POP EAX

POP DWORD PTR[1000H]

(3)交换指令

格式:XCHG 目标,源

扩展功能:32 位的源操作数与 32 位的目标操作数相互交换,目标与源均可为通用寄存器或存储器,但不能同时为存储器。

例 11-10 XCHG ESI,EDI

XCHG EBX,[2000H]

(4)地址指针传送指令

格式:LFS 目标,源

功能:源操作数先后装入目标和段寄存器 FS 中,目标为 16 位或 32 位通用寄存器。

格式:LGS 目标,源

功能:源操作数先后装入目标和段寄存器 GS 中,目标为 16 或 32 位通用寄存器。

格式:LSS 目标,源

功能:源操作数先后装入目标和段寄存器 SS 中,目标为 16 或 32 位通用寄存器。

例 11-11 LGS ESI,PAR1 ;4 字属性变量 PAR1 所指示的低字节的两个字装入目标 ESI 中,高地址的两个字装入段寄存器 GS 中

(5)加法和减法指令

格式:ADD 目标,源

ADC 目标,源

SUB 目标,源

SBB 目标,源

扩展功能:在 32 位指令系统中,基本的加法和减法指令与 8086/8088 相同,目标与源均可为 32 位的通用寄存器或存储器,但不能同时为存储器,源还可以为 32 位的立即数。

例 11-12

```
ADD  EAX,EBX
ADC  ECX,DWORD PTR[1450H]
SUB  EDX,[EAX]
SBB  ECX,12345678H
```

(6)无符号数乘法和除法指令

格式:MUL 源

扩展功能:源为 32 位的通用寄存器或存储器,隐含在 EAX 中的 32 位被乘数乘以 32 位的源操作数产生 64 位的积,积的低半部分保存在 EAX 中,积的高半部分保存在 EDX 中,即 EAX×源→EDX:EAX

格式:DIV 源

扩展功能:源为 32 位的通用寄存器或存储器,隐含在 EDX:EAX 中的 64 位的被除数除以 32 位的源操作数,所产生的 32 位商存入 EAX 中,余数存入 EDX 中。

例 11-13 MUL EBX ;EAX×EBX→EDX:EAX

例 11-14 DIV EBX ;EDX:EAX/EBX,商→EAX,余数→EDX

(7)有符号数的乘法和除法指令

格式 1:IMUL 源

扩展功能:本指令与 MUL 指令的功能完全相同,但 IMUL 指令隐含的一个操作数与源操作数以及结果均为有符号数,如果结果的高半部分仅仅是低一半的符号的扩展,则 CF=OF=0,否则 CF=OF=1。

格式 2:IMUL 目标,源

格式 3:IMUL 目标,源 1,源 2

扩展功能:格式 2、格式 3 与格式 1 是同一类型指令,但取乘积的长度不同。目标操作数只能为通用寄存器,可为 32 位寄存器。格式 2 中的源可为 32 位的通用寄存器、存储器、立即数或 8 位立即数,源操作数除了 8 位立即数之外,其他寻址的源操作数与目标操作数的长度应相等;格式 3 中的源 1 可为 32 位的通用寄存器或存储器,但不能为立即数,源 2 只能为立即数,可为 32 位立即数,除源 2 为 8 位立即数的情况外,源 1 和源 2 的长度应与目标操作数的长度相等,因而将会抛弃高半部分的乘积。实用中若结果超出了低半部分的范围则称为溢出,溢出部分被忽略,且溢出标志 OF=1。

例 11-15 IMUL EDX,EBX ;EDX×EBX→EDX
IMUL EBX,1450H ;EBX×1450H→EBX
IMUL ECX,EAX,56H ;EAX×56H→ECX

格式:IDIV 源

扩展功能:IDIV 指令与 DIV 指令的功能完全相同,但 IDIV 指令隐含的一个操作数与源操作数以及结果均为有符号数。在字节除和字除时,指令格式和功能与 8086/8088 相同。在双字除法时,隐含在 EDX:EAX 中的 64 位的被除数除以 32 位的源操作数,所产生的 32 位商存入 EAX 中,余数存入 EDX 中。若商超出 EAX 的最大范围,则产生 0 号中断。

例 11-16 IDIV EBX ;EDX:EAX/EBX,商→EAX;余数→EDX

(8)INC 增量和 DEC 减量指令

格式:INC 目标
DEC 目标

扩展功能:目标可扩充为 32 位的通用寄存器或存储器,目标操作数中的内容增 1 或减 1。

例 11-17 INC EAX
DEC DWORD PTR[EAX+EBX*4]

(9)比较指令

格式:CMP 目标,源

扩展功能:目标与源均可扩充为 32 位的通用寄存器或存储器,但不得同时为存储器,源还可为 32 位的立即数。目标操作数减源操作数,两操作数的值均不变,结果只影响 AF、CF、SF、PF、OF、ZF 标志。

例 11-18 CMP EBX,EAX
CMP EAX,[EDI+1450H]

(10)求补指令

格式:NEG 目标

扩展功能:将 32 位的目标操作数取补后并送回给目标中,目标可为 32 位的通用寄存器或存储器。除操作数为 0 经取补后标志 CF=0 之外,其他操作数执行此条指令后 CF 标志均为 1。

例 11-19 NEG EAX
NEG DWORD PTR[EAX]

(11)逻辑运算指令

格式:AND 目标,源
OR 目标,源
XOR 目标,源
NOT 目标
TEST 目标,源

扩展功能:目标与源均可扩充为 32 位的通用寄存器或存储器,但不得同时为存储器,源操作数还可为 32 位的立即数。

```
例 11-20  AND   EAX,EBX
          OR    EBX,[ECX]
          XOR   EBX,EDI
          NOT   EAX
          TEST  EAX,80H
```

(12)移位指令

格式:SHL 目标,源

SHR 目标,源

SAL 目标,源

SAR 目标,源

扩展功能:目标可扩充为 32 位的通用寄存器或存储器,源可为任一 8 位的立即数或 CL 寄存器。注意,如果不是用立即数的形式来计算移位次数,则只能用 CL 寄存器来保存移位次数。当 CL 作为移位计数器时,移位指令执行时并不改变 CL。

```
例 11-21  SHL   EAX,1
          SHR   EBX,CL
          SAL   DWORD PTR [EBX],8
          SAR   DWORD PTR [EBX],CL
```

(13)字符串处理指令

格式:串传送指令 MOVSD

功能:将 DS 段由 ESI 作为指针的源串中的一个双字传送到 ES 段由 EDI 作为目标指针的目标串中,并根据 DF 标志使 ESI 和 EDI 加 4 或减 4,如果带有前缀 REP,则重复执行这一传送,直到 ECX 寄存器的内容减到 0 为止。

格式:串扫描指令 SCASD 目标串

功能:以 ES:EDI 指向目标串的首地址,每执行一次则扫描目标串中的一个双字是否与 EAX 中的内容相等,如果相等则置 ZF=1,否则 ZF=0,每扫描一次则 ECX 减 1。

若加上前缀 REPZ/REPE,则表示未扫描完(ECX≠0)并且由 EDI 所指的串元素与 EAX 的值相等(ZF=1)则继续扫描;若 ZF=0 或者 ECX=0,则扫描结束。每扫描一次,EDI 都要按 DF 的值自动加 4 或减 4。

格式:串比较指令 CMPSD 目标串,源串

功能:将 DS:ESI 所指源串中的双字与 ES:EDI 所指目标串中的双字相比较:若相等。则置 ZF=1;否则,使 ZF=0。并且,每比较一次,ESI 和 EDI 都自动加 4 或减 4。

格式:串转入指令 LODSD

功能:将 DS:ESI 所指源串中的一个双字装入累加器 EAX 中,同时 ESI 加 4 或减 4

格式:串存储指令 STOSD

功能:将累加器 EAX 中的值装入 ES:EDI 所指的目标串中,同时 EDI 加 4 或减 4;如果在指令前面加上 REP,那么,每执行一次串存储指令,则 ECX 减 1,直到 ECX=0 才结束串存储。

格式:串输入指令 INSD

功能:从 DX 给出的端口地址读出一个双字存入 ES:EDI 所指的目标串中,同时 EDI 寄

存器内容加 4 或减 4。如果指令 INSD 加上前缀 REP,则连续读入数据并存入目标串中,直到 ECX 的值减至 0 为止。

格式:串输出指令 OUTSD

功能:将 DS:ESI 所指的目标串中一个双字输出到 DX 给出的端口,同时 ESI 寄存器内容加 4 或减 4。如果指令 OUTSD 加上前缀 REP,则连续输出,每输出一个双字则 ECX 的值减 1,直到 ECX 等于 0 为止。

(15)循环指令

格式 1:LOOP　目标

格式 2:LOOPZ/LOOPE　目标

格式 3:LOOPNZ/LOOPNE　目标

其中,目标必须为短地址标号,且必须在本指令前 128 个字节或后 127 个字节范围内。

功能:对于格式 1,用 ECX 计数来控制循环次数,若 ECX 的值减 1 后不为 0,则作短转移;否则,程序按原顺序执行。

对于格式 2,LOOPZ 和 LOOPE 是同一指令的两种写法,本指令也用 ECX 计数来控制循环的次数,若 ECX 的值减 1 后不为 0 且 ZF=1,则程序作短转移;相反,若 ECX 的值减 1 后为 0,或者 ZF=0,则程序按原顺序执行。

对于格式 3,LOOPNZ 和 LOOPNE 是同一指令的两种写法。本指令也用 ECX 计数来控制循环的次数,若 ECX 的值减 1 后不为 0 且 ZF=0,则程序作短转移,相反,若 ECX 的值减 1 后为 0,或者 ZF=1,则程序按原顺序执行。

(16)无条件转移指令

格式:JMP　目标

扩展功能:若为近转移,目标可为 32 位的寄存器或存储器,若为远转移,则目标操作数可为一个立即数(选择子:偏移量)或存储器中的一个 48 位的地址指针,即由 16 位选择子和 32 位偏移量组成。

例 11-22
```
JMP  EBX                       ;近转移,以 EBX 为间址
JMP  DWORD PTR [EBX+45H]       ;近转移,以存储器为间址
JMP  1200:12345678H            ;远转移,直接转移
```

(17)调用指令

格式:CALL 目标

扩展功能:CALL 指令有 FAR 和 NEAR 两种属性,能实现程序的转移,但 CALL 指令只作暂时转移。

(18)返回指令

格式:IRETD

功能:从中断服务程序返回。将堆栈指针所指的原 EIP、CS 和 EFLAGS 的值依次弹出给 EIP、CS、EFLAGS。

(19)条件字节设置指令

格式:SET　条件,目标

功能:若被测试条件成立,则将目标操作数置 1,否则清除为 0。一般本指令的前面有影响标志位的 CMP 和 TEST 等指令。注意本指令无转移操作。

例 11-23　SETZ　BL　　　;若 ZF=1,则 BL=1,否则 BL=0
　　　　　SETG　AL　　　;对于有符号数,若大于成立,则 AL=1,否则 AL=0。
　　　　　SETCXZ　DH　　;若 CX 的内容为 0,则 DH=1,否则 DH=0

(20)位测试和设置指令

格式:BT　目标,源
　　　BTC　目标,源
　　　BTR　目标,源
　　　BTS　目标,源

功能:4 条指令都只对由源操作数所指定的目标操作数的第 i 位进行位测试操作,并将该位传送给 CF 标志。它们的区别在于:BTC 指令还要将第 i 位取反;BTR 指令还要将第 i 位清 0;BTS 指令还要将第 i 位置 1;BT 指令则不改变第 i 位的值。

如果源是立即数,用立即数除以目标操作数位数的长度,其余数是 i 位,则由 i 值确定对目标操作数的第 i 位操作。一般源操作数为立即数。

但有时,源操作数由寄存器给出。如果源是寄存器,则为带符号的整数值,此时若目标是寄存器,则目标操作数中的待选位由源操作数除以所使用寄存器的长度(16 或 32)所得的余数来确定;若目标是存储器,则将该存储器的地址加上源操作数除以 8 的商,其和就是待选位所在内存的字或双字的地址,再用源操作数除以所使用寄存器的长度(16 或 32)所得的余数来确定待选位在该字或双字中的第 i 位。

例 11-24　BT　EDX,83H　　;只将 EDX 中的第 3 位传送给 CF
　　　　　BTC　AX,BX　　;设执行前:AX=498AH,BX=7624H
　　　　　　　　　　　　　则执行后:AX=499AH,BX=7624H,且 CF=0
　　　　　BTR　mem,AX　　;设执行前:AX=5226H
　　　　　　　　　　　　　且假设[&mem+5226H/8]中的字=5479H
　　　　　　　　　　　　　则执行后:AX=5226H
　　　　　　　　　　　　　[&mem+5226H/8]中的字=5439H,且 CF=1。
　　　　　BTS　EBX,EDX　;设执行前:EBX=238976D2H,EDX=45678436H
　　　　　　　　　　　　　则执行后:EBX=23C976D2H,EDX=45678436H

(21)位扫描指令

格式:BSF　目标,源
　　　BSR　目标,源

功能:BSF 称为前向扫描指令,从第 0 位到第 15 位(或第 31 位)的顺序逐位扫描源操作数,遇到第一个 1 则将此位的位序送入目标操作数中,且 ZF=0;若源操作数为 0,则 ZF=1,目标操作数中的内容不被改变。

例 11-25　BSF　EAX,EBX　;假设执行前:EAX=12345678H,EBX=45679ABCH
　　　　　　　　　　　　　则执行后:EAX=00000002H,EBX=45679ABCH,且 ZF=0

11.4　32 位微型计算机系统体系结构

这里我们主要介绍 Pentium 系列微型计算机系统结构。

1. Pentium 微型计算机系统的体系结构

与 80386/80486 相比，Pentium 微型计算机系统的主机板采用了三级的总线结构，如图 11－28 所示。CPU 常驻总线（Host Bus）、高速 PCI 总线和低速的外围总线（ISA 总线）。其中 CPU 常驻总线为 64 位数据线、32 位地址线同步总线；PCI 总线为 32 位或 64 位数据/地址分时复用同步总线；低速外围又称系统总线，系统结构总线级为 16 位数据线、20 位地址线，一般为 ISA 总线。

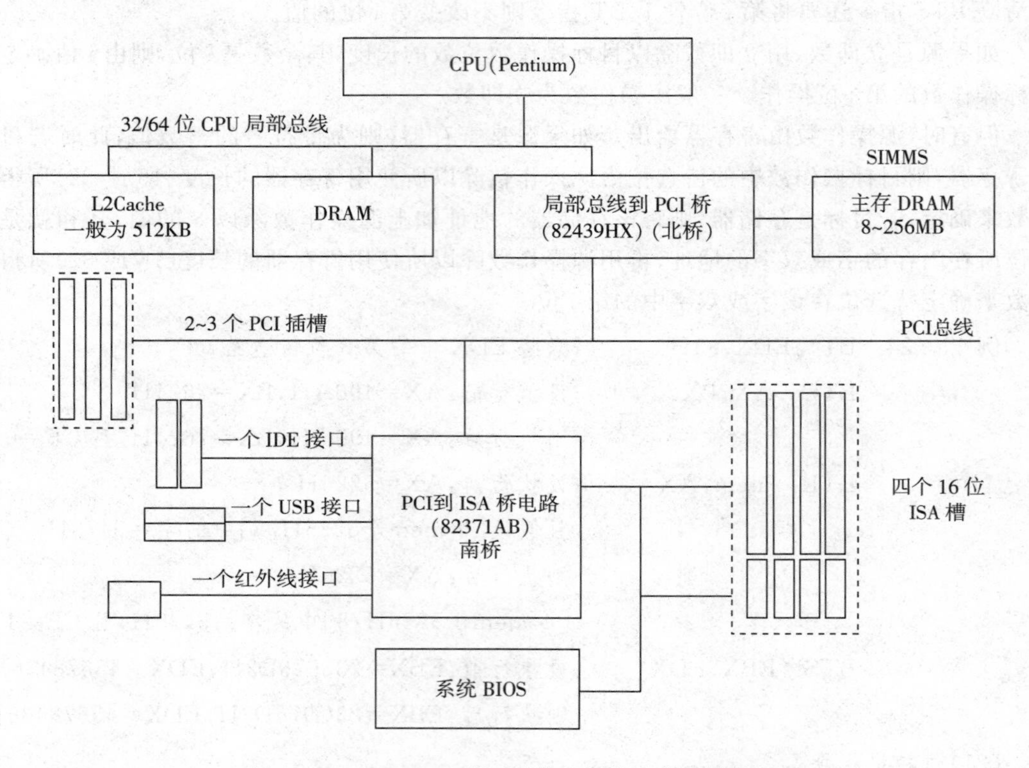

图 11－28　Pentium 微型计算机系统的体系结构图

三级总线之间由北桥、南桥连接起来。其中北桥芯片 82439HX 连接 CPU、8～256M 内存，512KB 的 L2 Cache，过渡到 PCI 总线设备。北桥主要控制管理微型计算机系统的高速设备。南桥芯片 82371AB 与 2 个 IDE 接口、ISA 总线等低速设备相连接，包括 1 个 USB 接口和 1 个红外线接口，这种南北桥的分层结构大大提高了微型计算机系统整体性能，使总线的外部频率的可达到 66～250MHZ，最大数据传输率可达 528MB/S。

2. Pentium Ⅱ 微型计算机系统的体系结构

PentiumⅡ微型计算机系统的体系结构如图 11－29 所示。它由 Intel 公司南北桥结构的芯片组 440BX 所组成。440BX 芯片组主要由两块多功能芯片组成。其中,北桥芯片 82443BX 芯片集成有 CPU 总线接口,支持单、双处理器,双处理器可以组成对称多处理机 SMP 结构;同时,82443BX 还集成了主存控制器、PCI 总线接口、PCI 仲裁器及 AGP 接口,并支持体系结构管理模式 SMM 和电源管理功能。北桥芯片 82443BX 是 CPU 总线与 PCI 总线之间的桥梁。

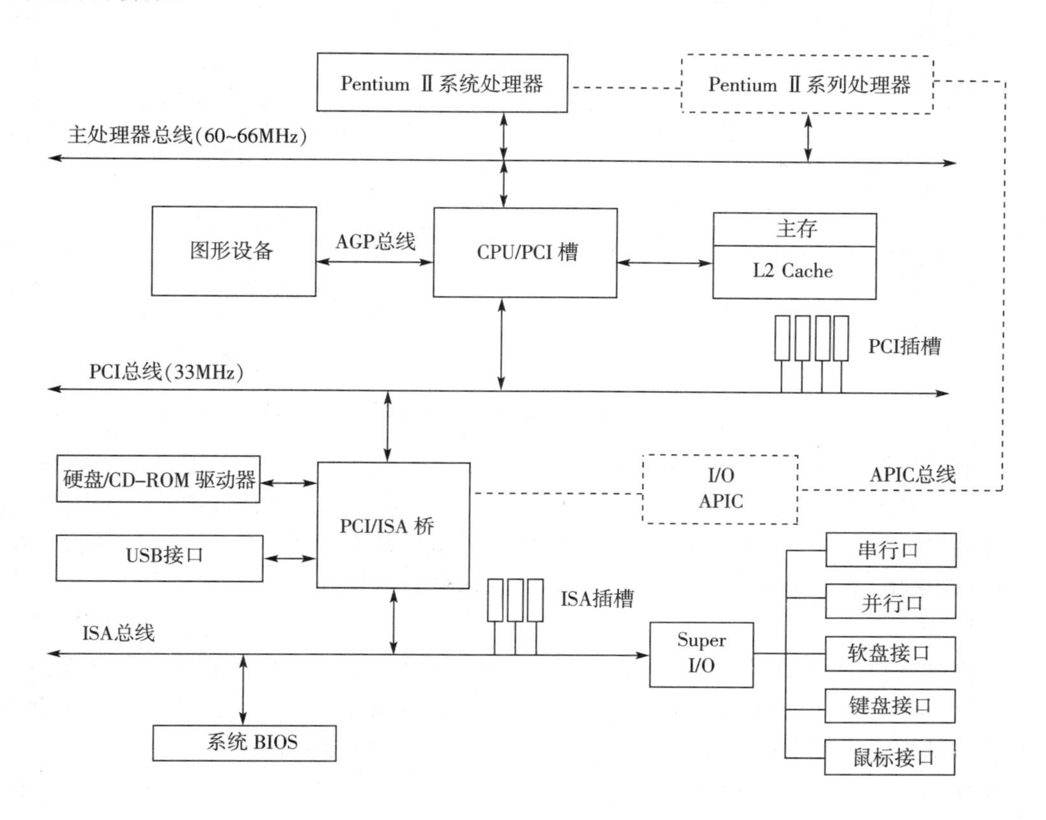

图 11-29 Pentium Ⅱ微型计算机体系结构

440BX 芯片组的南桥芯片是 82371AB 芯片。该芯片集成了 PCI—ISA 连接器、IDE 控制器、2 个增强的 DMA 控制器、2 个 8259 中断控制器、8254 时钟发生器和实时时钟等多个部件。另外还集成了一些新的功能,如 USB 控制器、电源管理逻辑等。通过 USB 接口,可以连接很多外部设备,如拥有 USB 接口的扫描仪、打印机、数码相机和摄像头等,82371AB 是 PCI 总线和 ISA 总线之间的桥梁。

这个结构局部总线 PCI 直接作为高速的外围总线连接到 PCI 插槽上,满足当前外围设备与微处理器的连接要求。为了解决高速视频或高质量图形、图像的显示问题,引入了高速图形接口 AGP 总线。AGP 是对 PCI 总线的扩展与增强,大大减轻了 PCI 总线的压力。

3. Pentium III 微型计算机系统的体系结构

Pentium III 微型计算机系统的体系结构如图 11-30 所示。它采用 810 芯片组,放弃了传统的南北桥结构,而采用了中心结构。

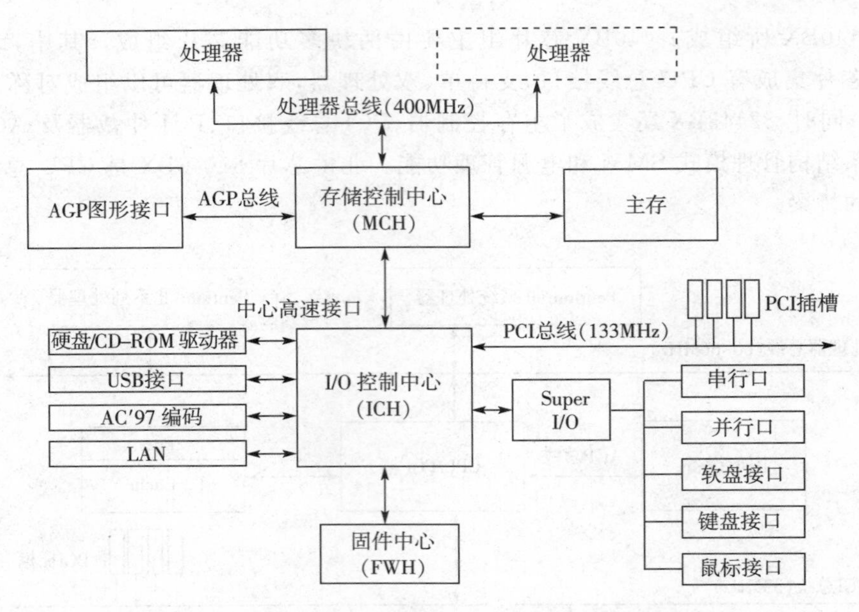

图 11-30　Pentium III 微型计算机系统的体系结构

构成这种结构的芯片主要由 3 个芯片组成，分别是存储控制中心 MCH、I/O 控制中心 ICH 和固件中心 FWH。MCH 与 CPU 总线相连，负责处理 CPU 与其他部件之间的数据交换。在某些类型的芯片组中，MCH 还内置图形显示子体系结构，即可以直接支持图形显示，又可以采用 AGP 显示部件，称为图形存储控制中心 GMCH。

ICH 中含有内置 AC'97 控制器，提供音频编码和调制解调器编码借口；IDE 控制器提供高速磁盘接口；2 个或者 4 个通用串行 USB 接口；网卡以及和 PCI 插卡之间的连接。此外，ICH 和 Super I/O 控制器相连接，而 Super I/O 控制器主要为体系结构中的慢速设备提供与体系结构通信的数据交换接口，比如串行口、并行口、键盘和鼠标等。

固件中心包含了主板 BIOS、显示 BIOS 以及一个可用于数字加密、安全认证等领域的硬件随机数发生器。

MCH 和 ICH 两个芯片之间不再用 PCI 总线相连，而是通过中心高速专用总线相连。这样可以使 MCH 和 ICH 之间频繁大量的数据交换不会增加 PCI 的拥挤度，也不会受 PCI 带宽的限制。在上图中已无 ISA 总线，现在使用 ISA 总线的慢速外围设备已经越来越少了，新的设备都选用了高速的 PCI 总线，考虑到部分用户的需要，某些主板还是带有 1 个 ISA 插槽。这需要 ICH 芯片外接一片可选 PCI－ISA 桥片。

采用这种中心结构的 Intel 芯片组主要有 810 系列、820 系列、850 系列及 860 系列等。Pentium Ⅲ的结构虽然发生了较大的变化，但后来人们仍把 MCH 称为"北桥"，把 ICH 称为"南桥"。

4. Pentium 4 微型计算机系统的体系结构

Pentium 4 微型计算机系统的体系结构如图 11-31 所示。Pentium 4 采用 NetBurst 体系结构，也带来了体系结构总线与支持芯片组的变化。虽然 Pentium 4 依然支持 AGTL＋总线协议，但它与同样支持该协议的 Pentium III 最主要的不同是它能够支持 400MHZ 的体系结构总线。这就意味着 Pentium 4 可提供高达 3.2GB/S 的体系结构带宽。目前能够支持 Pentium 4 新总线的只有 i850 等少数几种芯片组，i850 有着非常出色的特性。

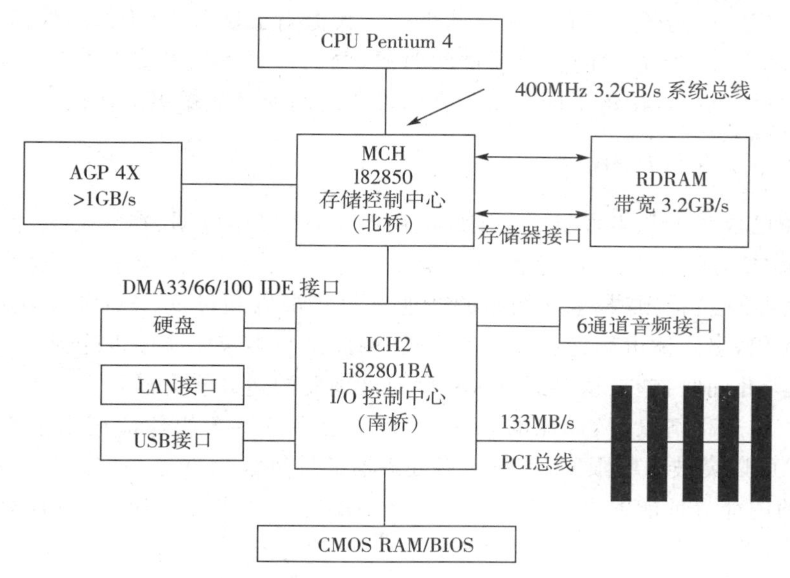

图 11－31　Pentium 4 微型计算机系统的体系结构

i850 芯片组支持 400MHZ 的体系结构总线，支持 AGP 4X，通过 ICH2 芯片的配合支持 Ultra DMA/33/66/100 的 IDE 传输规范。它支持 PCI 及 AGP 总线，内存支持达 2GB 的存储器容量。随着计算机为处理器和芯片组技术的发展，新推出的微型计算机体系结构和性能可能有所不同，但其大致结构还是一样的。

11.5　64 位微处理器及其相关技术

11.5.1　64 位微处理器概述

CPU 的处理位数是 CPU 更新的重要标志。CPU 从 16 位提升至 32 位用了不到 10 年的时间，但是 32 位的计算和操作系统不能支持应用程序直接访问 4GB(2 的 32 次方)以上的内存，4GB 寻址能力也成为 32 位计算系统一道不可逾越的门槛，随着应用需求的不断发展，32 位的微处理器将无法满足大容量、高负荷运算的要求，因此，采用具有更大的内存寻址规模、更强计算能力的 64 位微处理器将是大势所趋。从 32 位微处理器的诞生到 64 位微处理器的酝酿大约经历了约 20 年，目前世界上的 64 位微处理器主要由 HP、Sum、IBM、Intel 和 AMD 等公司所把持，两大 CPU 巨头 Intel 和 AMD 相继推出了多款 64 位处理器，各大国内外品牌机厂商也争先恐后地推出了配备 64 位处理器的一系列整机产品，一切迹象表明，一个 64 位技术的应用高峰正快速向我们走来。

64 位处理器的优势如下：

1. 速度全面升级

64 位处理器的引入，不是简单的部件升级，它主要是打造了一个全新的系统架构，并对这个架构进行系统的整体优化，除了CPU以外，内存、显卡、硬盘等设备都产生了相应的变化。由于64位CPU可以有更大的内存管理能力，因此电脑可以使用更多的内存，从而大大提高内存密集型应用的效率，而64位显卡由于大大提高了显卡与CPU的数据交换速度，在运行3D游戏和基于3D技术的教育软件的时候，画面流畅程度和高分辨率不再无法共存，更新的64位总线也可以使得不同类型的存储设备之间交换数据更加快捷。

2. 轻松实现在线娱乐

宽带应用已成为近几年来家用电脑的应用趋势，多媒体应用、在线交流、网络游戏等对64位技术的需求正在迅速扩大，这涉及了电子政务、互联网应用、教育、家庭等方方面面的应用。据国际权威机构预测，全球网络游戏业务每年都以超过90%的速度在增长，随着宽带的普及和应用，多媒体市场也成爆炸性成长，因此网络多媒体应用也受到了网络用户越来越多的关注，与此同时，越来越多的应用程序对处理器的运算能力以及内存的容量都提出了极高的要求。在这种情况下，以往的32位计算平台在这些多媒体应用中已经显得力不从心，64位技术可以突破这些限制，不仅使得处理器的计算能力有更加广阔的发展空间，而且其所能支持的内存寻址能力更是达到了180亿GB，将能够彻底解决32位计算系统所遇到的瓶颈现象。

3. 兼容性考虑较周到

电脑厂商通过对产品的系统优化设计充分释放了64位的能量，能很好地兼容32位应用，并且有30%以上的性能提升，并能够保障微软64位操作系统的高效运行，因此，无需在升级过程中为系统的不兼容而大伤脑筋。

4. 价格升幅小

以往的64位处理器主要用于电脑服务器，价格比较昂贵，但现在INTEL和AMD向厂家提供的64位处理器和32位处理器的价格几乎相同，再加上64位电脑的生产技术日趋成熟，所以目前生产的64位电脑的成本与32位电脑成本没有多少差距。在软件方面微软所推出的64位Windows操作系统，Windows XP Professional x64 Edition和Windows Server 2003 x64 Editions都可以支持英特尔和AMD的64位处理器，它们的售价也同32位版本相当，故总体价格升幅不大。

11.5.2 IA64系列微处理器及体系结构

目前主流CPU使用的64位技术主要有AMD公司的AMD64位技术、Intel公司的EM64T技术、和Intel公司的IA64技术。由于传统IA32微处理器架构存在一些基本的性能限制，如分支指令、存储器等待时间。因此，Intel和HP公司从1994年开始合作开发新型的64位芯片，它们采用与大多数RISC微处理器不相同的方向，推出了一种新的64位指令系统体系结构IA64。

IA64结构既不是Intel的32位x86结构的扩充，也不是完全采用HP公司64位PA—RISC结构，而是一种全新的设计样式。IA64基于EPIC(显性并行指令计算－Explicitly Parallel Instruction Computing)技术，它的每个指令周期可执行20条指令，该软件技术能在原有的条件下获得最大限度的并行能力，并以明显的方式传达给硬件，它把显性并行性能与推理和判断技术结合起来，因而大大跨越了传统架构的局限性。

1. 显性并行指令计算 EPIC

EPIC 技术即是指编译器首先分析指令间的依赖关系，再将没有依赖关系的指令组合成一个组，后由内置的执行单元读入被分成组的指令群并进行执行。

EPIC 技术可以降低处理器的成本。由于当今对更快更经济的计算解决方案的需求已经达到了前所未有的程度，无论是在技术计算还是在企业计算中，由于个人和企业都希望了解和控制日益复杂的流程，因此这种需求更是大幅度增长。EPIC 技术恰好能够解决这一点。

2. 显性并行计算 EPIC 技术的特点

(1)EPIC 可以将 CISC 与 RISC 指令结构置于同一个处理器之中。即用同一个 CPU 既可以处理基于 windows 的应用也可以处理基于 unix 的应用。而这些工作仅仅通过 BIOS 设置就可以实现。

(2)EPIC 不遵循顺序指令处理。它通过预报和推测要处理的功能，可使处理性能大幅提高。

(3)EPIC 减少了分支数、处理路径数以及分支误预测而使处理速度大大加快。

(4)EPIC 减少了存储器对处理器的潜在的影响。尤其是它能解决目前 RISC 及 CISC 技术中存在的性能局限。

3. IA64 微处理器的体系结构

Intel 采用 EPIC 技术的微处理器是 Itanium(安腾)，是 IA64 系列中的第一款。微软也开发了相应的操作系统，在软件上加以支持。IA64 的指令长度是固定的，由一个指令、两个输入和一个输出寄存器组成，指令只对寄存器操作，具有多个不同的流水线或执行单元，能够并行执行多条指令。其内部机制图如图 11 - 32 所示。

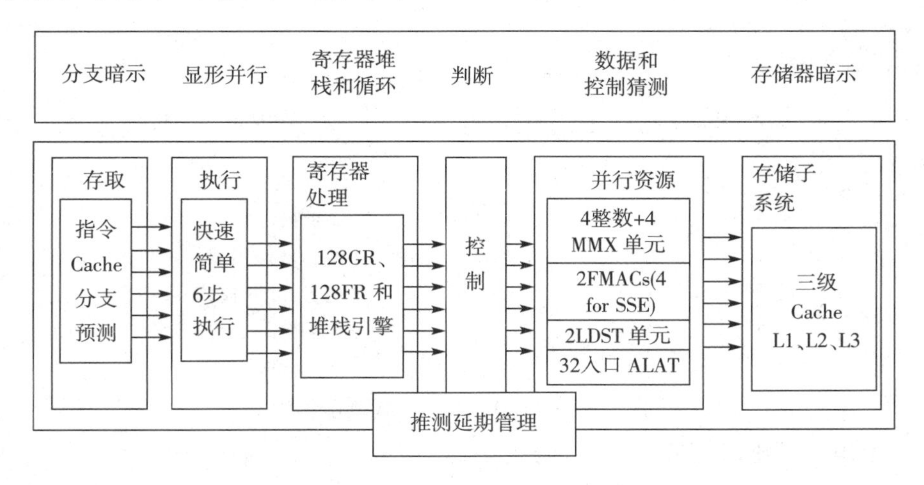

图 11 - 32　IA64 的 EPIC 技术机制图

4. IA64 微处理器的主要特点

(1)系统内存寻址空间更大。可以支持 32GB 以上的内存,而 IA32 目前所支持的最大内存容量是 16GB。

(2)处理器寻址、处理能力更强、熟读更快。安腾处理器主频至少 1GHZ,二级 Cache 在 2MB 以上。

(3)具有大寄存器存储器。IA64 具有 128 个整数寄存器和 128 个浮点寄存器,这个特性可以加快数据存储的速度,更充分地表示程序中的并行结构,大大提升系统的计算能力。

(4)使用基于 Infiniband 技术的总线结构。他是以交换式系统总线代替目前的共享式总线为核心。将 NGIO 和 FutureIO 两种技术合而为一,使系统总线、内存总线带宽和 I/O 总线带宽都将大大提高。

(5)包括一系列的内置特征,以延长计算机的正常运转时间。机器检测体系在内存和数据路径中提供了错误恢复和纠错能力,能够让 IA64 平台从预先导致系统失败的错误中恢复过来。

总之,与传统的体系结构相比,基于 IA64 的处理器可以提供更高的指令级并行性。这是通过使用推测和预测等先进技术,并辅以大量的内部硬件资源来实现的。这些技术使编译器能够发挥最大效能来执行指令,也是 IA64 的主要优势。

11.5.3 EM64T 微处理器

EM64T 全称 Extended Memory 64 Technology,即 64 位内存扩展技术它是 Intel IA－32(Intel Architectur－32 extension)架构的一个扩展,它兼容原来的架构,通过增加 CPU 的运算位宽扩展 CPU 和内存之间的位宽,从而让系统支持更大容量的内存。

EM64T 特别强调的是对 32 位和 64 位的兼容性,为了实现两种运算间的兼容,Intel 在原来 32 位处理器核心的基础上增加了 8 个 64 位的通用寄存器 GPRS 和内存指针,并且把原有通用寄存器全部扩展为 64 位,从而实现了 64 位内存寻址,提高了整数运算能力。另外 EM64T 还增加了 8 个 128 位的 SSE 寄存器(XMM8－XMM15),主要是为了增强多媒体性能,包括对 SSE、SSE2 和 SSE3 的支持。

1. EM64T 技术模式

EM64T 技术模式可分为传统 IA－32 模式和 IA－32e 扩展模式,两大类下具体又可分为多种运行模式,如图 11-33 所示。

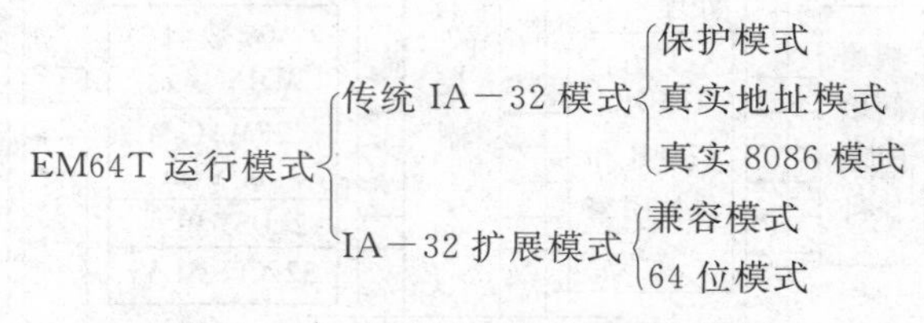

图 11-33 EM64T 技术模式分类图

EM64T 由于要同时运行 32 位和 64 位程序,因此会针对不同的需要运行于不同的操作模式下,同时其引入的多种操作模式之间的切换较为成功地解决了 32 位程序在 64 位操作系统下的运行效率问题。在支持EM64T技术的处理器内有一个扩展功能激活寄存器，其中一位被称作长模式有效(Long Mode Active，LMA)位，当LMA＝0时，处理器便作为一颗标准的32位(IA32)处理器运行在传统IA－32模式；当LMA＝1时，EM64T便被激活，处理器会运行在IA－32e扩展模式下。

传统IA－32模式可令64位处理器顺利地执行现有的32位和16位程序，实际上也就是32位X86时代的IA－32模式，现有的X86程序无需做任何改变，和平常所使用的32位环境一模一样。

IA－32e扩展模式下的兼容模式和64位模式都需要64位操作系统和64位驱动程序的支持，但只有后者才是真正的64位运算。在兼容模式下，计算机允许在64位操作系统下不需要预编译就可以运行大多数传统的16位或32位应用程序，和传统IA－32模式下基本相同，但运行的操作系统和驱动却是64位的；在64位模式下，则必须要有64位的操作系统、驱动程序和应用程序三者相互合作，此时处理器内新增的8个通用寄存器GPRS和8个SSE才会被激活，原有的8个GPRS的宽度也会同时扩展为64位，并且启用64位指针，这样处理器才能利用64位指令操作来支持64位内存寻址，进行双精度整数运算。

2. 支持EM64T技术的处理器型号

EM64T技术最早应用在采用了Nocona核心的Xeon处理器上，尽管Prescott核心支持EM64T技术，但直到最近的Prescott 2M核心，EM64T才开始被激活。这样，支持此技术的处理器便有Xeon、Pentium 4 Extreme Edition以及Pentium 4 600系列等，具体如表11-1所示。

表11-1 支持EM64T技术的处理器型号参数表

处理器型号	主频	核心	L2	制 程	前端总线 FSB	接 口
Xeon	2.80～3.60GHz	Nocona	1M/2M	90nm	800 MHz	Socket604
Pentium 4 Extreme Edition	3.73GHz	Prescott 2M	2M	90nm	1066 MHz	LGA775
Pentium 4 660	3.6GHz	Prescott 2M	2M	90nm	800MHz	LGA775
Pentium 4 650	3.4GHz	Prescott 2M	2M	90nm	800MHz	LGA775
Pentium 4 640	3.2GHz	Prescott 2M	2M	90nm	800MHz	LGA775
Pentium 4 630	3.0GHz	Prescott 2M	2M	90nm	800MHz	LGA775

11.5.4 AMD64微处理器

AMD公司于2003年4月推出了第一款AMD64处理器，即用于服务器和工作站的AMD Opteron处理器，又于2003年9月推出AMD速龙64处理器，用于基于Windows的台式电脑和移动PC机的64位处理器。这款代号K8的Athlon 64处理器率先支持x86－64，这不仅对于AMD发展来说意义重大，而且对于桌面级处理器来说更具有历史性的一刻，它正式把64位计算引入了PC领域。X86－64是完全兼容32位的体系结构，它的新的64位微处理器推出后得到了市场的认可。AMD首次推出的是服务器使用的64位位处理器，一年之后便推出了个人PC应用的64位微处理器，可以说AMD的X86－64给处理器市场带来了一次新的地震，同时也给Intel这样的老牌处理器厂商以压力，在一年之内，AMD分别针对服务器和工作站、顶级个人电脑和桌面电脑等推出了Operon、Athlon FX、Athlon 64等3个系列的64位微处理器。

1. AMD64技术概述

AMD64技术采用类似于从80286升级在80386的平滑升级方式：一方面可以增加寻址位宽，另一方面又具备向下兼容，这样可以在让64bit处理器运行在32bit应用环境下，而且64位计算技术可使操作系统和软件处理更多数据并访问大量的内存。

在AMD64架构中，AMD在x86架构基础上将通用寄存器和SIMD寄存器的数量增加了一倍：其中新增了8个通用寄存器以及8个SIMD寄存器作为原有x86处理器寄存器的扩充，这些通用寄存器都工作在64位模式下，经过64位编码的程序就可以使用到它们，在32位环境下并不完全使用到这些寄存器，同时AMD也将原有的EAX等寄存器扩展至64位的RAX，这样可以增强通用寄存器对字节的操作能力。

X86－64新增的几组CPU寄存器将提供更快的执行效率，X86－64寄存器默认为64位。还增加了8组128位XMM寄存器(也叫SSE寄存器，XMM8－XMM15)，将能给单指令多数据流技术(SIMD)运算提供更多的空间，这些128位的寄存器将提供在矢量和标量计算模式下进行128位双精度处理，为3D建模、矢量分析和虚拟现实的实现提供了硬件基础。AMD64的位技术是在原始32位X86指令集的基础上加入了X86－64扩展64位X86指令集，使这款芯片在硬件上兼容原来的32位X86软件，并同时支持X86－64的扩展64位计算，使得这款芯片成为真正的64位X86芯片。

此外，为了同时支持32位和64位代码及寄存器，x86－64架构允许处理器工作在以下两种模式：Long Mode长模式和Legacy Mode传统模式，Long模式又分为两种子模式：64位模式和Compatibility Mode兼容模式。目前支持AMD 64的操作系统包括Linux、FreeBSD还有Windows XP 64Bit Edition。

2. AMD64技术的核心优势

(1)直连架构是AMD64技术的核心优势之一。通过直连架构，能有效地消除了系统架构方面的挑战和瓶颈，实现极速传送。内存与CPU直接连接，可以优化内存性能，有助于减少和消除系统架构所带来的真实挑战和瓶颈。而I/O与CPU直接连接，可以实现更加平衡的吞吐率和I/O。

(2)集成内存控制器是AMD64位架构的另一个创新优势。它通过改变处理器访问主存的方式，提高带宽、减少内存延时和提升处理器性能。在AMD微处理器中，可用内存带宽会随着处理器的增加而增加，128位宽的集成内存控制器能够在每个处理器中最多支持八个带有寄存器的内存控制器，每个处理器的可用内存带宽最高可达6.4GB/s。

(3)独特的HyperTransport技术。AMD在处理器、可扩展I/O子系统和其他芯片组之间提供带宽可扩展的互联，最多可以支持三个HyperTransport连接，为每个处理器提供最高24.0GB/S的带宽，每个连接高达8.0GB/s的带宽可以为支持新型技术(包括PCI－Express、PCI－X、InfiniBand和10G以太网)提供足够的带宽。目前，AMD的桌面级64位处理器包括低端的 Sempron 系列、主流的 Athlon 64 系列和高端的 Athlon 64 FX 系列和 Athlon 64 X2 系列，都支持 Hyper Transport 总线等技术。

习 题

11－1　80286 与 8086 相比，从功能上分析，80286 主要有哪些改进？

11－2　简述 80386 的特点和内部结构。

11－3　32 位微处理器的工作模式有哪些？各有何特点？

11－4　Pentium 系列微型计算机体系结构的特点是什么？

11－5　简述 32 位微机系统中 GDTR 与 LDTR 的作用。

11－6　简述 64 位微处理器产生的原因及其特点。

11－7　目前来说最为流行的 64 位处理器技术有哪些？各自又有何优势？

11－8　若 80386CR0 控制寄存器中 PG、PE 均为 1，试问 CPU 当前所处的工作方式如何？

11－9　简述 80386 地址转换的全过程。

11－10　简述 80386 描述符表的组成及操作原理。

11－11　简述 80386 页目录表的组成及操作原理。

11－12　有一个段描述符，放在全局描述符表的第 5 个项中，该描述符的请求特权级为 1，求该描述符的选择子。

11－13　某一个段描述符的选择子为 0000 0000 1001 1001，试解释此选择子的含义。

11－14　若内存段描述符中的 8 个字节为 00CF BA00 0000 FFFFH，试说明该描述符的含义。

11－15　设系统的线性地址为 14572689H，CR3＝00006000H，假设页目录表中物理地址的内容(06144H)＝00020126H，页表中物理地址的内容(205C8H)＝44332211H，求对应的物理地址。

11－16　试解释以下指令的功能。

(1)　MOV EAX,[EBX＋4 * ESI＋20H]　　(2)　IMUL　EBX,EAX,20H

(3)　SETNBE　MEM4　　(4)　BT EAX,6

(5)　BTR　CX,AX　　(6)　SHR EBX,4

11－17　试写出求 EAX、EBX、ECX、EDX 之和的过程(子程序)。如果出现进位，将逻辑 1 放入 EDI，如果不出现进位，则将 0 放入 EDI。程序执行后，将和数放在 EAX 中。

附 录

附录A ASCII码编码表

高位 低位		0	1	2	3	4	5	6	7
		000	001	010	011	100	101	110	111
0	0000	NUL	DLE	SP	0	@	P	、	p
1	0001	SOH	DC1	!	1	A	Q	a	q
2	0010	STX	DC2	"	2	B	R	b	r
3	0011	ETX	DC3	#	3	C	S	c	s
4	0100	EOT	DC4	$	4	D	T	d	t
5	0101	ENQ	NAK	%	5	E	U	e	u
6	0110	ACK	SYN	&	6	F	V	f	v
7	0111	BEL	ETB	'	7	G	W	g	w
8	1000	BS	CAN	(	8	H	X	h	x
9	1001	HT	EM	)	9	I	Y	i	y
A	1010	LF	SUB	*	:	J	Z	j	z
B	1011	VT	ESC	+	;	K	[	k	{
C	1100	FF	FS	,	<	L	\	l	|
D	1101	CR	GS	-	=	M	]	m	}
E	1110	SO	RS	.	>	N		n	~
F	1111	SI	US	/	?	O	_	o	DEL

附录 B 控制符号的定义

符号	全　称	功能	符号	全　称	功能
NUL	Null	空白	DLE	Data line escape	转义
SOH	Start of heading	序始	DC1	Device control 1	机控 1
STX	Start of text	文始	DC2	Device control 2	机控 2
ETX	End of text	文终	DC3	Device control 3	机控 3
EOT	End of type	送毕	DC4	Device control 4	机控 4
ENQ	Enquiry	询问	NAK	Negative acknowledge	未应答
ACK	Acknowledge	应答	NAK	Synchronize	同步
BEL	Bell	响铃	ETB	End of transmitted block	组终
BS	Backspace	退格	CAN	Cancel	取消
HT	Horizontal tab	横表	EM	End of medium	载终
LF	Line feed	换行	SUB	Substitute	取代
VT	Vertical tab	纵表	ESC	Escape	换码
FF	Form feed	换页	FS	File separator	文件隔离符
CR	Carriage return	回车	GS	Group separator	组隔离符
SO	Shift out	移出	RS	Record separator	记录隔离符
SI	Shift in	移入	US	Union separator	单元隔离符
SP	Space	空格	DEL	Delete	删除

附录 C　8086 指令系统一览表

类型	汇编指令格式	功能	操作数说明	时钟周期数	字节数
数据传送类	MOV dst,src	(dst)← (src)	Mem,reg	9+EA	2~4
			reg,mem	8+EA	2~4
			reg,reg	2	2
			reg,imm	4	2~3
			mem,imm	10+EA	3~6
			seg,reg	2	2
			seg,mem	8+EA	2~4
			mem,seg	9+EA	2~4
			reg,seg	2	2
			mem,acc	10	3
			acc,mem	10	3
	PUSH src	(SP)←(SP)−2 ((SP)+1,(SP))←(src)	reg	11	1
			seg	10	1
			mem	16+EA	2~4
	POP dst	(dst)←((SP)+1,(SP)) (SP)←(SP)+2	reg	8	1
			seg	8	1
			mem	17+EA	2~4
	XCHG op1,op2	(op1)←→(op1)	Reg,mem	17+EA	2~4
			Reg,reg	4	2
			Reg,acc	3	1
	IN acc,port	(acc)←(port)		10	2
	IN acc,DX	(acc)←((DX))		8	1
	OUT port,acc	(port)←(acc)		10	2
	OUT DX,acc	((DX))←(acc)		8	1
	XLAT			11	1
	LEA reg,src	(reg)←src	Reg,mem	2+EA	2~4
	LDS reg,src	(reg)←src (DS)←(src+2)	Reg,mem	16+EA	2~4
	LES reg,src	(reg)←src (ES)←(src+2)	Reg,mem	16+EA	2~4
	LAHF	(AH)←(FR 低字节)		4	1
	SAHF	(FR 低字节)←(AH)		4	1
	PUSHF	(SP)←(SP)−2 ((SP)+1,(SP))←(FR 低字节)		10	1
	POPF	(FR 低字节)←((SP)+1,(SP)) (SP)←(SP)+2	8	1	

（续表）

类型	汇编指令格式	功能	操作数说明	时钟周期数	字节数
算术运算类	ADD dst,src	(dst)←(src)+(dst)	Mem,reg Reg,mem Reg,reg Reg,imm Mem,imm Acc,imm	16+EA 9+EA 3 4 17+EA 4	2～4 2～4 2 3～4 3～6 2～3
	ADC dst,src	(dst)←(src)+(dst)+CF	Mem,reg Reg,mem Reg,reg Reg,imm Mem,imm Acc,imm	16+EA 9+EA 3 4 17+EA 4	2～4 2～4 2 3～4 3～6 2～3
	INC op1	(op1)←(op1)+1	reg mem	2～3 15+EA	1～2 2～4
	SUB dst,src	(dst)←(src)－(dst)	Mem,reg Reg,mem Reg,reg Reg,imm Mem,imm Acc,imm	16+EA 9+EA 3 4 17+EA 4	2～4 2～4 2 3～4 3～6 2～3
	SBB dst,src	(dst)←(src)－(dst)－CF	Mem,reg reg,mem reg,reg reg,imm mem,imm acc,imm	16+EA 9+EA 3 4 17+EA 4	2～4 2～4 2 3～4 3～6 2～3
	DEC op1	(op1)←(op1)－1	reg mem	2～3 15+EA	1～2 2～4
	NEG op1	(op1)←0－(op1)	reg mem	3 16+EA	2 2～4
	CMP op1,op2	(op1)－(op2)	Mem,reg reg,mem reg,reg reg,imm mem,imm acc,imm	9+EA 9+EA 3 4 10+EA 4	2～4 2～4 2 3～4 3～6 2～3
	MUL src	(AX)←(AL) * (src)(DX,AX)←(AX) * (src)	8 位 reg 8 位 mem 16 位 reg 16 位 mem	70～77 (76～83)+EA 118～133 (124～139)+EA	2 2～4 2 2～4

（续表）

类型	汇编指令格式	功能	操作数说明	时钟周期数	字节数
算术运算类	IMUL src	(AX)←(AL) * (src) (DX,AX)←(AX) * (src)	8 位 reg 8 位 mem 16 位 reg 16 位 mem	80～98 (86～104)＋EA 128～154 (134～160)＋EA	2 2～4 2 2～4
	DIV src	(AL)←(AX)/(src)的商 (AH)←(AX)/(src)的余数 (AX)←(DX,AX)/(src)的商 (DX)←(DX,AX)/(src)的余数	8 位 reg 8 位 mem 16 位 reg 16 位 mem	80～90 (86～96)＋EA 144～162 (150～168)＋EA	2 2～4 2 2～4
	IDIV src	(AL)←(AX)/(src)的商 (AH)←(AX)/(src)的余数 (AX)←(DX,AX)/(src)的商 (DX)←(DX,AX)/(src)的余数	8 位 reg 8 位 mem 16 位 reg 16 位 mem	101～112 (107～118)＋EA 165～184 (171～190)＋EA	2 2～4 2 2～4
	DAA	(AL)←AL 中的和调整为组合 BCD		4	1
	DAS	(AL)←AL 中的差调整为组合 BCD		4	1
	AAA	(AL)←AL 中的和调整为非组合 BCD (AH)←(AH)＋调整产生的进位值		4	1
	AAS	(AL)←AL 中的差调整为非组合 BCD (AH)←(AH)－调整产生的进位值		4	1
	AAM	(AX)←AX 中的积调整为非组合 BCD		83	2
	AAD	(AL)←(AH) * 10＋(AL) (AH)←0 (注意是除法进行前调整被除数)		60	2
逻辑运算类	AND dst,src	(dst)←(dst) ∧ (src)	Mem,reg Reg,mem Reg,reg Reg,imm Mem,imm Acc,imm	16＋EA 9＋EA 3 4 17＋EA 4	2～4 2～4 2 3～4 3～6 2～3
	OR dst,src	(dst)←(dst) ∨ (src)	Mem,reg Reg,mem Reg,reg Reg,imm Mem,imm Acc,imm	16＋EA 9＋EA 3 4 17＋EA 4	2～4 2～4 2 3～4 3～6 2～3

（续表）

类型	汇编指令格式	功能	操作数说明	时钟周期数	字节数
逻辑运算类	NOT op1	(op1)←$\overline{(op1)}$	reg mem	3 16+EA	2 2～4
	XOR dst,src	(dst)← (dst)⊕(src)	Mem,reg Reg,mem Reg,reg Reg,imm Mem,imm Acc,imm	16+EA 9+EA 3 4 17+EA 4	2～4 2～4 2 3～4 3～6 2～3
	TEST op1,op2	(op1)∧(op2)	Reg,mem Reg,reg Reg,imm Mem,imm Acc,imm	9+EA 3 5 11+EA 4	2～4 2 3～4 3～6 2～3
	SHL op1,1 SHL op1,CL	逻辑左移	reg mem reg mem	2 15+EA 8+4/bit 20+EA+4/bit	2 2～4 2 2～4
	SAL op1,1 SAL op1,CL	算术右移	reg mem reg mem	2 15+EA 8+4/bit 20+EA+4/bit	2 2～4 2 2～4
	SHR op1,1 SHR op1,CL	逻辑右移	reg mem reg mem	2 15+EA 8+4/bit 20+EA+4/bit	2 2～4 2 2～4
	SAR op1,1 SAR op1,CL	算术右移	reg mem reg mem	2 15+EA 8+4/bit 20+EA+4/bit	2 2～4 2 2～4
	ROL op1,1 ROL op1,CL	循环左移	reg mem reg mem	2 15+EA 8+4/bit 20+EA+4/bit	2 2～4 2 2～4
	ROR op1,1 ROR op1,CL	循环右移	reg mem reg mem	2 15+EA 8+4/bit 20+EA+4/bit	2 2～4 2 2～4
	RCL op1,1 RCL op1,CL	带进位位的循环左移	reg mem reg mem	2 15+EA 8+4/bit 20+EA+4/bit	2 2～4 2 2～4
	RCR op1,1 RCR op1,CL	带进位位的循环右移	reg mem reg mem	2 15+EA 8+4/bit 20+EA+4/bit	2. 2～4 2 2～4

（续表）

类型	汇编指令格式	功能	操作数说明	时钟周期数	字节数
串操作类	MOVSB MOVSW	((DI))←((SI)) (SI)←(SI)±1,(DI)←(DI)±1 ((DI))←((SI)) (SI)←(SI)±2,(DI)←(DI)±2		不重复:18 重复:9+17/rep 不重复:18 重复:9+17/rep	1 1
	STOSB STOSW	((DI))←(AL) (DI)←(DI)±1 ((DI))←(AX) (DI)←(DI)±2		不重复:11 重复:9+10/rep 不重复:11 重复:9+10/rep	1 1
	LODSB LODSW	(AL)← ((SI)) (SI)←(SI)±1 (AX)←((SI)) (SI)←(SI)±2		不重复:12 重复:9+13/rep 不重复:12 重复:9+13/rep	1 1
	CMPSB CMPSW	((SI))−((DI)) (SI)←(SI)±1,(DI)←(DI)±1 ((SI))−((DI)) (SI)←(SI)±2,(DI)←(DI)±2		不重复:22 重复:9+22/rep 不重复:22 重复:9+22/rep	1 1
	SCASB SCASW	(AL)−((DI)) (DI)←(DI)±1 (AX)←((DI)) (DI)←(DI)±2		不重复:15 重复:9+15/rep 不重复:15 重复:9+15/rep	1 1
	REP string_instruc	(CX)=0 退出重复,否则(CX)←(CX)−1 并执行其后的串指令		2	1
	REPE/REPZ string_instruc	(CX)=0 或(ZF)=0 退出重复,否则(CX)←(CX)−1 并执行其后的串指令		2	1
	REPNE/REPNZ string_instruc	(CX)=0 或(ZF)=1 退出重复,否则(CX)←(CX)−1 并执行其后的串指令		2	1
控制转移类	JMP SHORT op1 JMP NEAR PTR op1 JMP FAR PTR op1 JMP WORD PTR op1 JMPDWORD PTR op1	无条件转移	reg mem	15 15 15 11 18+EA 24+EA	2 3 5 2 2～4 2～4
	JZ/JE op1	ZF=1 则转移		16/4	2
	JNZ/JNE op1	ZF=0 则转移		16/4	2
	JS op1	SF=1 则转移		16/4	2
	JNS op1	SF=0 则转移		16/4	2
	JP/JPE op1	PF=1 则转移		16/4	2
	JNP/JPO op1	PF=0 则转移		16/4	2

（续表）

类型	汇编指令格式	功能	操作数说明	时钟周期数	字节数
控制转移类	JC op1	CF=1 则转移		16/4	2
	JNC op1	CF=0 则转移		16/4	2
	JO op1	OF=1 则转移		16/4	2
	JNO op1	OF=0 则转移		16/4	2
	JB/JNAE op1	CF =1 且 ZF=0 则转移		16/4	2
	JNB/JAE op1	CF=0 或 ZF=1 则转移		16/4	2
	JBE/JNA op1	CF=1 或 ZF=1 则转移		16/4	2
	JNBE/JA op1	CF=0 且 ZF=0 则转移		16/4	2
	JL/JNGE op1	SF ⊕ OF=1 则转移		16/4	2
	JNL/JGE op1	SF ⊕ OF=0 则转移		16/4	2
	JLE/JNG op1	SF ⊕ OF=1 或 ZF=1 则转移		16/4	2
	JNLE/JG op1	SF ⊕ OF=0 且 ZF=0 则转移		16/4	2
	JCXZ op1	(CX)=0 则转移		18/6	2
	LOOP op1	(CX)≠0 则循环		17/5	2
	LOOPZ/LOOPE op1	(CX)≠0 且 ZF=1 则循环		18/6	2
	LOOPNZ/ LOOPNE op1	(CX)≠0 且 ZF=0 则循环		19/5	2
	CALL dst	段内直接： (SP)←(SP)−2 ((SP)+1,(SP))←(IP) (IP)←(IP)+D16 段内间接： (SP)←(SP)−2 ((SP)+1,(SP))←(IP) (IP)←EA 段间直接： (SP)←(SP)−2 ((SP)+1,(SP))←(CS) (SP)←(SP)−2 ((SP)+1,(SP))←(IP) (IP)←目的偏移地址 (CS)←目的段基址 段间间接： (SP)←(SP)−2 ((SP)+1,(SP))←(CS) (SP)←(SP)−2 ((SP)+1,(SP))←(IP) (IP)←(EA) (CS)←(EA+2)	 reg mem	19 16 21+EA 28 37+EA	3 2 2～4 5 2～4

(续表)

类型	汇编指令格式	功能	操作数说明	时钟周期数	字节数
控制转移类	RET	段内:(IP)←((SP)+1,(SP)) (SP)←(SP)+2 段间:(IP)←((SP)+1,(SP)) (SP)←(SP)+2 (CS)←((SP)+1,(SP)) (SP)←(SP)+2		16 24	11
	RETexp	段内:(IP)←((SP)+1,(SP)) (SP)←(SP)+2 (SP)←(SP)+D16 段间:(IP)←((SP)+1,(SP)) (SP)←(SP)+2 (CS)←((SP)+1,(SP)) (SP)←(SP)+2 (SP)←(SP)+D16		20 23	3 3
	INTN INT	(SP)←(SP)−2 ((SP)+1,(SP))←(FR) (SP)←(SP)−2 ((SP)+1,(SP))←(CS) (SP)←(SP)−2 ((SP)+1,(SP))←(IP) (IP)←(type * 4) (CS)←(type * 4+2)	N≠3 (N=3)	51 52	2 1
	INTO	若 OF=1,则 (SP)←(SP)−2 ((SP)+1,(SP))←(FR) (SP)←(SP)−2 ((SP)+1,(SP))←(CS) (SP)←(SP)−2 ((SP)+1,(SP))←(IP) (IP)←(10H) (CS)←(12H)		53(OF=1) 4(OF=0)	1
	IRET	(IP)←((SP)+1,(SP)) (SP)←(SP)+2 (CS)←((SP)+1,(SP)) (SP)←(SP)+2 (FR)←((SP)+1,(SP)) (SP)←(SP)+2		24	1

（续表）

类型	汇编指令格式	功能	操作数说明	时钟周期数	字节数
控制转移类	CBW	(AL)符号扩展到(AH)		2	1
	CBD	(AX)符号扩展到(DX)		5	1
	CLC	CF 清 0		2	1
	CMC	CF 取反		2	1
	STC	CF 置 1		2	1
	CLD	DF 清 0		2	1
	STD	DF 置 1		2	1
	CLI	IF 清 0		2	1
	STI	IF 置 1		2	1
	NOP	空操作		3	1
	HLT	停机		2	1
	WAIT	等待		≥3	1
	ESC mem	换码		8+EA	2～4
	LOCK	总线封锁前缀		2	1
	seg:	段超越前缀		2	1

符号说明如下：

opr—操作数；src—源操作数；dst—目标操作数；mem—存储器；reg—寄存器；segreg—段寄存器；imm—立即数；Acc—累加器；FR—标志寄存器；EA—有效地址。

附录D　8086 指令对标志位的影响

1. 对状态标志位的影响

指令类型	指令	OF	SF	ZF	AF	PF	CF
加法、减法	ADD、ADC、SUB、SBB、CMP、NEG	◆	◆	◆	◆	◆	◆
字符串比较、搜索	CMPS、SCAS	◆	◆	◆	◆	◆	◆
增量、减量	INC、DEC	◆	◆	◆	◆	◆	◆
乘　法	MUL、IMUL	◆	X	X	X	X	◆
除　法	DIV、IDIV	X	X	X	X	X	X
十进制调整	DAA、DAS	X	◆	◆	◆	◆	◆
	AAA、AAS	X	X	X	◆	X	◆
	AAM、AAD	X	◆	◆	X	◆	X
逻辑运算	AND、OR、NOR、TEST	0	◆	◆	X	◆	0
移　位	SHL、SHR、SAL、SAR	◆	◆	◆	X	◆	◆
循环移位	ROL、ROR、RCL、RCR	◆	●	●	●	●	●
恢复状态标志	POPF、IRET	◆	◆	◆	◆	◆	◆
设置进位标志	STC	●	●	●	●	●	1
	CLC	●	●	●	●	●	0
	CMC	●	●	●	●	●	!

2. 对控制标志位的影响

指令类型	指令	DF	IF	TF
恢复控制标志	POPF、IRET	◆	◆	◆
中断	INT、INTO	●	0	0
设置方向标志	STD	1	●	●
	CLD	0	●	●
设置中断标志	STI	●	1	●
	CLI	●	0	●

表中符号说明：◆：标志受指令操作的影响；0：标志置 0；1：标志置 1；●：标志不受操作的影响；X：指令操作后标志不确定；!：标志位变反。

附录E　8086宏汇编常用伪指令表

数据及结构定义	ASSUME	ASSUME segreg:seg_name[,…]	说明段所对应的段寄存器
	COMMENT	COMMENT delimiter_text	后跟注释(代替;)
	DB	[variable_name] DB operand_list	定义字节变量
	DD	[variable_name] DD operand_list	定义双字变量
	DQ	[variable_name] DQ operand_list	定义四字变量
	DT	[variable_name] DT operand_list	定义十字变量
	DW	[variable_name] DW operand_list	定义字变量
	DUP	DB/DD/DQ/DT/DW repeat _ count DUP (operand_list)	变量定义中的重复从句
	END	END [lable]	源程序结束
	EQU	expression_name EQU expression	定义符号
	=	label=expression	赋值
	EXTRN	EXTRN name: type [, …] (type is: byte, word,dword or near, far)	说明本模块中使用的外部符号
	GROUP	name GROUP seg_name_list	指定段在64K的物理段内
	INCLUDE	INCLUDE filespec	包含其他源文件
	LABEL	Name LABLE type (type is: byte,word,dword or near, far)	定义name的属性
	NAME	NAME module_name	定义模块名
	ORG	ORG expression	地址计数器置expression值
	PROC	procedure_name PROC type (type is: near or far)	定义过程开始
	ENDP	procedure_name ENDP	定义过程结束
	PUBLIC	PUBLIC symbol_list	说明本模块中定义的外部符号
	PURGE	PURGE expression_name_list	取消指定的符号(EQU定义)
	RECORD	record_name RECORD field_name:length[=preassignment][,…]	定义记录
	SEGMEMT	seg_name SEGMENT [align_type] [combine_type] ['class']	定义段开始
	ENDS	seg_name ENDS	定义段结束
	STRUC	structure_name STRUC structure_name ENDS	定义结构开始 定义结构结束

（续表）

条件汇编	IF	IF argument	定义条件汇编开始
	ELSE	ELSE	条件分支
	ENDIF	ENDIF	定义条件汇编结束
	IF	IF expression	表达式 expression 不为 0 则真
	IFE	IFE expression	表达式 expression 为 0 则真
	IF1	IF1	汇编程序正在扫描第一次为真
	IF2	IF2	汇编程序正在扫描第二次为真
	IFDEF	IFDEF symbol	符号 symbol 已定义则真
	IFNDEF	IFNDEF symbol	符号 symbol 未定义则真
	IFB	IFB ＜ variable ＞	变量 variable 为空则真
	IFNB	IFNB ＜ variable ＞	变量 variable 不为空则真
	IFIDN	IFIDN ＜string1＞ ＜ string2＞	字串 string1 与 string2 相同为真
	IFDIF	IFDIF ＜ string1＞ ＜ string2＞	字串 string1 与 string2 不同为真
宏	MACRO	macro_name MACRO [dummy_list]	宏定义开始
	ENDM	macro_name ENDM	宏定义结束
	PURGE	PURGE macro_name_list	取消指定的宏定义
	LOCAL	LOCAL local_label_list	定义局部标号
	REPT	REPT expression	重复宏体次数为 expression
	IRP	IRP dummy,＜argument_list ＞	重复宏体,每次重复用 argument_list 中的一项实参取代语句中的形参
	IRPC	IRPC dummy，string	重复宏体,每次重复用 string 中的一个字符取代语句中的形参
	EXITM	EXITM	立即退出宏定义块或重复块
	&	text&text	宏展开时合并 text 成一个符号
	;;	;;text	宏展开时不产生注释 text
列表控制	. CREF	. CREF	控制交叉引用文件信息的输出
	. XCREF	. XCREF	停止交叉引用文件信息的输出
	. LALL	. LALL	列出所有宏展开正文
	. SALL	. SALL	取消所有宏展开正文
	. XALL	. XALL	只列出产生目标代码的宏展开
	. LIST	. LIST	控制列表文件的输出
	. XLIST	. XLIST	不列出源和目标代码
	%OUT	%OUT text	汇编时显示 text
	PAGE	PAGE [operand_1] [operand_2]	控制列表文件输出时的页长和页宽
	SUBTTL	SUBTTL text	在每页标题行下打印副标题 text
	TITLE	TITLE text	在每页第一行打印标题 text

参考文献

[1] 洪永强．微机原理与接口技术．北京:科学出版社,2004

[2] 陈启美,吴守兵．微机原理．外设．接口．北京:清华大学出版社,2002

[3] 周佩玲,吴耿峰．16位微型计算机原理．接口及其应用．合肥:中国科学技术大学出版社,2001

[4] 周荷琴,吴秀清．微型计算机原理与接口技术(第三版)．合肥:中国科学技术大学出版社,2004

[5] 李继灿．微型计算机技术及应用．北京:清华大学出版社,2003

[6] 李伯成．微型计算机原理及接口技术．北京:清华大学出版社,2005

[7] 田艾平,王力生．微型计算机技术．北京:清华大学出版社,2005

[8] 周何琴,吴秀清．微型计算机原理与接口技术(第三版)．合肥:中国科学技术大学出版社,2004

[9] 毛国君,方娟．高档微机原理与技术．北京:清华大学出版社,2009

[10] 王富荣．微机原理与汇编语言实用教程．北京:清华大学出版社,2009

[11] 李芷．微机原理与接口技术．北京:电子工业出版社,2002

[12] 戴梅萼,史嘉权．微型计算机技术及应用．北京:清华大学出版社,1996

[13] 陈建铎,宋彩利,程俊波．微型计算机原理与应用．北京:人民邮电出版社,2006

[14] 郑学坚,周斌．微型计算机原理及应用．北京:清华大学出版社,2001

[15] 钱晓捷．微机原理与接口技术．北京:机械工业出版社,2007